“十三五”普通高等教育本科系列教材

电机学

主　编　赵君有
副主编　王秀平
编　写　谢冬梅　姜　旭
主　审　陈世元

中国电力出版社
CHINA ELECTRIC POWER PRESS

内 容 提 要

本书为“十三五”普通高等教育本科系列教材。全书共七章，主要内容包括变压器、异步电机、同步电机和直流电机四大部分，重点分析电机的基本结构、运行原理、工作特性、运行性能和参数测定等。

本书可作为应用型本科院校电气工程、电力工程与智能控制、电气自动化技术等专业“电机学”课程教材，也可以作为工程技术人员的参考用书。

图书在版编目（CIP）数据

电机学/赵君有主编. —北京：中国电力出版社，2016.3（2021.5重印）

“十三五”普通高等教育本科规划教材

ISBN 978-7-5123-8799-7

Ⅰ. ①电… Ⅱ. ①赵… Ⅲ. ①电机学—高等学校—教材 Ⅳ. ①TM3

中国版本图书馆CIP数据核字（2016）第012911号

中国电力出版社出版、发行

（北京市东城区北京站西街19号 100005 http://www.cepp.sgcc.com.cn）

三河市百盛印装有限公司印刷

各地新华书店经售

*

2016年3月第一版 2021年5月北京第四次印刷

787毫米×1092毫米 16开本 15印张 361千字

定价 **30.00** 元

前 言

本书为“十三五”普通高等教育本科系列教材，是根据应用型本科教育电气类专业人才培养目标的特点和要求而编写的。作为专业基础课程的教材，本书可作为应用型本科院校电气工程、电力工程与智能控制、电气自动化技术等专业“电机学”课程教材，也可以作为工程技术人员的参考用书，还可作为职业资格和岗位技能培训教材。基于应用型本科院校电气工程专业“专业基础课程”的要求，教材在编写过程中注重体现以下特点：

1. 明确基本概念和基本理论，强化实际应用。本教材侧重于电机基本原理和基本概念的阐述，力争做到概念准确，同时强调基本理论的应用，注重与工程实际的联系，让学生掌握分析电机的基本方法，建立牢固的物理概念，为后续课程的学习和今后解决遇到的工程问题做好准备。

2. 内容简洁精练、图表并用。每章首先介绍本章主要内容、提出重点要求，然后分析讨论本章教学内容，最后对内容进行小结和练习。基于应用型本科院校“电机学”课程教学改革的需求，以“够用为度”的原则，在分析讨论过程中删减较深的理论推算，追求基本理论及其应用的表述，不去刻意追求理论的系统性；利用图、表来描述教学内容使教学内容更精练，易于掌握。

3. 增加一些有关大型电机运行内容，习题和例题中选用实际电机的参数。增加新型电机内容，如双馈风力发电机。

4. 教学内容模块化。各模块教学目标明确，针对性强，具有相对而言的独立性，既可以组合学习，又可以选择学习，书中打“*”的部分为选学内容，有利于不同专业选学各自所需内容。

5. 便于自学。为了便于巩固所学内容及应用所学内容，教材配有精选思考题与习题，还有自测题，读者可以自测自检。

6. 本教材有配套的《电机学学习指导与习题解答》和授课 PPT 教案可供选择参考。

本书共分七章，其中，第四章由沈阳工程学院王秀平老师编写，第七章由沈阳工程学院谢冬梅老师编写，第六章第二、三、四节由国电沈阳热电有限公司姜旭工程师编写，其余部分由沈阳工程学院赵君有老师编写。全书由赵君有老师主编和统稿，姜旭提供了部分电机的技术参数。

本书由华南理工大学电力学院陈世元教授担任主审。在审阅过程中陈教授提出了许多宝贵的意见和建议，在此表示衷心感谢。

由于编者水平有限，书中缺点和错误之处难免，殷切希望读者批评指正。

编 者

2015.11

目 录

绪 论

一、电机的概念

电机是指以电磁感应定律和电磁力定律为理论基础进行机电能量转换或信号传递与转换的一种电磁机械装置。

电机的种类很多，按照运行方式来分类，可分为以下各类：

(1) 将机械能转换为电能——发电机；

(2) 将电能转换为机械能——电动机；

(3) 将电能转换为另一种形式电能，又可分为：①输入和输出有不同的电压——变压器；②输入和输出有不同的频率——变频机；③输入和输出有不同的波形，如交流变为直流——变流机；④输入和输出有不同的相位——移相机。

(4) 在自动控制系统中起调节、控制作用——控制电机。

按照电流的性质，电机又可分为两大类：

(1) 应用于直流电系统的电机——直流电机；

(2) 应用于交流电系统的电机——交流电机。在交流电机中两个主要的类型为同步电机和异步电机。

本书主要分析变压器、异步电机、同步电机和直流电机四大类电机。

电机学是研究电机这一特定机械中电和磁之间错综复杂的关系，主要分析讨论常规电机的主要结构、工作原理和工作性能、运行特性、实验方法等，为专业课程的学习准备必要的理论基础。

二、磁场的主要物理量和磁路定律

(一) 磁场的主要物理量

1. 磁感应强度 B

当一定大小的电流流过导体时，就会产生一定的磁场，磁场的基本特性是对场域中的载流导体有力的作用，磁场的强弱和方向用磁感应强度 B 来表示。当载流导线段 Δl 在磁场中与磁力线相垂直时，作用在导线段上的电磁力为

$$\Delta F = BI\Delta l \tag{0-1}$$

即

$$B = \frac{\Delta F}{I\Delta l} \tag{0-2}$$

式中 F——电磁力，单位为牛顿（N）；

I——导体电流；

B——磁感应强度，单位为特斯拉（T）。

磁感应强度的方向可用小磁针 N 极在磁场中某点 P 的指向确定。

在电机中，气隙处的磁感应强度约为 0.4～0.8T；铁心的磁感应强度约为 1～1.8T。

在磁场中，磁力线越密，磁感应强度越大。磁感应强度又称磁通密度。

2. 磁通 Φ

磁感应强度 B 描述的只是空间每一点的磁场，如果要描述一个给定面上的磁场，就要引入另一物理量——磁通，磁通也称磁通量，单位为韦伯（Wb），表示穿过某个特定截面 S 的磁感应强度的通量，它与磁感应强度 B 之间的关系为

$$\boldsymbol{\Phi} = \oint_S \boldsymbol{B} \mathrm{d}\boldsymbol{S} \tag{0-3}$$

式中，$\boldsymbol{\Phi}$ 和 $\boldsymbol{B}$ 均为矢量。

对均匀磁场，若磁力线与截面垂直，则式（0-3）的积分形式可以写成代数形式，即

$$\Phi = BS$$

或

$$B = \frac{\Phi}{S} \tag{0-4}$$

根据磁感应强度和磁通的关系，实际应用中又常常称磁感应强度为磁通密度或磁密。

3. 磁导率 μ

衡量材料对于磁的传导能力大小的物理量，称为磁导率 μ，单位为亨利/米（H/m）。从传导磁的能力来分，可把材料分为非铁磁材料和铁磁材料，对于非铁磁材料，如真空，磁导率 $\mu_0=4\pi\times10^{-7}$H/m，为一常数。把这个磁导率作为基准，其余材料的磁导率与之相比，得到相对的磁导率 $\mu_r=\frac{\mu}{\mu_0}$。一般说来，铁磁材料的相对磁导率很大，例如电机定子转子铁心相对磁导率 μ_r 在 6000～8000 左右。

4. 磁场强度 H

磁场强度 H 是为了建立电流与其产生的磁场之间的数量关系而引入的物理量，单位为安/米（A/m），其方向与磁感应强度 B 相同，大小关系为

$$\boldsymbol{B} = \mu\boldsymbol{H} \tag{0-5}$$

（二）磁路的定律

1. 全电流定律（安培环路定律）

全电流定律：沿空间任意闭合回路 $\boldsymbol{l}$，磁场强度 $\overline{H}$ 的线积分 $\oint_l \boldsymbol{H}\mathrm{d}\boldsymbol{l}$ 等于该闭合回路所包围的总电流代数和，其数学表达式为

$$\oint_l \boldsymbol{H}\mathrm{d}\boldsymbol{l} = \sum i \tag{0-6}$$

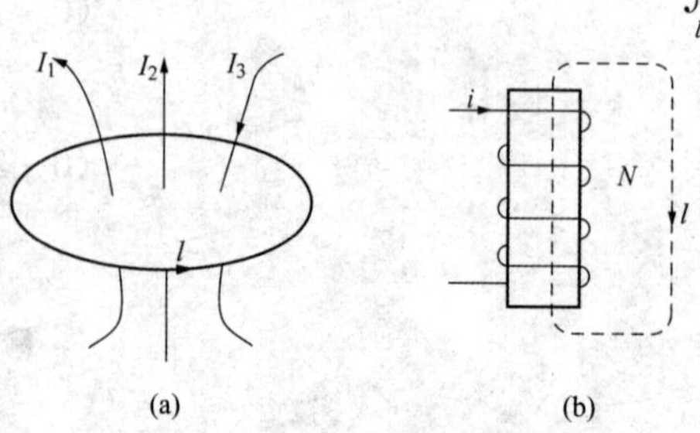

图 0-1　全电流定律的应用
（a）全电流定律示意图；
（b）全电流定律在线圈中的应用

当电流 i 的方向与闭合回路中 $\boldsymbol{H}$ 的方向（即闭合回路 $\boldsymbol{l}$ 的方向）符合“右手螺旋”时 i 取正值，否则取负值。

对于图 0-1（a），应用全电流定律可写成

$$\oint \boldsymbol{H}\mathrm{d}\boldsymbol{l} = I_1 + I_2 - I_3 \tag{0-7}$$

对于图 0-1（b），应用全电流定律可写成

$$\oint \boldsymbol{H}\mathrm{d}\boldsymbol{l} = Ni \tag{0-8}$$

式中　$\boldsymbol{Hl}$——每段磁路的磁压降；

　　Ni——作用在磁路上的安匝数。

铁心的匝数与通过的励磁电流乘积是磁路中磁通的来源，用 $F=iN$ 表示，称为磁动势（磁通势）。

如果沿着回路 $\boldsymbol{l}$，磁场强度 $\boldsymbol{H}$ 的方向总是在切线方向，其大小处处相等，且闭合回路所包围的总电流是由通过电流 i 的 N 匝线圈提供，则式（0-8）可以简写为

$$Hl = Ni \tag{0-9}$$

2. 磁路的基尔霍夫第一定律（磁通的连续性定律）

对于磁路中任意一个闭合面，在任一瞬间，穿过该闭合面的各支路磁通的代数和恒等于零，这就是磁路的基尔霍夫第一定律，其表达式为

$$\sum \phi = 0 \tag{0-10}$$

如图 0-2 所示，任意取一个闭合面 A，令进入 A 面的磁通为正，穿出的为负，则有

$$\phi_1 - \phi_2 - \phi_3 = 0$$

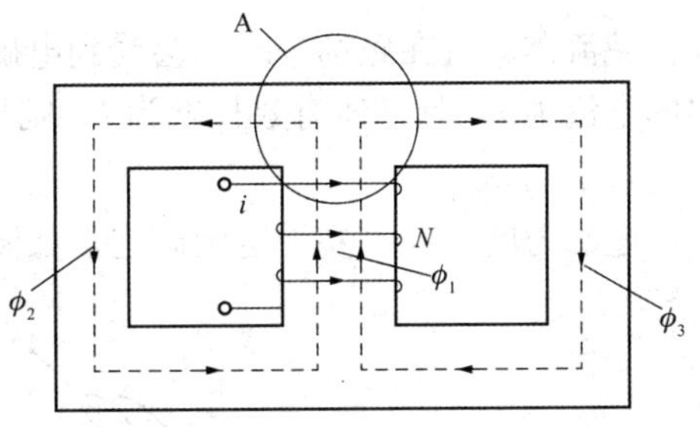

图 0-2　磁路的基尔霍夫第一定律

3. 磁路的基尔霍夫第二定律

如果把整个磁路分成若干段，每段为同一材料、相同截面相同磁场强度，则由全电流定律的演变得

$$\sum Hl = \sum iN \tag{0-11}$$

式（0-11）表明：沿任何闭合磁路的总磁动势恒等于各段磁路磁压降的代数和，这就是磁路的基尔霍夫第二定律。

4. 磁路的欧姆定律

若 ϕ 为磁路中的磁通，R_{m} 为磁路的磁阻，l 为磁路的长度，μ 为磁路材料的磁导率，S 为磁路的截面积，$F=iN$ 为作用在磁路上的磁动势，则磁路的欧姆定律为

$$\phi = \frac{F}{R_{\mathrm{m}}} = \frac{iN}{R_{\mathrm{m}}} \tag{0-12}$$

且

$$R_{\mathrm{m}} = \frac{l}{\mu S} \tag{0-13}$$

磁阻的倒数称为磁导

$$\Lambda = \frac{1}{R_{\mathrm{m}}} = \frac{\mu S}{l} \tag{0-14}$$

空气的磁导率为常量，所以气隙的磁阻是常量。铁磁物质的磁导率不是常数，使得铁磁物质的磁阻是非线性的，因此一般情况下不能应用磁路的欧姆定律进行计算。对磁路作定性分析时，则可利用磁阻及磁导的概念。

5. 电磁感应定律

变化的磁场能够在导体中感应电动势，如果是一个闭合回路，还会产生感应电流，这种现象称为电磁感应。电磁感应现象有以下两种：

（1）导体切割磁力线感应电动势。导体在磁场中作切割磁力线运动时会感应电动势，这

种电动势称为运动电动势。设导体有效长度为 l（m），切割磁力线的运动速度为 v（m/s），当磁力线、导体的运动方向及导体本身，三者相互垂直时，感应电动势的大小为

$$e = Blv \tag{0-15}$$

感应电动势的方向由右手定则来确定，如图所示 0-3 所示。

(2) 线圈中磁通变化感应电动势。一个线圈位于磁场中，当线圈所交链的磁链 $\psi=N\phi$（或磁通 ϕ）发生变化时，线圈中将感应电动势，这种电动势称为变压器电动势。若线圈匝数为 N，则感应电动势为

$$e = -\frac{\mathrm{d}\psi}{\mathrm{d}t} = -N\frac{\mathrm{d}\phi}{\mathrm{d}t} \tag{0-16}$$

感应电动势的方向由楞次定律决定：感应电动势的方向始终与磁链（或磁通）变化的方向相反，如式中的负号所表示。

6. 电磁力定律

载流体放置在磁场中时，会受到电磁力的作用。如果磁力线方向与导体相互垂直，导体中的电流为 i，且导体有效长度为 l，则导体所受电磁力的大小为

$$f = Bil \tag{0-17}$$

电磁力的方向由左手定则确定，如图 0-4 所示。

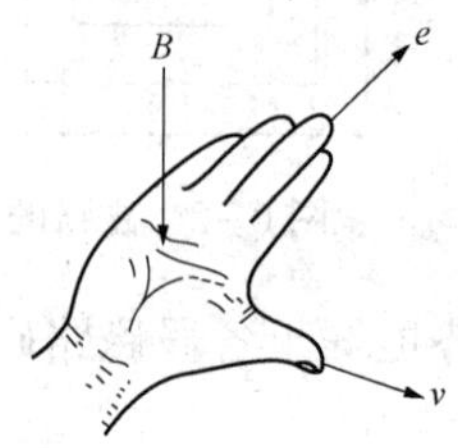

图 0-3 右手定则

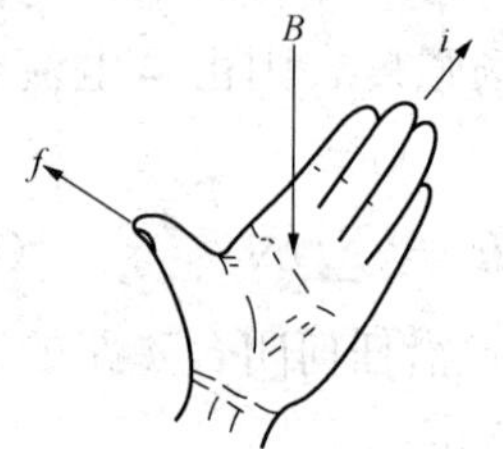

图 0-4 左手定则

三、常用的铁磁材料及其特性

材料按其磁化效应大体上可分为铁磁材料和非铁磁材料两类。非铁磁材料的磁导率在工程上近似认为与真空的磁导率相同，即 $\mu \approx \mu_0$，这类材料有空气、铜、木材、橡胶等。铁磁材料的磁导率不仅比真空的磁导率大得多，而且常常与所在磁场的强弱以及材料磁状态有关，所以铁磁材料的磁导率不是常数。铁、镍、钴及其合金以及铁氧体都是电工设备中构成磁路的主要铁磁性材料。

为了在一定的励磁磁动势作用下能激励较强的磁场，电机的铁心常用磁导率较高的铁磁材料制成。

1. 铁磁材料的磁化特性

铁磁材料在外磁场中呈现很强的磁性，这种现象称为铁磁物质的磁化特性。铁磁材料的磁化性质一般由磁化曲线即 B-H 曲线表示。

由式（0-9）和式（0-10）得

$$\frac{\Phi}{S} = \mu\frac{iN}{l} = \mu\frac{F}{l} = \mu H$$

即

$$B = \mu H \tag{0-18}$$

式中　H——磁场强度，$H=\frac{F}{l}$，它是进行磁场分析时引用的一个辅助物理量，仅与磁动势和磁路的长度有关，与磁路的介质无关。

在非铁磁材料中，由于 μ_0 为常数，所以磁通密度 B 和磁场强度 H 之间关系 $B=\mu_0 H$ 为线性关系，直线的斜率为 μ_0 很小，如图 0-5 中虚线所示。

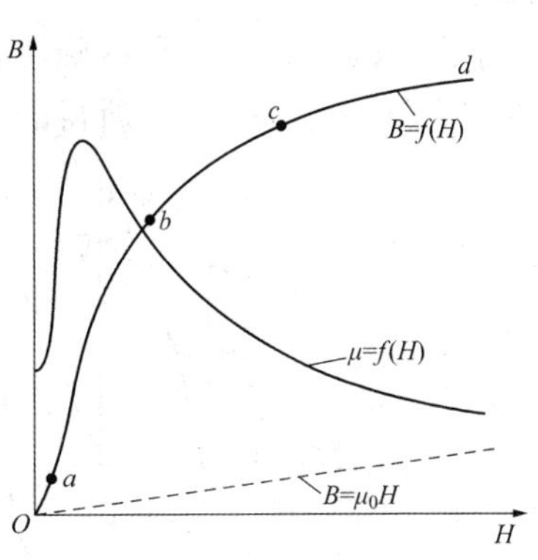

图 0-5　铁磁材料的磁化曲线

将一块尚未磁化的铁磁材料进行磁化，磁场强度 H 由零逐渐增大时，磁通密度 B 将随之增大，如图 0-5 所示。在 oab 段，B 随着 H 的增大而增加，b 点称为膝点。在 bc 段，B 随着 H 的增加速率变慢，这种现象称为磁路饱和。c 点以后，曲线基本是与 $B=\mu_0 H$ 平行的直线，B 几乎不随着 H 增大。可见，铁磁材料的磁通密度 B 和磁场强度 H 之间的关系 $B=\mu H$ 为非线性关系。

铁磁材料的这种现象可以解释如下：铁磁物质能被磁化，是因为在它内部存在着许多很小的天然磁化区，称之为磁畴。在图 0-6 中磁畴用一些小磁铁示意。铁磁物质未放入磁场之前，磁畴杂乱无章地排列着，磁效应互相抵消，对外部不呈磁性，如图 0-6（a）所示。将铁磁物质放入磁场，在外磁场作用下，磁畴的极性将趋于同一方向，如图 0-6（b）所示，形成一个附加磁场，叠加在外磁场上，磁畴所产生的附加磁场将比非铁磁物质在同一磁场强度下所激励的磁场强得多，使铁磁材料内磁场大为增强。当磁畴全部沿外磁场方向排列后，即使外磁场再增加，铁磁材料内磁场几乎不再增加，即进入磁饱和状态。

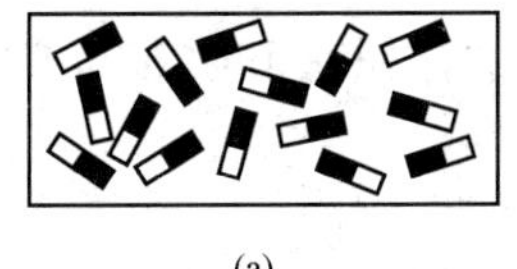

(a)

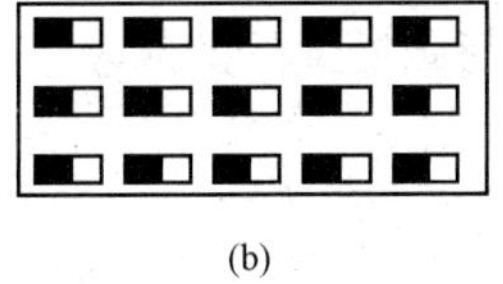

(b)

图 0-6　磁畴

（a）磁化前；（b）磁化后

设计电机时，为使主磁路的磁通密度较大而又不过分增大励磁磁动势，通常把铁心内的工作磁通密度选择在膝点附近。

2. 磁滞回线和基本磁化曲线

若将铁磁材料进行周期性磁化，B 和 H 之间的变化关系就会变成如图 0-7 中曲线中 $abcdefa$ 所示。当 H 从零开始增加到 H_m 时，B 相应地从零增加到 B_m。以后如果逐渐减小磁场强度 H，B 值将沿曲线 ab 下降。当 $H=0$ 时，$B=B_r\neq 0$，B_r 称为剩余磁通密度，简称剩磁。要使 B 值从 B_r 减小到零，必须加上相应的反向外磁场，此反向磁场强度称为矫顽力，用 H_c 表示。铁磁材料所具有的这种磁通密度 B 的变化滞后于磁场强度 H 变化的现象，叫做磁滞。呈现磁滞现象的 B-H 闭合回线，称为磁滞回线，如图 0-7 中 $abcdefa$ 所示。磁滞现象是铁磁材料的第二个特性。

磁滞回线窄、剩磁 B_r 和矫顽力 H_c 都小的材料，称为软磁材料，如铸钢、硅钢、铸铁等，它们容易被磁化，常用来制造电机的铁心。磁滞回线宽、矫顽力 H_c 大的材料，称为硬磁材料，如铝镍钴合金等，它们磁导率较小，不容易磁化，也不容易去磁，常用来制造永久磁铁。

同一铁磁材料在不同的磁场强度 H_m 值下有不同的磁滞回线，如图 0-8 所示。将各磁滞回线的顶点连接起来，所得的 B-H 曲线称为基本磁化曲线或平均磁化曲线。

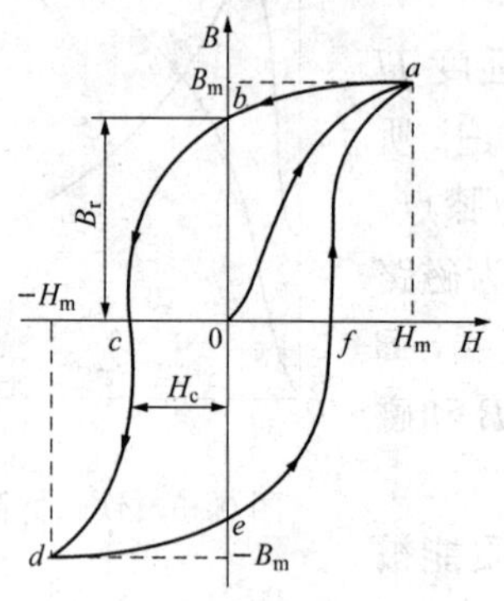

图 0-7 铁磁材料的磁滞回线

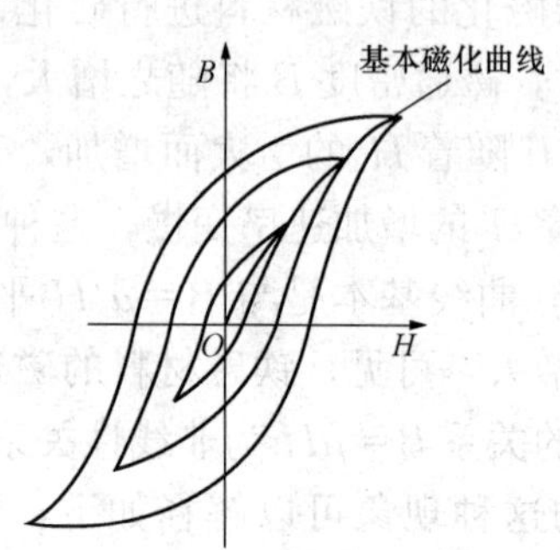

图 0-8 基本磁化曲线

3. 磁滞损耗和涡流损耗

铁磁材料置于交变磁场中时，由于铁磁材料磁化方向随着磁场强度的大小和方向反复变化，磁畴方向也不断变化，相互摩擦，消耗能量，造成损耗。磁畴彼此之间摩擦引起的损耗，称为磁滞损耗。

分析表明，磁性材料反复磁化一个周期时单位体积所消耗的能量与磁滞回线的面积成正比。所以磁滞损耗 p_h 与磁场交变的频率 f、铁心的体积 V 和磁滞回线的面积 $\oint H\mathrm{d}B$ 成正比，即

$$p_h = fV\oint H\mathrm{d}B$$

实验证明，磁滞回线的面积 $\oint H\mathrm{d}B$ 与磁通密度最大 B_m 的 n 次方成正比，所以磁滞损耗可以改写成

$$p_h = k_h fVB_m^n \tag{0-19}$$

式中 k_h——磁滞损耗系数，大小取决于导磁材料的性质。

式（0-15）中指数 n 与导磁材料的性质有关，一般电工钢片，n=1.6～2.3，作估算时可取 n=2。电机中的铁心之所以采用软磁材料——硅钢片，是由于硅钢片的磁滞回线的面积小，能够降低磁滞损耗。

因为铁心是导电的，所以当通过铁心的磁通随时间变化时，根据电磁感应定律，铁心中将感应电动势，并引起环流。这些环流在铁心内部围绕磁通作涡流状流动，称为涡流，如图 0-9（a）所示。涡流在铁心中引起的损耗，称为涡流损耗。

涡流损耗的经验公式为

$$p_e = k_e d^2 f^2 B_m^2 V \tag{0-20}$$

式中 k_e——涡流损耗系数，与材料的电阻率成反比；

d——钢片的厚度。

分析表明，磁通变化的频率越高，磁通密度越大，感应电动势就越大，涡流损耗就越大；铁心的电阻率越大，涡流所流过的路径越长，涡流损耗就越小。

为了减小涡流损耗，电机的铁心均采用0.35～0.5mm厚、两面涂有绝缘漆的硅钢片叠成，如图0-9（b）所示。由于硅的加入，铁心材料的电阻率增大，硅钢片沿磁力线方向排列，片间有绝缘层，叠片越薄，损耗越低。

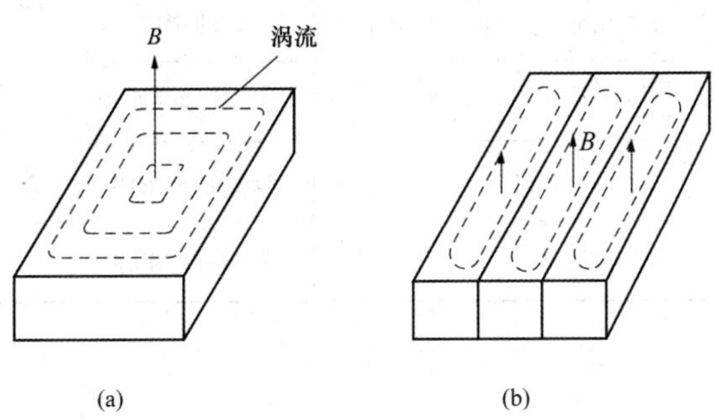

图0-9　涡流路径
（a）整块铁心；（b）硅钢片叠成的铁心

磁滞损耗与涡流损耗之和，总称为铁心损耗，用 p_{Fe} 表示。对于一般的电工钢片，在正常的工作磁密范围内（$1T<B_m<1.8T$），铁心损耗可近似为

$$p_{Fe} \approx C_{Fe} B_m^2 f^{1.3} G \tag{0-21}$$

式中　C_{Fe}——铁心损耗系数；

G——铁心重量。

式（0-17）表明，铁心中有恒定磁通时并不消耗功率，只有交变磁通才会在铁心中产生铁心损耗。铁心损耗与磁通密度最大值 B_m、交变频率 f 有关。

工程应用时，由实验测出并以曲线或表格表示各种铁磁材料在不同频率、不同工作磁密下的比损耗 p（W/kg）（包括磁滞损耗和涡流损耗）来计算铁损耗 p_{Fe}。

铁心损耗均转化为热能使铁心温度升高，为了防止电机过热，一方面采用硅钢片以减小铁心损耗，另一方面则应采取散热降温措施。

表0-1　电路和磁路的比较

序号	电路			磁路		
	基本物理量或基本定律	符号或定义	单位	基本物理量或基本定律	符号或定义	单位
1	电流	I	A	磁通	Φ	Wb
2	电动势	E	V	磁动势	F	A
3	电压	U	V	磁压降	$U_m=Hl$	A
4	电阻	$R=l/(\rho S)$	Ω	磁阻	$R_m=l/(\mu S)$	1/H
5	电导	$G=1/R$	S	磁导	$\Lambda=1/R_m$	H

续表

序号	电路			磁路		
	基本物理量或基本定律	符号或定义	单位	基本物理量或基本定律	符号或定义	单位
6	电导率	ρ	S/m	磁导率	μ	H/m
7	电流密度	$J=I/S$	A/m^2	磁通密度	$B=\Phi/S$	T
8	电流定律	$\sum I=0$		磁通连续性原理	$\sum\Phi=0$	
9	电压定律	$\sum U=\sum E$		安培环流定律	$\sum Hl=\sum NI$	
10	欧姆定律	$U=RI$		磁路欧姆定律	$F=R_m\Phi$	

第一章 变压器的工作原理和运行特性

变压器是一种静止电器，它利用电磁感应原理，把一种电压、电流的交流电能转换成相同频率的另一种电压、电流的交流电能，具有变压、变流和变阻抗的功能。

[主要内容]

本章首先分析变压器的基本工作原理、主要结构、额定值，然后以单相双绕组电力变压器为例，分析变压器稳定运行时的基本电磁关系，导出基本方程、等效电路和相量图、参数测定方法、运行特性，然后分析三相变压器磁路系统、电路系统及影响电动势波形的因素、变压器并联运行条件，最后简要介绍几种特殊变压器。

[重点要求]

1. 掌握变压器的基本工作原理、主要结构、额定值。
2. 掌握变压器运行时的电磁过程、主磁通和漏磁通的区别。
3. 掌握变压器电动势和磁动势平衡方程、等效电路和相量图。
4. 掌握变压器参数的实验测定方法、标么值的概念及应用。
5. 掌握变压器电压变化率及效率的概念及计算。
6. 掌握三相变压器的磁路特点、联结组标号的判定方法和改善电动势波形的方法。
7. 掌握变压器并联运行的条件。
8. 了解其他变压器的特点。

第一节 变压器的基本工作原理和主要结构

一、变压器的基本工作原理

变压器的基本结构如图 1-1 所示，两个互相绝缘的绕组（或称线圈）套在同一个铁心上，绕组之间只有磁的耦合而没有电的联系，其中接交流电源的绕组 1，称为一次绕组（或称原绕组）；接负载的绕组 2，称为二次绕组（或称副绕组）。

当一次绕组接交流电源时，流过绕组的交流电流在铁心中产生与外加电压频率相同的交变磁通 ϕ，该磁通同时交链一、二次绕组，根据电磁感应定律，交变磁通将在一、二次绕组中分别感应出相同频率的电动势 e_1、e_2。若 N_1、N_2 分别为一、二次绕组的匝数，则电动势为

$$\begin{cases} e_1 = -N_1 \dfrac{d\phi}{dt} \\ e_2 = -N_2 \dfrac{d\phi}{dt} \end{cases} \tag{1-1}$$

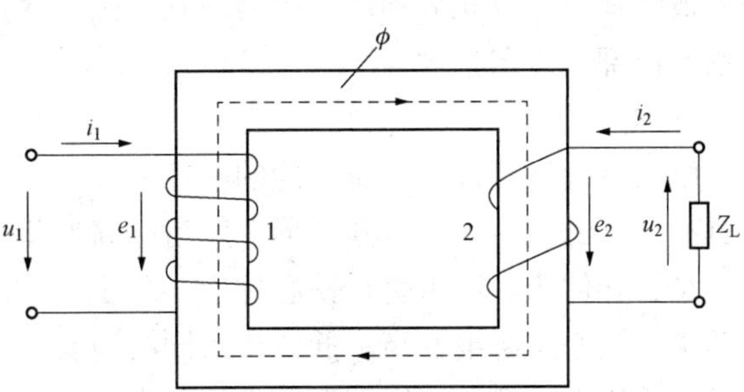

图 1-1 变压器工作原理示意图

当满足$\dfrac{d\phi}{dt}\neq 0$ 和 $N_1 \neq N_2$ 两个条件时，e_1 与 e_2 的大小不相同，由于一、二

次绕组的感应电动势近似等于各自的电压，因此，改变一、二次绕组的匝数比即可改变变压器的二次电压，这就是变压器的变压原理。若把负载接到二次绕组，在电动势 e_2 的作用下，变压器就能向负载输出电能，实现不同电压等级电能的传递。

二、变压器的分类

变压器的种类很多，按相数可分为单相变压器、三相变压器和多相变相器；按绕组数目可分为双绕组变压器、三绕组变压器、多绕组变压器和自耦变压器；按冷却介质和冷却方式可分为油浸式变压器、干式变压器；按用途可分为电力变压器（升压变压器、降压变压器、联络变压器和厂用变压器）、仪用互感器（电压互感器和电流互感器）、特种变压器（如调压变压器、试验变压器、电炉变压器、整流变压器、电焊变压器等）；按磁路结构可分为芯式变压器和组式变压器等。

三、变压器的主要结构

变压器中最主要的部件是铁心和绕组，铁心和绕组装配在一起构成器身。油浸式变压器的器身放在油箱里，油箱中注满了变压器油。油箱外装有散热器，油箱上部还装有储油柜、安全气道、绝缘套管等。图 1 - 2 所示是油浸式变压器的结构图。

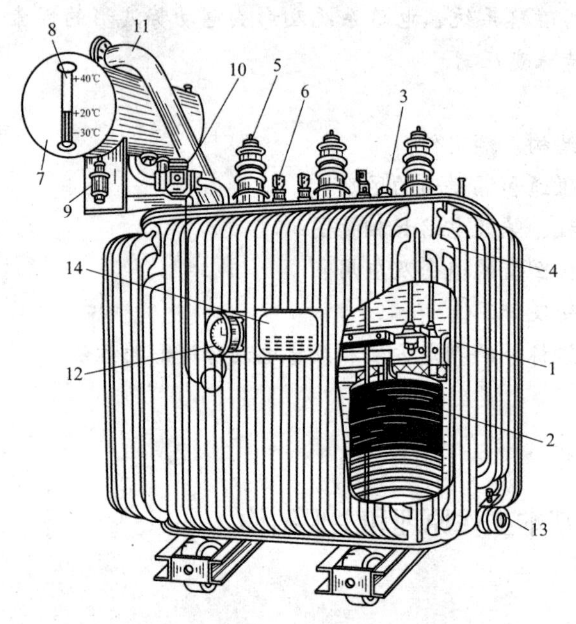

图 1 - 2 油浸式电力变压器结构图

1—铁心；2—绕组及绝缘；3—分接开关；4—油箱；5—高压套管；6—低压套管；7—储油柜；8—油位计；9—呼吸器；10—气体继电器；11—安全气道；12—信号式温度计；13—放油阀门；14—铭牌

1. 铁心

在变压器中，铁心既是耦合磁通的主要通路，又是机械骨架。铁心由铁心柱和铁轭两部分构成，铁轭将铁心柱连接起来形成闭合磁路。

为了提高磁路的导磁性能，减少铁心中的磁滞、涡流损耗，铁心一般用高磁导率的铁磁性材料制成。目前，变压器铁心大部分采用 0.35～0.5mm 厚、表面涂有绝缘漆的硅钢片叠装而成。为了减小接缝间隙以减小励磁电流，一般采用交错式叠装，使相邻的接缝错开。铁心柱的截面一般做成阶梯形，以充分利用绕组的内圆空间。容量较大的变压器，铁心中常设有油道，以改善铁心内部的冷却条件。

2. 绕组

绕组是变压器传递交流电能的电路部分，常用包有绝缘材料的铜线绕制而成。为了使绕组具有良好的机械性能，其外形一般为圆筒形状，高压绕组的匝数多、导体细，低压绕组的匝数少、导体粗，绕组套在铁心柱上，如图 1 - 3 所示。变压器的绕组可分为同心式和交叠式两类。同心式绕组的高、低压绕组同心地套在铁心柱上。为了便于绝缘和高压绕组易于与分接开关连接，低压绕组靠近铁心柱，高压绕组套在低压绕组外面，两个绕组之间留有油道以利于冷却。同心式绕组尚有多种不同的结构形式，如圆筒式、螺旋式、连续式、纠结式等。同心式绕组结构简单，制造方便，电力变压器大部分采用这种结构。交叠式绕组的高、低压绕组沿铁心柱高度方向交替放置，如图 1 - 4 所示。为减小绝缘距离，通常低压绕组靠近铁轭。交叠式绕组机械强度好，引出线布置方便，多用于低电压大电流的电焊、电炉变压器及壳式变压器中。

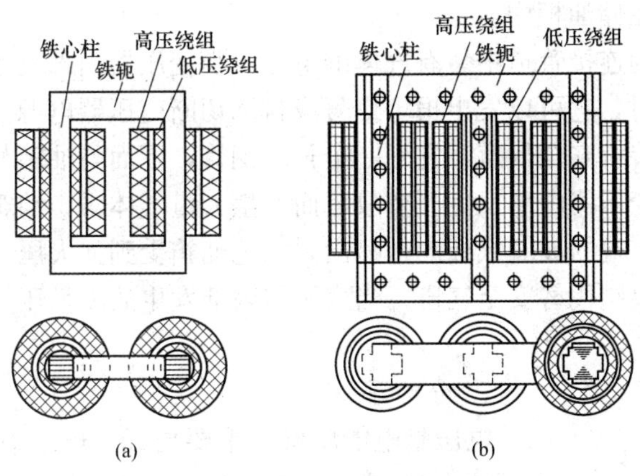

图 1 - 3　变压器同心式绕组和铁心装配示意图
（a）单相；（b）三相

3. 绝缘套管

变压器的引出线从油箱内部引到箱外时必须经过绝缘套管，使带电的引线与接地的油箱绝缘。为了增大外表面放电距离，套管外形采用多级伞形裙边。电压愈高，级数愈多。绝缘套管一般是瓷质的，其结构取决于电压等级。1kV 以下采用实心瓷套管；10～35kV 采用空心充气或充油式套管；110kV 及以上采用电容式套管。图 1 - 5 所示为瓷制充油式绝缘套管。

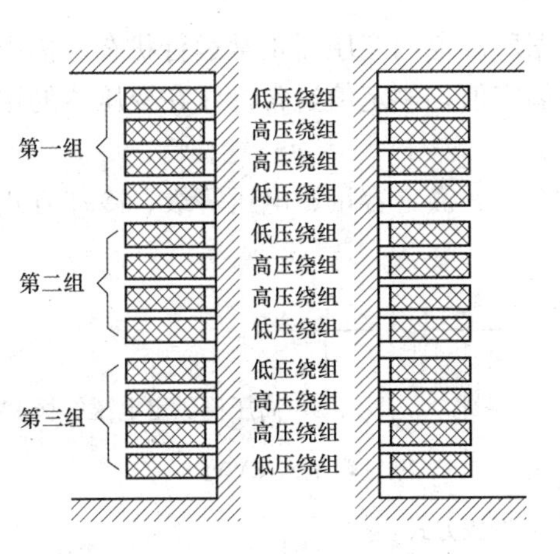

图 1 - 4　交叠式绕组

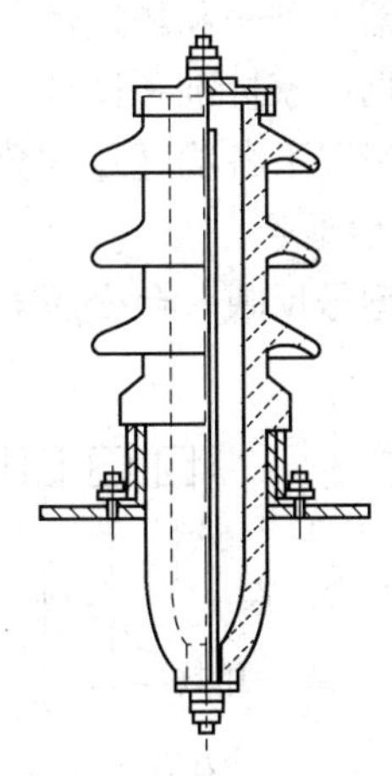

图 1 - 5　瓷制充油式套管

4. 油箱及其他附件

油浸式变压器的器身浸在充满变压器油的油箱中，变压器油既是绝缘介质，又是冷却介质。通过受热后的对流，变压器油将铁心和绕组中的热量带到箱壁及冷却装置，再散发到周围空气中。

变压器的油箱用钢板焊成，一般做成椭圆形，有较高的机械强度，而且需油量较少。容量很小的变压器采用平板式油箱；中、小型变压器为增加散热表面采用管式油箱；大容量变压器采用散热器式油箱。

在油箱盖上安装有储油柜（亦称膨胀器或油枕），储油柜通过管道与油箱接通，使变压器中油面的升降限制在储油柜中。

在储油柜与油箱的连接管道中装有气体继电器。当变压器内部发生故障产生气体或油箱漏油使油面下降过多时，它可以发出报警信号或自动切断变压器电源。

在油箱的顶盖上装有安全气道，它是一个长的钢管，下面与油箱相通，上部出口处盖以玻璃或酚醛纸板。当变压器内部发生严重故障而产生大量气体时，油箱内压力迅速增大，油流和气体将冲破气道上端的玻璃纸板向外喷出，以免油箱受到强大压力而爆裂。现在生产的变压器已采用压力释放阀代替安全气道。当变压器内部发生故障，压力升高时，压力释放阀动作并接通触点报警。

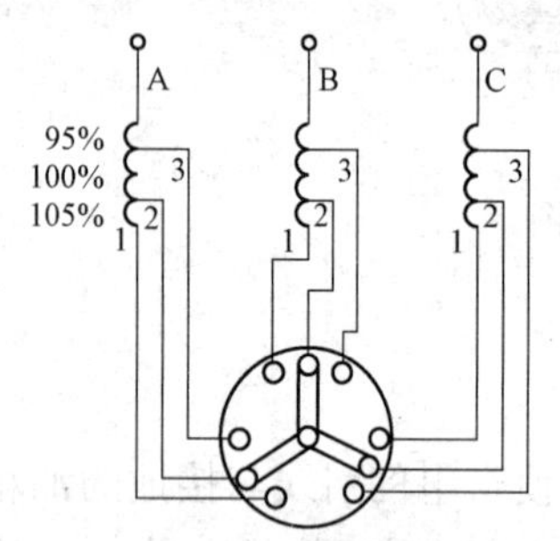

图 1-6 分接开关

5. 分接开关

电压是电能质量的重要指标，电压波动一般不得超过额定电压的±5%或±10%。为了保证电压波动在允许范围之内，应适时对变压器进行调压。变压器的调压一般是通过改变高压绕组匝数来实现的。变压器的高压绕组有多个分接头，接到分接开关上，如图 1-6 所示（图中每相有三个分接头），当分接开关切换到不同分接头位置时，变压器就有不同的匝数比，从而调节变压器输出电压大小。分接开关分无励磁调压分接开关和有载调压分接开关，前者是在变压器一、二次侧均与电网断开（无励磁）情况下，改变分接头来调压，后者是在负载情况下改变分接头进行调压。

四、变压器的型号和额定值

制造厂根据国家标准和设计、试验数据所规定的变压器正常运行状态，称为额定运行情况。额定运行情况下各物理量的数值称为额定值，额定值通常标注在变压器的铭牌上。

1. 变压器的型号

变压器的型号反映一台变压器的耦合方式、额定容量、电压等级、冷却方式等内容，表示方法如下：

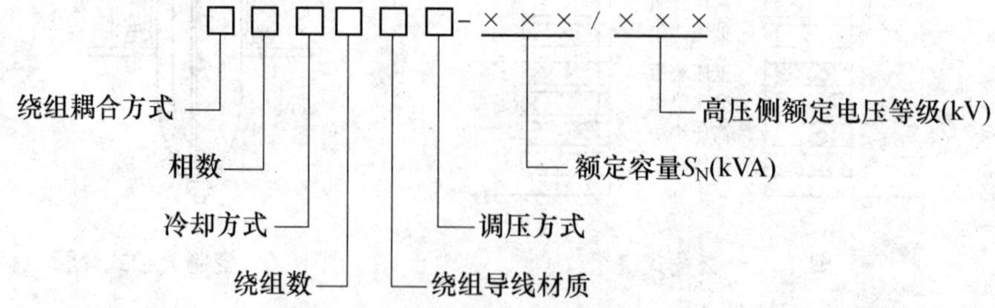

例如 OSFPSZ-250000/220 为三相自耦强迫油循环风冷三绕组铜线有载调压、额定容量为 250000kVA、高压侧额定电压为 220kV 的电力变压器；S11-500/10 为额定容量为 500kVA、高压侧额定电压为 10kV 级的低损耗三相油浸式自冷电力变压器。

2. 额定值

(1) 额定容量 S_N (VA、kVA 或 MVA)。额定容量 S_N 是指变压器额定运行时所能传递的最大视在功率，由于变压器的效率很高，通常一、二次侧的额定容量设计成相等。对三相变压器，额定容量 S_N 是指三相的总功率。

额定容量为 10～630kVA 的电力变压器通常称为小型变压器；额定容量为 800～6300kVA 的称为中型变压器；额定容量为 8000～63000kVA 的称为大型变压器；额定容量在 90000kVA 及以上的称为特大型变压器。

(2) 额定电压 U_{1N}和 U_{2N} (V 或 kV)。变压器一次侧的额定电压 U_{1N}是制造厂规定的一次侧外加端电压的允许值；二次侧的额定电压 U_{2N}是指变压器一次侧加额定电压时二次侧的开路电压。对三相变压器，额定电压是指线电压。

(3) 额定电流 I_{1N}和 I_{2N} (A)。变压器一、二次侧的额定电流是变压器正常运行时一、二次侧允许长期流过的电流。对三相变压器，额定电流是指线电流。

S_N、U_N、I_N 三者之间的关系：

对于单相变压器

$$S_N = U_{1N} I_{1N} = U_{2N} I_{2N} \tag{1-2}$$

对于三相变压器

$$S_N = \sqrt{3} U_{1N} I_{1N} = \sqrt{3} U_{2N} I_{2N} \tag{1-3}$$

(4) 额定频率 f_N (Hz)。我国的标准规定工业频率 f_N=50Hz。

此外，额定运行时的效率、温升等数据也是额定值。除额定值外，变压器的相数、绕组联结方式及联结组标号、短路电压、运行方式和冷却方式等均标注在铭牌上。

例 1-1　一台电力变压器，额定容量 S_N=250000kVA，U_{1N}/U_{2N}=242/15.75kV，YNd 接线，求：(1) 变压器的一、二次额定电流？(2) 变压器的一、二次绕组的额定电压和额定电流？

解　(1) 一次侧额定电流

$$I_{1N} = \frac{S_N}{\sqrt{3} U_{1N}} = \frac{250000}{\sqrt{3} \times 242} = 596(\mathrm{A})$$

二次侧额定电流

$$I_{2N} = \frac{S_N}{\sqrt{3} U_{2N}} = \frac{250000}{\sqrt{3} \times 15.75} = 9164(\mathrm{A})$$

(2) 一次绕组的额定电压

$$U_{1Np} = \frac{U_{1N}}{\sqrt{3}} = \frac{242}{\sqrt{3}} = 139.7(\mathrm{kV})$$

二次绕组的额定电压

$$U_{2Np} = U_{2N} = 15.75(\mathrm{kV})$$

一次绕组的额定电流

$$I_{1Np} = I_{1N} = 596(\mathrm{A})$$

二次绕组的额定电流

$$I_{2Np} = \frac{I_{2N}}{\sqrt{3}} = \frac{9164}{\sqrt{3}} = 5291(\mathrm{A})$$

第二节　单相变压器的空载运行

空载运行是指变压器一次绕组接到额定电压、额定频率的电源上，二次绕组开路时的运行状态。

一、空载运行时的电磁关系

1. 电磁关系

图 1-7 为单相变压器空载运行示意图，图中各正弦量为相量表示。一次绕组接到电压为$\dot{U}_1$的交流电源后，绕组中有电流$\dot{I}_0$流过，称$\dot{I}_0$为空载电流。$\dot{I}_0$流过一次绕组建立交变磁动势$\dot{F}_0=\dot{I}_0N_1$，在$\dot{F}_0$作用下产生交变磁通。根据所经过的路径不同，磁通可分为主磁通$\dot{\Phi}$和漏磁通$\dot{\Phi}_{1\sigma}$，同时一次侧电流$\dot{I}_0$在一次绕组中产生电阻压降$\dot{I}_0r_1$。

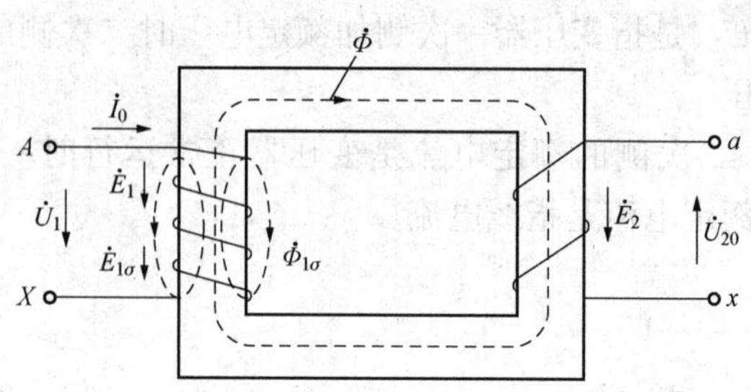

图 1-7　变压器空载运行示意图

主磁通同时交链一、二次绕组，沿铁心闭合，在一、二次绕组中分别感应主电动势$\dot{E}_1$、$\dot{E}_2$，当二次侧接负载时就有电功率向负载输出，所以主磁通起传递能量的作用。由于铁磁材料具有饱和特性，主磁路的磁阻不是常数，所以主磁通与建立它的空载电流之间呈非线性关系。

漏磁通通过一次绕组附近的空气或变压器油等非铁磁介质构成回路，在一次绕组中感应漏电动势$\dot{E}_{1\sigma}$，不能传递能量，仅起电抗压降作用。由于漏磁通的磁路大部分由非铁磁材料组成，漏磁路的磁阻基本上是常数，所以漏磁通与产生它的空载电流之间呈线性关系。

由于铁心的磁导率远比铁心外非铁磁材料的磁导率大，所以磁通中的绝大部分是主磁通，而漏磁通只占总磁通的一小部分（约 0.1%～0.2%）。

主、漏磁通的区别见表 1-1 所示。

表 1-1　变压器主磁通与漏磁通的区别

	路径	作用	大小	性质
主磁通	铁心	传递能量	占总磁通 98%以上	$\phi=f(i_0)$ 非线性
漏磁通	空气或油	电抗压降	占总磁通 2%以下	$\phi_{1\sigma}=f(i_0)$ 线性

变压器主磁通与漏磁通区别产生的根本原因是各自路径的磁阻不同。

变压器空载运行时的电磁关系可以表示为

2. 假定正方向（参考方向）规定

变压器中各电磁量都是交流量，要建立它们之间的相互关系，必须先规定各物理量的正方向。从原理上讲，假定正方向可以任意选择，但假定正方向不同，列出的电磁方程和绘制的相量图也不同，通常按惯例规定正方向：

(1) 在一次侧，采用电动机惯例，即电流的正方向与电压的正方向一致；在二次侧，采用发电机惯例，即电流的正方向与电动势的正方向一致；

(2) 电流的正方向与它产生的磁通的正方向符合右手螺旋关系；

(3) 磁通的正方向与它感应的电动势的正方向符合右手螺旋关系。

根据这些规定，变压器各物理量的假定正方向规定如图 1-7 所示。图中电压$\dot{U}_1$、$\dot{U}_{20}$（或$\dot{U}_2$）的正方向表示电位降低，电动势$\dot{E}_1$、$\dot{E}_2$的正方向表示电位升高。在一次侧，$\dot{U}_1$由首端指向末端，$\dot{I}_0$（$\dot{I}_1$）从首端流入，当$\dot{U}_1$和$\dot{I}_0$（$\dot{I}_1$）同时为正或同时为负时，表示电功率从一次侧输入。在二次侧，$\dot{I}_2$和$\dot{U}_2$的正方向是由$\dot{E}_2$的正方向决定的。当$\dot{U}_2$和$\dot{I}_2$同时为正或同时为负时，电功率从二次侧输出。

3. 电动势与磁通的关系

在变压器中，若主磁通 ϕ 按正弦规律变化，即

$$\phi = \Phi_m \sin\omega t \tag{1-4}$$

则根据 $e=-N\dfrac{d\phi}{dt}$ 可知，一次绕组中感应电动势的瞬时值为

$$e_1 = -N_1\frac{d\phi}{dt} = -N_1\omega\Phi_m\cos\omega t = \sqrt{2}E_1\sin(\omega t-90^\circ) \tag{1-5}$$

可见，当主磁通按正弦规律变化时，感应电动势也按正弦规律变化，且频率不变，但相位滞后磁通 90°。电动势的有效值为

$$E_1 = \frac{N_1\omega\Phi_m}{\sqrt{2}} = \frac{2N_1\pi f\Phi_m}{\sqrt{2}} = 4.44fN_1\Phi_m \tag{1-6}$$

用相量表示

$$\dot{E}_1 = -j4.44fN_1\dot{\Phi}_m \tag{1-7}$$

同理，对 e_2 和 $\dot{E}_2$，只要将 e_1 和 $\dot{E}_1$ 公式中的 N_1 改变成 N_2 即可；对漏电动势 $e_{1\sigma}$ 和 $\dot{E}_{1\sigma}$，只要将 e_1 和 $\dot{E}_1$ 公式中的 Φ_m 改成一次漏磁通最大值 $\Phi_{1\sigma m}$ 即可。

4. 电动势平衡方程

根据以上分析有，漏磁电动势为

$$\dot{E}_{1\sigma} = -j4.44fN_1\dot{\Phi}_{1\sigma m} \tag{1-8}$$

由于漏电感 $L_{1\sigma}=\dfrac{N_1\Phi_{1\sigma}}{I_0}=\dfrac{N_1\Phi_{1\sigma m}}{\sqrt{2}I_0}$，代入式（1-8），可以推导出 $\dot{E}_{1\sigma}$ 用电抗压降的表示形式

$$\dot{E}_{1\sigma} = -j\omega L_{1\sigma}\dot{I}_0 = -jx_1\dot{I}_0 \tag{1-9}$$

式中　$L_{1\sigma}$——一次绕组的漏电感，$L_{1\sigma}=\dfrac{N_1\Phi_{1\sigma}}{I_0}=\dfrac{N_1^2}{R_{m\sigma 1}}$，$R_{m\sigma 1}$ 为一次侧漏磁通磁路的磁阻，为常数；

x_1——一次绕组的漏电抗，$x_1=\omega L_{1\sigma}=2\pi f\dfrac{N_1^2}{R_{m\sigma 1}}$，频率不变化时，为常数。

按照图 1-7 规定的假定正方向，空载时一次侧的电动势平衡方程为

$$\dot{U}_1=-\dot{E}_1-\dot{E}_{1\sigma}+\dot{I}_0 r_1 \tag{1-10}$$

将式（1-9）代入式（1-10）可得

$$\dot{U}_1=-\dot{E}_1+\dot{I}_0 r_1+\mathrm{j}\dot{I}_0 x_1=-\dot{E}_1+\dot{I}_0 Z_1 \tag{1-11}$$

式中 Z_1——一次绕组的漏阻抗，$Z_1=r_1+\mathrm{j}x_1$。

在变压器中，一次绕组的漏阻抗压降$|I_0Z_1|$很小，不超过一次侧电压U_1的 0.2%，如将$|I_0Z_1|$忽略，则式（1-11）可简化为

$$\dot{U}_1\approx-\dot{E}_1$$

或

$$U_1\approx E_1=4.44fN_1\Phi_m$$

于是

$$\Phi_m=\frac{E_1}{4.44fN_1}\approx\frac{U_1}{4.44fN_1} \tag{1-12}$$

由式（1-12）可知，决定变压器主磁通大小的参数有两种：一种是电源参数，即电压大小U_1和频率f；一种是结构参数，即一次绕组的匝数N_1，与变压器铁心的材质及几何尺寸无关。当f、N_1一定时，由式（1-12）得$\Phi_m\propto U_1$，说明变压器的主磁通虽然由空载磁动势$\dot{F}_0$产生，但它的大小却基本由电源电压U_1决定。

在二次侧，由于$\dot{I}_2=0$，因此二次侧的空载电压$\dot{U}_{20}$等于二次侧的感应电动势$\dot{E}_2$，即二次侧的电动势平衡方程为

$$\dot{U}_{20}=\dot{E}_2 \tag{1-13}$$

5. 变压器的变比

在变压器中，一、二次绕组的感应电动势E_1和E_2之比称为变压器的变比，用k表示。即

$$k=\frac{E_1}{E_2}=\frac{4.44fN_1\Phi_m}{4.44fN_2\Phi_m}=\frac{N_1}{N_2} \tag{1-14}$$

式（1-14）表明，变压器的变比等于一、二次绕组的匝数比。当变压器空载运行时，由于$U_1\approx E_1$，$U_{20}=E_2$，所以可近似用空载运行时一、二次绕组的电压比作为变比，即

$$k=\frac{E_1}{E_2}\approx\frac{U_1}{U_{20}}=\frac{U_{1N}}{U_{2N}} \tag{1-15}$$

对于三相变压器，变比是指一、二次侧相电动势之比或额定相电压之比。在工程上常常取k为大于 1 的数值。

6. 空载损耗

变压器空载运行时，二次侧虽然没有功率输出，但其一次侧仍会从电网吸收有功功率P_0转化为热能散发到周围介质中，这部分功率称为空载损耗p_0。

空载损耗p_0包括铜损耗p_{Cu}和铁损耗p_{Fe}两部分，铜损耗$p_{Cu}=I_0^2r_1$，由于I_0和r_1都很小，所以铜损耗可以忽略，认为空载损耗近似等于铁损耗，即

$$P_0=p_0\approx p_{Fe} \tag{1-16}$$

对于一般的电工钢片，在正常的工作磁通范围内（$1T<B_m<1.8T$）时有

$$p_{Fe}\propto B_m^2\cdot f^{1.3} \quad (1-17)$$

即铁损耗与铁心最大磁密的平方成正比，与电源频率的1.3次方成正比。

空载损耗约占额定容量的0.2%～1%，该百分值随着容量的增大而减小。空载损耗虽然不大，但由于变压器在电网中的使用量很大，铁损耗无时不在，所以减少铁损耗对电力系统的经济运行具有十分重要的意义。为了减少铁损耗，变压器采用优质铁磁性材料，如优质电工钢片、应用非晶合金铁心等。

二、空载电流

1. 空载电流的作用和组成

变压器空载运行时一次绕组中的空载电流 i_0 绝大部分用来产生主磁通，这部分电流属无功性质，用励磁电流 i_r 来表示；另有很少部分用来供变压器的铁心损耗，这部分电流属有功性质，用铁耗分量 i_a 表示。所以空载电流由无功分量和有功分量两部分组成

$$\dot{I}_0=\dot{I}_r+\dot{I}_a \quad (1-18)$$

或

$$I_0=\sqrt{I_r^2+I_a^2} \quad (1-19)$$

励磁电流 $\dot{I}_r$与其产生的主磁通 $\dot{\Phi}$ 同相位；铁耗分量 $\dot{I}_a$乘以电压降（$-\dot{E}_1$）是电源提供的铁耗功率，$\dot{I}_a$与（$-\dot{E}_1$）同相，这时空载电流 $\dot{I}_0$将超前主磁通 $\dot{\Phi}$一个相位角 α——铁耗角。

2. 空载电流的性质和大小

由于空载电流中无功分量远远大于有功分量，所以空载电流主要是感性无功性质的，它使电网的功率因数降低，输送有功功率减少，因此，变压器运行规程规定，不允许变压器长期在电网中空载运行。

由于 $I_a\ll I_r$，所以 $I_0\approx I_r$，因此常常称空载电流 I_0 为励磁电流。

空载电流的大小用空载电流百分数 $I_0\%$来表示，即

$$I_0\%=\frac{I_0}{I_N}\times 100\% \quad (1-20)$$

$I_0\%$是电力变压器一个非常重要的物理量，其值很小，一般在1%～8%之间，变压器容量越大，$I_0\%$越小。如SFP7-370000/220三相电力变压器的 $I_0\%$仅为0.22%。

3. 空载电流波形

由于磁路具有饱和特性，所以空载电流 i_0 与由它产生的主磁通 ϕ 之间呈非线性关系。磁通按正弦规律变化时，当 ϕ 达到一定值后，磁路开始饱和，空载电流增长的速度比主磁通快得多，形成尖顶波，如图1-8所示。反之，若空载电流按正弦规律变化，当 i_0 达到一定值后，磁路开始饱和，主磁通增长的速度比空载电流慢，波形呈平顶波。

根据傅里叶分解，尖顶波可分解为基波和3、5、7……次谐波。除基波外，三次谐波分量最大。这就是说，由于铁磁性材料磁化曲线的饱和特性，要在变压器中建立正弦波磁通，励磁电流中必须包含三次谐波分量。

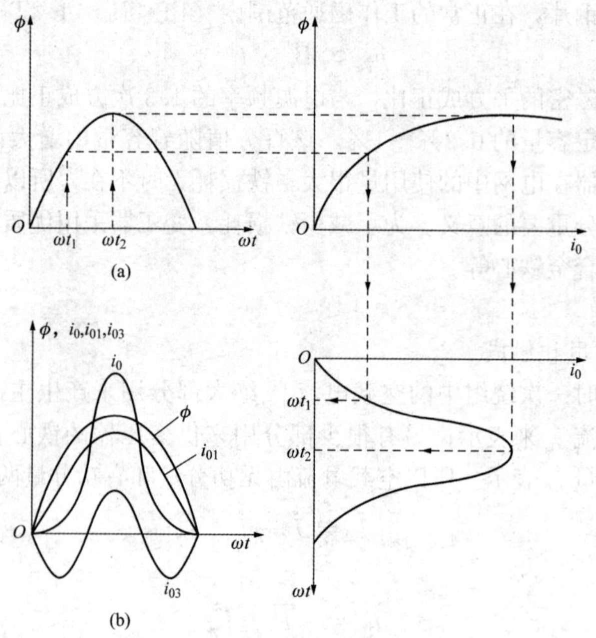

图 1-8　空载电流的波形

(a) 图解法；(b) 波形分解

三、空载时的等效电路和相量图

等效电路就是用一个电路有条件地等效一台实际变压器，这样可以将变压器用一个电路来分析。

从前面分析可知，空载电流中，铁耗分量 $\dot{I}_a$与（$-\dot{E}_1$）同相位，无功分量 $\dot{I}_r$与滞后（$-\dot{E}_1$）90°，这样可以用励磁电导 g_m、励磁电纳 b_m 将 $\dot{I}_a$和 $\dot{I}_r$与（$-\dot{E}_1$）联系起来，即

$$\begin{cases}\dot{I}_a = g_m(-\dot{E}_1) \\ \dot{I}_r = -\mathrm{j}b_m(-\dot{E}_1) \\ \dot{I}_0 = (g_m - \mathrm{j}b_m)(-\dot{E}_1)\end{cases} \tag{1-21}$$

利用 g_m、b_m 可以计算变压器空载时的铁损耗和励磁无功功率，即

$$\begin{cases}p_{Fe} = I_a E_1 = g_m E_1^2 \\ Q_r = I_r E_1 = b_m E_1^2\end{cases} \tag{1-22}$$

在进行电路计算中，将并联的导纳参数转化成串联的阻抗参数更为方便，于是式（1-21）第三项可写成

$$\frac{-\dot{E}_1}{\dot{I}_0} = \frac{1}{g_m - \mathrm{j}b_m} = \frac{g_m}{g_m^2 + b_m^2} + \mathrm{j}\frac{b_m}{g_m^2 + b_m^2} = r_m + \mathrm{j}x_m = Z_m \tag{1-23}$$

式中　r_m——变压器的励磁电阻，$r_m = \dfrac{g_m}{g_m^2 + b_m^2}$；

x_m——变压器的励磁电抗，对应主磁路磁导的电抗，$x_m = \dfrac{b_m}{g_m^2 + b_m^2}$；

Z_m——变压器的励磁阻抗，$Z_m = r_m + \mathrm{j}x_m$。

上述的变换为等效变换，变换前后功率不变，所以 $I_0^2 r_m$ 反映铁损耗，$I_0^2 x_m$ 反映励磁无功功率。

需要强调的是，r_m 并不能是真正的电阻，它是为计算铁损耗而引进的模拟电阻，是反映铁损耗的等效电阻。

式（1-23）中，可以把 $\dot{E}_1$ 看成是 $\dot{I}_0$ 在 $Z_m=r_m+jx_m$ 上的压降，即

$$-\dot{E}_1=\dot{I}_0 Z_m=\dot{I}_0(r_m+jx_m) \tag{1-24}$$

于是变压器一次侧的电动势平衡方程可以写成

$$\dot{U}_1=-\dot{E}_1+\dot{I}_0 Z_1=\dot{I}_0(Z_m+Z_1)=\dot{I}_0(r_m+jx_m+r_1+jx_1) \tag{1-25}$$

由式（1-25）可知，空载运行的变压器可以看作两个阻抗 Z_1 与 Z_m 的串联，这样可以画出变压器空载时的等效电路，如图 1-9 所示。

等效电路中，r_1 是一次绕组的电阻，x_1 是对应一次绕组漏磁通的电抗，它们数值很小且为常数。r_m、x_m 受铁心饱和的影响，不是常数。当频率一定时，若外加电压升高，则主磁通增大，铁心饱和程度增加，磁阻 R_m 增大，$x_m=\omega L_m=\dfrac{\omega N_1^2}{R_m}$ 减小。主磁通增大，铁耗 p_{Fe} 增大，但 p_{Fe} 增大的程度比 I_0^2 增大的程度小，由 $p_{Fe}=I_0^2 r_m$，r_m 则亦减小。反之，若外加电压降低，则 r_m 和 x_m 增大。但通常外加电压是一定的，在正常运行范围内（由空载到满载）主磁通基本不变，磁路的饱和程度也近似不变，因此 r_m、x_m 可看作常数。

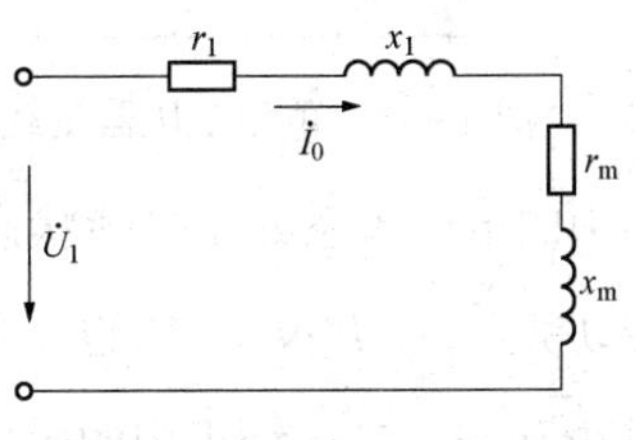

图 1-9　变压器空载时等效电路

在数值上，由于 $r_m \gg r_1$、$x_m \gg x_1$，因此有时把 r_1、x_1 忽略不计，这样变压器空载时的等效电路成为只有 Z_m 的电路，因此在一定的外施电压下，空载电流的大小由励磁阻抗 Z_m 决定。从运行角度希望空载电流越小越好，采用高导磁性能钢片的目的就是为了增大 Z_m，减少 I_0，提高变压器的效率和功率因数。

根据式（1-11）可画出变压器空载运行时的相量如图 1-10 所示。画图时以主磁通 $\dot{\Phi}$ 作为参考相量，$\dot{E}_1$、$\dot{E}_2$ 滞后 $\dot{\Phi}$ 90°。$\dot{I}_r$ 与 $\dot{\Phi}$ 同相位，$\dot{I}_a$ 与 $-\dot{E}_1$ 同相位，$\dot{I}_r$ 与 $\dot{I}_a$ 二者的相量和为 $\dot{I}_0$。$-\dot{E}_1$ 加上与 $\dot{I}_0$ 平行的 $\dot{I}_0 r_1$ 和与 $\dot{I}_0$ 垂直的 $j\dot{I}_0 x_1$ 得到 $\dot{U}_1$。$\dot{U}_1$ 与 $\dot{I}_0$ 之间的相位角 φ_0 称为变压器空载时的功率因数角。由于 $\varphi_0 \approx 90°$，因此，变压器空载运行时的功率因数 $\cos\varphi_0$ 是很低的，一般在 0.1～0.2 之间。

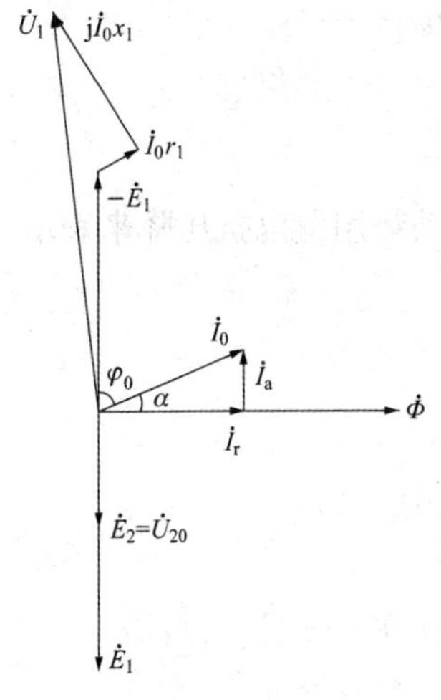

图 1-10　变压器空载运行时相量图

需要说明的是，在相量图中，各量的长度之比，并不代表实际各量大小之比，相量图只反映相量之间的相位关系，对于三相变压器，图中各物理量均采用相值。

第三节 单相变压器的负载运行

变压器一次侧接到交流电源，二次侧接上负载时的运行状态称为负载运行，如图 1-11 所示。

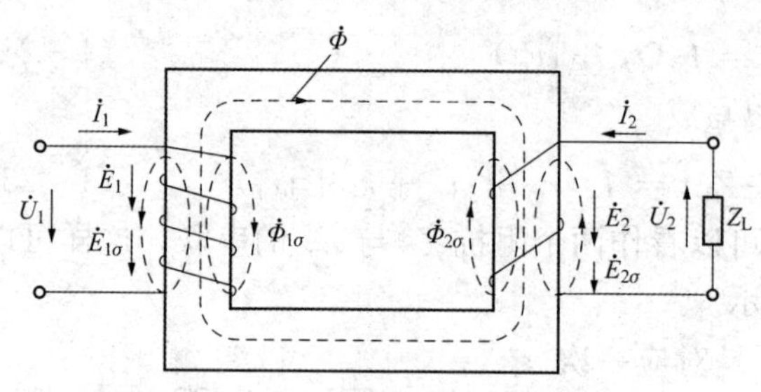

图 1-11 单相变压器负载运行示意图

一、负载运行时的电磁过程

变压器空载运行时，一次侧空载电流 $\dot{I}_0$ 建立的磁动势 $\dot{F}_0=\dot{I}_0N_1$ 就是励磁磁动势。$\dot{F}_0$ 产生的主磁通 $\dot{\Phi}$，在一、二次绕组中感应电动势 $\dot{E}_1$、$\dot{E}_2$。电源电压 $\dot{U}_1$ 与反电动势 $-\dot{E}_1$ 及漏阻抗压降 $\dot{I}_0Z_1$ 相平衡，维持空载电流在一次绕组中流过，此时变压器中的电磁关系处于平衡状态。当二次侧接上负载后，二次绕组中就有电流 $\dot{I}_2$ 流过并建立磁动势 $\dot{F}_2=\dot{I}_2N_2$。$\dot{F}_2$ 也作用在变压器的主磁路上，改变了原有的磁动势平衡，迫使主磁通 $\dot{\Phi}$ 和一、二次绕组中的感应电动势 $\dot{E}_1$ 和 $\dot{E}_2$ 趋于改变，于是原有的电动势平衡关系将发生变化，导致一次侧电流发生变化，即从空载电流 $\dot{I}_0$ 变为负载时的电流 $\dot{I}_1$，一次绕组的磁动势也从空载磁动势 $\dot{F}_0=\dot{I}_0N_1$ 变为 $\dot{F}_1=\dot{I}_1N_1$，所以负载时的主磁通 $\dot{\Phi}$ 由一、二次绕组的合成磁动势 $\dot{F}_1+\dot{F}_2$ 产生。变压器在负载时的电磁关系可表示如下：

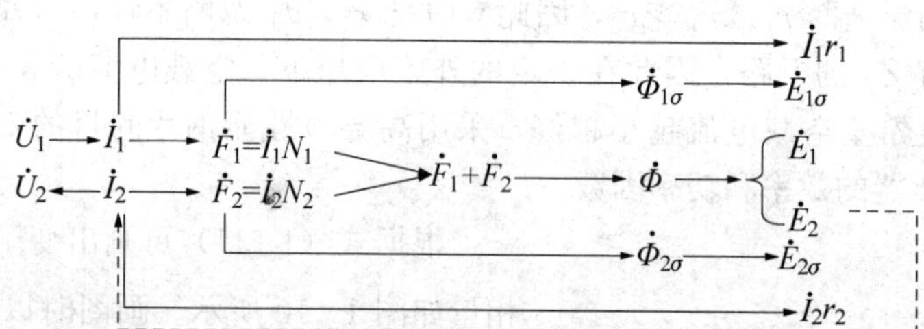

二、电动势平衡方程

与空载运行分析相同，变压器负载运行时也可将漏电动势用漏电抗压降来表示

$$\begin{cases}\dot{E}_{1\sigma}=-\mathrm{j}\dot{I}_1x_1\\ \dot{E}_{2\sigma}=-\mathrm{j}\dot{I}_2x_2\end{cases}\tag{1-26}$$

式中 x_2——二次绕组的漏电抗，$x_2=\omega L_{2\sigma}=2\pi f\dfrac{N_2^2}{R_{m\sigma2}}$。

一次侧电动势平衡方程为

$$\dot{U}_1=-\dot{E}_1-\dot{E}_{1\sigma}+\dot{I}_1r_1=-\dot{E}_1+\dot{I}_1(r_1+\mathrm{j}x_1)=-\dot{E}_1+\dot{I}_1Z_1\tag{1-27}$$

二次侧电动势平衡方程为

$$\dot{U}_2=\dot{E}_2+\dot{E}_{2\sigma}-\dot{I}_2r_2=\dot{E}_2-\dot{I}_2(r_2+\mathrm{j}x_2)=\dot{E}_2-\dot{I}_2Z_2\tag{1-28}$$

式中 Z_2——二次绕组的漏阻抗，$Z_2=r_2+\mathrm{j}x_2$。

三、磁动势平衡方程

变压器一次绕组的漏阻抗压降$|\dot{I}_1Z_1|$很小，即使在额定负载时也只有额定电压的2%～6%，$(-\dot{E}_1)$与$\dot{U}_1$相差甚微，所以在负载运行时仍有$\dot{U}_1\approx-\dot{E}_1$或$E_1\approx U_1$。根据$E_1=4.44fN_1\Phi_m$可知，从空载到满载，当电源电压和频率不变时，主磁通Φ_m和产生主磁通的磁动势基本不变，即

$$\begin{cases}\dot{F}_1+\dot{F}_2=\dot{F}_0\\ \dot{I}_1N_1+\dot{I}_2N_2=\dot{I}_0N_1\end{cases} \tag{1-29}$$

式（1-29）就是变压器负载运行时的磁动势平衡方程。

将磁动势平衡方程进行变化，可得

$$\begin{cases}\dot{F}_1=\dot{F}_0+(-\dot{F}_2)\\ \dot{I}_1=\dot{I}_0+\left(-\dfrac{N_2}{N_1}\right)\dot{I}_2=\dot{I}_0+\left(-\dfrac{\dot{I}_2}{k}\right)\end{cases} \tag{1-30}$$

式（1-30）表明，变压器负载运行时，一次绕组的电流$\dot{I}_1$(或磁动势$\dot{F}_1$）由两个分量组成，一个分量$\dot{I}_0$(或$\dot{F}_0$）用来产生主磁通$\dot{\Phi}$，称为励磁分量；另一个分量$\dot{I}_{1L}=-\dot{I}_2/k$（或$-\dot{F}_2$）用来平衡二次绕组的电流$\dot{I}_2$(或磁动势$\dot{F}_2$）对主磁通的影响，称为负载分量，即$\dot{I}_{1L}N_1+\dot{I}_2N_2=0$。

这说明变压器负载运行时的一、二次侧电流通过磁动势平衡紧密地联系在一起，二次侧通过磁动势平衡对一次侧产生影响，二次侧电流的改变必将引起一次侧电流的改变，电能从一次侧传递到二次侧。

四、绕组的折算

由于一、二次绕组的匝数$N_1\neq N_2$，所以一、二次绕组的感应电动势$\dot{E}_1\neq\dot{E}_2$，这就给变压器的定量分析和相量图的绘制带来了麻烦。为了简化变压器的分析计算，常用一个假想的绕组来代替其中一个绕组，使之成为一台变比$k=1$的变压器，这种方法称为绕组折算。从本质上讲，绕组折算是一种数学变换，如果由二次侧向一次侧折算，则二次侧通过磁动势平衡对一次侧产生影响不能改变，因此，折算的原则是：①应保持二次侧的磁动势$\dot{F}_2$不变，即变压器内部电磁关系的本质不改变；②保持折算前、后的功率和损耗不变。二次侧折算后的各物理量在原来的符号右上方加一个标号“′”以示区别。折算方法如下：

1. 二次侧电流的折算

设折算后二次绕组的匝数为$N'_2=N_1$，根据折算前、后二次侧磁动势不变的原则，可得

$$F_2=I'_2N_1=I_2N_2 \tag{1-31}$$

即

$$I'_2=\frac{N_2}{N_1}I_2=\frac{I_2}{k} \tag{1-32}$$

将式（1-32）代入式（1-30），可得

$$\dot{I}_1=\dot{I}_0+\left(-\frac{\dot{I}_2}{k}\right)=\dot{I}_0+(-\dot{I}'_2) \tag{1-33}$$

可见折算把磁动势平衡关系转变成了电流平衡关系。

2. 二次侧电动势的折算

由于折算前、后主磁通未改变，根据电动势与匝数成正比的关系，可得

$$E'_2 = \frac{N_1}{N_2}E_2 = kE_2 = E_1 \tag{1-34}$$

3. 二次绕组漏阻抗的折算

折算前、后二次绕组的铜损耗不变，即

$$I'^2_2 r'_2 = I^2_2 r_2$$

因此

$$r'_2 = \left(\frac{I_2}{I'_2}\right)^2 r_2 = k^2 r_2 \tag{1-35}$$

折算前、后二次侧漏磁无功功率不变，即

$$I'^2_2 x'_2 = I^2_2 x_2$$

因此

$$x'_2 = \left(\frac{I_2}{I'_2}\right)^2 x_2 = k^2 x_2 \tag{1-36}$$

于是，漏阻抗的折算值为

$$Z'_2 = r'_2 + \mathrm{j}x'_2 = k^2(r_2 + \mathrm{j}x_2) = k^2 Z_2 \tag{1-37}$$

4. 二次电压和负载阻抗的折算

$$\dot{U}'_2 = \dot{E}'_2 - \dot{I}'_2 Z'_2 = k(\dot{E}_2 - \dot{I}_2 Z_2) = k\dot{U}_2 \tag{1-38}$$

$$Z'_{\mathrm{L}} = \frac{\dot{U}'_2}{\dot{I}'_2} = \frac{k\dot{U}_2}{\dfrac{\dot{I}_2}{k}} = k^2 Z_{\mathrm{L}} \tag{1-39}$$

经过折算，变压器负载运行的基本方程如下

$$\begin{cases} \dot{U}_1 = -\dot{E}_1 + \dot{I}_1(r_1 + \mathrm{j}x_1) = -\dot{E}_1 + \dot{I}_1 Z_1 \\ \dot{U}'_2 = \dot{E}'_2 - \dot{I}'_2(r'_2 + \mathrm{j}x'_2) = \dot{E}'_2 - \dot{I}'_2 Z'_2 \\ \dot{I}_1 = \dot{I}_0 + (-\dot{I}'_2) \\ \dot{E}'_2 = \dot{E}_1 \\ -\dot{E}_1 = \dot{I}_0 Z_{\mathrm{m}} \\ \dot{U}'_2 = \dot{I}'_2 Z'_{\mathrm{L}} \end{cases} \tag{1-40}$$

五、等效电路和相量图

按照方程式（1-40），可分别画出变压器一、二次侧和励磁支路的等效电路，如图1-12所示。考虑到 $\dot{I}_1 = \dot{I}_0 + (-\dot{I}'_2)$ 和 $\dot{E}'_2 = \dot{E}_1$，将图1-12所示的三部分电路进行合并，得到T形等效电路，如图1-13所示。

由式（1-40）还可以画出变压器负载运行时的相量图，用相量图直观地反映变压器中各物理量之间的相位关系。若已知变压器参数，且负载已给定，则具体作图步骤如下：

（1）首先选择一个参考相量。通常选择 $\dot{U}'_2$ 作为参考相量，根据给定的负载阻抗，画出 $\dot{I}'_2$。

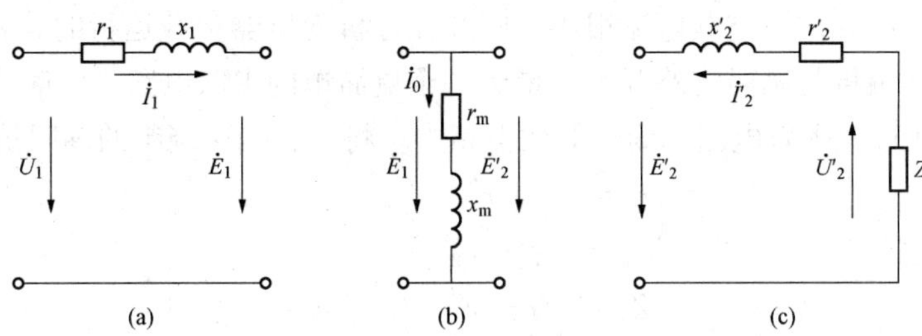

图 1 - 12　变压器折算后的各部分等效电路

(a) 一次侧等效电路；(b) 励磁支路等效电路；(c) 二次侧等效电路

（2）根据二次侧电动势平衡方程 $\dot{E}'_2=\dot{U}'_2+\dot{I}'_2Z'_2$，在相量 $\dot{U}'_2$ 上加上与 $\dot{I}'_2$ 平行的 $\dot{I}'_2r'_2$，再加上与 $\dot{I}'_2$ 垂直的 $\mathrm{j}\dot{I}'_2x'_2$ 得到 $\dot{E}'_2$。由于 $\dot{E}_1=\dot{E}'_2$，也就得到了 $\dot{E}_1$。

（3）主磁通 $\dot{\Phi}$ 超前 $\dot{E}_1 90°$，可画出 $\dot{\Phi}$；根据 $-\dot{E}_1=\dot{I}_0Z_m$，可画出励磁电流 $\dot{I}_0$。

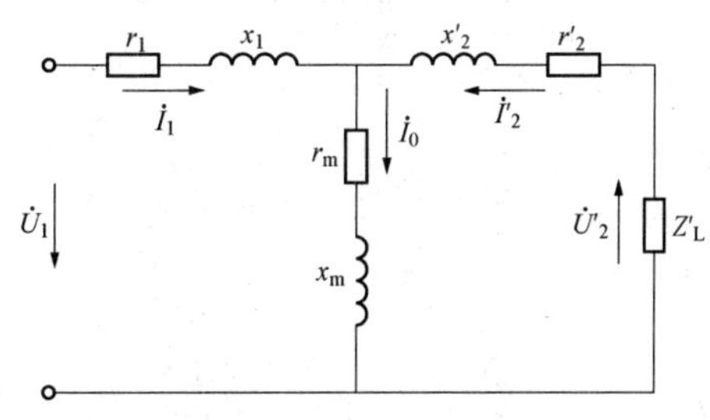

图 1 - 13　变压器 T 形等效电路

（4）由 $\dot{I}_1=\dot{I}_0+(-\dot{I}'_2)$ 可得 $\dot{I}_1$。

（5）根据一次侧电动势平衡方程 $\dot{U}_1=-\dot{E}_1+\dot{I}_1Z_1$，在相量 $-\dot{E}_1$ 上加上与 $\dot{I}_1$ 平行的 $\dot{I}_1r_1$，再加上与 $\dot{I}_1$ 垂直的 $\mathrm{j}\dot{I}_1x_1$，即可得到 $\dot{U}_1$。如图 1 - 14 所示为变压器负载（$\varphi_2>0°$）时的相量图。

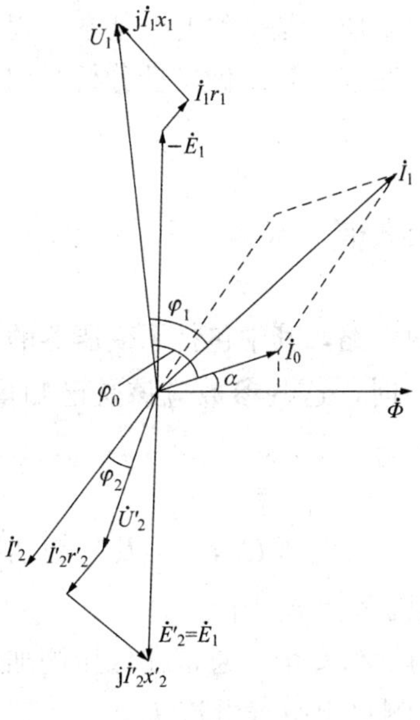

图 1 - 14　变压器负载（$\varphi_2>0$）时相量图

六、简化等效电路和简化相量图

T 形等效电路虽然能准确地表达变压器内部的电磁关系，但计算较繁。考虑到 Z_1 较小，当负载变化时，E_1 变化很小，仍然近似等于 U_1。这样，可把 T 形等效电路中的励磁支路移到电源端，得到新的等效电路如图 1 - 15 所示，称为近似等效电路。这样处理对 I_1、I'_2 和 I_0 的数值引起的误差很小，使计算和分析大为简化。

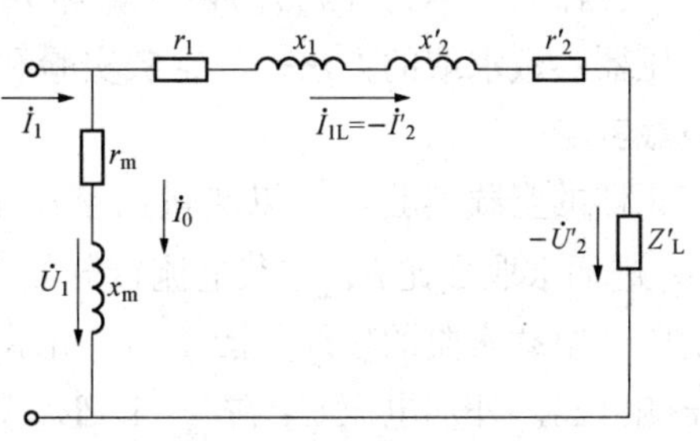

图 1 - 15　变压器的近似等效电路

在电力变压器中，由于空载电流很小，因此在分析变压器负载运行时，常常把 $\dot{I}_0$忽略，即将等效电路中高阻抗的励磁支路开路，得到一个更简单的串联电路——简化等效电路，如图 1-16 所示。在近似等效电路和简化等效电路中，将一、二次绕组的漏阻抗合并起来，有

$$\begin{cases} r_k = r_1 + r'_2 \\ x_k = x_1 + x'_2 \\ Z_k = Z_1 + Z'_2 = r_k + jx_k \end{cases} \tag{1-41}$$

分别称 r_k、x_k 和 Z_k 为短路电阻、短路电抗和短路阻抗。

在简化等效电路中，$\dot{U}_1 = -\dot{U}'_2 + \dot{I}_1 r_k + j\dot{I}_1 x_k$，据此可以画出负载时的简化相量图，如图 1-17 所示为变压器带负载（$\varphi_2 > 0$）时的简化相量图。

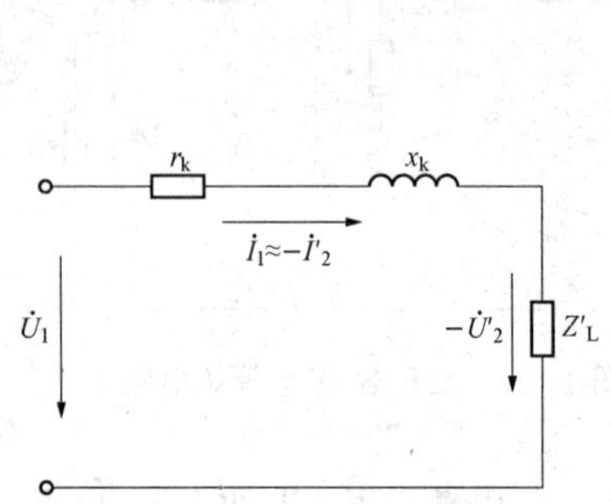

图 1-16 变压器简化等效电路

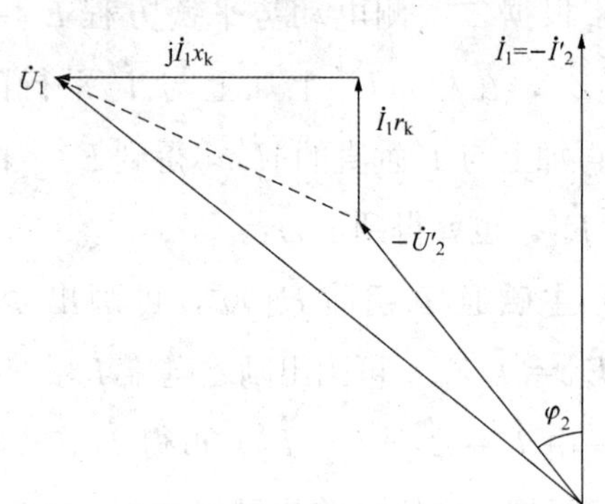

图 1-17 变压器负载（$\varphi_2 > 0$）时的简化相量图

需要指出，三相变压器等效电路和相量图中的各物理量均为每相值。

变压器的基本方程、等效电路和相量图虽然形式不同，但本质上是一致的。基本方程是基础，而等效电路和相量图则是基本方程的另一表达方式。一般来说，在做定性分析时用相量图比较形象直观，而在做定量计算时用等效电路比较简便。

第四节 变压器的参数测定及标么值

从物理概念出发得到了变压器一组基本方程和相应的等效电路，其中包括了变压器的六个参数 $Z_m(r_m、x_m)$、$Z_k(r_k、x_k)$。在计算和分析变压器特性时，这些参数应该是已知量。下面介绍变压器参数求取的方法——空载实验和短路实验。

一、空载实验

通过变压器的空载实验，可以测量出空载电流 I_0，一、二次电压 U_1，U_{20}及空载功率（损耗）P_0，进而求取变比 k、空载电流百分数 $I_0\%$及励磁阻抗 $Z_m = r_m + jx_m$。

单相变压器空载实验的接线如图 1-18 所示。为了便于测量和安全，通常在低压侧加电压，将高压侧开路。外加电压 U_1 在 $0 \sim 1.2U_{1N}$范围内调节，测量出空载电流 I_0，一、二次电压 U_1，U_{20}及输入功率（空载损耗）P_0，画出空载特性曲线 $I_0 = f(U_1)$，$P_0 = f(U_1)$，如图 1-19 所示。在曲线上找出对应于 $U_1 = U_{1N}$时的空载电流 I_0 和输入载功率 P_0，作为计算励磁参数的依据。

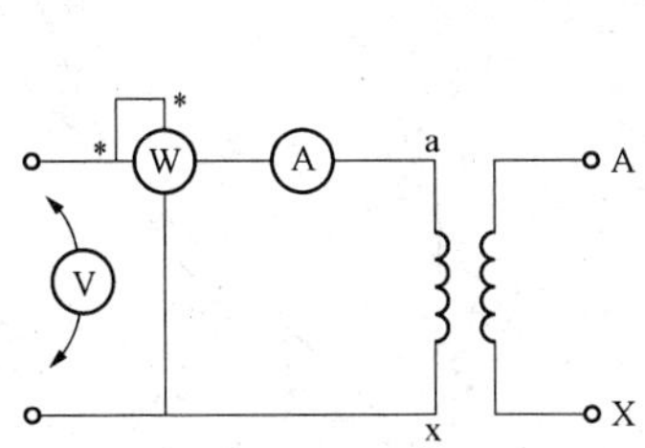

图 1 - 18　单相变压器空载实验接线图

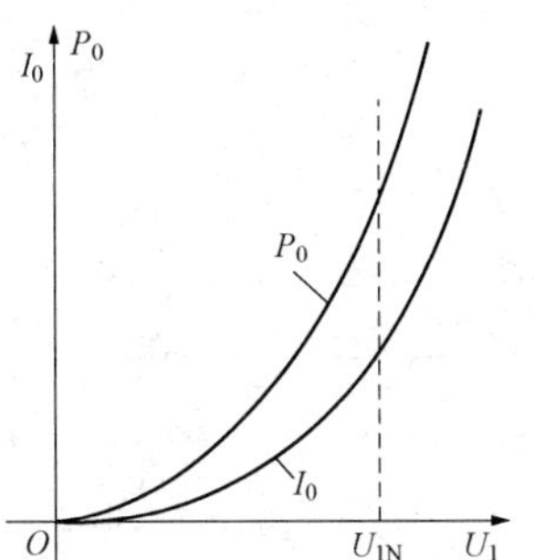

图 1 - 19　变压器的空载特性

根据所测数据可求得

$$\begin{cases} k = \dfrac{U_{20}}{U_{1N}} \\ I_0\% = \dfrac{I_0}{I_{1N}} \times 100\% \end{cases} \tag{1 - 42}$$

从空载运行时的等效电路可知，变压器空载时的总阻抗是 $Z_0 = Z_1 + Z_m = (r_1 + jx_1) + (r_m + jx_m)$

通常 $r_m \gg r_1$，$x_m \gg x_1$，所以可认为 $Z_0 \approx Z_m = r_m + jx_m$，$P_0 = p_{Fe} = I_0^2 r_m$。于是可得

$$\begin{cases} Z_m = \dfrac{U_{1N}}{I_0} \\ r_m = \dfrac{P_0}{I_0^2} \\ x_m = \sqrt{Z_m^2 - r_m^2} \end{cases} \tag{1 - 43}$$

应当强调的是，①由于励磁参数与磁路的饱和程度有关，所以应取额定电压下的数据来计算励磁参数；②对于三相变压器，U_1、I_0、P_0 均为每相值；③考虑到铁心磁路具有磁滞现象，调节电压测量数据时应单方向调节（励磁）。

由于空载实验是在低压侧进行的，所以测得的励磁参数是对应低压侧的数值。如果需要折算到高压侧，应将式（1 - 43）求取的参数乘以 k^2。

二、短路实验

通过变压器的短路实验，可以测量出 U_k、I_k 和 P_k，求取变压器的短路阻抗 $Z_k = r_k + jx_k$ 及短路电压 $U_k\%$。

单相变压器短路实验的接线如图 1 - 20 所示。为了便于测量，通常在高压侧加电压，将低压侧短路。调节外加电压，使短路电流 I_k 在 $0 \sim 1.2I_{1N}$ 范围内变化，在不同的电压下分别测出 U_k、I_k 和 P_k，记录下实验室的温度，画出短路特性曲线 $I_k = f(U_k)$，$P_k = f(U_k)$，如图 1 - 21 所示。

由于短路实验时外加电压比额定电压低得多，铁心中主磁通很小，铁损耗很少，相当于励磁回路开路，因此可以认为短路损耗即为绕组上的铜损耗，即 $P_k = p_{Cu} = I_k^2 r_k$，于是可计算出变压器的短路参数

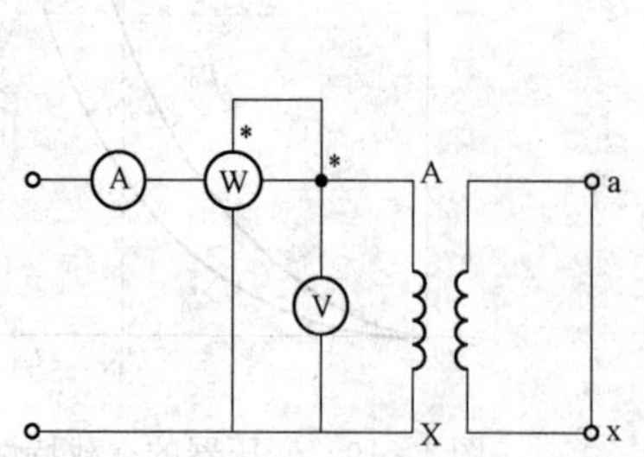

图 1-20 单相变压器短路实验接线图

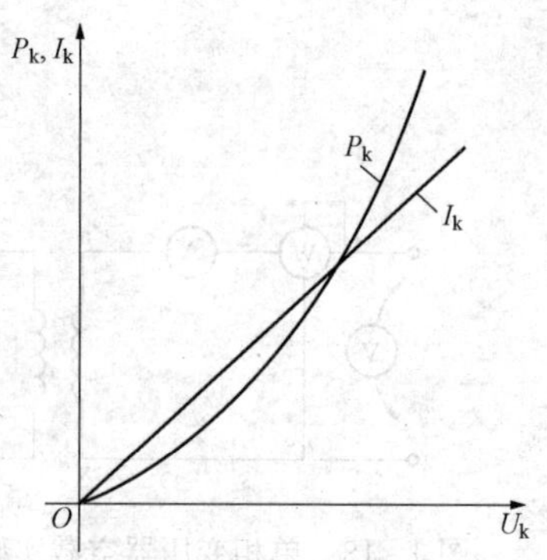

图 1-21 变压器的短路特性曲线

$$\begin{cases} Z_k = \dfrac{U_k}{I_k} \\ r_k = \dfrac{P_k}{I_k^2} \\ x_k = \sqrt{Z_k^2 - r_k^2} \end{cases} \tag{1-44}$$

因电阻随温度而变，按照电力变压器的标准规定，应把室温下（设为 θ℃）测的短路电阻换算到标准工作温度 75℃的值，而漏电抗与温度无关，对铜线变压器

$$r_{k75℃} = r_k \frac{234.5 + 75}{234.5 + \theta}$$

对铝线变压器，将上式中的 234.5 改成 228 即可。

75℃时的阻抗值

$$Z_{k75℃} = \sqrt{r_{k75℃}^2 + x_k^2} \tag{1-45}$$

短路电流 $I_k = I_N$ 时的 P_k，称为额定短路功率（损耗），记为 P_{kN}。短路损耗也换算到 75℃的值

$$P_{kN} = I_{1N}^2 r_{k75℃} \tag{1-46}$$

需要强调的是①对于三相变压器，计算时，P_k、I_k、U_k 均取一相的数值；②短路实验在高压侧进行，得到的参数是对应高压侧的参数，要想得到对应低压侧的参数，必须进行折算。

在短路试验中，当一次绕组的电流为额定电流时，一次绕组所加的电压称为短路电压，通常用它与额定电压之比的百分值来表示

$$U_k\% = \frac{U_{kN}}{U_{1N}} \times 100\% = \frac{I_{1N} Z_{k75℃}}{U_{1N}} \times 100\% \tag{1-47}$$

短路电压是额定电流在短路阻抗上的压降，所以也称作阻抗电压。短路电压及其有功分量（也称电阻压降）和无功分量（也称电抗压降）分别为

$$\begin{cases} U_{ka}\% = \dfrac{I_{1N} r_{k75℃}}{U_{1N}} \times 100\% \\ U_{kr}\% = \dfrac{I_{1N} x_k}{U_{1N}} \times 100\% \\ U_k = \sqrt{U_{ka}^2 + U_{kr}^2} \end{cases} \tag{1-48}$$

短路电压的大小反映了短路阻抗的大小，而短路阻抗又直接影响变压器的运行性能。从正常运行的角度看，希望短路电压小些，当负载变化时，二次电压波动小；但从短路故障的角度看，则希望短路电压大一些，相应的短路电流就可以小些。一般中、小型电力变压器$U_k\%=4\%\sim10.5\%$，大型电力变压器$U_k\%=12.5\%\sim17.5\%$。

例 1-2　一台三相电力变压器，Yyn 联结，额定容量$S_N=100\text{kVA}$，额定电压$U_{1N}/U_{2N}=6/0.4\text{kV}$，实验数据如下：

实验名称	线电流（A）	线电压（V）	三相功率（W）	备注
空载实验	9.37	400	616	电压加在低压侧
短路实验	9.62	252	1920	电压加在高压侧

求折算到高压侧的励磁参数和短路参数及短路电压的百分值（不考虑温度影响）。

解　因为是 Yyn 联结，所以每相值为

$$U_{1Np}=\frac{U_{1N}}{\sqrt{3}}=\frac{6000}{\sqrt{3}}=3464(\text{V})$$

$$U_{2Np}=\frac{U_{2N}}{\sqrt{3}}=\frac{400}{\sqrt{3}}=231(\text{V})$$

$$P_{0p}=\frac{1}{3}P_0=\frac{1}{3}\times616=205.3(\text{W})$$

变比

$$k=\frac{U_{1Np}}{U_{2Np}}=\frac{3464}{231}=15$$

励磁参数

$$\begin{cases}Z_m=\dfrac{U_{2Np}}{I_0}=\dfrac{231}{9.37}=24.7(\Omega)\\ r_m=\dfrac{P_{0p}}{I_0^2}=\dfrac{205.3}{9.37^2}=2.34(\Omega)\\ x_m=\sqrt{Z_m^2-r_m^2}=\sqrt{24.7^2-2.34^2}=24.53(\Omega)\end{cases}$$

折算到高压侧的励磁参数

$$\begin{cases}Z'_m=k^2Z_m=15^2\times24.7=5558(\Omega)\\ r'_m=k^2r_m=15^2\times2.34=526.5(\Omega)\\ x'_m=k^2x_m=15^2\times24.59=5532.75(\Omega)\end{cases}$$

短路参数

$$U_{kp}=\frac{U_k}{\sqrt{3}}=\frac{252}{\sqrt{3}}=145.49(\text{V})$$

$$P_{kp}=\frac{1}{3}P_k=\frac{1}{3}\times1920=640(\text{W})$$

$$\begin{cases} Z_k = \dfrac{U_{kp}}{I_k} = \dfrac{145.49}{9.62} = 15.11(\Omega) \\ r_k = \dfrac{P_{kp}}{I_k^2} = \dfrac{640}{9.62^2} = 6.92(\Omega) \\ x_k = \sqrt{Z_k^2 - r_k^2} = \sqrt{15.11^2 - 6.92^2} = 13.43(\Omega) \end{cases}$$

$$I_{1N} = \frac{S_N}{\sqrt{3}U_{1N}} = \frac{100}{\sqrt{3} \times 6} = 9.62(\text{A})$$

短路电压及其有功分量和无功分量

$$U_k\% = \frac{I_{1N}Z_k}{U_{1Np}} \times 100\% = \frac{9.62 \times 15.11}{3464} \times 100\% = 4.19\%$$

$$U_{ka}\% = \frac{I_{1N}r_k}{U_{1Np}} \times 100\% = \frac{9.62 \times 6.92}{3464} \times 100\% = 1.92\%$$

$$U_{kr}\% = \frac{I_{1N}x_k}{U_{1Np}} \times 100\% = \frac{9.62 \times 13.43}{3464} \times 100\% = 3.73\%$$

三、标么值及应用

在工程计算中，电压、电流、阻抗、功率等通常不用它们的实际值表示，而是用其实际值与某一选定的同单位的基准值之比值来表示，称此比值为该物理量的标么值或相对值，即

$$\text{标么值} = \frac{\text{实际值}}{\text{基准值}}$$

在变压器和电机中，通常取某物理量的额定值作为该物理量的基准值。例如取一次侧额定电压 U_{1N} 作为电压 U_1 的基准值；取二次侧额定电流 I_{2N} 作为 I_2 的基准值；取额定容量 S_N 作为变压器功率和损耗的基准值；取 $Z_{1N}=\dfrac{U_{1N}}{I_{1N}}$、$Z_{2N}=\dfrac{U_{2N}}{I_{2N}}$ 分别为一、二次侧阻抗的基准值。对于三相变压器，取额定相电压 U_{2Np} 为二次侧相电压 U_2 的基准值，取额定电流 I_{1N} 为一次侧线电流 I_1 的基准值等。

为了区别标么值和实际值，在各量有名值符号右上方标“*”来表示该量的标么值。例如：$U_1^*=\dfrac{U_1}{U_{1N}}$，$Z_1^*=\dfrac{Z_1}{Z_{1N}}=\dfrac{I_{1N}Z_1}{U_{1N}}$ 等。

无论用标么值表示，还是用实际值表示，基本方程的形式和计算法则不变。

标么值与百分值相似，均属于无量纲的相对单位制，它们之间的关系是：百分值 = 标么值 × 100(%)。

采用标么值有以下优点：

(1) 标么值可以简化各量的数值，并能直观地看出变压器的运行情况。例如某量为额定值时，其标么值为1；若 $I_2^*=0.9$，表明该变压器带90%的负载。

(2) 用标么值表示时，电力变压器的参数和性能指标总在一定的范围之内，便于分析比较。例如短路阻抗 $Z_k^*=0.04\sim0.175$；空载电流 $I_0^*=0.02\sim0.10$。

(3) 采用标么值计算时，由于折算前、后的标么值相等，所以一、二次侧各量均不需要折算。例如

$$r_2'^* = \frac{r_2'}{Z_{1N}} = \frac{r_2'}{\dfrac{U_{1N}}{I_{1N}}} = \frac{k^2 r_2}{\dfrac{kU_{2N}}{I_{2N}/k}} = \frac{r_2}{\dfrac{U_{2N}}{I_{2N}}} = \frac{r_2}{Z_{2N}} = r_2^*$$

（4）采用标么值时，某些不同物理量具有相同的数值。例如

$$\begin{cases} Z_m^* = \dfrac{U_{1N}^*}{I_0^*} = \dfrac{1}{I_0^*} \\ r_m^* = \dfrac{P_0^*}{I_0^{*2}} = \dfrac{P_0/S_N}{I_0^{*2}} \\ x_m^* = \sqrt{Z_m^{*2} - r_m^{*2}} \end{cases}$$

$$\begin{cases} Z_k^* = \dfrac{U_{kN}^*}{I_{1N}^*} = U_{kN}^* \\ r_k^* = \dfrac{P_{kN}^*}{I_{1N}^*} = P_{kN}^* = P_{kN}/S_N \\ x_k^* = \dfrac{x_k}{Z_{1N}} = \dfrac{I_{1N}x_k}{U_{1N}} = \dfrac{U_{kr}}{U_{1N}} = U_{kr}^* \end{cases}$$

$$\begin{cases} S_N^* = U_N^* I_N^* = 1 \\ P_N^* = U_N^* I_N^* \cos\varphi_N = \cos\varphi_N \\ Q_N^* = U_N^* I_N^* \sin\varphi_N = \sin\varphi_N \end{cases}$$

（5）采用标么值时，三相电路的计算公式与单相电路完全相同。线电压、线电流的标么值与相电压、相电流的标么值相等；三相功率的标么值与单相功率的标么值相等。

应当注意，标么值无量纲，因而失去用量纲检验公式是否正确的可能性。

例 1-3　一台三相电力变压器，额定容量 $S_N=31500$kVA，额定电压 $U_{1N}/U_{2N}=60/10.5$kV，YNd 接线，空载电流 $I\%=0.8\%$，空载损耗 $P_0=33760$W，短路电压 $U_k\%=9\%$，额定短路损耗 $P_{kN}=126900$W，求（1）以高压侧为基准的近似等效电路的参数（欧姆值和标么值）；（2）短路电压及其各分量的标么值 U_k^*、U_{ka}^*、U_{kr}^*？

解　（1）一次侧额定电流

$$I_{1N} = \frac{S_N}{\sqrt{3}U_{1N}} = \frac{31500}{\sqrt{3}\times 60} = 303.1(\text{A})$$

阻抗基值

$$Z_{1N} = \frac{U_{1N}/\sqrt{3}}{I_{1N}} = \frac{60000/\sqrt{3}}{303.1} = 114.3(\Omega)$$

空载电流标么值

$$I_0^* = \frac{I_0\%}{100} = \frac{0.8}{100} = 0.008$$

励磁参数标么值和欧姆值

$$\begin{cases} Z_m^* = \dfrac{1}{I_0^*} = \dfrac{1}{0.008} = 125 \\ r_m^* = \dfrac{P_0/S_N}{I_0^{*2}} = \dfrac{33.76/31500}{0.008^2} = 16.746 \\ x_m^* = \sqrt{Z_m^{*2} - r_m^{*2}} = \sqrt{14.286^2 - 1.224^2} = 123.87 \end{cases}$$

$$\begin{cases} Z_m = Z_m^* Z_{1N} = 125\times 114.3 = 14287.5(\Omega) \\ r_m = r_m^* Z_{1N} = 16.746\times 114.3 = 1914.07(\Omega) \\ x_m = x_m^* Z_{1N} = 123.87\times 114.3 = 14158.3(\Omega) \end{cases}$$

短路参数标么值和欧姆值

$$\begin{cases} Z_k^* = U_{kN}^* = \dfrac{9}{100} = 0.09 \\ r_k^* = P_{kN}^* = P_{kN}/S_N = 126.9/31500 = 0.004 \\ x_k^* = \sqrt{Z_k^{*2} - r_k^{*2}} = \sqrt{0.09^2 - 0.004^2} = 0.0899 \end{cases}$$

$$\begin{cases} Z_k = Z_k^* Z_{1N} = 0.09 \times 114.3 = 10.287(\Omega) \\ r_k = r_k^* Z_{1N} = 0.004 \times 114.3 = 0.4572(\Omega) \\ x_k = x_k^* Z_{1N} = 0.0899 \times 114.3 = 10.275(\Omega) \end{cases}$$

(2) 短路电压及其各分量的标么值

$$\begin{cases} U_k^* = Z_k^* = 0.09 \\ U_{ka}^* = r_k^* = 0.004 \\ U_{kr}^* = x_k^* = 0.0899 \end{cases}$$

第五节 变压器的运行特性

一、变压器的外特性

由于变压器内部存在着漏阻抗，负载时必然产生阻抗压降，使二次侧电压随着负载变化而变化。电压变化的程度用电压变化率（也称电压调整率）来表示。当一次侧接在额定电压、额定频率的电网上时，二次侧的空载电压与负载时端电压的代数差，与二次侧额定电压的比值，称为电压变化率，用 ΔU 表示，即

$$\Delta U = \frac{U_{20} - U_2}{U_{2N}} = \frac{U_{2N} - U_2}{U_{2N}} = \frac{U_{1N} - U_2'}{U_{1N}} \tag{1-49}$$

图 1-22 所示为感性负载（$\varphi_2 > 0°$）时变压器的简化相量图，根据相量图可推导出电压变化率的表达式（推导过程略）得

$$\begin{aligned} \Delta U &= \beta(r_k^* \cos\varphi_2 + x_k^* \sin\varphi_2) + \frac{1}{2}\beta^2(x_k^* \cos\varphi_2 - r_k^* \sin\varphi_2) \\ &\approx \beta(r_k^* \cos\varphi_2 + x_k^* \sin\varphi_2) \end{aligned} \tag{1-50}$$

式中 β——负载系数或负载电流标么值，反映负载大小，$\beta = \dfrac{I_1}{I_{1N}} = \dfrac{I_2}{I_{2N}}$；

φ_2——负载的功率因数角，阻性负载时，$\varphi_2 = 0$；感性负载时 φ_2 取正值；容性负载时 φ_2 取负值。

式（1-50）说明，电压变化率的大小与负载的大小（β）、负载的性质（φ_2）及变压器的短路阻抗（r_k^*、x_k^*）有关。在一定的负载系数下，漏阻抗（阻抗电压）的标么值越大，电压变化率越大。

由式（1-49）可知变压器的输出电压

$$U_2 = (1 - \Delta U)U_{2N} \tag{1-51}$$

当 $U_1 = U_{1N}$、$\cos\varphi_2 =$ 常数时，变压器输出电压 U_2 随负载电流 I_2 变化的规律 $U_2 = f(I_2)$ 称为变压器的外特性，如图 1-23 所示。

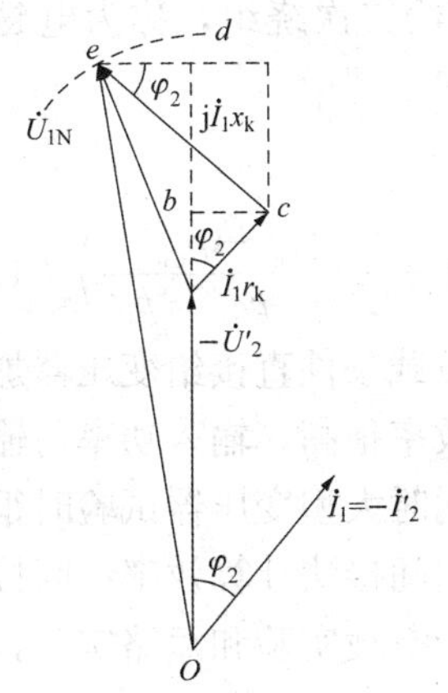

图 1-22　变压器的简化相量图

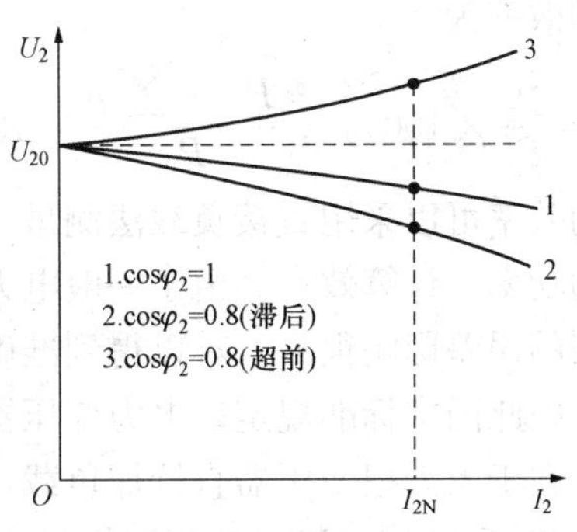

图 1-23　变压器的外特性

在电力变压器中，一般满足 $x_k \gg r_k$。当变压器负载为电阻，即 $\varphi_2=0°$时，$\sin\varphi_2=0$，$\cos\varphi_2=1$，电压变化率 $\Delta U>0$，表明二次端电压 U_2 随负载电流 I_2 增加而稍有下降，所以外特性为一条稍向下倾斜的曲线（图 1-23 中的曲线 1）；当负载为感性，即 $\varphi_2>0°$（称 $\cos\varphi_2$ 滞后）时，$\sin\varphi_2>0$，$\cos\varphi_2>0$，$\Delta U>0$，表明二次端电压 U_2 随负载电流 I_2 增加而下降，所以外特性也为一条向下倾斜的曲线（图 1-23 中的曲线 2）；当负载为容性，即 $\varphi_2<0°$（称 $\cos\varphi_2$ 超前）时，$\sin\varphi_2<0$，$\cos\varphi_2>0$，由于一般情况下 $r_k^*\cos\varphi_2<|x_k^*\sin\varphi_2|$，则 $\Delta U<0$，表明二次端电压 U_2 随负载电流 I_2 增加而上升，外特性为一条上升的曲线（图 1-23 中的曲线 3）。

当变压器的电压变化率超出允许范围，就需要进行调压。通常是通过改变变压器的变比（匝数比）进行有级调压。变压器在高压绕组设置分接头，通过分接开关变换分接头，切除或增加部分线匝数，来改变变压器的匝数比，达到调压目的。分接开关有无励磁调压分接开关和有载调压分接开关两种。前者是在变压器一、二次侧均与电网断开（无励磁）的情况下，改变分接头来调压，后者是在带负载情况下改变分接头进行调压。

例 1-4　一台三相电力变压器数据如例题 1-3 所示，已知 $r_k^*=0.004$，$x_k^*=0.0899$。试计算额定负载时下列情况变压器的电压变化率 ΔU 及输出电压 U_2：（1）$\cos\varphi_2=0.8$（滞后）；（2）$\cos\varphi_2=1.0$（电阻负载）；（3）$\cos\varphi_2=0.8$（超前）。

解　（1）$\beta=1$，$\cos\varphi_2=0.8$，$\sin\varphi_2=0.6$

$$\Delta U=\beta(r_k^*\cos\varphi_2+x_k^*\sin\varphi_2)=(0.004\times0.8+0.0899\times0.6)=0.05714$$

$$U_2=(1-\Delta U)U_{2N}=(1-0.05714)\times10.5=9.9(\text{kV})$$

（2）$\beta=1$，$\cos\varphi_2=1.0$，$\sin\varphi_2=0$

$$\Delta U=\beta(r_k^*\cos\varphi_2+x_k^*\sin\varphi_2)=(0.004\times1.0+0.0899\times0)=0.004$$

$$U_2=(1-\Delta U)U_{2N}=(1-0.004)\times10.5=10.458(\text{kV})$$

（3）$\beta=1$，$\cos\varphi_2=0.8$，$\sin\varphi_2=-0.6$

$$\Delta U=\beta(r_k^*\cos\varphi_2+x_k^*\sin\varphi_2)=(0.004\times0.8-0.0899\times0.6)=-0.05074$$

$$U_2=(1-\Delta U)U_{2N}=(1+0.05074)\times10.5=11.033(\text{kV})$$

二、变压器的损耗和效率特性

变压器负载运行时，一次侧从电网吸收的功率为 P_1，其中很少部分转化为一次绕组的

铜损耗 p_{cu1} 和铁心耗损 p_{Fe}，其余部分通过电磁感应传给二次绕组，称为电磁功率。电磁功率中去掉二次绕组的铜损耗 p_{Cu2}，余下的为输出功率 P_2。

变压器的效率为

$$\eta=\frac{P_2}{P_1}\times 100\%=\frac{P_1-\sum p}{P_1}\times 100\%=\left(1-\frac{p_{Fe}+p_{Cu}}{P_2+p_{Fe}+p_{Cu}}\right)\times 100\% \quad (1-52)$$

变压器的效率可以采用直接负载法测量：按给定负载条件直接给变压器加负载、测出输出和输入有功功率，计算效率。由于一般电力变压器效率很高，输入功率与输出功率相差极小，测量仪表的误差影响很大，难以得到准确结果。同时大型变压器试验时很难找到相应的大容量负载。因此国家标准规定，电力变压器可以应用间接法计算效率。间接法又称损耗分析法，其优点在于无需把变压器直接加负载，只要进行空载实验和短路实验，测出额定电压时的空载损耗 P_0 和额定电流时的短路损耗 P_{kN} 就可以方便地计算出任意负载下的效率。在应用间接法求变压器的效率时通常做如下假定：

(1) 忽略变压器空载运行时的铜损耗，用额定电压下的空载损耗 P_0 来代替铁损耗 p_{Fe}，即 $P_0=p_{Fe}$，铁损耗不随负载大小而变化，称之为不变损耗；

(2) 忽略短路实验时的铁损耗，用额定短路损耗 P_{kN} 来代替额定电流时的铜损耗，则铜损耗称为

$$p_{Cu}=I_1^2r_1+I_2^2r_2=(I_1^2r_1+I'^2_2r'_2)\approx I_1^2r_k=\left(\frac{I_1}{I_{1N}}\right)^2I_{1N}^2r_k=\beta^2P_{kN} \quad (1-53)$$

由于铜损耗与负载大小有关，所以常称为可变损耗。

(3) 不考虑变压器二次侧电压的变化，认为 $U_2=U_{2N}$ 不变。于是有

$$P_2=U_2I_2\cos\varphi_2=U_{2N}I_{2N}\left(\frac{I_2}{I_{2N}}\right)\cos\varphi_2=\beta S_N\cos\varphi_2 \quad (1-54)$$

式 (1-52) 的效率公式可变成

$$\eta=\left(1-\frac{P_0+\beta^2P_{kN}}{\beta S_N\cos\varphi_2+P_0+\beta^2P_{kN}}\right)\times 100\% \quad (1-55)$$

式 (1-55) 表明，变压器的效率与负载大小 (β) 和性质 (φ_2) 及铜损耗 β^2P_{kN} 和铁损耗 P_0 有关。对一台已制成的变压器，P_0 和 P_{kN} 是常数，所以变压器的效率与负载大小和性质有关。

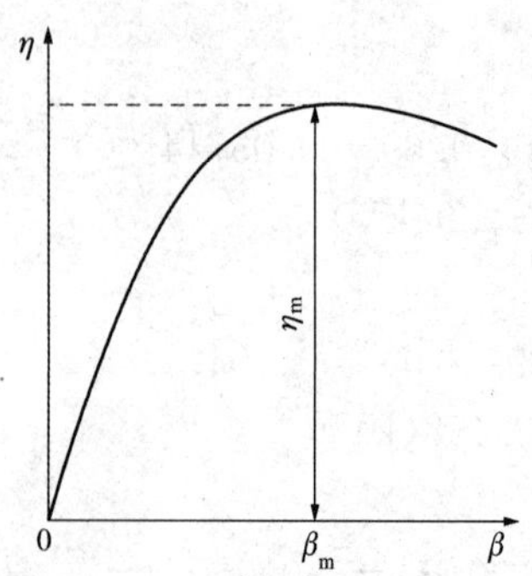

图 1-24 变压器的效率特性

当负载的功率因数 $\cos\varphi_2$ 一定时，效率 η 与负载系数 β 的关系称为变压器的效率特性，图 1-24 所示为效率特性曲线。空载时输出功率为零，所以 $\eta=0$。负载较小时，铁损耗相对较大，效率较低。负载增加，效率 η 也随之增加。超过某一负载时，因铜损耗与 β^2 成正比增大，效率 η 反而降低。

令 $\frac{d\eta}{d\beta}=0$，得

$$P_0=\beta^2P_{kN}$$

即当不变损耗（铁损耗）等于可变损耗（铜损耗）时，变压器获得最大效率 η_m。获得最大效率时的负载系数 β_m 为

$$\beta_m = \sqrt{\frac{P_0}{P_{kN}}} \tag{1-56}$$

最大效率

$$\eta_m = \left(1 - \frac{2P_0}{\beta_m S_N \cos\varphi_2 + 2P_0}\right) \times 100\% \tag{1-57}$$

一般电力变压器通常设计成$\frac{P_0}{P_{kN}} = \frac{1}{3} \sim \frac{1}{2}$，即最大效率发生在$\beta_m = 0.6 \sim 0.7$，而不是$\beta = 1$时效率最大。这是因为变压器不可能长期满负载运行，负载系数随季节、昼夜变化，铜损耗也随之变化，而铁损耗在变压器投入运行后，则总是存在的，所以设计成较小的铁损耗对提高全年的能量效率有利。

例 1-5　一台三相变压器，数据见例 1-3。试计算（1）$\cos\varphi_2 = 0.8$（滞后），额定负载时的效率η_N；（2）最高效率时的负载系数β_m和最高效率η_m？

解　（1）$\beta = 1$

$$\eta_N = \left(1 - \frac{P_0 + \beta^2 P_{kN}}{\beta S_N \cos\varphi_2 + P_0 + \beta^2 P_{kN}}\right) \times 100\%$$

$$= \left(1 - \frac{33.76 + 1^2 \times 126.9}{1 \times 31500 \times 0.8 + 33.76 + 1^2 \times 126.9}\right) \times 100\%$$

$$= 99.366\%$$

（2）$\beta_m = \sqrt{\frac{P_0}{P_{kN}}} = \sqrt{\frac{33.76}{126.9}} = 0.5158$

$$\eta_m = \left(1 - \frac{2P_0}{\beta_m S_N \cos\varphi_2 + 2P_0}\right) \times 100\%$$

$$= \left(1 - \frac{2 \times 33.76}{0.518 \times 31500 \times 0.8 + 2 \times 33.76}\right) \times 100\%$$

$$= 99.48\%$$

第六节　三 相 变 压 器

从运行原理来看，三相变压器在对称运行时，各相的电压、电流大小相等，相位互差120°，因此分析单相变压器所采用的方法及其结论完全适用于三相变压器对称运行时的情况。本节主要分析三相变压器特殊情况。

一、三相变压器的磁路系统

把三台完全相同的单相变压器的一、二次绕组按一定方式分别作三相连接，构成一台三相变压器组或组式三相变压器，如图 1-25 所示。这种变压器的特点是三相磁路各自独立。当一次侧接三相对称电源时，各相主磁通和励磁电流也是对称的。

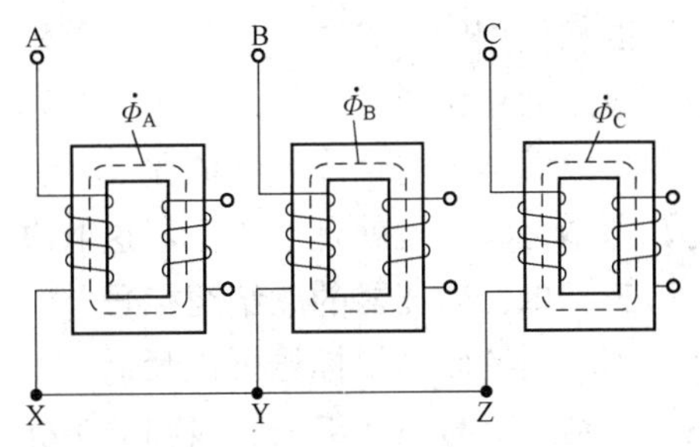

图 1-25　三相变压器组的磁路

如果把图 1-25 所示的三个单相铁心合并成图 1-26（a）所示的结构，则因$\dot{\Phi}_A + \dot{\Phi}_B + \dot{\Phi}_C = 0$，通过中间铁心柱的磁通将始终等于零，因此可将中间的铁心柱省去，如图 1-26（b）所示。为了制造方便，通常把三个铁心柱排列在同一平面内，如图 1-26（c）所示，这就是三相心式变压器的铁心结构。在这种变压器中，任一瞬间某一相铁心中的磁通均以其它两相的铁心为回路，因此各相磁路彼此关联。

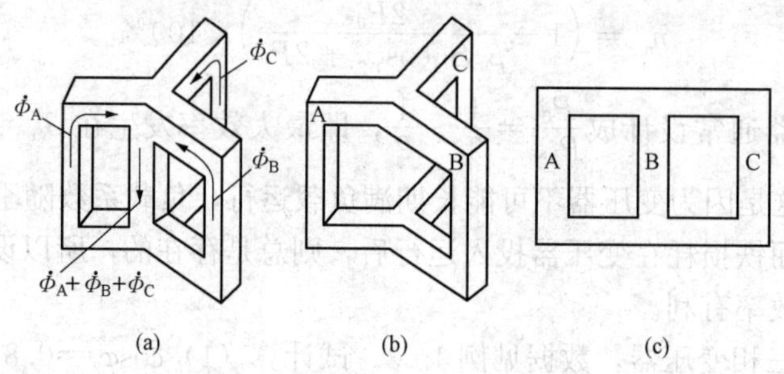

图 1-26 三相心式变压器的磁路

在三相心式变压器中，由于三相磁路的长度不同，因此，即使外加三相对称电压，三相励磁电流也不完全对称——中间相铁心的长度较短，励磁电流相对要小一些。但是，励磁电流的不对称对变压器运行的影响很小，因此仍可看作三相对称系统。

二、绕组的端点标志与极性

变压器绕组首、末端的标志如表 1-2 所示。

表 1-2 电力变压器的出线标志

绕组名	单相变压器		三相变压器		
	首端	末端	首端	末端	中点
高压绕组	A	X	A B C	X Y Z	N
低压绕组	a	x	a b c	x y z	n
中压绕组	A_m	X_m	A_m B_m C_m	X_m Y_m Z_m	N_m

变压器的高、低压绕组交链着同一主磁通，当某一瞬间高压绕组的某一端为高电位时，在低压绕组上必有一个端点也为高电位，则这两个对应的端点（同时为高电位或同时为低电位的两个端点）称为同极性端，并在对应的端点上用符号“·”标出。

绕组的极性只决定于绕组的绕向，而绕组的首、末端是人为规定的。规定绕组电压的正方向为从首端指向末端，当同一铁心柱上高、低压绕组首端的极性相同时，则高、低压绕组电压的相位相同，如图 1-27（a）、（b）所示；反之，若二者首端的极性不同，则高、低压绕组电压的相位相反，如图 1-27（c）、（d）所示。

可以看出，无论绕组绕向是相同还是相反，高、低压绕组电压的相位关系只有两种情况，即不是同相位就是反相位，这取决于绕组首、末端的规定。

三、单相变压器的联结组标号

用不同的联结组标号可以反映变压器高、低压绕组对应的电压或电动势之间的相位关系。联结组标号由绕组的绕向和端头标志决定，通常用时钟法表示，即把高压绕组的电压相量或电动势相量作为时钟的分针，且固定指向 12 的位置，与其对应的低压绕组的电压相量或电动势相量作为时钟的时针，其所指的钟点数就是变压器的联结组标号。

对于单相变压器，当同极性端在对应端时，如图 1-27（a）、（b）所示，高、低压绕组电压同相位，联结组标号为 Ii0。其中 Ii 表示高、低压绕组都是单相绕组。当同极性端不在对应端时，如图 1-27（c）、（d）所示，高、低压绕组电压相位相反，联结组标号为 Ii6。

我国国家标准规定 Ii0 为单相变压器的标准联结组。

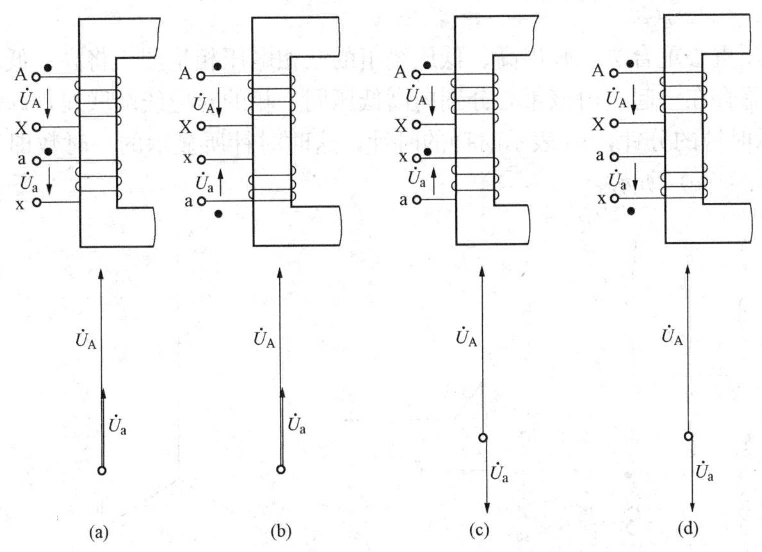

图 1-27　高低压绕组的同极性端和电压的相位关系

四、三相变压器的联结组标号

三相变压器不论是高压绕组还是低压绕组，主要采用星形联结（Y）或三角形联结（D）两种。三相变压器的联结组标号反映三相变压器对称运行时，高、低压绕组的联结形式及高、低压侧对应线电压（或线电动势）间的相位关系，它不仅与绕组的极性（绕法）和首末端的标志有关，而且与绕组的联结方式有关。

长期以来，利用相量图确定绕组的联结组标号，一直采用线电压法。这种方法是画出高、低压侧电压或电动势的相量图，判断对应线电压或电动势的相位关系，以高压侧线电压或电动势相量（例如 AB）作为分针，以低压侧线电压或电动势相量（例如 ab）作为时针，确定变压器的联结组标号。

国际电工委员会（IEC）推荐了一种新的方法，即线电压三角形重心重合法，简称线电压重心重合法。原理是：无论是星形、三角形联结的绕组，其相量图的三个顶点联线，便可组成一个正三角形，被称为线电压三角形。将高低压绕组线电压三角形的重心重合在一起，由该重心分别向高低压同一相的对应线端联线，例如由重心联到 A 和 a，并用其中较长的线段（即高压侧的 XA）表示时钟的分针，而用较短的线段（即低压侧 xa）表示时钟的时针，这时的时针所显示的小时数即为联结组标号。线电压重心重合法与传统的线电压法相比，既简单、又直观。我国的标准“GB 1094—85”也使用了此法。

下面以 Yy 接法和 Yd 接法为例分别介绍线电压法和线电压重心重合法，

1. Yy 接法

（1）线电压法。接线如图 1-28（a）所示。先画出高压侧 Y 接线的位形图，为了便于比较，将 A、a 连成等电位点，作为时针的轴心。根据同极性端在对应端时，高、低压绕组电压同相位的结论，画出低压侧的位形图：ax与AX平行同向，by与BY平行同向，cz与CZ平行同向，如图1-28（b）所示，代表线电压（或线电动势）的AB（分针）与ab（时针）平行同向，即高、低压绕组对应的线电压或电动势同相位，联结组标号为Yy0，其意义为：高压绕组为星形Y联结，低压绕组为星形y联结，高、低压侧的线电压（或线电动势）同相。

（2）线电压重心重合法。画出高、低压绕组的三相电压相量图，将高、低压绕组线电压三角形的重心重合在一起，由该重心分别向高低压同一相的对应线端联线，即由重心联到A和a，XA表示时钟的分针，xa表示时钟的时针，这时时针所显示的小时数即为联结组标号Yy0，如图1-28（c）所示。

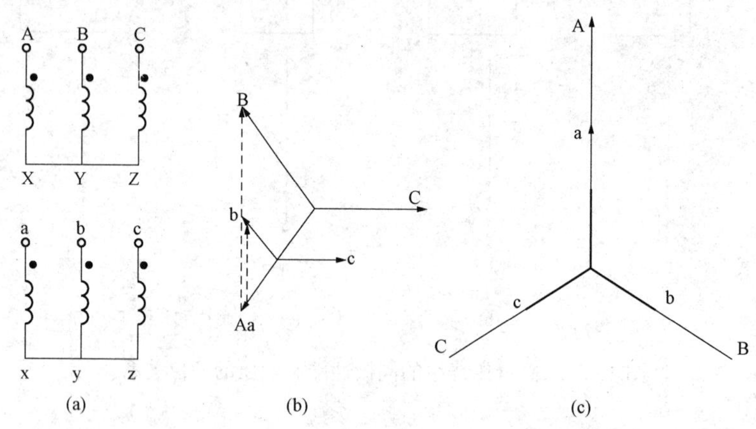

图1-28　Yy0联结组

（a）接线；（b）线电压法；（c）线电压重心重合法

如果高压绕组端头标志不变，而将低压绕组a、b、c依次改为c、a、b或b、c、a，同极性端在对应端时，可得到Yy4、Yy8联结组标号；当同极性端不在对应端可得到Yy6、Yy10、Yy2联结组标号。即只要是星星Yy（或角角Dd）接线的三相变压器，其联结组标号都是偶数。

2. Yd接法

（1）线电压法。当同极性端在对应端时，接线如图1-29（a）所示。先画出高压侧Y接线的位形图，将A、a连成等电位点。根据同极性端在对应端时，高、低压绕组电压同相的结论，画出低压侧的位形图：ax与AX同向，by与BY同向，cz与CZ同向，如图1-29（b）所示。AB指向12点，则ab指向11点，即联结组标号是Yd11，表示高压绕组为Y接法，低压绕组为d接法，低压侧线电压（或线电动势）超前高压侧线电压（或线电动势）30°。

（2）线电压重心重合法。画出高、低压绕组的三相电压相量图，将高、低压绕组线电压三角形的重心重合在一起，由该重心分别向高低压同一相的对应线端联线，即由重心联到A和a，XA表示时钟的分针，xa表示时钟的时针，这时时针所显示的小时数即为联结组标号Yd11，如图1-29（c）所示。

如果高压绕组端头标志不变，而将低压绕组a、b、c依次改为c、a、b或b、c、a，同极性端在对应端时，可得到Yd3、Yd7联结组标号；当同极性端不在对应端可得到Yd5、

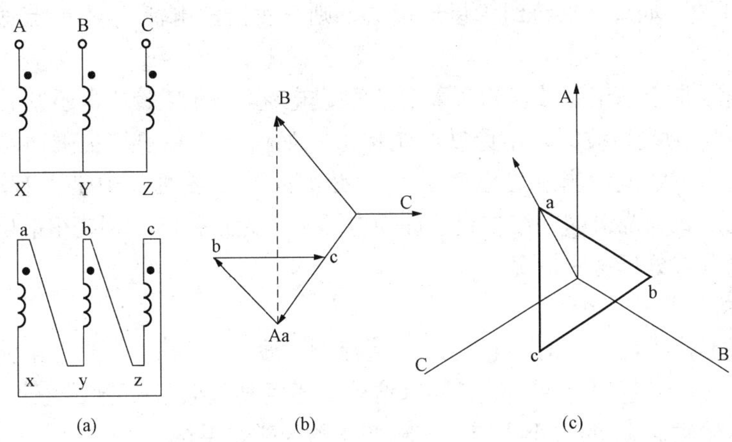

图 1-29　Yd11 联结组

(a) 接线；(b) 线电压法；(c) 线电压重心重合法

Yd9、Yd1 联结组标号。即只要是星角 Yd（或角星 Dy）接线的三相变压器，其联结组标号都是奇数。

3. 三相变压器的标准联结组

三相变压器共有 12 个不同的联结组标号。为了便于制造和并联运行，国家标准规定 Yyn0、Yd11、YNd11、YNy0、Yy0 为标准联结组标号，其中前 3 种最为常用。

五、三相变压器磁路结构和绕组联结方式对电动势波形的影响

在分析单相变压器的空载运行时曾经指出，当主磁通 ϕ 为正弦波时，由于磁路具有饱和特性，产生正弦主磁通的励磁电流 i_0 为尖顶波。反之，若励磁电流 i_0 为正弦波，则其产生的主磁通 ϕ 将为平顶波，感应的电动势则为尖顶波。

在三相变压器中，励磁电流 i_0 的波形与绕组的联结方式有关，而主磁通 ϕ 的波形除了与绕组的联结方式有关外，还与磁路的结构有关。相电动势的波形取决于主磁通的波形。尖顶波或平顶波之类的非正弦波可以分解成基波加上一系列奇次谐波，如图 1-30 所示，其中，影响较大的是三次谐波分量。在略去五次及以上的奇次谐波影响后，可认为上述的非正弦波由基波和三次谐波组成。在三相变压器中，以励磁电流为例，三次谐波电流为

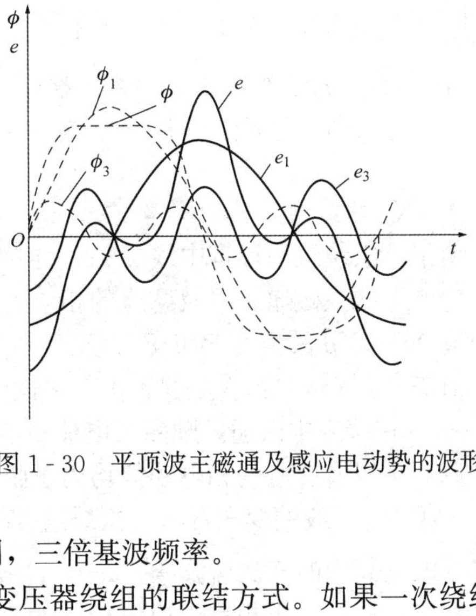

$$\begin{cases} i_{03A} = I_{03m}\sin3\omega t \\ i_{03B} = I_{03m}\sin3(\omega t - 120^\circ) = I_{03m}\sin3\omega t \\ i_{03C} = I_{03m}\sin3(\omega t - 240^\circ) = I_{03m}\sin3\omega t \end{cases} \tag{1-58}$$

图 1-30　平顶波主磁通及感应电动势的波形

三次谐波分量特点是三相大小相等，相位相同，三倍基波频率。

判断励磁电流 i_0 是否是正弦波，需要看三相变压器绕组的联结方式。如果一次绕组为星形带中线接法（YN）或三角形接法（D），则三次谐波电流可以流通，即 $i_{03} \neq 0$，各相励

磁电流 i_0 为尖顶波。如果一次绕组为星形接法，则三次谐波电流 i_{03} 不能流通，励磁电流 i_0 为正弦波。

判断主磁通 ϕ 是否是正弦波，除了要分析励磁电流 i_0 的波形外，还要看铁心的结构形式。当励磁电流 i_0 为尖顶波时，不论铁心结构形式如何，铁心中的主磁通均为正弦波，因此各相电动势也为正弦波。当励磁电流 i_0 为正弦波时，主磁通 ϕ 中是否有三次谐波分量，决定于铁心结构形式和绕组的联结方式。即使电源电压为正弦波，相绕组的电动势也不一定是正弦波，下面着重分析这一情况。

1. Yy 联结的三相变压器

一次绕组星形接线，三次谐波电流 i_{03} 不能流通，励磁电流 i_0 近似为正弦波。由于铁心的饱和特性，主磁通 ϕ 近似为平顶波，除基波外，还主要包括三次谐波磁通 ϕ_3，如图 1 - 30 所示，但三次谐波磁通 ϕ_3 的大小决定于三相变压器的磁路系统。

(1) 三相组式变压器。组式变压器中，各相磁路独立，三次谐波磁通与基波磁通一样在主磁路中流通，因此主磁通 ϕ 为平顶波。由于主磁路的磁阻小，三次谐波磁通 ϕ_3 较大，加之三次谐波的频率是基波频率的三倍，即 $f_3=3f_1$，所以三次谐波电动势相当大，其幅值可达基波电动势幅值的 45%～60%，叠加在基波电动势上，使相电动势为尖顶波，波形严重畸变，如图 1 - 30 所示，所产生的过电压可能危害绕组的绝缘。因此，三相变压器组不能采用 Yy 联结。在线电动势中，由于三次谐波电动势互相抵消，所以其波形仍为正弦。

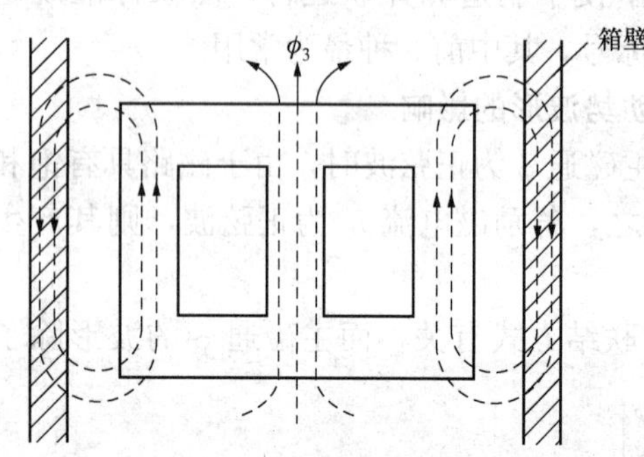

图 1 - 31 Yy 接线的三相心式变压器三次谐波磁通的路径

(2) 三相心式变压器。心式变压器的三相磁路彼此关联，在这种磁路结构中，各相大小相等、相位相同的三次谐波磁通 ϕ_3 不能在主磁路中闭合，只能沿铁心周围的油箱壁等部分形成闭合回路，如图 1 - 31 所示。由于该磁路磁阻大，所以三次谐波磁通 ϕ_3 很小，可以忽略不计，主磁通及相电动势仍可近似地看作正弦波。因此，三相心式变压器可以接成 Yy 联结。但是由于三次谐波磁通 ϕ_3 经过油箱壁及其他铁部件时会产生涡流损耗，引起局部发热，因此变压器容量大于 1800kVA 时，不宜采用 Yy 接线。

2. YNy 联结的三相变压器

由于一次绕组星形带中线（YN）接线，三次谐波电流 i_{03} 可以流通，励磁电流 i_0 为尖顶波，它产生的主磁通 ϕ 以及感应的相电动势均为正弦波。

3. Dy 或 Yd 联结的三相变压器

对于 Dy 联结三相变压器，由于一次绕组三角形接线，与 YN 联结时一样，三次谐波电流 i_{03} 可以在绕组中流通，励磁相电流 i_0 为尖顶波，但线电流仍为正弦波。励磁电流 i_0 产生的主磁通 ϕ 以及感应的相电动势均为正弦波。

对于 Yd 接线的变压器，一次绕组 Y 接线，i_{03} 在一次侧不能流通，i_0 为正弦波。主磁通为平顶波，其中的三次谐波 ϕ_3 在一、二次绕组中感应三次谐波电动势 $\dot{E}_{23}$。由于二次绕组为 d 接法，三相大小相等、相位相同的三次谐波电动势在 d 联结的三相绕组中能形成环流 $\dot{I}_{23}$，如图 1 - 32 所示。$\dot{I}_{23}$ 产生的三次谐波磁通 ϕ_{23} 对原有的三次谐波磁通 ϕ_3 起去磁作用，如图 1-33 所示，大大削弱了 ϕ_3 的作用。因此磁路中实际存在的三次谐波磁通及相应的三次谐波电动势是很小的，相电动势仍接近正弦波。或者从全电流定律解释作用在主磁路的磁动势为一、二次侧磁动势之和，由一次侧提供了空载电流的基波分量，由二次侧提供了空载电流的三次基波分量，其作用与由原方单独提供尖顶波空载电流是等效的。当然也略有不同，在 Yd 接法中，为维持三次谐波电流仍需有三次谐波电动势。但其幅值甚小，对运行影响不大。这就是为什么在高压线路中大容量变压器需接成 Yd 的理由。这个分析无论对三相芯式变压器还是三相组式变压器都是适用的。

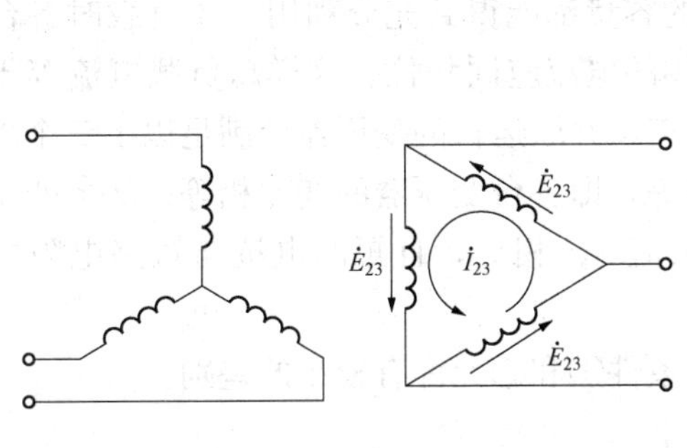

图 1-32　Yd 联结变压器二次侧的三次谐波电动势和三次谐波电流

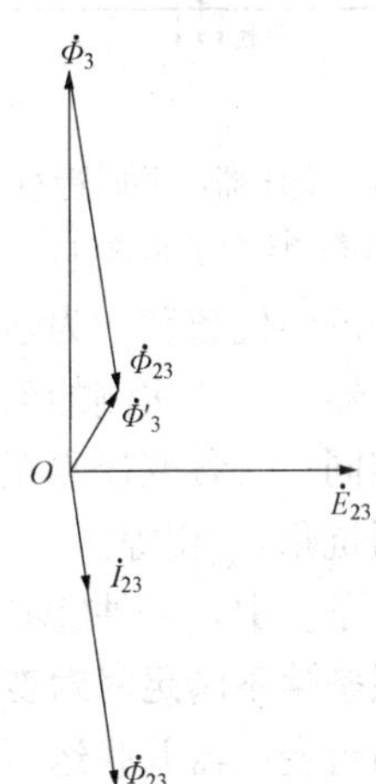

图 1-33　Yd 联结变压器二次侧的三次谐波电流的去磁作用

我国制造的 1600kVA 以上的变压器，一次侧、二次侧总有一侧接成三角形，目的就是提供三次谐波电流 i_{03} 通路，改善电动势的波形。

在超高压、大容量电力变压器中，有时为了满足电力系统运行的要求，需要接成 Yy 联结时，在铁心柱上加装一套附加绕组，接成三角形，它不带负载，专门提供励磁电流中所需的三次谐波分量，以改善电动势的波形。

4. Yyn 联结的三相变压器

二次侧为 yn 接线，可以为三次谐波励磁电流提供通路，但是三次谐波励磁电流要流过负载，受负载阻抗的影响，其值不可能大，因此对主磁通波形的改善程度很小。所以 Yyn 接线基本与 Yy 接线一样，只适用于容量较小的心式变压器。

第七节　变压器的并联运行

变压器的并联运行是指将两台或多台变压器的一次侧和二次侧分别接在公共母线上，由它们共同向负载供电的运行方式，如图 1-34 所示。

并联运行的优点在于①可以提高供电的可靠性。并联运行时，如果某台变压器发生故障或需要检修时，可以将它从电网切除，而不中断向重要用户供电；②可以根据负荷大小调整投入并联运行的变压器的台数，以提高运行效率；③可以减少备用容量，并可随着用电量的增加，分期分批地安装新的变压器，以减少初次投资。

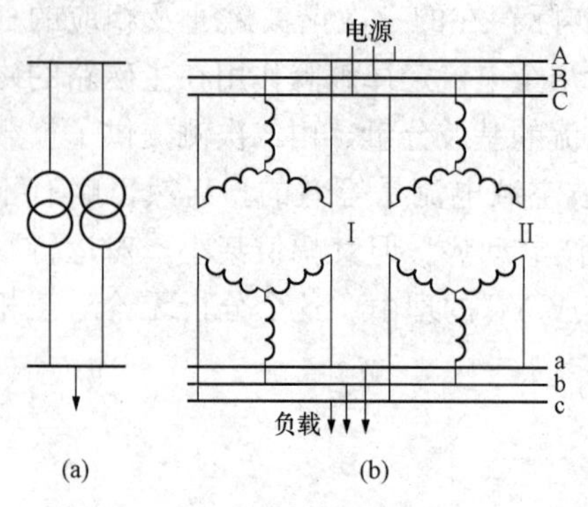

图 1-34 变压器的并联运行
(a) 单线图；(b) 接线图

当然，并联变压器的台数也不宜过多，因为在总容量相同的情况下，一台大容量变压器要比几台小容量变压器造价低、基建投资少、占地面积小。

一、变压器并联运行的理想条件

变压器并联运行时，理想状态是：①空载时各台变压器的二次绕组之间没有环流。环流不仅引起附加损耗，使温升升高、效率降低，而且还占用设备容量。②带负载后，各变压器所分担负载的大小与其额定容量成正比，即各变压器负载系数应相等，使各台变压器的容量都能得到充分利用。③负载时各台变压器对应相的电流应同相位。这样总负载电流等于各台变压器负载电流的代数和。为达到上述理想状态，并联运行的变压器应满足以下三个理想条件：①各变压器一、二次侧的额定电压分别相等，即各台变压器的变比相等；②各变压器的联结组标号相同；③各变压器的短路阻抗标么值 Z_k^* 相等，且短路电抗与短路电阻之比相等，即短路阻抗角 φ_k 相等。

上述三个条件中，条件②必须严格保证。条件①和③允许有较小的差别。

二、并联条件不满足时对变压器运行的影响

下面以两台变压器并联运行为例来进行分析。

1. 变比不等

设两台变压器联结组标号和短路阻抗的标么值都相同，但变比（定义为 $k=N_1/N_2$）$k_{\mathrm{I}}\neq k_{\mathrm{II}}$ 且 $k_{\mathrm{I}}<k_{\mathrm{II}}$。一次侧接入同一电源，即一次电压相等。由于变比不等，二次侧的空载电压 $\dot{U}_{20\mathrm{I}}\neq\dot{U}_{20\mathrm{II}}$，且 $\dot{U}_{20\mathrm{I}}>\dot{U}_{20\mathrm{II}}$，其电压差 $\Delta\dot{U}_{20}=\dot{U}_{20\mathrm{I}}-\dot{U}_{20\mathrm{II}}\neq 0$。空载状态时，在电压 $\Delta\dot{U}_{20}$ 的作用下，两台变压器之间产生环流 $\dot{I}_{\mathrm{C}}$，如图 1-35（a）所示。环流的大小由短路阻抗（折算到二次侧）所限制，其表达式为：

$$\dot{I}_{\mathrm{C}}=\frac{\Delta\dot{U}_{20}}{Z_{k\mathrm{I}}+Z_{k\mathrm{II}}}=\frac{\dot{U}_1\left(\frac{1}{k_{\mathrm{I}}}-\frac{1}{k_{\mathrm{II}}}\right)}{Z_{k\mathrm{I}}+Z_{k\mathrm{II}}} \tag{1-59}$$

根据磁动势平衡原理，当二次绕组中流过环流时，两台变压器的一次侧也相应产生环流。负载后，环流依然存在，此时，各变压器二次侧的总电流 $\dot{I}_{\mathrm{I}}$、$\dot{I}_{\mathrm{II}}$ 由负载电流 $\dot{I}_{\mathrm{LI}}$、$\dot{I}_{\mathrm{LII}}$ 与环流 $\dot{I}_{\mathrm{C}}$ 两个分量组成，由图 1-35（b）可知

$$\begin{cases}\dot{I}_{\mathrm{I}}=\dot{I}_{\mathrm{LI}}+\dot{I}_{\mathrm{C}}\\ \dot{I}_{\mathrm{II}}=\dot{I}_{\mathrm{LII}}-\dot{I}_{\mathrm{C}}\end{cases} \tag{1-60}$$

由于 Z_k 很小，不大的变比差异就会引起较大的环流。环流的存在，①影响变压器的负载分配。从式 1-60 可知，当变比（定义为 $k=N_1/N_2$）$k_{\mathrm{I}}\neq k_{\mathrm{II}}$ 且 $k_{\mathrm{I}}<k_{\mathrm{II}}$ 时，变比小的变压器分配的负载多，变比大的变压器分配的负载少；②占用了变压器的容量，增加了变压器的损耗，这些都是不利的。因此，一般要求空载环流不超过额定电流的 10%，通常规定变比的差值 $\Delta k=\frac{|k_{\mathrm{I}}-k_{\mathrm{II}}|}{\sqrt{k_{\mathrm{I}}k_{\mathrm{II}}}}\times 100\%$ 不超过 1%。

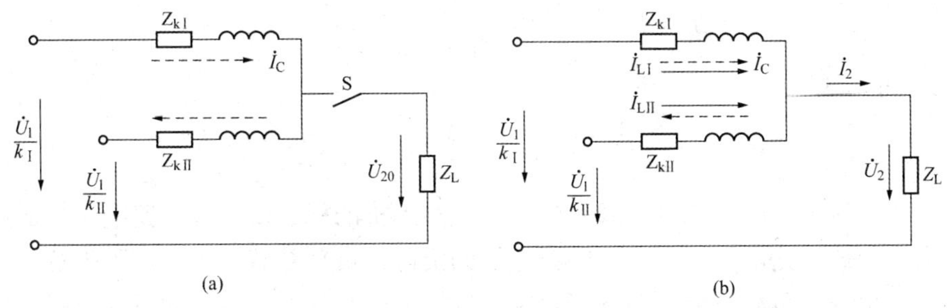

图 1-35 变比不等时变压器并联运行等效电路

(a) 空载时；(b) 负载时

2. 联结组标号不同

两台联结组标号不同的变压器并联运行时，二次侧各线电动势之间最多差 180°，例如联结组标号分别为 Yy0 和 Yy6 的两台变压器并联，如图 1-36（a）所示，二次侧电压相差 $\Delta U_2=2U_2$，冲击电流会非常大，这是绝对不允许的。联结组标号不同时，二次侧各线电动势之间至少有 30°的相位差，例如联结组分别为 Yy0 和 Yd11 的变压器，即使它们二次侧线电动势大小相等，由于对应线电动势之间相位相差 30°，如图 1-36（b）所示，因此，二次侧线间存在电压差 $\Delta\dot{U}_2$。$\Delta\dot{U}_2$ 的大小为 $\Delta U_2=2U_{2N}\sin 15°=0.518U_{2N}$。这样大的电压差作用在变压器二次绕组所构成的回路上，必然产生几倍于额定电流的环流，它将烧坏变压器的绕组。因此联结组标号不同的变压器绝对不允许并联运行。

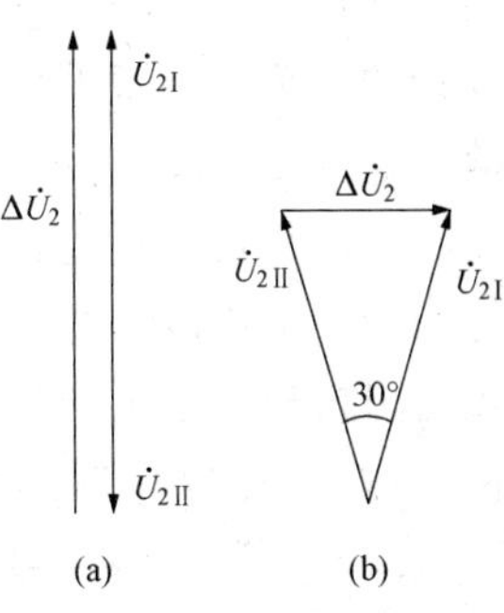

图 1-36 变压器并联时的电压相位关系

(a) Yy0 与 Yy6；(b) Yy0 与 Yd11

3. 短路阻抗标么值不等

设两台并联运行的变压器联结组标号相同、变比相等，但短路阻抗标么值 Z_k^* 不等。其简化等效电路如图 1-37 所示。因而可得

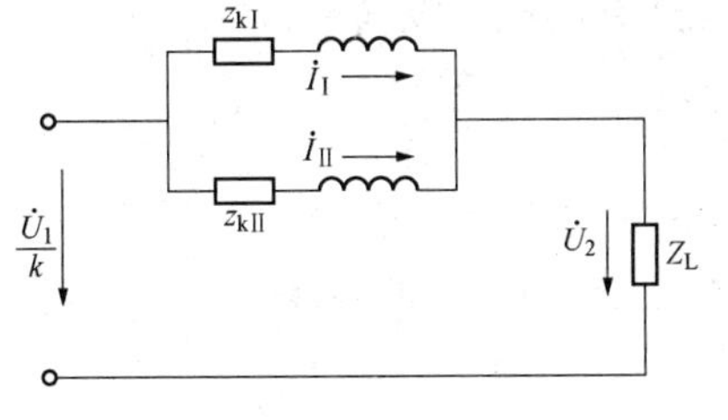

图 1-37 短路阻抗（标么值）不等时并联运行等效电路

$$\dot{I}_I Z_{kI}=\dot{I}_{II} Z_{kII} \tag{1-61}$$

上式左右两边同时除以 $U_{2N}=I_{IN}Z_{IN}=I_{IIN}Z_{IIN}$，可得

$$\dot{I}_I^* Z_{kI}^*=\dot{I}_{II}^* Z_{kII}^*$$

或

$$\frac{\dot{I}_I^*}{\dot{I}_{II}^*}=\frac{Z_{kII}^*}{Z_{kI}^*}\angle(\varphi_{KI}-\varphi_{KII}) \tag{1-62}$$

式（1-62）表明，并联运行时，两台变压器负载电流的标么值与其短路阻抗的标么值成反比，即

$$\frac{I_I^*}{I_{II}^*}=\frac{Z_{kII}^*}{Z_{kI}^*}$$

假设变压器负载运行时二次电压 $U_2=U_{2N}$ 保持不变，则负载系数

$$\beta = I_2^* = \frac{I_2}{I_{2N}} = \frac{I_2 U_{2N}}{I_{2N} U_{2N}} = \frac{S}{S_N} = S^*$$

式（1-62）可写成

$$\frac{\beta_{\mathrm{I}}}{\beta_{\mathrm{II}}} = \frac{S_{\mathrm{I}}^*}{S_{\mathrm{II}}^*} = \frac{Z_{\mathrm{kII}}^*}{Z_{\mathrm{kI}}^*} = \frac{U_{\mathrm{kII}}\%}{U_{\mathrm{kI}}\%} \tag{1-63}$$

即，各台变压器所分配的负载（负载系数）与短路阻抗的标么值（或短路电压）成反比。短路阻抗标么值（或短路电压）大的变压器分担的负载（负载系数）少，短路阻抗标么值小的变压器分担的负载（负载系数）多。当短路阻抗标么值小的变压器满载时，短路阻抗标么值大的变压器欠载，变压器的容量不能得到充分利用。因此为了充分利用变压器的容量，理想地分配负载，并联运行的各变压器的短路阻抗标么值应相等。

由式（1-62）可知，只要变压器的短路阻抗角相等，则二次电流就同相位。在变压器并联运行中，为了不浪费设备容量，要求任何两台变压器容量之比应小于 3，短路阻抗 Z_k^* 的差值不超过 10%，短路阻抗角差在 10°～20°之间。

变压器运行规程规定：在任何一台变压器不过负荷的情况下，变比不等和短路阻抗标么值不等的变压器可以并联运行。又规定：短路阻抗标么值不等的变压器并联运行时，应适当提高短路阻抗标么值大的变压器的二次电压，以使并联运行的变压器的容量均能充分利用。

例 1-6 两台并联运行的变压器 $S_{\mathrm{NI}}=3150\mathrm{kVA}$，$U_{\mathrm{kI}}\%=7.3\%$，$S_{\mathrm{NII}}=4000\mathrm{kVA}$，$U_{\mathrm{kII}}\%=7.6\%$，联结组标号和变比相同。（1）设两台变压器并联运行时总负载为 6900kVA 时，求每台变压器承担的负载大小；（2）在不允许任何一台变压器过载的情况下，并联变压器组最大输出负载及并联组的利用率是多少？

解 （1）$\dfrac{\beta_{\mathrm{I}}}{\beta_{\mathrm{II}}} = \dfrac{U_{\mathrm{kII}}\%}{U_{\mathrm{kI}}\%} = \dfrac{7.6}{7.3}$

$$\beta_{\mathrm{I}} S_{\mathrm{NI}} + \beta_{\mathrm{II}} S_{\mathrm{NII}} = 3150\beta_{\mathrm{I}} + 4000\beta_{\mathrm{II}} = 6900(\mathrm{kVA})$$

解得 $\beta_{\mathrm{I}}=0.987$，$\beta_{\mathrm{II}}=0.948$，则

$$S_{\mathrm{I}} = \beta_{\mathrm{I}} S_{\mathrm{NI}} = 0.987 \times 3150 = 3110(\mathrm{kVA})$$

$$S_{\mathrm{II}} = \beta_{\mathrm{II}} S_{\mathrm{NII}} = 0.948 \times 4000 = 3790(\mathrm{kVA})$$

（2）由于短路电压小的变压器负载系数大，因此必先达到满载，设 $\beta_{\mathrm{I}}=1$，则

$$\beta_{\mathrm{II}} = \frac{U_{\mathrm{kI}}\%}{U_{\mathrm{kII}}\%}\beta_{\mathrm{I}} = \frac{7.3}{7.6} \times 1 = 0.961$$

总负载

$$S = \beta_{\mathrm{I}} S_{\mathrm{NI}} + \beta_{\mathrm{II}} S_{\mathrm{NII}} = 1 \times 3150 + 0.961 \times 4000 = 6992(\mathrm{kVA})$$

利用率

$$\frac{S}{S_{\mathrm{NI}} + S_{\mathrm{NII}}} = \frac{6992}{3150 + 4000} = 0.978$$

第八节 其他变压器

一、三绕组变压器

三绕组变压器在电力系统中主要用于将三个不同电压等级的电网相互连接起来，其铁心一般采用心式结构，每个铁心柱上同心地套着高压、中压和低压三个绕组，如图 1-38 所

示。为了便于绝缘，高压绕组布置在最外层，中压、低压绕组位于里面两层。对于升压变压器，低压绕组布置在中间，中压绕组靠近铁心；对于降压变压器，中压绕组布置在中间，低压绕组靠近铁心。

高压、中压、低压绕组额定容量的分配比例（容量配合）有三种：100/100/100、100/100/50、100/50/100，以其中最大的绕组容量作为变压器的额定容量。

三绕组变压器的标准联结组为 YNyn0d11 和 YNyn0y0。

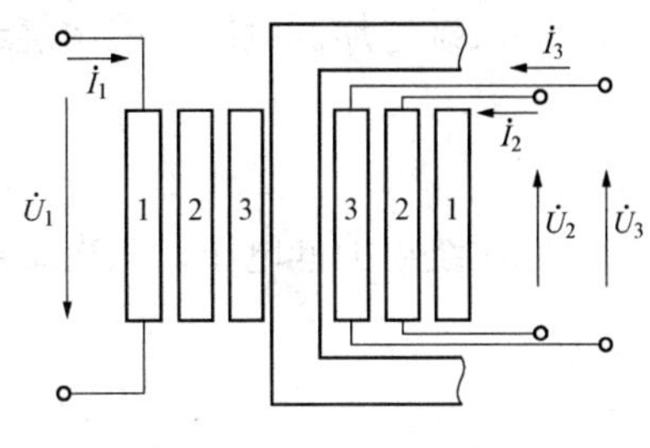

图 1-38　三绕组变压器的结构示意图

若三绕组变压器的三个绕组的匝数为 N_1、N_2、N_3，则三个绕组之间的变比为

$$\begin{cases} k_{12} = \dfrac{N_1}{N_2} \\ k_{13} = \dfrac{N_1}{N_3} \\ k_{23} = \dfrac{N_2}{N_3} \end{cases} \tag{1-64}$$

在三绕组变压器中，三个绕组互相耦合。通常将同时交链三个绕组的磁通称为主磁通，如图 1-39 所示中的 $\dot{\Phi}$；而只交链一个绕组的磁通称为自漏磁通，如图 1-39 中的 $\dot{\Phi}_{11}$、$\dot{\Phi}_{22}$、$\dot{\Phi}_{33}$；同时交链两个绕组的磁通称为互漏磁通，如图 1-39 中的 $\dot{\Phi}_{12}$、$\dot{\Phi}_{13}$、$\dot{\Phi}_{23}$。

铁心中的主磁通与变压器的三个绕组交链，由三个绕组的合成磁动势共同产生。负载运行时的磁动势平衡方程为

$$\dot{F}_1 + \dot{F}_2 + \dot{F}_3 = \dot{F}_0 \tag{1-65}$$

或

$$\dot{I}_1 N_1 + \dot{I}_2 N_2 + \dot{I}_3 N_3 = \dot{I}_0 N_1 \tag{1-66}$$

将二、三次折算到一次侧，可得

$$\dot{I}_1 + \dot{I}'_2 + \dot{I}'_3 = \dot{I}_0 \tag{1-67}$$

式中　$\dot{I}'_2$、$\dot{I}'_3$——绕组 2、3 电流的折算值，$\dot{I}'_2 = \dfrac{\dot{I}_2}{k_{12}}$、$\dot{I}'_3 = \dfrac{\dot{I}_3}{k_{13}}$。

三绕组变压器的等效电路如图 1-40 所示，图中的 x_1、x'_2、x'_3所对应的磁通既包含自漏磁通，又包含互漏磁通，其值为常数。这与双绕组变压器中的情况不同，它们不是漏电抗，所以称为等效电抗。相应地，Z_1、Z'_2、Z'_3称为等效阻抗。

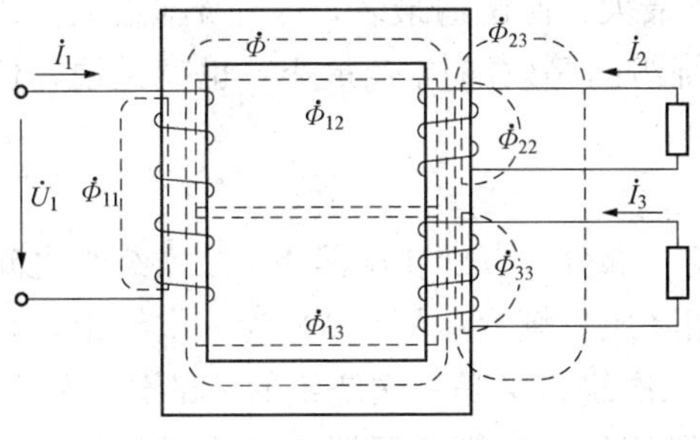

图 1-39　三绕组变压器的运行示意图

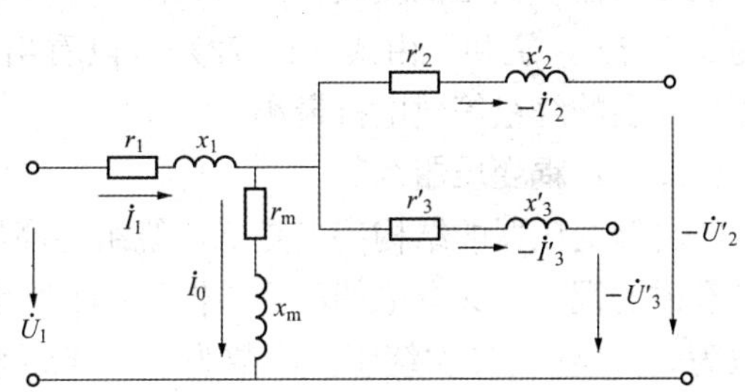

图 1-40　三绕组变压器的等效电路

三绕组变压器等效电路中的参数，可通过空载实验和三个短路实验来测定。与双绕组变压器的空载实验相同，通过空载实验求出 r_m 和 x_m。三次短路实验求短路阻抗，方法如下：

（1）一次绕组加低电压，二次绕组短路，三次绕组开路，测得

$$\begin{cases} r_{k12} = r_1 + r'_2 \\ x_{k12} = x_1 + x'_2 \end{cases} \tag{1-68}$$

（2）一次绕组加低电压，三次绕组短路，二次绕组开路，测得

$$\begin{cases} r_{k13} = r_1 + r'_3 \\ x_{k13} = x_1 + x'_3 \end{cases} \tag{1-69}$$

（3）二次绕组加低电压，三次绕组短路，一次绕组开路，测得

$$\begin{cases} r_{k23} = r_2 + r''_3 \\ x_{k23} = x_2 + x''_3 \end{cases} \tag{1-70}$$

式中 r''_3、x''_3——三次侧折算到二次侧的电阻和阻抗。

把这次实验测得的参数值再向一次绕组折算，得到

$$\begin{cases} r'_{k23} = k_{12}^2 r_{k23} = r'_2 + r'_3 \\ x'_{k23} = k_{12}^2 x_{k23} = x'_2 + x'_3 \end{cases} \tag{1-71}$$

由上述三组阻抗关系联立求解，即可求出简化等效电路中的 6 个参数，他们分别是

$$\begin{cases} r_1 = \dfrac{1}{2}(r_{k12} + r_{k13} - r'_{k23}) \\ r'_2 = \dfrac{1}{2}(r_{k12} + r'_{k23} - r_{k13}) \\ r'_3 = \dfrac{1}{2}(r_{k13} + r'_{k23} - r_{k12}) \\ x_1 = \dfrac{1}{2}(x_{k12} + x_{k13} - x'_{k23}) \\ x'_2 = \dfrac{1}{2}(x_{k12} + x'_{k23} - x_{k13}) \\ x'_3 = \dfrac{1}{2}(x_{k13} + x'_{k23} - x_{k12}) \end{cases} \tag{1-72}$$

三个绕组在铁心上的排列方式，将影响彼此间漏磁通大小，进而影响彼此间漏电抗的大小。对于降压变压器，中压绕组放在中间，高、低压绕组距离最大，漏磁通最多，因此 x_{k13} 最大，约为 x_{k12} 与 x'_{k23} 之和。由式（1 - 72）可以看出，二次绕组的等效电抗 x'_2 最小。对于升压变压器，低压绕组放在中间，高、中压绕组距离最大，漏磁通最多，因此 x_{k12} 最大，约为 x_{k13} 与 x'_{k23} 之和。由式（1 - 72）可以看出，第三绕组的等效漏抗 x'_3 最小。也就是说，位于中间层的绕组等效电抗最小。

二、自耦变压器

自耦变压器的结构特点是低压绕组为高压绕组的一部分，自耦变压器一、二次绕组之间既有磁的耦合，又有电的联系。图 1 - 41 所示为单相降压自耦变压器，AX 为一次绕组，匝数为 N_1；ax 为二次绕组，匝数为 N_2。ax 绕组既是二次绕组又是一次绕组的一部分，称 ax 绕组为公共绕组；Aa 绕组匝数为 $N_1 - N_2$，称为串联绕组。自耦变压器也可看成是从双绕组变压器演变而来的，把双绕组变压器的一、二次绕组顺向串联作高压绕组，其二次绕组作

低压绕组，就成为一台自耦变压器了。

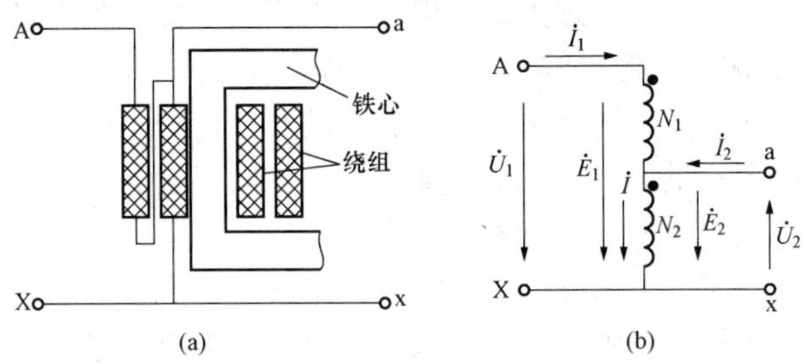

图 1-41　降压自耦变压器

(a) 结构示意图；(b) 原理接线图

1. 基本电磁关系

自耦变压器也是利用电磁感应原理工作的。当一次绕组施加交变电压$\dot{U}_1$ 时，铁心中产生交变磁通，并分别在一、二次绕组中产生感应电动势，若忽略一、二次绕组的漏阻抗压降，则有

$$\begin{cases} U_1 \approx E_1 = 4.44fN_1\Phi_m \\ U_2 \approx E_2 = 4.44fN_2\Phi_m \end{cases}$$

自耦变压器的变比为

$$k_a = \frac{E_1}{E_2} = \frac{N_1}{N_2} \approx \frac{U_1}{U_2} \tag{1-73}$$

自耦变压器的变比一般在 1.5～2 范围内。

与双绕组变压器一样，自耦变压器负载时的合成磁动势等于空载时的磁动势。负载时串联绕组 Aa 的磁动势为 $\dot{I}_1(N_1-N_2)$，公共绕组 ax 的磁动势为 $(\dot{I}_1+\dot{I}_2)N_2$；而空载磁动势为 $\dot{I}_0N_1$。因此，自耦变压器的磁动势平衡关系为

$$\dot{I}_1(N_1-N_2)+(\dot{I}_1+\dot{I}_2)N_2 = \dot{I}_0N_1$$

即

$$\dot{I}_1N_1+\dot{I}_2N_2 = \dot{I}_0N_1 \tag{1-74}$$

若忽略空载电流，则

$$\dot{I}_1N_1+\dot{I}_2N_2 \approx 0$$

或

$$\dot{I}_1 \approx -\frac{N_2}{N_1}\dot{I}_2 = -\frac{1}{k_a}\dot{I}_2 \tag{1-75}$$

二次绕组（公共绕组）中的电流为

$$\dot{I} = \dot{I}_1+\dot{I}_2 = -\frac{1}{k_a}\dot{I}_2+\dot{I}_2 = \left(1-\frac{1}{k_a}\right)\dot{I}_2 \tag{1-76}$$

式（1-75）和式（1-76）说明，$\dot{I}_1$与 $\dot{I}_2$反相位，$\dot{I}$ 与 $\dot{I}_2$同相位。因此，在图 1-41 (b) 所示参考方向下，$\dot{I}_1$、$\dot{I}_2$、$\dot{I}$ 之间的大小关系为

$$I_2 = I+I_1 \tag{1-77}$$

式（1-77）表明，自耦变压器的输出电流 I_2 由两部分组成，其中公共绕组电流 I 是通过电磁感应作用在低压侧产生的，称为感应电流；由于高、低压绕组之间有电的连接，串联绕组电流 I_1 直接从高压侧流入低压侧，称为传导电流。

普通双绕组变压器的一、二次绕组之间只有磁的联系，功率的传递全靠电磁感应，所以普通双绕组变压器的额定容量等于一次绕组或二次绕组的容量。

自耦变压器一、二次绕组之间既有磁的联系又有电的联系。从一次侧到二次侧的功率传递，一部分是通过电磁感应，一部分是直接传导，二者之和是铭牌上标注的额定容量。

自耦变压器的额定容量（铭牌容量）是指输入容量或输出容量，即

$$S_N = U_{1N}I_{1N} = U_{2N}I_{2N} \tag{1-78}$$

自耦变压器的绕组容量（电磁容量）是指串联绕组或公共绕组的容量，分别是

$$S_{Aa} = U_{Aa}I_{1N} = \frac{N_1 - N_2}{N_1}U_{1N}I_{1N} = \left(1-\frac{1}{k_a}\right)S_N \tag{1-79}$$

$$S_{ax} = U_{ax}I = U_{2N}I_{2N}\left(1-\frac{1}{k_a}\right) = \left(1-\frac{1}{k_a}\right)S_N \tag{1-80}$$

从式（1-79）、式（1-80）可知，自耦变压器的绕组容量（电磁容量）是额定容量的 $\left(1-\frac{1}{k_a}\right)$ 倍。由于 $k_a>1$，$\left(1-\frac{1}{k_a}\right)<1$，因此自耦变压器的绕组容量小于额定容量。

自耦变压器输出容量可表示为

$$S_2 = U_2I_2 = U_2(I + I_1) = U_2I + U_2I_1 = \left(1-\frac{1}{k_a}\right)S_2 + \frac{1}{k_a}S_2 \tag{1-81}$$

可见，自耦变压器的输出容量由两部分组成，其中，$U_2I=\left(1-\frac{1}{k_a}\right)S_2$ 为电磁容量，是通过电磁感应作用从一次侧传递给二次侧负载的，这与双绕组变压器传递方式相同。$U_2I_1=\frac{1}{k_a}S_2$ 为传导容量，是由电源经串连绕组直接传导给二次侧负载的，这是双绕组变压器所没有的。

2. 自耦变压器的优、缺点

与同容量双绕组变压器相比，自耦变压器具有以下优点：

（1）节省材料。变压器的重量和尺寸是由绕组容量决定的。由于自耦变压器有一部分传导容量，所以它的绕组容量相应减少，材料较省，尺寸较小，造价较低。由于自耦变压器的绕组容量为额定容量的 $\left(1-\frac{1}{k_a}\right)$ 倍，k_a 愈接近 1，$\left(1-\frac{1}{k_a}\right)$ 愈小，绕组容量愈小，这一优点愈突出。

（2）效率较高。由于自耦变压器所用有效材料（硅钢片和铜材）较少，所以自耦变压器的铜损耗和铁损耗相应较少，因此效率较高。

自耦变压器的缺点：

（1）由于自耦变压器一、二次绕组之间有电的连接，当串联绕组发生故障时，可能导致二次侧过电压，这将危及用电设备安全，使用时需要使中性点可靠接地，且一、二次侧均需装设避雷器。

（2）自耦变压器的短路阻抗比同容量的双绕组变压器小，其短路电流较大。为了提高自耦变压器承受短路电流的能力，需采用相应的保护措施。

三、分裂变压器

1. 结构特点

分裂变压器又称分裂绕组变压器，所谓分裂变压器就是将其中一个线圈分裂成在电路上彼此不相连而在磁路上只有松散耦合的几个线圈的变压器。在现代大型电厂中，有的采用两台发电机共用一台分裂变压器来输出电能，如图 1-42（a）所示；有的高压厂用变压器采用分裂变压器向双母线供电，如图 1-42（b）所示，当一段母线发行故障时，另一段母线仍有较高的电压，提高了供电的可靠性。

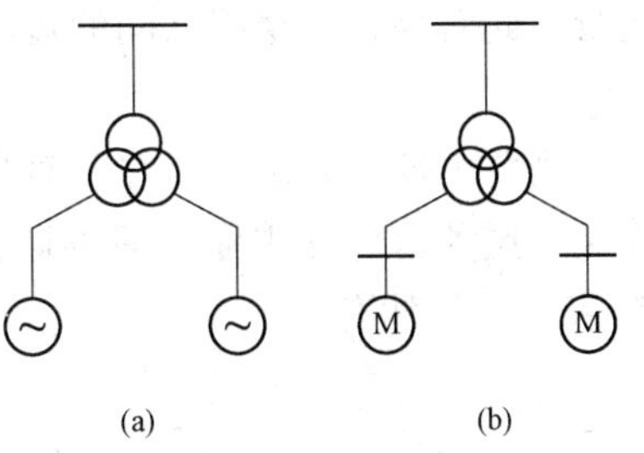

图 1-42　分裂变压器的应用

（a）两机共用一台分裂变压器；

（b）分裂变压器向两段厂用母线供电

分裂变压器的结构特殊，种类很多，这里只分析大型发电厂中使用较多的双分裂变压器。双分裂变压器通常是将低压线圈分裂成结构相同、容量相等、在电气上彼此无关、仅只有弱磁联系的两个绕组的变压器。两个线圈的额定容量之和等于不分裂线圈（通常是高压线圈）的额定容量，也就是变压器的额定容量。两个分裂绕组的额定电压可以有不大的差别，可以单独运行也可以同时运行，可以在同容量下运行也可以在不同容量下运行；当它们的额定电压相同时，还可以并联运行。

如图 1-43 所示为三相双绕组变压器的示意图。图 1-43（b）为一相的接线图，高压绕组 AX 为不分裂绕组，它由两部分并联成。低压绕组 a3x3 和 a2x2，为分裂出来的两个绕组。高压绕组与对应的两个低压绕组在铁心柱上的套装方式有多种，如有径向配置方式、轴向配置方式等等。目的都是为了满足两个要求：两个分裂绕组与高压绕组之间具有的短路阻抗相等且较小；两个分裂绕组相互之间的磁路耦合较弱，短路阻抗较大。

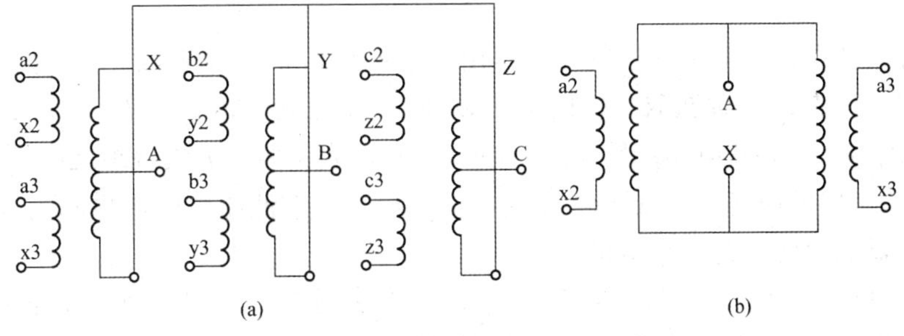

图 1-43　三相双绕组分裂变压器

（a）原理接线图；（b）单相接线图

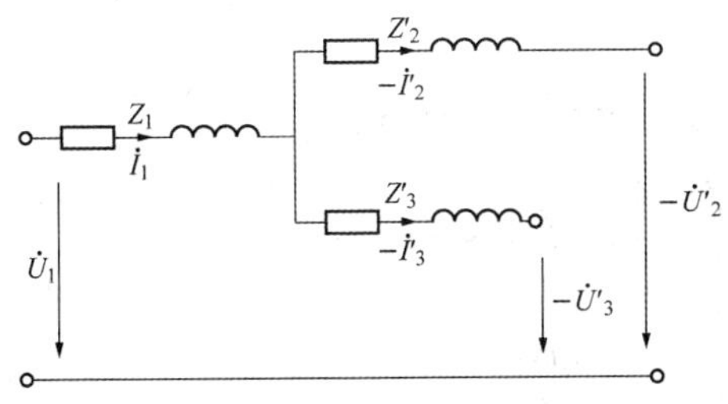

图 1-44　双分裂变压器的简化等效电路

2. 等效电路和运行方式

双分裂变压器实质上是一台三绕组变压器，与普通的三绕组变压器具有相同的等效电路，如图 1-44 所示。

一个低压绕组对另一个低压绕组的运行方式，称为分裂运行。分裂运行时两个低压分裂绕组之间存在功率传递，而高、低下绕组之间无功率传递，两个低压绕组之间的短路阻抗称为分裂阻抗，

用 Z_f 表示，且

$$Z_f = Z'_2 + Z'_3 = 2Z'_2 \tag{1-82}$$

一个低压的分裂绕组对高压绕组运行，另一个分裂绕组开路，这种运行方式称为半穿越运行，此时高、低绕组之间的短路阻抗称为半穿越阻抗，用 Z_b 表示，有

$$Z_b = Z_1 + Z'_2 \tag{1-83}$$

当两个低压分裂绕组并联对高压绕组运行，变压器高、低压绕组和分裂绕组之间有功率传递，这种运行方式称为穿越运行。此时高、低压绕组之间的短路阻抗称为穿越阻抗，用 Z_c 表示，显然有

$$Z_c = Z_1 + Z'_2 // Z'_3 = Z_1 + \frac{Z'_2}{2} \tag{1-84}$$

将式（1-82）代入式（1-84）得到

$$Z_c = Z_1 + \frac{Z_f}{4} \tag{1-85}$$

通常将分裂阻抗与穿越阻抗之比称为分裂系数，用 k_f 表示，即

$$k_f = \frac{Z_f}{Z_c} \tag{1-86}$$

分裂系数是分裂变压器的基本参数之一，既用来分析分裂变压器的特性，又作为设计指标，很大程度上决定着变压器的结构和性能。我国生产的三相分裂变压器，通常 $k_f=3\sim4$。

由式（1-81）、式（1-85）及式（1-86）可以得出

$$\begin{cases} Z_1 = \left(1-\frac{k_f}{4}\right)Z_c \\ Z'_2 = Z'_3 = \frac{k_f}{2}Z_c \end{cases} \tag{1-87}$$

可见，分裂变压器等效电路中的参数可由分裂系数 k_f 和穿越阻抗 Z_c 求得。Z_c 可以通过短路实验求取；k_f 在设计时选取。k_f 的值可以在 0～4 之间选取。若 $k_f=0$，$Z_1=Z_c$，$Z'_2=Z'_3=0$，$Z_f=Z'_{23}=0$，等效电路如图 1-45（a）所示，表明两个分裂绕组之间耦合的最紧密，此时，$U'_2=U'_3$，如果任何一个低压侧发生短路，则另一个低压侧电压也降为零，这违背了采用分裂变压器的目的，是不可取的。

若 $k_f=4$，则 $Z_1=0$，$Z'_2=Z'_3=2Z_c$，等效电路如图 1-45（b）所示，$Z_f=Z'_{23}=Z'_2+Z'_3=4Z_c$，表明两个低压分裂绕组之间的耦合最弱。此时分裂变压器的运行特性最理想，犹如两台互不影响的独立变压器在运行，一个低压绕组的负载发生变化，对另一个低绕组的端电压没有影响。但由于 $Z_1=0$，在制造工艺中是不能实现的，所以设计时取 k_f 接近理想情况，一般取 $k_f=3.5$ 左右。

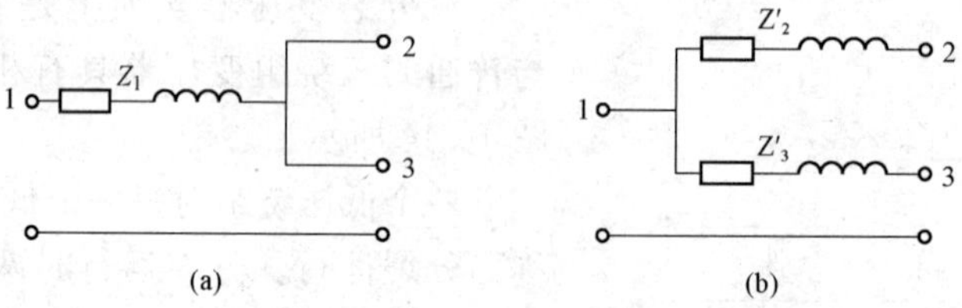

图 1-45　k_f 不同时分裂变压器的简化等效电路

(a) $k_f=0$；(b) $k_f=4$

3. 分裂变压器的优、缺点

目前，分裂变压器主要用作 200MW 及以上大机组发电厂中的厂用变压器，它比普通双绕组变压器具有以下优点：

（1）限制短路电流的作用明显。当分裂绕组的一条支路发生短路时，如图 1-46 所示，由电网提供的短路电流流经分裂变压器的阻抗为

$$Z_1+Z_3'=\left(1-\frac{k_f}{4}\right)Z_c+\frac{k_f}{2}Z_c=\left(1+\frac{k_f}{4}\right)Z_c \tag{1-88}$$

比穿越阻抗大$\frac{k_f}{4}Z_c$，比普通双绕组变压器的短路阻抗大，有效地限制了电网提供的短路电流，降低了对母线、断路器等电气设备的要求。

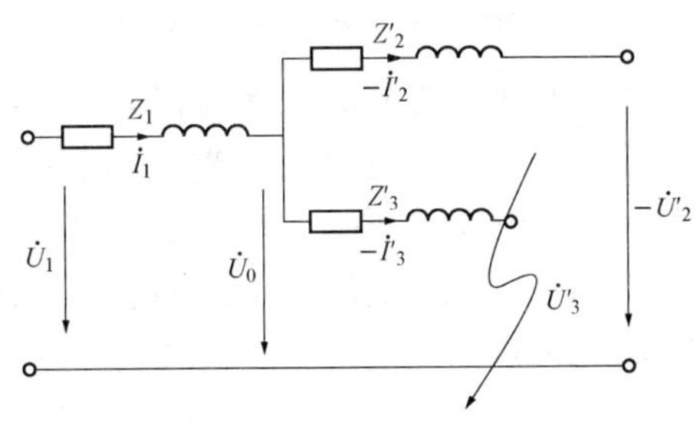

图 1-46　求残余电压时的等效电路

（2）发生短路故障时母线电压降低不多。当一个低压分裂绕组发生短路时，如绕组 3 发生短路，如图 1-46 所示，$U_3'=0$，$I_2'\ll I_3'$，若忽略I_2'及各阻抗的阻抗角差，则另一个未短路的绕组的电压（又称残余电压）为

$$U_2'\approx U_0=\frac{Z_3'}{Z_1+Z_3'}U_1=\frac{\frac{1}{2}k_fZ_c}{\left(1+\frac{k_f}{4}\right)Z_c}U_1=\frac{2k_f}{4+k_f}U_1 \tag{1-89}$$

当$k_f=3.42$（国产 SFFL-15000/10 型分裂变压器的分裂系数）时，$U_2'=0.92U_1$，当$k_f=3$时，$U_2'=0.86U_1$，远远超过发电厂要求的残余电压不低于 65%额定电压的指标，所以分裂变压器可以提高厂用电的可靠性。

（3）电动机的自起动条件有所改善。由于分裂变压器的穿越阻抗比同容量的双绕组变压器的短路阻抗要小，所以起动电流引起的电压降也小，容许的起动容量就大一些。

分裂变压器的主要缺点是制造复杂，价格较贵。

四、互感器

互感器是在电气测量中经常使用的一种特殊变压器，有电压互感器和电流互感器两种。

使用互感器的目的：一是为了用小量程的电压表和电流表测量高电压和大电流；二是为了使测量回路与高压线路隔离，以保障工作人员和测试设备的安全。

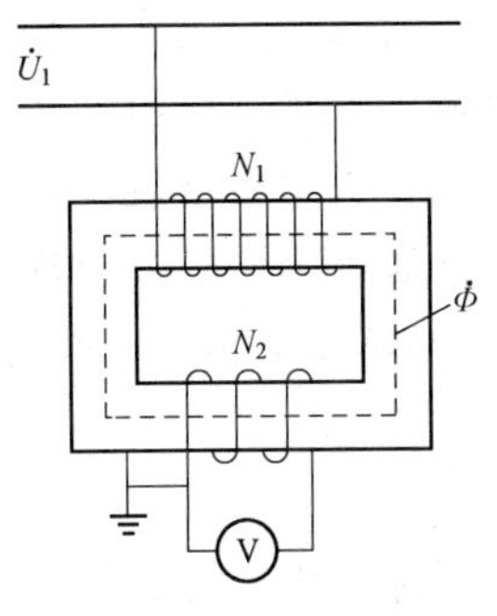

图 1-47　电压互感器原理图

1. 电压互感器

电压互感器的工作原理如图 1-47 所示，一次绕组匝数多，二次绕组匝数少。一次绕组并联到被测量的高电压线路上，二次绕组接电压表或功率表的电压线圈。由于电压表的阻抗很大，所以电压互感器工作时，相当于降压变压器的空载运行状态。忽略很小的漏阻抗压降，一、二次电压与匝数成正比，即

$$\frac{U_1}{U_2}=\frac{N_1}{N_2}=k_u \tag{1-90}$$

或

$$U_1=k_uU_2 \tag{1-91}$$

式中 k_u——电压互感器电压变比。

可见，将二次侧电压表读数 U_2 乘上 k_u，就是被测高电压 U_1 的数值。通常将电压表的表盘按 k_uU_2 来刻度，这样可以直接读出被测电压 U_1 的数值。电压互感器二次侧额定电压都统一设计成 100V，而一次侧可以有几个抽头，便于根据被测线路电压大小，选取适当的电压变比 k_u。

为了减小误差，在设计电压互感器时，应尽量减小励磁电流和漏阻抗值。因此电压互感器的铁心大都采用导磁性能好，铁耗小的硅钢片；工作点的磁通密度设计的比较低，一般低于 0.6～0.8T，使磁路处于不饱和状态；为了减小励磁电流，在加工时尽可能减小磁路间隙；为了减小绕组间的漏磁通和漏电抗，绕组装配尽量紧凑、均匀；为了减小绕组电阻，适当采用较粗导线。电压互感器所能并接的仪表数量要受额定容量的限制，过大的负载电流将引起较大的漏阻抗压降，难以保证测量精度。

使用电压互感器应注意：①电压互感器二次侧严禁短路，否则将产生很大的短路电流，绕组将因过热而烧毁。为防止二次侧短路，电压互感器一、二次回路中应串接熔断器；②电压互感器的二次绕组连同铁心一起必须可靠接地，以防止绕组绝缘损坏时，高电压侵入低压回路，危及人身和设备的安全。

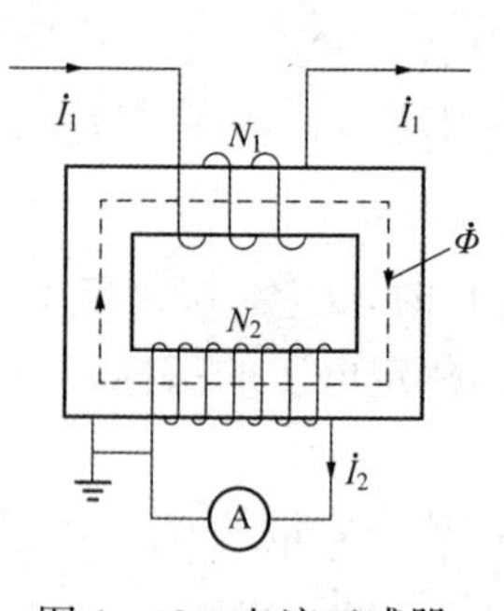

图 1-48 电流互感器原理图

2. 电流互感器

电流互感器的一次绕组匝数很少，一般只有一匝或几匝，二次绕组匝数很多。图 1-48 所示为电流互感器的工作原理图。一次绕组串联在被测量的大电流线路中，二次绕组接电流表或功率表的电流线圈。由于电流表的阻抗很小，所以电流互感器工作时，相当于变压器的短路运行状态。忽略很小的励磁电流，一、二次电流与匝数成反比，即

$$\frac{I_1}{I_2}=\frac{N_2}{N_1}=k_i \tag{1-92}$$

或

$$I_1=k_iI_2 \tag{1-93}$$

式中 k_i——电流变比。

可见，将二次侧电流表读数 I_2 乘上 k_i，就是被测大电流 I_1 的数值。通常将电流表的表盘按 k_iI_2 来刻度，这样可以直接读出被测电流 I_1 的数值。电流互感器二次侧额定电流通常设计成 5A 或 1A。

为了减小误差，在设计电流互感器时，也应尽量减小励磁电流和漏阻抗值。电流互感器铁心的磁通密度取得更低，一般为 0.08～0.1T，以尽量减小励磁电流。从使用角度看，二次侧所串连的仪表不能超过互感器的额定容量，使用时所串接仪表的总阻抗不得大于规定值。否则，电流互感器的二次侧端电压将增大，不再是短路状态，将影响测量精度。另外，当选择大容量电流互感器来测量小电流时，误差也会增大，所以不应使电流互感器的一次侧工作电流小于其额定电流的 1/3。

使用电流互感器应注意：①二次侧绝对不允许开路。如果二次侧开路，电流互感器处于空载运行状态，此时一次侧被测线路大电流全部成为励磁电流，使铁心磁通密度大大增加。一方面使铁心严重饱和，铁耗急剧增加，引起铁心严重过热甚至烧毁绕组；另一方面将在匝

数很多的二次绕组中感应出很高电压，不但会使绝缘击穿，而且还危及操作人员和其他设备的安全。因此，严禁在电流互感器的二次回路中安装保险丝；运行中需要更换测量仪表时，应先把二次绕组短路后才能更换仪表：②二次绕组及铁心也必须可靠接地，以防止绝缘击穿后，一次侧高电压危急二次侧回路的设备及操作人员的安全。

小　结

变压器基本的结构部件是铁心和绕组，它的工作是基于电磁感应定律，把一种电压等级的交流电能转换成同频率的另一种电压等级的交流电能，变压器能够变压必须有满足两个条件：①$\frac{d\phi}{dt}\neq 0$；②$N_1\neq N_2$。

变压器的电磁感应关系的核心内容是磁动势平衡和电动势平衡关系。

变压器负载运行时，在一、二次绕组内部存在着电动势平衡关系，用电动势平衡方程表述

$$\dot{U}_1 = -\dot{E}_1 + \dot{I}_1(r_1 + jx_1)$$

$$\dot{U}_2 = \dot{E}_2 - \dot{I}_2(r_2 + jx_2)$$

在一、二次绕组之间存在着磁动势平衡关系，用磁动势平衡方程表述

$$\dot{F}_1 + \dot{F}_2 = \dot{F}_0$$

或

$$\dot{I}_1 N_1 + \dot{I}_2 N_2 = \dot{I}_0 N_1$$

变压器通过磁动势平衡关系实现能量的传递。

变压器的基本方程、等效电路和相量图是分析、计算变压器的有效工具，三者彼此一致，是同一问题的不同表述形式。基本方程是用数学表达式来反映变压器的电磁关系；等效电路是以电路的形式来模拟实际的变压器；相量图则是基本方程的图形表示。定量计算时采用等效电路较为方便；定性分析时，采用方程和相量图较为直观。

励磁阻抗和漏电抗是变压器的重要参数。励磁电阻是等效铁心损耗的一个等效电阻，实际是不存在的。励磁电抗对应主磁通，随磁路饱和程度不同而变化。漏电抗对应漏磁通，是个常数。

折算就是把 N_1/N_2 的实际变压器用两侧匝数相等的变压器等效，把磁动势平衡转变为电流平衡，折算的原则是保持变压器内部的电磁本质不变。等效电路和相量图是在折算的基础上得来的。

变压器的参数可以通过实验的方法求取。标么值是实际值与基准值的比值，采用标么值能给分析计算带来极大方便。

电压变化率是变压器的一个重要性能指标，它反映变压器供电电压的稳定性，其大小与变压器的短路阻抗、负载大小以及负载性质有关

$$\Delta U = \frac{U_{2N} - U_2}{U_{2N}} = \beta(r_k^* \cos\varphi_2 + x_k^* \sin\varphi_2)$$

效率是表征变压器运行性能的另一个重要指标。

$$\eta=\left(1-\frac{P_0+\beta^2P_{kN}}{\beta S_N\cos\varphi_2+P_0+\beta^2P_{kN}}\right)\times100\%$$

当铁损耗等于铜损耗时，变压器有最高效率。

根据磁路的结构不同，三相变压器可分为组式和心式两种，组式变压器三相磁路彼此无关，心式变压器三相磁路彼此有关。

变压器的联结组标号反映一、二次侧联结方式及（线）电压或（线）电动势之间的相位关系，常用位形图来判断。

为了使感应电动势为正弦波，三相变压器常希望有一侧接成三角形 D(d) 或一次侧为 YN(yn) 接线，以提供三次谐波电流通路。

变压器并联运行的理想条件是：①各变压器的额定电压相等，即变比相等；②各变压器的联结组标号相同；③各变压器的短路阻抗标幺值相等，短路阻抗角也相等。前两条保证空载运行时变压器之间不出现环流，后一条保证变压器的容量得到充分利用。联结组标号必须绝对相同，变比和短路阻抗标幺值允许有一定的偏差。

三绕组变压器主要应用发电厂或变电站中，用来把三个不同电压等级的电网联系起来。

自耦变压器的一、二次绕组之间既有磁耦合，又有电联系，绕组容量（电磁容量）和传导容量之和为自耦变压器的额定容量。

分裂变压器又称分裂绕组变压器，一般用作发电厂的厂用变压器。分裂绕组的两个支路之间具有较大的阻抗值，可减小厂用电系统短路电流，降低对母线、断路器等电气设备的投资。由于分裂绕组两支路之间相互影响小，所以可以提高厂用电系统的可靠性。

互感器是电气测量中经常使用的一种特殊变压器，分电压互感器和电流互感器。使用互感器可以实现用小量程的电压表和电流表来测量高电压和大电流；同时将测量回路与高压线路隔离，保障工作人员和测试设备的安全。电压互感器并联在电路中，二次侧严禁短路，电流互感器串联在电路中，二次侧严禁开路，互感器二次绕组及铁心必须可靠接地。

思考题与习题

1-1　变压器是根据什么原理进行变压的？它的主要用途有哪些？

1-2　变压器铁心的作用是什么？为什么铁心要用硅钢片叠成？用铸铁做铁心行不行？不用铁心行不行？

1-3　变压器一次绕组若接在直流电源上，二次侧会有稳定的直流电压吗？为什么？

1-4　变压器有哪些主要额定值？二次额定电压的含义是什么？

1-5　变压器中主磁通和一、二次绕组漏磁通的性质和作用有什么不同？它们各由什么磁去势产生的？在等效电路中如何反映它们的作用？

1-6　为了在单相变压器一、二次侧得到正弦波感应电动势，当铁心不饱和时励磁电流应呈什么波形？当铁心饱和时励磁电流应呈什么波形？

1-7　变压器运行时电源电压降低，试分析对铁心饱和程度、励磁电流、励磁阻抗、铁损耗及漏抗和变比的影响？

1-8　变压器的外加电压不变，若减少一次绕组的匝数，则变压器铁心的饱和程度、空载电流、励磁阻抗、铁心损耗、变比、漏抗和一、二次侧的电动势各有何变化？

1-9 一台单相变压器一次侧加额定电压，比较下列三种情况下主磁通的大小（考虑漏阻抗压降影响）：

（1）空载；

（2）带额定的感性负载；

（3）二次绕组短路。

1-10 变压器其他条件不变，在下列情况下，漏抗 x_1、励磁电抗 x_m 各有何变化？

（1）一次绕组匝数增加 10%；

（2）一次侧电压下降 10%；

（3）频率减小 5%。

1-11 一台额定频率为 50Hz、一次侧额定电压为 U_{1N} 的单相变压器，若在一次侧加上频率为 60Hz、大小为 $1.2U_{1N}$ 的电源，请问此时与变压器额定运行时相比空载电流 I_0、励磁电抗 x_m、漏抗 x_1 和 x_2 及铁损耗 p_{Fe} 如何变化？若将一次侧接在频率为 60Hz、大小为 U_{1N} 的电源上，与额定运行时相比上述各量又如何变化？

1-12 一台 220/110V 的单相变压器，变比 $k=2$，能否一次绕组用 2 匝，二次绕组用 1 匝，为什么？

1-13 一台额定电压为 220/110V 的变压器，若误将低压侧接到 220V 的交流电源上，将会产生什么样的后果？

1-14 变压器的空载电流的性质和作用如何？它与哪些因素有关？

1-15 分析变压器时为什么有时候要进行折算？折算的原则是什么？如何将二次侧的电流、电压和阻抗折算到一次侧？

1-16 变压器空载实验一般在哪侧进行？将电源加在低压侧或高压侧所测得的空载电流、空载功率及所计算出的空载电流百分值、励磁阻抗是否相等？相互之间分别是怎样的数量关系？

1-17 变压器短路实验一般在哪侧进行？将电源加在低压侧或高压侧所测得的短路电压、短路功率及所计算出的短路电压百分值、短路阻抗是否相等？如果短路电流达不到额定值，对短路实验应测的和应求的哪些量有影响，哪些量无影响？如何将非额定电流时测得的 U_k、P_k 换算到额定电流时的值？

1-18 为什么可以把变压器的空载损耗看作铁耗？短路损耗看作负载时的铜耗？

1-19 变压器的短路电压 U_k%的大小对其运行性能有什么影响？

1-20 什么是变压器的电压变化率？电压变化率与那些因素有关？变压器电源电压一定，当负载（$\varphi_2>0°$）电流增大时，一次电流如何变化？二次电压如何变化？当二次电压偏低时，应如何调节分接头？

1-21 有一台 380/220V、Yd 接线的三相组式变压器，现将绕组各端头打开成六个独立的线圈，在 B 相高压线圈 BY 加 100V 交流电压，问其他五个线圈的电压是多少？如果该变压器为心式变压器，其他五个线圈的电压又是多少？

1-22 三相变压器联结组标号 Yd9 的物理意义是什么？

1-23 根据题 1-49 图的接线图，判定变压器的联结组标号。

1-24 三相变压器联结组标号为 Yd3，试判断变压器绕组接线图。

1-25 Yyn 接法的三相变压器组中，相电动势中有三次谐波电动势，线电动势中有无

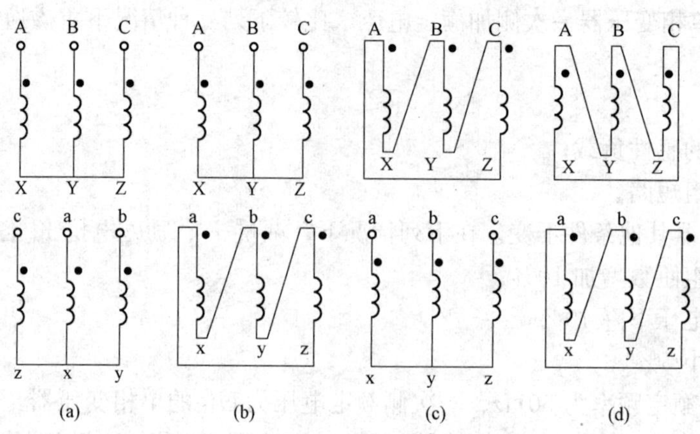

图 1-49 题 1-23 图

三次谐波电动势？为什么三相变压器组不采用 Yy 联结？而三相心式就可以采用呢？

1-26 变压器并联运行的理想情况是什么？要达到理想情况，并联时变压器需满足于什么样的条件？如果联结组标号不同或变比不等时变压器并联会出现什么情况？两台容量不相等的变压器并联运行，是希望容量大的变压器短路电压大一些好，还是小一些？为什么？

1-27 三绕组变压器的额定容量是如何定义的？三个绕组的容量有哪几种配合方式？实际运行时三个绕组传输的功率关系如何？三绕组变压器的短路电抗与双绕组变压器的短路电抗比较有何不同？

1-28 自耦变压器的结构特点是什么？为什么它的设计容量比额定容量小？自耦变压器有何优点？

1-29 分裂变压器在什么场合下使用？有何优点？分裂变压器可有哪些运行方式？

1-30 一台三相变压器，$S_N=5000\text{kVA}$，$U_{1N}/U_{2N}=35/10.5\text{kV}$，Yd 接线，试求：

(1) 变压器一、二次侧的额定电压和额定电流。

(2) 变压器一、二次绕组的额定电压和额定电流。

1-31 一台单相变压器，$S_N=100\text{kVA}$，$U_{1N}/U_{2N}=6000/230\text{V}$，$r_1=4.32\Omega$，$x_1=8.9\Omega$，$r_2=0.0063\Omega$，$x_2=0.013\Omega$。求：折算到高压侧的短路参数的有名值和标么值。

1-32 一台三相变压器，$S_N=31500\text{kVA}$，$U_{1N}/U_{2N}=110/10.5\text{kV}$，Yd 接线，$f=50\text{Hz}$，空载实验（低压侧）：额定电压时，$I_0=46.76\text{A}$，$P_0=86\text{kW}$；短路实验（高压侧）：额定电流时 $U_k=8.29\text{kV}$，$P_k=198\text{kW}$。试求：

(1) 简化等效电路中参数的标么值；

(2) 当负载 $S=29000\text{kVA}$ 时，$\cos\varphi_2=0.8$（滞后）时的二次端电压 U_2；

(3) 满载及 $\cos\varphi_2=0.8$（滞后）时的效率 η_N；

(4) 变压器输出功率为多大时效率最高？在 $\cos\varphi_2=0.8$（滞后）时最大效率 η_m 为多少？

1-33 一台三相电力变压器，$S_N=100\text{kVA}$，$U_{1N}/U_{2N}=6300/400\text{V}$，Yd 接线，$I\%=7\%$，$P_0=600\text{kW}$，$U_k\%=4.5\%$，$P_{kN}=2250\text{kW}$，求：

(1) 以高压侧为基准的近似等效电路的参数（欧姆值和标么值）；

(2) 当额定负载且 $\cos\varphi_2=0.8$（滞后）时的二次端电压 U_2；

(3) 当额定负载且 $\cos\varphi_2=0.8$（滞后）时的效率 η_N；

（4）变压器带多大负载时效率最高？在 $\cos\varphi_2=0.8$（滞后）时最大效率 η_m 为多少？

1-34　一台三相变压器，$S_N=5600\text{kVA}$，$U_{1N}/U_{2N}=35/6\text{kV}$，Yd 接线，$f=50\text{Hz}$，在高压侧短路实验，当所加电压为 $U_k=2610\text{V}$ 时，$I_k=92.3\text{A}$，$P_k=53\text{kW}$。当 $U_1=U_{1N}$时，$I_2=I_{2N}$，测得二次电压 $U_2=U_{2N}$，求此时负载的功率因数角 φ_2，并说明负载的性质。

1-35　一台单相变压器，一次加额定电压，空载时两侧电压比为 14.5∶1，额定负载时为 15∶1，求该台变压器额定负载时的电压变化率？

1-36　两台变压器数据如下：$S_{NI}=1250\text{kVA}$，$U_{kI}\%=6.5\%$，$S_{NII}=2000\text{kVA}$，$U_{kII}\%=7.0\%$，联结组标号均为 Yd11，额定电压均为 35/10.5kV。现将它们并联运行，试计算：

（1）当输出为 3000kVA 时，每台变压器承担的负载是多少？

（2）在不允许任何一台变压器过载的条件下，并联组最大输出负载是多少？此时并联组的利用率是多少？

第二章 三相变压器不对称运行和变压器的瞬变过程*

[主要内容]

本章主要讨论三相变压器不对称运行的分析方法、变压器的空载合闸和二次侧突然短路时的过电流现象。

[重点要求]

1. 理解三相变压器不对称运行的分析方法。

2. 理解空载合闸及突然短路的分析方法及产生的过电流对变压器的影响。

第一节 三相变压器的不对称运行

实际运行中，三相变压器的外施电压一般是对称的，所谓不对称运行，主要指三相负载不对称。例如变压器带有较大的单相负载，或者照明负载三相不平衡，或者当一相断电检修，另外两相继续供电等，都可能引起变压器不对称运行的情况。这时变压器三相负载电流不对称，变压器内部阻抗压降也不对称，造成二次侧三相电压不对称。

一、对称分量法

分析不对称运行常用对称分量法。对称分量法是一种线性变换，是将任意一组不对称的三相系统分解为正序、负序、零序三组对称的三相系统。例如$\dot{U}_a$、$\dot{U}_b$、$\dot{U}_c$ 为三相不对称电压，分解为

$$\begin{cases}\dot{U}_a=\dot{U}_{a+}+\dot{U}_{a-}+\dot{U}_{a0}\\ \dot{U}_b=\dot{U}_{b+}+\dot{U}_{b-}+\dot{U}_{b0}\\ \dot{U}_c=\dot{U}_{c+}+\dot{U}_{c-}+\dot{U}_{c0}\end{cases} \tag{2-1}$$

A 相的各序电压为

$$\begin{bmatrix}\dot{U}_{a0}\\ \dot{U}_{a+}\\ \dot{U}_{a-}\end{bmatrix}=\frac{1}{3}\begin{bmatrix}1 & 1 & 1\\ 1 & a & a^2\\ 1 & a^2 & a\end{bmatrix}\begin{bmatrix}\dot{U}_a\\ \dot{U}_b\\ \dot{U}_c\end{bmatrix} \tag{2-2}$$

式中 a——复数算子，其值为$a=e^{j120°}=-\frac{1}{2}+j\frac{\sqrt{3}}{2}$，任何向量乘以 a，表示该相量逆时针旋转 120°，乘以 a^2 表示顺时针旋转 120°。

$\dot{U}_{a0}$、$\dot{U}_{a+}$、$\dot{U}_{a-}$——A 相零序、正序、负序电压分量。

B、C 相的正、负、零序电压分量分别为

$$\dot{U}_{b+}=a^2U_{a+} \qquad \dot{U}_{c+}=a\dot{U}_{a+} \tag{2-3}$$

$$\dot{U}_{b-}=a\dot{U}_{a-} \qquad \dot{U}_{c-}=a^2\dot{U}_{a-} \tag{2-4}$$

$$\dot{U}_{a0}=\dot{U}_{b0}=\dot{U}_{c0} \tag{2-5}$$

可见，如果已知三相不对称电压，根据式（2-2）～式（2-5）就可以求出三相电压的各序对称分量；反之如果已知各序对称电压分量，根据式（2-1）就能求出三相不对称电压，这种变换关系是唯一的。以上的分析同样适用于电流。

二、三相变压器各序阻抗和等效电路

1. 正序阻抗及正序等效电路

正序电流所遇到的阻抗称为正序阻抗。正序电流是大小相等、相位彼此相差120°的三相对称电流，就一相而言，与单相变压器情况一样，其阻抗为 $Z_+=Z_k=r_k+jx_k$，正序等效电路如图2-1（a）所示。

2. 负序阻抗及负序等效电路

负序电流所遇到的阻抗称为负序阻抗。由于正序和负序均是对称的，仅存在B相超前还是C相超前的差别，对变压器的电磁本质没有什么不同，因此负序系统的等效电路和负序阻抗与正序系统相同，即 $Z_-=Z_+=Z_k$，负序等效电路如图2-1（b）所示。

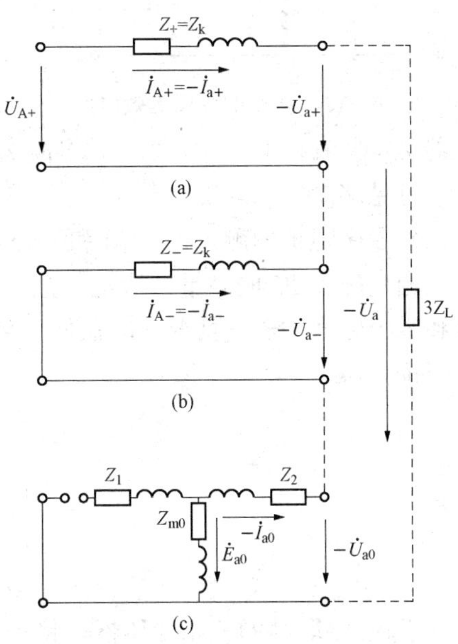

图2-1　Yyn联结时各相序等效电路
（a）正序等效电路；（b）负序等效电路；（c）零序等效电路

3. 零序阻抗及其等效电路

零序电流遇到的阻抗称为零序阻抗。由于三相零序电流大小相等、相位相同，因此零序电流及其产生的零序磁通与三相绕组的联结方式和磁路的结构有关，所以零序等效电路及零序阻抗与正、负序不同，如图2-1（c）所示。

（1）绕组联结方式的影响。三相绕组的联结方式不会影响漏阻抗的大小，但对零序电流的流通影响很大。对于Y接法，三相同相位的零序电流不能流通，因此在零序等效电路中，星形（Y）接法的一侧相当于开路。从该侧看进去的零序阻抗 $Z_0=\infty$；对于YN(yn)接法，三相零序电流可沿中线流通，因此零序等效电路中YN(yn)一侧应为通路；而三角形（D）联结时，三相零序电流可在D绕组内流通，但从外电路来看，零序电流既不能流进，也不能流出，因此在零序等效电路中，三角形联结一侧相当于变压器内部短接，但从外部看进去应是开路。

图2-2、图2-3、图2-4所示分别是Yyn、Yd和YNd联结时的零序等效电路。

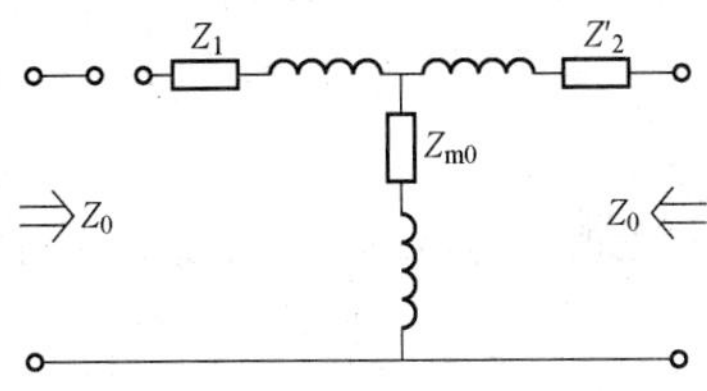

图2-2　Yyn接线的零序等效电路

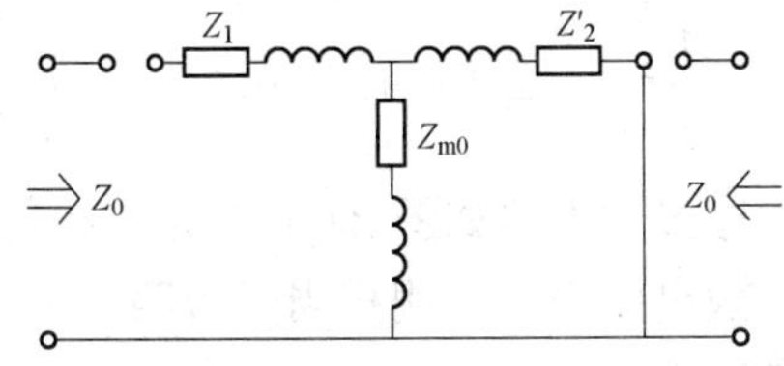

图2-3　Yd接线的零序等效电路

（2）磁路结构的影响。在零序等效电路中，零序电路的励磁阻抗 Z_{m0} 与磁路的结构有很大的关系。对于组式三相变压器各相磁路独立、彼此无关，三相零序电流产生的三相同相位

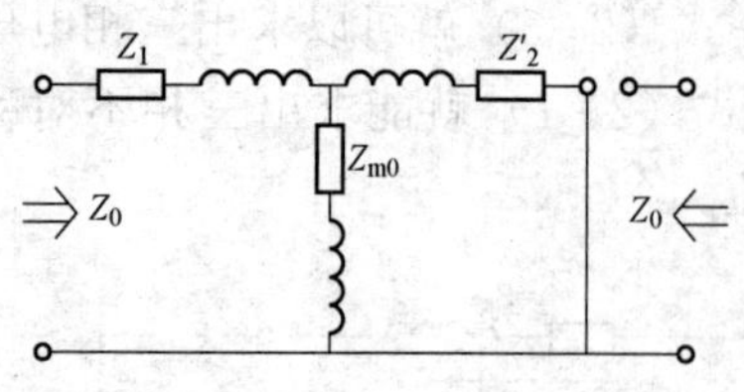

图 2-4 YNd 接线的零序等效电路

的零序磁通可沿各相自己的铁心闭合，其磁路为主磁路，因此零序励磁阻抗与正序阻抗相同。即

$$Z_{m0}=Z_m=r_m+jx_m$$

对于三相心式变压器，各相磁路互相关联，三相零序磁通不能沿铁心闭合，只能沿油和箱壁闭合，其磁阻大，因而零序励磁阻抗 Z_{m0} 比较小。一般电力变压器 Z_{m0}^* 取值在 0.3～1.0，平均值为 0.6，而 Z_m^* 取值在 20 以上，Z_k^* 取值在 0.05～0.10，可见 $Z_m \gg Z_{m0} > Z_k$。

(3) 零序阻抗的测定。YNd 和 Dyn 接法的三相变压器 $Z_0=Z_k$，无需另行测量。Yyn 接法的三相变压器 Z_0 的测量方法是：把二次侧三个绕组首尾串联接到单相电源上，模拟零序电流和零序磁通的流通情况，一次侧开路，测量电压 U，电流 I，功率 P，则从二次侧看的零序阻抗为

$$\begin{cases} Z_0=\dfrac{U}{3I} \\ r_0=\dfrac{P}{3I^2} \\ x_0=\sqrt{Z_0^2-r_0^2} \end{cases} \tag{2-6}$$

对于 YNy 联结的三相变压器，将一次绕组串联，二次绕组开路，便可测出从一次侧看的零序阻抗。

三、Yyn 接线的三相变压器单相运行

Yyn 接线三相变压器单相运行时的接线如图 2-5 所示。单相负载 Z_L 接在 a 相。为简单起见，将一次侧各量折算到二次侧，且不加折算号“′”。

首先按端点条件列出方程

$$\begin{cases} \dot{I}_a=\dot{I} \\ \dot{I}_b=\dot{I}_c=0 \\ \dot{U}_a=\dot{I}Z_L \end{cases} \tag{2-7}$$

将二次侧电流分解为对称分量

$$\begin{cases} \dot{I}_{a+}=\dfrac{1}{3}(\dot{I}_a+a\dot{I}_b+a^2\dot{I}_c)=\dfrac{1}{3}\dot{I} \\ \dot{I}_{a-}=\dfrac{1}{3}(\dot{I}_a+a^2\dot{I}_b+a\dot{I}_c)=\dfrac{1}{3}\dot{I} \\ \dot{I}_{a0}=\dfrac{1}{3}(\dot{I}_a+\dot{I}_b+\dot{I}_c)=\dfrac{1}{3}\dot{I} \end{cases} \tag{2-8}$$

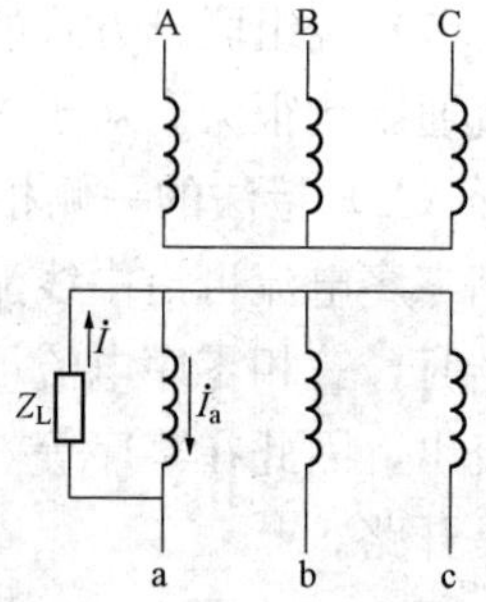

图 2-5 Yyn 联结时单相运行接线图

作出各序等效电路如图 2-1 中的实线部分，由于电源三相对称，负序和零序电压分量为零，在等效电路中一次侧相当于短路。

A 相各序电压

$$\dot{U}_a=\dot{U}_{a+}+\dot{U}_{a-}+\dot{U}_{a0} \tag{2-9}$$

为各序电压之和，把各序等效电路串联起来，构成一个复合等效电路，如图 2-1 所示。考虑负载 Z_L 上的压降

$$\dot{U}_a = \dot{I}Z_L = 3\dot{I}_{a+}Z_L = \dot{I}_{a+}(3Z_L)$$

所以复合等效电路中负载为 $3Z_L$。

由复合等效电路解得

$$-\dot{I}_{a+} = -\dot{I}_{a-} = -\dot{I}_{a0} = \frac{\dot{U}_{A+}}{2Z_k + Z_2 + Z_{m0} + 3Z_L} \tag{2-10}$$

式（2-10）中参数 Z_k、Z_2、Z_{m0}、$\dot{U}_{A+}$、Z_L 为已知，则可求出 $\dot{I}_{a+}$、$\dot{I}_{a-}$、$\dot{I}_{a0}$及负载电流

$$\dot{I} = (\dot{I}_{a+} + \dot{I}_{a-} + \dot{I}_{a0}) = -\frac{3\dot{U}_{A+}}{2Z_k + Z_2 + Z_{m0} + 3Z_L} \tag{2-11}$$

由于 $Z_k \ll Z_{m0}$、$Z_2 \ll Z_{m0}$，如果将 Z_k 和 Z_2 忽略，则

$$\dot{I} = -\frac{3\dot{U}_{A+}}{Z_{m0} + 3Z_L} = -\frac{\dot{U}_{A+}}{\frac{1}{3}Z_{m0} + Z_L} \tag{2-12}$$

可见，零序励磁阻抗对单相负载电流的影响很大。对三相组式变压器，由于 $Z_{m0} = Z_m$，即使发生单相短路，其短路电流 $I_k \approx \frac{3U_{A+}}{Z_m} = 3I_0$ 只是正常励磁电流的三倍，所以这种变压器根本不能带单相负载，因此在电力系统中不采用 Yyn 接线的组式变压器。对三相芯式变压器，由于 Z_{m0}很小，单相负载电流主要由负载决定，因此在电力系统中允许采用 Yyn 接线的心式变压器（容量不超过 1800kVA）。

单相负载时各序电压平衡方程为

$$\begin{cases} -\dot{U}_{a+} = \dot{U}_{A+} + \dot{I}_{a+}Z_k \\ -\dot{U}_{a-} = \dot{I}_{a-}Z_k \\ -\dot{U}_{a0} = \dot{I}_{a0}(Z_2 + Z_{m0}) = \dot{I}_{a0}Z_2 - \dot{E}_{a0} \end{cases} \tag{2-13}$$

由此可得电压表达式

$$\begin{cases} -\dot{U}_a = -(\dot{U}_{a+} + \dot{U}_{a-} + \dot{U}_{a0}) = \dot{U}_{A+} + \dot{I}_{a+}Z_k + \dot{I}_{a-}Z_k + \dot{I}_{a0}Z_2 - \dot{E}_{a0} \\ -\dot{U}_b = -(\dot{U}_{b+} + \dot{U}_{b-} + \dot{U}_{b0}) = \dot{U}_{B+} + \dot{I}_{b+}Z_k + \dot{I}_{b-}Z_k + \dot{I}_{b0}Z_2 - \dot{E}_{b0} \\ -\dot{U}_c = -(\dot{U}_{c+} + \dot{U}_{c-} + \dot{U}_{c0}) = \dot{U}_{C+} + \dot{I}_{c+}Z_k + \dot{I}_{c-}Z_k + \dot{I}_{c0}Z_2 - \dot{E}_{c0} \end{cases} \tag{2-14}$$

式中　$\dot{E}_{a0} = \dot{E}_{b0} = \dot{E}_{c0}$——三相的零序电动势。

忽略 Z_k 和 Z_2 后，一、二次侧相电压大小相等

$$\begin{cases} -\dot{U}_a = \dot{U}_{A+} - \dot{E}_{a0} = \dot{U}_A \\ -\dot{U}_b = \dot{U}_{B+} - \dot{E}_{b0} = \dot{U}_B \\ -\dot{U}_c = \dot{U}_{C+} - \dot{E}_{c0} = \dot{U}_C \end{cases} \tag{2-15}$$

式中　$\dot{U}_A$、$\dot{U}_B$、$\dot{U}_C$——变压器接单相负载后的一次侧相电压。

由式（2-15）可以画出单相负载时的相量图，如图 2-6 所示，可见，尽管外加线电压对称。当二次侧接单相负载后，在每相上叠加零序电动势，造成相电压不对称，在相量图中表现为相电压中点偏离了线电压三角形的几何重心，这种现象称为“中点浮动”或“中性点位移”。中点浮动的程度取决于零序电动势，而零序电动势又取决于零序电流的大小和磁路结构。

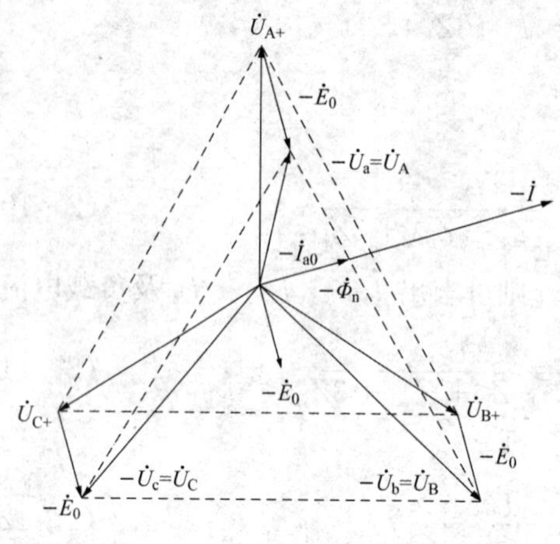

图 2-6 Yyn 接线三相变压器 A 相负载时相量图

对中点浮动现象可以这样解释：Yyn 接线的三相变压器带单相负载时，二次有正序、负序和零序电流，一次侧由于无中线，只有正序和负序分量电流，这样，两侧正、负序分量电流所建立的磁动势恰好平衡，而二次零序分量电流建立的零序磁动势得不到平衡，起了励磁磁动势的作用，在铁心中产生零序磁通，它在各相绕组上感应零序电动势，叠加在各相电压上，结果，带负载相的端电压下降，另两相端电压升高。尽管外加线电压对称，但相电压不对称，相量图上相电压中点偏离了线电压三角形的几何重心。

如果是三相心式变压器，由于 Z_{m0} 较小，因此只要适当限制中线电流，则 E_{a0} 不大，所造成的相电压偏移不大，负载电流的大小主要决定于负载阻抗 Z_L。因此心式结构的三相变压器可以带一相到中点的负载。

如果是三相变压器组，零序磁通所遇到的磁阻较小，$Z_{m0}=Z_m$。很小的零序电流就会产生很大的零序电动势，造成中点浮动较大，相电压严重不对称。如前所述，负载电流的大小主要受 Z_{m0} 的限制，即使负载阻抗 Z_L 很小，负载电流也大不起来。但此时 $\dot{U}_a=0$，$\dot{E}_{a0}=\dot{U}_A$，使其余两相电压提高到原来的 $\sqrt{3}$ 倍，这是很危险的。因此三相变压器组不能接成 Yyn 联结组。

第二节 变压器的瞬变过程

实际运行过程中变压器有时会受到外界因素的急剧扰动，例如负载突然变化、空载合闸到电源、二次侧突然短路以及受到过电压冲击等，破坏原有的稳定状态，电压、电流和磁通等都要经历一个急剧的变化过程才能达到新的稳定运行状态。这种从一种稳定运行状态过渡到另一种稳定运行状态的过程称为瞬变过程，也称为暂态过程。

瞬变过程的时间虽很短，但对变压器的影响却很大，因此分析变压器的瞬变过程，找出它的规律性，对变压器的设计、制造和运行都有指导意义。

一、变压器的空载合闸

1. 空载合闸的瞬变过程

设电源电压按正弦规律变化，合闸时一次侧电压平衡方程为

$$u_1=\sqrt{2}U_1\sin(\omega t+\alpha)=i_0r_1+N_1\frac{\mathrm{d}\phi}{\mathrm{d}t} \tag{2-16}$$

式中 ϕ——与一次绕组交链的总磁通；

α——合闸时电压 u_1 的初相位角。

由于电阻压降 i_0r_1 很小，在分析瞬变过程的初始阶段可以忽略不计，则式（2-16）变为

$$\sqrt{2}U_1\sin(\omega t+\alpha)=N_1\frac{\mathrm{d}\phi}{\mathrm{d}t} \tag{2-17}$$

其解为

$$\phi=-\frac{\sqrt{2}U_1}{N_1\omega}\cos(\omega t+\alpha)+C \tag{2-18}$$

忽略铁心的剩磁，即 $t=0$ 时，$\phi=0$，代入式（2-18）得

$$C=\frac{\sqrt{2}U_1}{N_1\omega}\cos\alpha \tag{2-19}$$

而

$$\frac{\sqrt{2}U_1}{\omega N_1}\approx\frac{\sqrt{2}E_1}{\omega N_1}=\frac{E_1}{4.44fN_1}=\Phi_{\mathrm{m}}$$

于是

$$\phi=-\Phi_{\mathrm{m}}\cos(\omega t+\alpha)+\Phi_{\mathrm{m}}\cos\alpha=\phi'+\phi'' \tag{2-20}$$

式中　ϕ'——磁通的稳态分量，$\phi'=-\Phi_{\mathrm{m}}\cos(\omega t+\alpha)$；

ϕ''——磁通的暂态分量，$\phi''=\Phi_{\mathrm{m}}\cos\alpha$。

式（2-20）表明，忽略电阻 r_1 后，空载合闸时磁通 ϕ 的大小与合闸瞬间电压的瞬时值（或初相角 α）有关。下面分析两种极端情况：

（1）在 $u_1=U_{1\mathrm{m}}(\alpha=90°)$ 时合闸，由式（2-20）得

$$\phi=-\Phi_{\mathrm{m}}\cos(\omega t+90°)=\Phi_{\mathrm{m}}\sin\omega t \tag{2-21}$$

这时暂态分量 $\phi''=0$，合闸后磁通立即进入稳定状态，建立该磁通的合闸电流也立即达到稳定空载电流，避免了冲击电流的产生。

（2）在 $u_1=0$（$\alpha=0$）的瞬间合闸，由式（2-20）得

$$\phi=\Phi_{\mathrm{m}}-\Phi_{\mathrm{m}}\cos\omega t=\phi'+\phi'' \tag{2-22}$$

这时磁通的暂态分量 ϕ'' 达到最大值。由于忽略了电阻 r_1，暂态分量将不衰减，在合闸后半个周期（$t=\frac{\pi}{\omega}=0.01s$）时磁通达到最大值 $\phi_{\max}=2\Phi_{\mathrm{m}}$，如图 2-7 所示。

由于铁心有磁饱和现象，当 ϕ 由正常运行的稳态值［对应于正常励磁电流 $I_0=(0.02\sim0.1)I_{\mathrm{N}}$］增大到 $2\Phi_{\mathrm{m}}$ 时，其对应的励磁电流将急剧增大到稳态值的几十倍，甚至上百倍，此时的空载电流称为励磁涌流，如图 2-8 所示。由于合闸时的初相角无法控制，因此保护装置应按最不利的情况考虑。

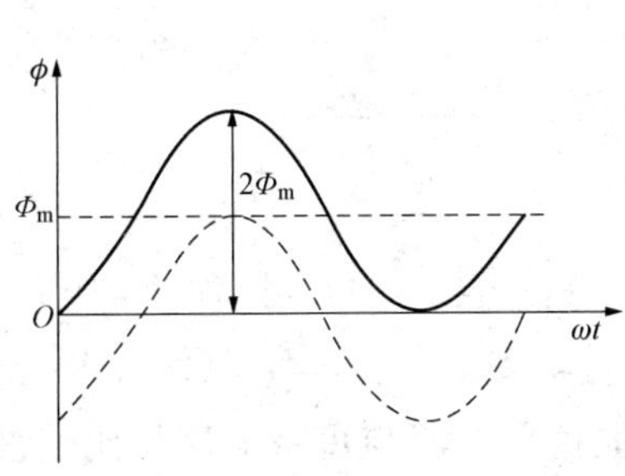

图 2-7　$\alpha=0$ 时合闸的磁通变化

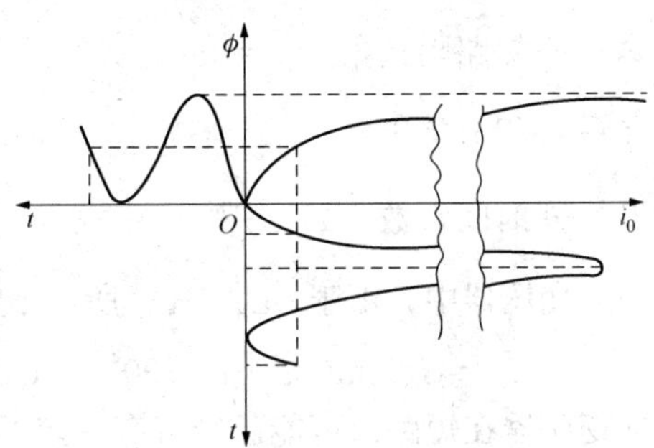

图 2-8　由磁化曲线确定空载合闸电流

当考虑电阻 r_1 的存在时，暂态分量磁通是随时间而衰减的量。衰减的快慢取决于时间常数 $T=\frac{L_1}{r_1}$，其中 L_1 为一次绕组的自感。一般小型变压器衰减较快，几个周期后就可达到稳定状态。大型变压器衰减较慢，有的衰减过程可长达 20s 之久。

在三相变压器中，由于三相电压彼此相差 120°，合闸时总有一相电压的初相角接近于零，因此总有一相的空载合闸电流较大。

2. 过电流的影响

空载合闸电流在最不利的情况下，其励磁涌流也不过几倍（约 5～8 倍）的额定电流，比短路电流要小的多。虽然有的瞬变过程持续的时间较长，也只是在最初的几个周期内冲击电流较大，在整个瞬变过程中，大部分时间内的冲击电流都在额定电流值以下，因此，从电磁力或温升来考虑，对变压器本身没有多大危害。但在最初几个周期内，冲击电流可能使过电流保护装置误动作。为了防止这种现象发生，加快合闸电流的衰减，可在变压器一次侧串入一个合闸电阻，合闸完后再将该电阻切除。

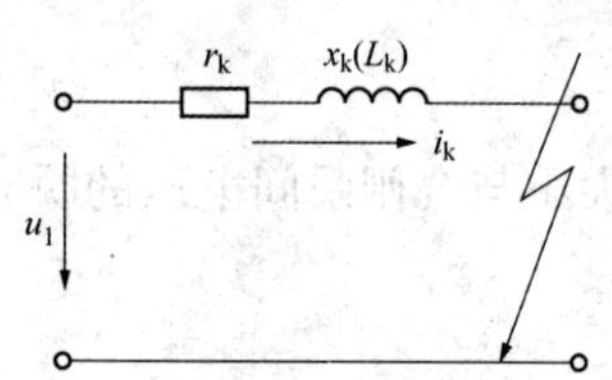

图 2-9 突然短路时的等效电路

二、二次侧突然短路

1. 突然短路的瞬变过程

分析变压器的二次侧突然短路时，由于短路电流很大，可以将励磁电流忽略，因而可以采用变压器的简化等效电路，如图 2-9 所示的，图中短路电阻 r_k 和短路电感 $L_k=\frac{x_k}{\omega}$都是常数。

设电网容量很大，短路电流不致引起电网电压下降，则突然短路时一次侧电路的微分方程为

$$u_1=\sqrt{2}U_1\sin(\omega t+\alpha)=L_k\frac{\mathrm{d}i_k}{\mathrm{d}t}+r_k i_k \tag{2-23}$$

式中 α——一次侧电压 u_1 的初相角。

解此常系数微分方程可得

$$i_k=\frac{\sqrt{2}U_1}{\sqrt{r_k^2+x_k^2}}\sin(\omega t+\alpha-\varphi_k)+Ce^{-\frac{t}{T_k}}=I_{km}\sin(\omega t+\alpha-\varphi_k)+Ce^{-\frac{t}{T_k}} \tag{2-24}$$

式中 I_{km}——突然短路电流稳态分量幅值，$I_{km}=\frac{\sqrt{2}U_1}{\sqrt{r_k^2+x_k^2}}$；

φ_k——短路阻抗角，$\varphi_k=\tan^{-1}\frac{\omega L_k}{r_k}$；

C——积分常数；

T_k——时间常数，$T_k=\frac{L_k}{r_k}$。

在一般变压器中，由于 $\omega L_k\gg r_k$，所以 $\varphi_k\approx 90°$，于是式（2-24）可写成

$$i_k=I_{km}\sin(\omega t+\alpha-90°)+Ce^{-\frac{t}{T_k}}=-I_{km}\cos(\omega t+\alpha)+Ce^{-\frac{t}{T_k}} \tag{2-25}$$

通常变压器在短路前可能已经带有一定的负载，但负载电流与短路电流相比是很小的，所以可认为 $t=0$ 时 $i_k=0$，代入式（2-25）可求得积分常数

$$C=I_{km}\cos\alpha$$

由此得短路电流的通解

$$i_k = -I_{km}\cos(\omega t+\alpha) + I_{km}\cos\alpha e^{-\frac{t}{T_k}} = i'_k + i''_k \tag{2-26}$$

式中　i'_k——突然短路电流稳态分量的瞬时值，$i'_k = -I_{km}\cos(\omega t+\alpha)$；

i''_k——突然短路电流暂态分量的瞬时值，$i''_k = I_{km}\cos\alpha e^{-\frac{t}{T_k}}$。

突然短路电流的大小，与短路发生时 u_1 的瞬时值（初相角 α）有关，下面讨论两种极端情况。

（1）当短路发生时 u_1 为最大值（$\alpha=90°$）时发生突然短路。此时暂态分量 $i''_k=0$，突然短路一发生就进入稳态，短路电流的数值最小，其表达式为

$$i_k = I_{km}\sin\omega t \tag{2-27}$$

（2）当短路发生时 u_1 为零（$\alpha=0$）时发生突然短路。此时

$$i_k = I_{km}(e^{-\frac{t}{T_k}} - \cos\omega t) \tag{2-28}$$

短路电流变化曲线如图 2-10 所示。在突然短路后半个周期时（$t=\frac{\pi}{\omega}=0.01s$），短路电流达到最大值——冲击电流

$$i_{k,max} = I_{km}(e^{-\frac{\pi}{T_k\omega}}+1) = k_y I_{km} = k_y\sqrt{2}I_k \tag{2-29}$$

式中　k_y——突然短路电流最大值与稳态电流最大值之比，$k_y = 1+e^{-\frac{\pi}{\omega T_k}}$。

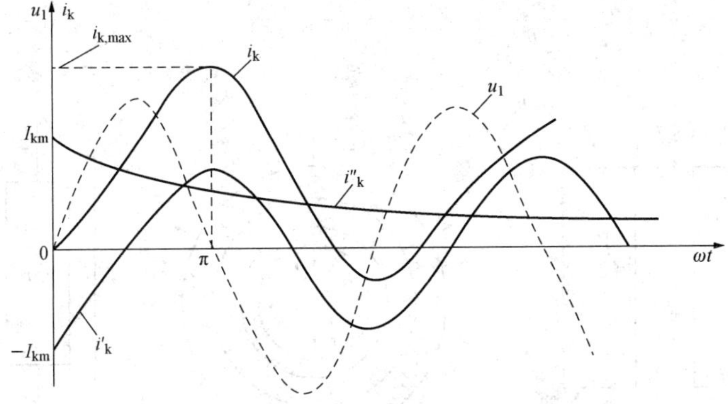

图 2-10　$\alpha=0$ 突然短路电流曲线

显然的 k_y 大小决定于时间常数 $T_k=\frac{L_k}{r_k}$。对于小型变压器，$\frac{r_k}{x_k}=\frac{1}{2}\sim\frac{1}{3}$，所以 $k_y=1.2\sim1.4$；对于大型变压器，$\frac{r_k}{x_k}=\frac{1}{10}\sim\frac{1}{15}$，所以 $k_y=1.7\sim1.8$。用标么值表示时

$$i^*_{k,max} = \frac{i_{k,max}}{\sqrt{2}I_N} = k_y\frac{I_k}{I_N} = k_y\frac{U_N}{I_N Z_k} = k_y\frac{1}{Z^*_k} \tag{2-30}$$

式（2-30）表明，$i^*_{k,max}$ 与 Z^*_k 成反比，即短路阻抗的标么值越小，突然短路电流越大。若 $Z^*_k=0.06$，则 $i^*_{k,max}=(1.2\sim1.8)/0.06=20\sim30$。这是一个很大的冲击电流，它会产生很大的电磁力，严重时可能使变压器绕组变形而损坏。

为限制 $i^*_{k,max}$，Z^*_k 不宜过小。但从减小变压器电压变化率看，Z^*_k 又不宜过大，因此在设计变压器时必须全面考虑 Z^*_k 值的选择。

对于三相变压器，由于各相电压彼此相差120°，发生三相突然短路时，总有一相会处在短路电流最大或接近最大的情况。

2. 突然短路的电磁力

变压器的绕组处在漏磁场中，绕组中的电流与漏磁场相互作用，在绕组的各导线上产生电磁力，其大小与漏磁场的磁密和电流的乘积成正比。漏磁场的磁密又与电流成正比，因此电磁力与电流的平方成正比。变压器突然短路时电流的最大幅值可达到额定电流幅值的20～30倍，则突然短路时绕组受到的最大电磁力可达额定运行时的400～900倍，这样大的电磁力有可能使绕组损坏。

绕组受力情况可用图2-11来分析。图2-11（a）表示圆筒绕组漏磁场的分布情况，沿绕组轴线方向，中间部分的漏磁场与轴线平行，仅有轴向磁密B_d；在绕组两端，除轴向磁密分量B_d外，还有径向分量B_q。

B_d和电流产生的电磁力为径向力F_q，图2-11（b）所示。两个绕组受到的径向力方向相反，外层绕组受到张力，内层绕组受到压力。与矩形线圈相比，圆筒形线圈机械强度好，所以变压器绕组总是制成圆筒形。同理B_q与电流作用产生轴向力F_d，图2-11（c）所示，其作用方向从绕组两端挤压绕组。由于绕组两端B_q最大，因此靠近铁心的部分线圈最容易遭受破坏，所以结构上必须加强机械支撑。由于磁通和电流总是同时改变方向，因此的电磁力方向是不变的。

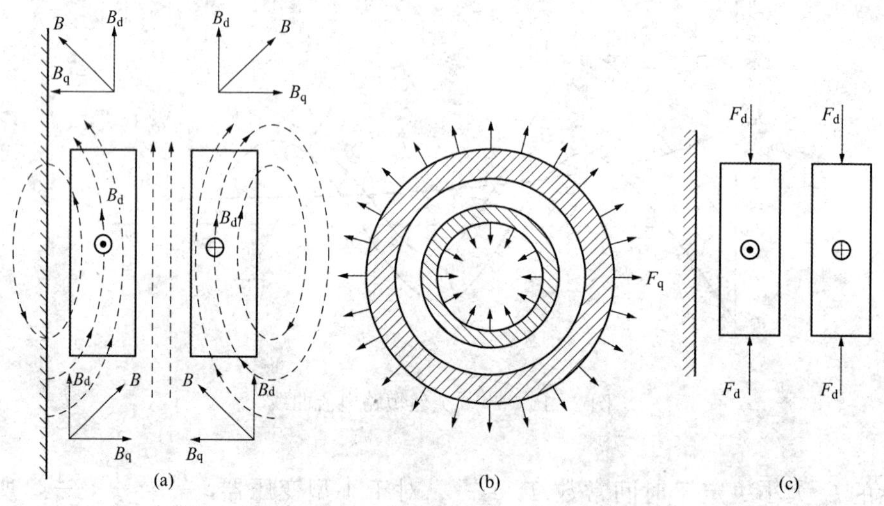

图2-11 圆筒绕组的受力情况

（a）漏磁场分布；（b）径向力；（c）轴向力

分析三相变压器不对称运行的方法是对称分量法，对称分量法是将一组不对称的量分解成正序、负序和零序三组独立的对称分量，分别对三组对称量进行分析和计算，然后将三组对称量的计算结果进行叠加。

变压器正、负序阻抗与正常运行的短路阻抗相同，正序等效电路与变压器正常运行时的等效电路相同；负序等效电路与正序等效电路相似，只是负序电源电压为零；而零序等效电路的结构形式与三相变压器绕组联结方式有关，零序阻抗与绕组的联结方式和磁路结构形式有关。

Yyn 接线的变压器单相负载时有中点浮动现象，原因是二次零序磁动势得不到平衡，起了励磁磁动势的作用，产生了零序磁通，在绕组中感应了零序电动势。中点浮动的程度与零序磁通，也即三相变压器的磁路结构有关。

变压器空载合闸时，由于磁路饱和，空载电流与主磁通呈非线性关系。空载合闸电流的大小与合闸瞬间电源电压的大小（初相角 α）有关。当电压瞬时值为零（$\alpha=0$）时合闸，由于磁路饱和会出现励磁涌流，它可达额定电流的数倍。

变压器突然短路电流的大小与短路瞬间电源电压的大小（初相角 α）有关。当电压瞬时值为零（$\alpha=0$）时突然发生短路，经半个周期时出现冲击电流，它可达额定电流的 20～30 倍，绕组会受到巨大的电磁力冲击而损坏。

思考题与习题

2-1　为什么变压器的正序阻抗和负序阻抗相同？变压器的零序阻抗决定于哪些因素？

2-2　从不对称运行角度分析为什么 Yyn 接法不能用于三相变压器组，却可用于三相心式变压器？

2-3　变压器空载电流很小，为什么空载合闸电流却可能很大？

2-4　变压器在什么情况下突然短路电流最大？大约是额定电流的多少倍？对变压器有何危害？

2-5　变压器突然短路电流的大小与 Z_k^* 有什么关系？为什么大容量变压器的 Z_k^* 设计得大些？

2-6　将三相不对称电压 $\dot{U}_A=220\angle 0°$V，$\dot{U}_B=215\angle -120°$V，$\dot{U}_C=230\angle 115°$V 分解为对称分量。

2-7　一台容量为 100kVA 的三相心式变压器，联结组标号为 Yyn0，$U_{1N}/U_{2N}=6000/400$V，$Z_k^*=0.02+j0.05$，$Z_{m0}^*=0.02+j0.4$。如发生二次侧单相对地短路，试求一次绕组的三相电流。

2-8　有一台三相变压器 $S_N=60000$kVA，$U_{1N}/U_{2N}=220/11$kV，Yd11 联结组，$r_k^*=0.008$，$x_k^*=0.072$，试求：

（1）高压侧的稳态短路电流 I_k 及其标么值 I_k^*；

（2）在最不利的情况下发生二次侧突然短路时短路电流的最大值 i_{max} 和标么值 $i_{k,max}^*$。

第一章和第二章自测题

一、填空

1. 变压器是一种静止电器，它可以改变________、________和________。

2. 变压器的一次绕组接交流电源后，将产生交变的磁通，该磁通可分为________磁通和________磁通。前者的作用为________，后者的作用为________。

3. 变压器空载时的主磁通是由________产生的；而负载时的主磁通是由________产生的。主磁通大小取决于________和________，与磁路材料的性质和几何尺寸________（有关或无关）。

4. 运行中的变压器，当电源电压 U_1 下降，则主磁通 Φ_m ______、空载电流 I_0 ______、励磁阻抗 Z_m ________、铁损耗 p_{Fe}________、变比 k ________、漏抗 x_1 ________。

5. 单相变压器等效电路中，$r_m=2.5\Omega$，$x_m=100\Omega$，在一次侧加很小的直流电压，二次开路，则此时 $r_m=$________Ω，$x_m=$________Ω。

6. 变压器的铁心导磁性能越好，其励磁电抗越________，空载电流越________。

7. 变压器负载运行时，若负载增大，则主磁通________、铁心损耗将________、铜损耗将________（忽略漏阻抗压降的影响）。

8. 一台额定频率为 $f_N=60\text{Hz}$ 的电力变压器，接到 $f=50\text{Hz}$、$U_1=\frac{5}{6}U_{1N}$的电网上运行，则空载电流 I_0 ________，铁损耗 p_{Fe}________。

9. 变压器空载实验测得的损耗近似等于________损耗，短路实验测得的损耗近似等于________损耗。

10. 一台 2kVA、400/100V 的单相变压器，(1) 低压侧加 100V 电压，高压侧开路，测得 $I_0=2\text{A}$、$P_0=20\text{W}$，当高压侧加 400V 电压，低压侧开路，测得 I_0 ________A、P_0 ________W；(2) 高压侧短路，低压侧加 10V 电压，当 $I_k=20\text{A}$ 时，$P_k=40\text{W}$；当低压侧短路，高压侧加电压，测得 $I_k=5\text{A}$ 时，所加电压 $U_k=$________V，测得功率 P_k ________W。

11. 若变压器的短路电压 $U_k\%=6\%$，则短路阻抗的标幺值 $Z_k^*=$________，额定运行时短路阻抗上的压降是一次侧额定电压的________%。

12. 变压器联结组标号为 Yd11，则高、低压侧相对应的相电压有________度相位差，而线电压有________度相位差。

13. 三相变压器的联结组标号为 Yd9，标号 9 表示低压侧线电压________高压侧对应线电压________度。

14. 一台 Yy 接线的三相组式变压器一次侧加正弦交流电压，则相电动势 e_2 的波形为________波，若是心式变压器，则 e_2 波形为________波。

15. 三绕组变压器的高、中、低压绕组在铁心柱上从内到外的排列顺序，在升压变压器中为________。

16. 若自耦变压器的变比 $k_a=2$，则它的绕组容量与额定容量之比为________，而传导容量与额定容量之比为________。

17. 一般分裂变压器低压侧两个分裂绕组容量的大小相等，且是高压绕组容量的______倍。分裂变压器的两个分裂绕组之间的阻抗称为分裂阻抗，高压绕组与一个分裂绕组之间的阻抗称为________阻抗。

二、判断

1. 电力变压器可以改变频率。(   )

2. 变压器一、二次线圈每匝电压相等。(   )

3. 根据 $E_1=4.44fN_1\Phi_m$ 可知，变压器一次侧匝数 N_1 越多，电动势 E_1 越大。(   )

4. 在电源电压一定情况下，变压器的铁心导磁性能越好，则主磁通越大。（ ）

5. 变压器的漏抗是常数，不随磁路饱和程度的变化而变化。（ ）

6. 变压器空载运行时的功率因数很低。（ ）

7. 根据磁动势平衡方程 $\dot{I}_1N_1+\dot{I}_2N_2=\dot{I}_0N_1$，当变压器的负载电流 I_2 增大时，一次电流 I_1 减小。（ ）

8. 变压器运行时，一次绕组匝数减少，则励磁阻抗变大、铁损耗变小。（ ）

9. 变压器 U_1 一定，二次绕组接阻性或感性负载，负载电流大小相等，则两种情况二次电压也相等。（ ）

10. 三相变压器有一侧接成三角形可以改善相电势波形。（ ）

11. 在对称的三相电源电压下，Yd 接线的三相组式变压器相电势波形为尖顶波。（ ）

12. 变压器磁路结构会影响零序励磁阻抗的大小。（ ）

13. 当电源电压的瞬时值 $u_1=U_{1m}$时变压器发生突然短路，经半个周期时间出现冲击电流。（ ）

14. 在电源电压 $u_1=U_{1m}\sin(\omega t+\alpha)$ 的初相角 $\alpha=90°$时发生空载合闸，经半个周期时间电力变压器会出现励磁涌流。（ ）

三、选择

1. 变压器油在变压器中起（ ）作用。

A. 降低铁损耗　　B. 降低铜损耗

C. 绝缘介质和冷却介质　　D. 防止器身与空气接触

2. 变压器负载电流增大时，（考虑一次侧漏阻抗压降的影响）（ ）。

A. 一次电流增大，励磁电流增大　　B. 一次电流增大，励磁电流减小

C. 一次电流减小，励磁电流增大　　D. 一次电流减小，励磁电流减小

3. 一台运行中的变压器，其主磁通幅值 Φ_m 的大小主要取决于（ ）。

A. 空载电流的大小　　B. 负载电流的大小

C. 铁心损耗大小　　D. 电源电压的大小

4. 影响变压器一次漏抗大小的因素是（ ）。

A. 电源电压　　B. 电源频率

C. 负载大小　　D. 铁心磁阻

5. 变压器短路电压的百分数与短路阻抗的百分数（ ）。

A. 相等　　B. 前者大于后者

C. 后者大于前者　　D. 不一定

6. 采用 Yd 联结的三相变压器空载运行时，产生主磁通的电流为（ ）。

A. 二次侧基波电流　　B. 一次侧基波电流和二次侧三次谐波电流

C. 一次侧尖顶波电流　　D. 二次侧负载电流

7. 变压器带电阻负载运行时，变压器输入功率的性质为（ ）。

A. 全部是有功功率　　B. 有功功率和感性无功功率

C. 有功功率和容性无功功率　　D. 全部是无功功率

8. 变压器带感性负载运行时，其电压变化率为（ ）。

A. $\Delta U>0$　　B. $\Delta U<0$

C. $\Delta U=0$　　D. 前三种情况都可能

9. 变压器的电压变化率 $\Delta U=0$，则变压器的负载为（　　）。

A. 感性　　B. 理想感性

C. 阻性　　D. 容性

10. 一台降压电力变压器，若二次电压过低需进行改变分接头调压，则应使（　　）。

A. N_1 增大　　B. N_1 减小

C. N_2 增大　　D. N_2 减小

11. 变压器何时有最大效率（　　）。

A. $\beta=1$　　B. $S=S_N$

C. $P_0=\beta^2 P_{kN}$　　D. $P_0=P_{kN}$

12. 为了改善三相变压器相电动势的波形，不应采用的联结组为（　　）。

A. YNy　　B. Dy

C. Yd　　D. Yy

13. 变压器并联运行时，不需要满足的条件是（　　）。

A. 变比相等　　B. 联结组标号相同

C. 额定容量相同　　D. 短路阻抗标么值相同

14. 两台变压器的额定容量、变比、联结组标号都相同，但短路阻抗标么值 $Z_{kI}^*>Z_{kII}^*$，并联运行时，两台变压器输出容量大小的关系是（　　）。

A. $S_I>S_{II}$　　B. $S_I<S_{II}$

C. $S_I=S_{II}$　　D. 无法确定

15. 两台变压器并联运行，如果一、二次绕组中产生环流，其原因是（　　）。

A. 两台变压器的额定电流不等　　B. 两台变压器的额定电压不等

C. 两台变压器的额定容量不等　　D. 两台变压器的短路阻抗不等

四、简答及作图

1. 简要说明变压器主磁通和漏磁通的区别。

2. 变压器励磁磁动势在空载与负载时有何不同?

3. 画出变压器带电阻（$\varphi_2=0$）负载、容性（$\varphi_2<0$）负载时的简化相量图。

4. 如图 2-12 所示，判断该三相变压器的联结组标号?

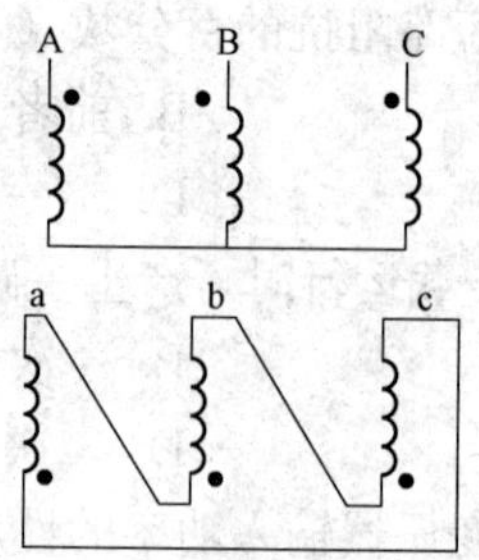

图 2-12　三相变压器的连接形式

五、计算

1. 一台 S_N＝63000kVA、YNd11 接线、U_{1N}/U_{2N}＝121/10.5kV 的三相变压器，试求：

（1）变压器一、二次侧的额定电压和额定电流。

（2）变压器一、二次绕组的额定电压和额定电流？

2. 一台三相变压器，S_N＝750kVA，U_{1N}/U_{2N}＝10/0.4kV，Yyn0 接线，在低压侧作空载实验时，I_0＝60A，P_0＝3800W；在高压侧作短路实验，当短路电流为额定电流时，U_k＝440V，P_k＝10900W。求：

（1）折算到高压侧的励磁电阻和励磁电抗、短路电阻和短路电抗及标么值；

（2）带 I_2＝866A 且 $\cos\varphi_2$＝0.8（滞后）负载时电压变化率、二次端电压的大小；

（3）满载且 $\cos\varphi_2$＝0.8（滞后）时的效率；

（4）多大负载（电流）时有最大效率？若 $\cos\varphi_2$＝0.8，则最大效率为多少？

第三章 交流绕组及其电动势和基波磁动势

［主要内容］

本章介绍的是交流电机的基础内容，包括三相交流绕组的构成、三相交流绕组的电动势及改善电动势波形的方法、单相磁动势和三相合成基波磁动势的性质。

［重点要求］

1. 充分理解交流绕组的一些基本概念及交流绕组的构成方式。
2. 掌握交流绕组电动势的大小及改善电动势波形的方法，掌握绕组系数的物理意义。
3. 掌握单相磁动势的性质。
4. 掌握三相合成基波磁动势的性质。

第一节 交流绕组简介

交流绕组是电机实现机电能量转换的一个主要部件。交流电机绕组的种类很多。按槽内的层数分，有单层、双层绕组。根据连接方式不同，单层绕组又分为等元件式、同心式、链式和交叉式等；双层绕组又有叠绕组和波绕组之分。按每极每相所占的槽数是整数还是分数，又分为整数槽绕组和分数槽绕组。

不同类型的三相绕组，其构成原则是相同的。因此，在具体分析绕组排列和连接方法之前，应先明确交流绕组的几个基本概念及三相绕组构成原则。

一、与绕组有关的几个概念

1. 线圈（绕组元件）

线圈是构成绕组的基本单元。绕组就是线圈按一定规律的排列和连接。线圈可以区分为单匝和多匝，如图 3-1 所示。线圈放置在铁心中的两个直线边叫有效边；槽外连接两个有效边的部分称为端部。

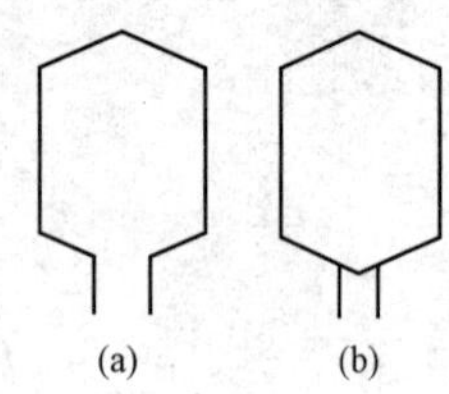

图 3-1 线圈示意图

（a）单匝；（b）多匝

2. 极距 τ

沿定子铁心内圆，相邻两磁极对应位置两点之间的圆周距离称为极距 τ。用长度表示，则

$$\tau=\frac{\pi D}{2p} \tag{3-1}$$

式中 D——定子铁心内径；

p——磁极对数。

极距 τ 常用每个磁极所占的定子槽数来表示，若定子槽数为 Z，则

$$\tau=\frac{Z}{2p} \tag{3-2}$$

3. 电角度

电机一个圆周的几何角度为 360°，称为机械角度。从电磁角度看，一对 N、S 极构成一个磁场周期，即 1 对极为 360°电角度。如果电机的极对数为 p 时，则整个定子内圆为 $p\times 360°$电角度，即

$$电角度 = p \times 机械角度 \tag{3-3}$$

4. 线圈节距 y

一个线圈两个有效边之间所跨过的槽数称为线圈的节距，用 y 表示。

若 $y=\tau$，则称绕组为整距绕组；若 $y<\tau$，则称绕组为短距绕组；若 $y>\tau$，则称绕组为长距绕组。短距和长距绕组能改善电动势和磁动势的波形。但由于长距绕组端部较长，用铜量较多，所以实际应用中一般不采用，交流电机多采用短距绕组。

5. 每极每相槽数 q

每个极域内每相所占的槽数称为每极每相槽数，用 q 表示，即

$$q = \frac{Z}{2pm} \tag{3-4}$$

式中　m——表示定子绕组的相数，对于三相电机，$m=3$。

6. 槽距角 α 与槽电动势星形图

相邻两个槽之间的电角度称为槽距角，用 α 表示

$$\alpha = \frac{p \times 360°}{Z} \tag{3-5}$$

为了帮助分析绕组的电动势和绕组元件的连接规律，将各槽内导体感应的正弦电动势用相量图表示，即为槽电动势星形图。现用一实例来说明。

例 3-1　有一台 $Z=24$、$2p=4$ 的三相异步电机，试绘出槽电动势星形图。

解

$$\alpha = \frac{p \times 360}{Z} = \frac{2 \times 360}{24} = 30°$$

定子槽内导体沿圆周均匀分布，如图 3-2 所示，各槽内导体的基波电动势在时间上依次相差一个槽距角 α。将定子铁心上均匀分布的 24 个槽按顺序编号，每个槽的导体电动势采用同样编号的相量表示，则该电机的槽电动势星形图如图 3-3 所示，由于各同极性磁极下对应位置的电动势同相位，所以 13、14、15……相量分别与 1、2、3……相量重合。若电机有 p 对磁极，则有 p 个重合的槽电动势星形图。

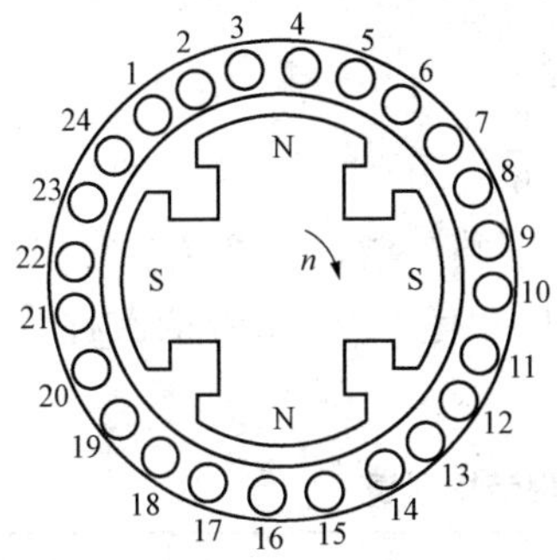

图 3-2　铁心槽内导体分布情况

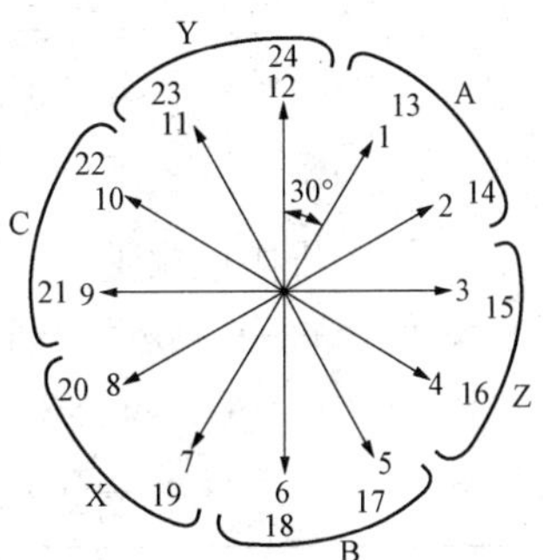

图 3-3　槽电动势星形图

7. 相带

在每个磁极下每相绕组所连续占有的电角度 $q\alpha$ 称为绕组的相带。由于每个磁极的电角度是 180°，对三相绕组而言，每相占有 60°的电角度，称为 60°相带。交流电机一般采用 60°相带。

二、三相交流绕组的构成原则

(1) 均匀原则。各相绕组在每个极域内所占的槽数（线圈数）应相等。

(2) 对称原则。三相绕组的结构完全一样，但在电机的圆周空间互相错开 120°电角度。

(3) 电动势相加原则。线圈两个圈边的感应电动势应该相加；线圈与线圈之间的连接也应符合这一原则。

此外，在产生一定大小电动势和磁动势且保证绝缘性能和机械强度可靠的条件下，尽量减少用铜量，并使制造检修方便。

三、三相单层绕组

铁心每个槽内仅放置线圈的一个有效边，所构成的绕组为单层绕组。由于每两个有效边连接成一个线圈，所以单层绕组的线圈总数等于定子槽数的一半。单层交流绕组的种类较多，但它们构成方法、连接步骤基本相同。

根据交流绕组的构成原则，单层绕组的排列方法和连接步骤为：

(1) 分极、分相：先将总槽数按给定的极数均匀分开（N、S 极相邻分布）并标记假设的感应电动势方向。再将每个极域的槽数按三相均匀分开，三相在空间错开 120°电角度。

(2) 连成线圈和线圈组：根据电动势相加原则，先将一对极域内属于同一相的某两个线圈边连成一个线圈。再将一对极域内属于同一相的 q 个线圈连成一个线圈组。

(3) 连成相绕组：将属于同一相的 p 个线圈组按串联或并联，且符合电动势相加原则连成一相绕组，并标记首尾端。按照同样的方法构成其他两相绕组。

下面以交叉式绕组为例，说明单层绕组的排列及连接方式。

例 3-2 一台三相异步电动机，定子槽数 $Z=36$，磁极数 $2p=4$，每相并联支路数 $2a=1$，其定子绕组采用单层交叉式绕组，大线圈节距为 8 槽，小线圈节距为 7 槽，试绘制其三相绕组展开图。

解 (1) 计算极距 τ，每极每相槽数 q，槽距角 α。

$$\tau=\frac{Z}{2p}=\frac{36}{4}=9$$

$$q=\frac{Z}{2pm}=\frac{36}{4\times 3}=3$$

$$\alpha=\frac{p\times 360^\circ}{Z}=\frac{2\times 360^\circ}{36}=20^\circ$$

(2) 分极、分相。将槽依次编号，电机每极域下共 9 槽，每极域下每相占有 3 个槽，即每极域下分成三等份，每一等份为一个相带。该电机有 12 个相带依次标为 A、Z、B、X、C、Y、A、Z、B、X、C、Y，如表 3-1 所示。

表 3-1　交叉式单层绕组 60°相带排列表

第一对极	相带	A	Z	B	X	C	Y
	槽号	1、2、3	4、5、6	7、8、9	10、11、12	13、14、15	16、17、18

续表

第二对极	相带	A	Z	B	X	C	Y
	槽号	19、20、21	22、23、24	25、26、27	28、29、30	31、32、33	34、35、36

（3）根据线圈节距将各线圈边按电流方向连接成线圈。以 A 相为例，在第一对极下，可将线圈边 2 与 10、3 与 11 相连，组成两个节距为 8 槽的大线圈；而将线圈边 12 与 19 相连，组成一个节距为 7 槽的小线圈。再将一对极下的两个大线圈和一个小线圈连接成线圈组，两对极下就有两个线圈组。

（4）根据每相并联支路数 $2a=1$ 的要求，将线圈组按“首接首，尾接尾”的规律，沿感应电动势方向顺向串联就构成 A 相绕组，如图 3-4 所示。

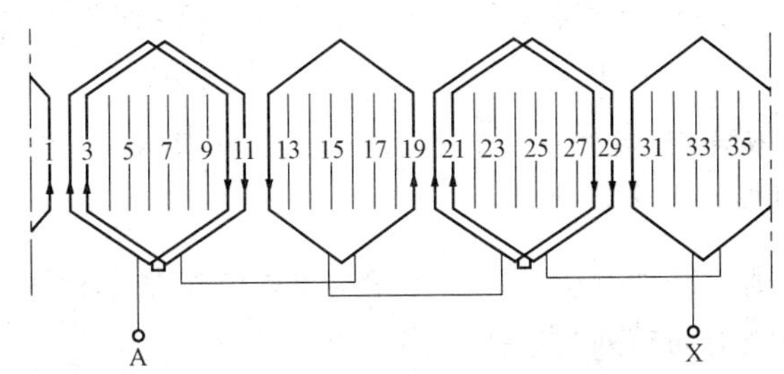

图 3-4　三相单层交叉式绕组展开图（A 相）

（5）根据三相绕组对称原则，用与 A 相相同的连接方法，构成 B、C 两相绕组。三相绕组间依次互差 120°电角度。

为了便于对比，如图 3-5 所示，给出了链式［图 3-5（a）所示］、同心式［图 3-5（b）所示］绕组的展开图（取 $Z=24$，$2p=4$，$2a=1$）。从图中可见，单层绕组每相绕组的线圈组数等于磁极对数。

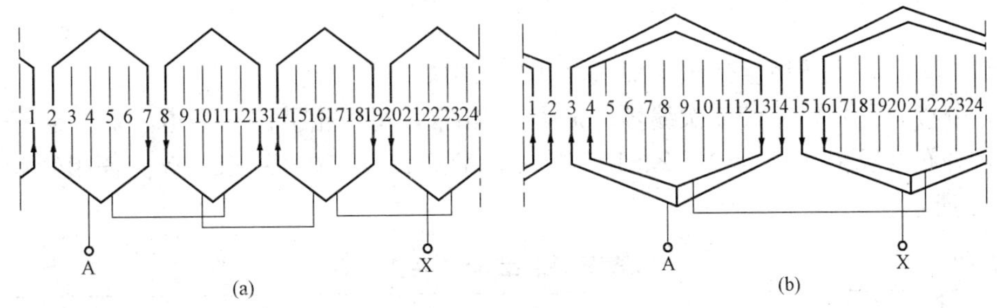

图 3-5　三相单层链式、同心式绕组展开图

（a）链式；（b）同心式

单层绕组的优点是元件少，结构简单，嵌线较方便，槽内没有层间绝缘等。但单层绕组为等效整距绕组，不能利用短距来改善电动势和磁动势的波形，产生的磁动势和电动势波形较差，故电机铁损和噪声较大，起动性能较差。因此，单层绕组一般用于 10kW 以下的小容量异步电动机的定子绕组。

四、三相双层绕组

铁心每个槽内嵌放上、下两层线圈的有效边，中间用层间绝缘隔开，所构成的绕组为双层绕组。如图 3-6 所示。对于每个线圈来说，它一个边嵌放在某槽的上层，另一个边则嵌放在相距一个节距 y 的另一槽的下层，所以采用双层绕组的电机，线圈总数与总槽数相等。

三相双层绕组分叠绕组和波绕组两种。叠绕组是指线圈排列时，任何两个相邻的线圈都是后一个叠在前一个上面。而波绕组是指线圈排列时，任何两个串联线圈沿绕制方向像波浪似地前进，其对应边的距离为一个极距。两种绕组如图 3-7 所示。

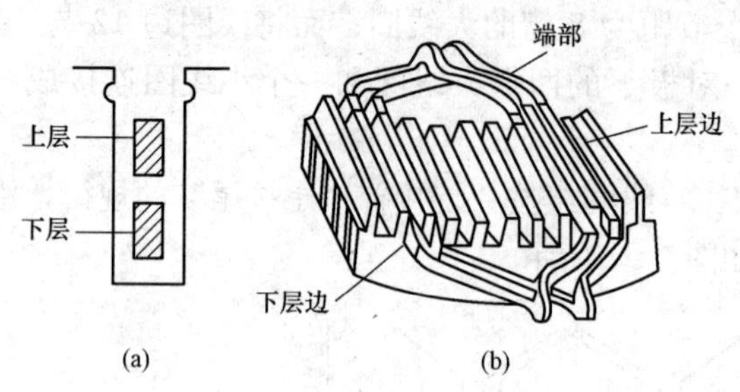

图 3-6 双层绕组示意图

(a) 槽内布置；(b) 线圈嵌放

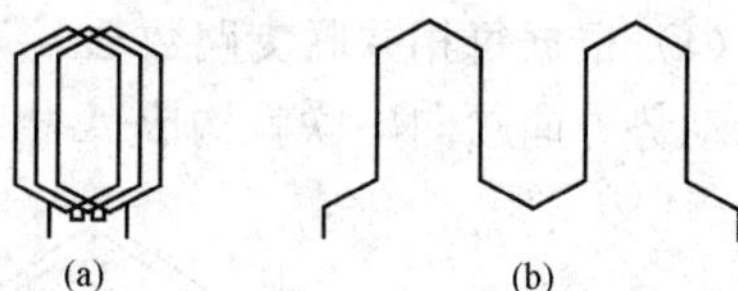

图 3-7 叠绕组和波绕组示意图

(a) 叠绕组；(b) 波绕组

双层绕组的构成原则、排列方法和连接步骤与单层绕组基本相同。下面以三相双层短距叠绕组为例，说明双层绕组的排列及连接规律。

例 3-3 已知一台三相交流电机，其定子绕组采用双层叠绕组形式，定子槽数 $Z=36$，磁极数 $2p=4$，线圈节距 $y=8$（槽）。试绘制并联支路数 $2a=1$ 的三相双层叠绕组展开图。

解 (1) 计算极距 τ，每极每相槽数 q，槽距角 α。

$$\tau=\frac{Z}{2p}=\frac{36}{4}=9$$

$$q=\frac{Z}{2pm}=\frac{36}{4\times3}=3$$

$$\alpha=\frac{p\times360^\circ}{Z}=\frac{2\times360^\circ}{36}=20^\circ$$

显然，$y<\tau$，定子绕组是短距绕组，即为双层短距叠绕组。

(2) 分极、分相。将槽依次编号，采用 60°相带，每一相带占三个槽，整个定子表面 12 个相带，分布情况依次标为 A、Z、B、X、C、Y、A、Z、B、X、C、Y。各相带包含的槽如表 3-2 所示。

表 3-2 **双层短距叠绕组 60°相带排列表**

第一对极	相带	A	Z	B	X	C	Y
	槽号	1、2、3	4、5、6	7、8、9	10、11、12	13、14、15	16、17、18
第二对极	相带	A	Z	B	X	C	Y
	槽号	19、20、21	22、23、24	25、26、27	28、29、30	31、32、33	34、35、36

(3) 根据线圈节距连接成线圈，并组成线圈组。以 A 相为例，按线圈节距 $y=8$ 槽，将相应的线圈边逐个连接成线圈。如 1 号槽的上层边与 9 号槽的下层边连接起来，构成 1 号线圈，2 号槽的上层边与 10 号槽的下层边连接起来，构成 2 号线圈……依此类推，共得到 36 个线圈。再将每极下同一相的 q 个线圈顺着电动势的方向串联起来，构成一个线圈组，两对

极下就有四个线圈组。

（4）将线圈组连接成相绕组。按并联支路数 $2a=1$ 要求，将属于 A 相的四个线圈组沿电动势方向按"首接首、尾接尾"的规律连接起来，构成 A 相绕组，如图 3-8 所示。

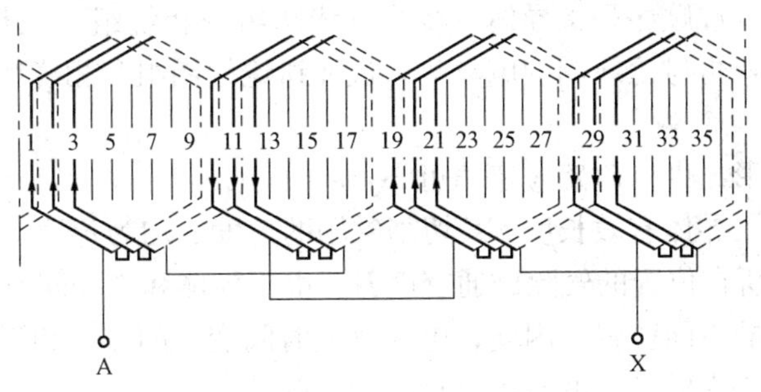

图 3-8　三相双层叠绕组展开图（A 相）

（5）根据三相绕组对称原则，用与 A 相相同的连接方法，构成 B、C 两相绕组。三相绕组间依次互差 120°电角度。

为了便于对比，给出了双层波绕组的展开图，如图 3-9 所示。可见，双层绕组每相绕组的线圈组数等于磁极数。

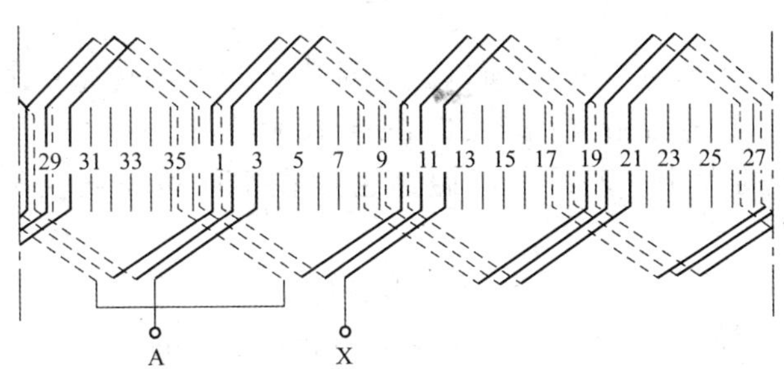

图 3-9　三相双层波绕组展开图（A 相）

双层绕组的主要优点是：可选择最有利的节距，从而使磁动势和电动势波形更接近正弦波；所有线圈具有同样的形状和尺寸，生产上便于实现机械化；端部排列整齐，机械强度高；可组成较多的并联支路。双层绕组的主要缺点是：制造时嵌线较困难，双层叠绕组线圈组间连接线较多，在多极电机中这种连线用铜量很大。而双层波绕组可以减少极间连接线。因此，双层叠绕组主要用于少极的大中型异步电动机和大型汽轮发电机的定子绕组。双层波绕组一般用于多极的水轮发电机的定子绕组和绕线式异步电动机转子绕组。

第二节　交流绕组的感应电动势

将交流电机的三相交流绕组处于旋转磁场中，并切割旋转磁场，必然产生感应电动势。

三相交流电动势有对称、大小、频率和波形四方面的要求。解决前三个问题并不难，但要获得严格的正弦波波形却很困难，这是由于实际电机气隙磁场沿空间很难做到正弦波分布，因此，可利用傅里叶级数将气隙磁场分解为正弦分布的基波和一系列高次谐波。事实上，电机设计时，从磁极形状，气隙大小，绕组选择等方面考虑，可使高次谐波磁场得到削弱。换句话说，气隙磁场中的主要部分是正弦分布的基波磁场。因此，本节先研究交流绕组在正弦基波磁场下基波电动势，再讨论改善电动势波形的方法。

一、交流绕组的基波感应电动势

由于交流绕组的构成顺序是：导体→线圈→线圈组→相绕组（三相绕组），因此，先从导体电动势开始分析，再讨论线圈的电动势，进而讨论线圈组和相绕组电动势。

1. 导体中的基波电动势

（1）电动势的波形。由电磁感应定律可知：$e=Blv$

对已制成的电机，导体有效长度 l 及切割磁场的速度 v 均为定值，所以，导体中感应的电动势 e 正比于导体所在位置的气隙磁通密度 B。由于导体和磁场间有相对运动，不同瞬间导体处于磁场中对应的不同位置。因此，电动势随时间变化的波形和气隙磁通密度在空间的分布波形相一致。只考虑磁场基波时，电动势为正弦波。

（2）电动势的频率。磁场转过一对极，导体中感应电动势就变化一个周期；磁场旋转一周，转过 p 对磁极，导体中感应电动势变化 p 个周期；一般情况下，有 p 对磁极且转速为 n（r/min）的电机，磁场每分钟转过 pn 对磁极，则导体的电动势每秒钟变化 $\frac{pn}{60}$ 周期，即频率为

$$f=\frac{pn}{60} \tag{3-6}$$

由于我国电网标准频率为 50Hz，所以磁极对数 p 与磁场转速 n 之间具有固定的关系，如：当 $p=1$ 时，$n=3000$r/min；当 $p=2$ 时，$n=1500$r/min……

（3）感应电动势的大小。若设气隙磁通密度在空间按正弦波分布，其最大磁密为 B_m，则

$$B=B_m\sin\alpha \tag{3-7}$$

由上述分析知道，导体与磁场相对运动时，导体中感应的电动势也将随时间按正弦规律变化。若相对转速用每秒转过的角频率 ω 表示，当时间为 ts 时，转过的电角度 $\alpha=\omega t$。由电磁感应定律可得

$$e=Blv=B_m lv\sin\omega t=E_{c1m}\sin\omega t \tag{3-8}$$

式中 E_{c1m}——导体基波电动势的最大值，$E_{c1m}=B_m lv$。

而导体与磁场的相对速度为 $v=\pi D\frac{n}{60}=2p\tau\frac{n}{60}=2f\tau$，导体电动势的有效值

$$E_{c1}=\frac{E_{tm}}{\sqrt{2}}=\frac{B_m lv}{\sqrt{2}}=\frac{\pi}{2}B_{av}\frac{lv}{\sqrt{2}}=\frac{\pi}{2}B_{av}\frac{2f\tau l}{\sqrt{2}}=\frac{\pi}{\sqrt{2}}B_{av}\tau lf=\frac{\pi}{\sqrt{2}}\Phi_1 f\approx 2.22f\Phi_1 \tag{3-9}$$

式中 B_{av}——正弦分布磁密的平均值，$B_{av}=\frac{2}{\pi}B_m$；

Φ_1——每极基波磁通量，$\Phi_1=B_{av}l\tau$。

由式（4-9）可知，一根导体电动势的有效值与电动势的频率和每极磁通量成正比，当频率一定时，电动势仅与每极磁通量的大小成正比。当频率单位为 Hz，每极磁通量单位为 Wb 时，电动势单位为 V。

2. 线圈中的电动势

（1）整距线匝的电动势。将嵌放在槽内的两根导体的一端相连接，就构成了一个单匝线

圈，也称线匝。

对整距线匝来说，$y=\tau$。如图 3-10（a）所示，图中箭头表示导体电动势的假定正方向，由于线匝的两个有效边在空间相隔一个极距 τ，其感应的电动势相差 180°电角度。对正弦电动势可以用相量表示并分析，如图 3-10（b）所示。根据电路原理，每个单匝线圈的电动势由两个圈边的电动势相量相减而成，因此，整距线匝的电动势相量式为

$$\dot{E}_{t1}=\dot{E}_{c11}-\dot{E}_{c12}=2\dot{E}_{c1} \tag{3-10}$$

其有效值为

$$E_{t1}=4.44f\Phi_1 \tag{3-11}$$

（2）短距线圈的电动势。如图 3-10（a）所示，线匝的两个有效边在磁场中相距为 y（$y<\tau$），其感应电动势相位差是（$180°-\beta$）电角度，如图 3-10（c）所示。称 β 为短距角，$\beta=\frac{\tau-y}{\tau}\times180°$，因此，短距线匝的电动势相量式为

$$\dot{E}_{t1(y<\tau)}=\dot{E}_{c11}-\dot{E}_{c12}=\dot{E}_{c11}+(-\dot{E}_{c12})$$

其有效值为

$$E_{t1(y<\tau)}=2E_{t11}\cos\frac{\beta}{2}=2E_{t11}\sin\left(\frac{y}{\tau}\times90°\right)=4.44fk_{y1}\Phi_1 \tag{3-12}$$

式中 k_{y1}——短距系数，$k_{y1}=\frac{\text{短距时的匝电动势}}{\text{整距时的匝电动势}}=\frac{E_{t1(y<\tau)}}{E_{t1(y=\tau)}}=\sin\left(\frac{y}{\tau}\times90°\right)$。

考虑到线圈的匝数为 N_c，短距线圈的电动势为

$$E_{y1}=N_cE_{t1(y<\tau)}=4.44N_ck_{y1}f\Phi_1 \tag{3-13}$$

可见：当线圈短距时，短距系数 $k_{y1}<1$，说明短距线圈电动势比整距线圈电动势有所减小。

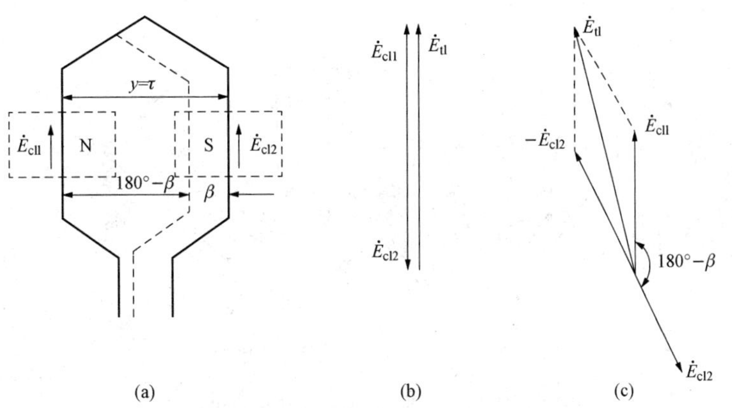

图 3-10 线匝及其电动势相量图

（a）线匝；（b）整距线匝电动势相量图；（c）短距线匝电动势相量图

3. 线圈组的电动势

线圈组是由每极下属于同一相的 q 个线圈串联构成，而 q 个线圈的电动势大小相等但在时间上相位互差 α（槽距角）电角度，所以线圈组的电动势由该组所有线圈电动势相量相加。

以 $q=3$ 为例，则该组的电动势为三个线圈的电动势相量相加。如图 3 - 11 所示（a）。线圈组的电动势量式为 $\dot{E}_{q1}=\dot{E}_{y11}+\dot{E}_{y12}+\dot{E}_{y13}$，根据图 3 - 11（b）中的几何关系，其有效值可表示为

$$E_{q1}=\overline{AD}=2R\sin\frac{q\alpha}{2}$$

而

$$R=\frac{E_{y1}}{2\sin\frac{\alpha}{2}}$$

所以

$$E_{q1}=E_{y1}\frac{\sin\frac{q\alpha}{2}}{\sin\frac{\alpha}{2}}=qE_{y1}\frac{\sin\frac{q\alpha}{2}}{q\sin\frac{\alpha}{2}}=qE_{y1}k_{q1} \tag{3-14}$$

式中　k_{q1}——分布系数，$k_{q1}=\dfrac{q\text{ 个分布线圈的合成电动势}}{q\text{ 个集中线圈的合成电动势}}=\dfrac{E_{q1}}{qE_{y1}}=\dfrac{\sin\frac{q\alpha}{2}}{q\sin\frac{\alpha}{2}}$。

可以证明，分布系数 $k_{q1}<1$，说明线圈分布放置比集中放置时线圈组的电动势减小了。

将式（3 - 13）代入式（3 - 14），线圈组的电动势为

$$E_{q1}=4.44qN_{c}k_{y1}k_{q1}f\Phi_{1}=4.44qN_{c}k_{N1}f\Phi_{1} \tag{3-15}$$

式中　k_{N1}——绕组系数，$k_{N1}=k_{y1}k_{q1}$，物理意义是：当线圈短距和分布放置时，电动势比整距和集中放置时有所减少。

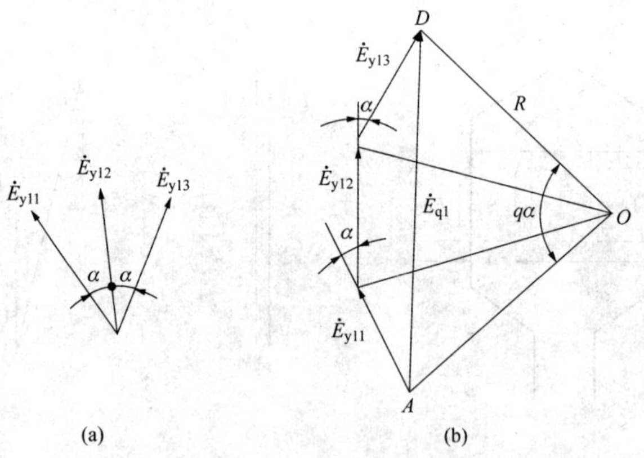

图 3 - 11　线圈组电动机势及相量图

（a）线圈组电动机势；（b）线圈组的合成电动势

4. 相绕组的电动势

（1）一相绕组的电动势。一相绕组是由若干个线圈组按每相支路数 $2a$ 的要求串联或并联构成。而一相绕组的相电动势则等于其所串联的线圈组的电动势之和，所以一相绕组的电动势为

$$E_{p1}=4.44Nfk_{N1}\Phi_{1} \tag{3-16}$$

式中　N——每相绕组一条支路所串联的线圈总匝数，对于单层绕组，每相有 p 个线圈组，而每个线圈组有 q 个线圈，所以每相的串联匝数 $N=pqN_c/2a$；对于双层绕组，每相有 $2p$ 个线圈组，而每个线圈组也有 q 个线圈，所以每相的串联匝数 $N=2pqN_c/2a$。

（2）三相绕组的电动势。三相绕组由在空间错开 120°电角度对称分布的三个单相绕组构成，各相电动势在时间上依次相差 120°电角度。

三相交流电机的线电动势与绕组的接法有关。绕组为三角形（△）接法时，线电动势等于相电动势；星形（Y）接法时，线电动势为相电动势的$\sqrt{3}$倍。

例 3-4　一台三相 50Hz 的同步发电机，定子采用双层短距分布绕组，$2p=2$，每极每相槽数 $q=3$，每个线圈匝数 $N_c=7$，节距 $y=8$，支路数 $2a=1$，每极基波磁通量 $\Phi_1=1.032$Wb，试求：相电动势基波的有效值？

解　（1）每相串联匝数

$$N=\frac{2pqN_c}{2a}=\frac{2\times3\times7}{1}=42$$

（2）定子槽数

$$Z=2pmq=2\times3\times3=18$$

（3）极距

$$\tau=\frac{Z}{2p}=\frac{18}{2}=9$$

（4）槽距角

$$\alpha=\frac{p\times360^\circ}{Z}=\frac{1\times360^\circ}{18}=20^\circ$$

（5）基波短距系数

$$k_{y1}=\sin\left(\frac{y}{\tau}\cdot90^\circ\right)=\sin\left(\frac{8}{9}\times90^\circ\right)=0.984$$

（6）基波分布系数

$$k_{q1}=\frac{\sin\frac{q\alpha}{2}}{q\sin\frac{\alpha}{2}}=\frac{\sin\frac{3\times20^\circ}{2}}{3\times\sin\frac{20^\circ}{2}}=0.9598$$

（7）基波绕组系数

$$k_{N1}=k_{y1}k_{q1}=0.984\times0.9598=0.9444$$

（8）相电动势基波的有效值

$$E_{p1}=4.44Nfk_{N1}\Phi_1=4.44\times42\times50\times0.9444\times1.032=9087(\text{V})$$

二、高次谐波电动势的产生及其改善电动势波形的方法

在实际电机中，由于气隙磁密沿空间的分布波形不会是理想的正弦波，除基波外还有一系列高次谐波，因而感应的电动势中也有高次谐波成分。这些谐波磁场会引起附加损耗，使电机产生噪声，也会使发电机相电动势的波形畸变，电动机的机械特性变坏，因此，需采取措施削弱高次谐波，改善电动势波形。

1. 高次谐波电动势

以凸极电机为例，其一对磁极的磁通密度沿气隙圆周的分布近似为平顶波，利用傅里叶

级数可将其分解为基波和一系列高次谐波（含 3、5、7……奇次谐波），如图 3 - 12 所示。

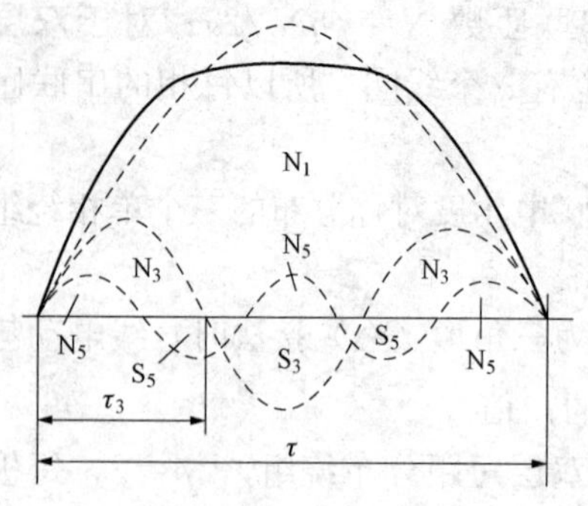

图 3 - 12 一个磁极下气隙主极磁密的分解

注：实线为实际分布，虚线为基波和各次谐波。

从图 3 - 12 可以看出，基波的极对数 p，极距 τ 和平顶波的极对数，极距均相同；而高次谐波的极对数 p_ν 为基波的 ν 倍，极距 τ_ν 为基波的 $\frac{1}{\nu}$ 倍；当转子以每分 n 转的速度旋时，磁场的基波和高次谐波都以相同的转速和方向旋转。即

$$\begin{cases} p_\nu = \nu p \\ \tau_\nu = \dfrac{1}{\nu}\tau \\ n_\nu = n \end{cases} \tag{3 - 17}$$

由于不同的谐波具有不同的磁极对数，当它们以同步转速 n 旋转时，将在定子绕组中感应谐波电动势，其频率为

$$f_\nu = \frac{p_\nu n_\nu}{60} = \frac{\nu p n}{60} = \nu f_1 \tag{3 - 18}$$

根据与式（3 - 16）相同的推导，可得谐波电动势的有效值为

$$E_{p\nu} = 4.44 N k_{N\nu} f_\nu \Phi_\nu \tag{3 - 19}$$

式中 Φ_ν——ν 次谐波每极磁通量，且

$$\Phi_\nu = B_{\nu av} l \tau_\nu = \frac{2}{\pi} \frac{1}{\nu} B_{m\nu} \tau l \tag{3 - 20}$$

和基波绕组系数类似，$k_{N\nu}=k_{y\nu}k_{q\nu}$，其中 $k_{N\nu}$、$k_{y\nu}$、$k_{q\nu}$分别表示 ν 次谐波绕组系数短距系数、分布系数。

对 ν 次谐波，由于极数增加 ν 倍，相应的电角度增加 ν 倍，所以，ν 次谐波的短距系数和分布系数可写成

$$k_{y\nu} = \sin\left(\nu \frac{y}{\tau} \cdot 90°\right) \tag{3 - 21}$$

$$k_{q\nu} = \frac{\sin\left(\nu \dfrac{q\alpha}{2}\right)}{q\sin\left(\nu \dfrac{\alpha}{2}\right)} \tag{3 - 22}$$

在计算出各次谐波电动势有效值之后，相电动势的有效值应为

$$E_p = \sqrt{E_{p1}^2 + E_{p3}^2 + E_{p5}^2 + \cdots} = E_{p1}\sqrt{1 + \left(\frac{E_{p3}}{E_{p1}}\right)^2 + \left(\frac{E_{p5}}{E_{p1}}\right)^2 + \cdots} \tag{3 - 23}$$

由于$\left(\frac{E_{p\nu}}{E_{p1}}\right)^2 \ll 1$，所以高次谐波电动势对相电动势大小影响很小，主要影响相电动势的波形。

2. 改善电动势波形的方法

为了改善电动势的波形，必须设法削弱高次谐波电动势，特别是影响较大的 3、5、7 次谐波电动势。常用的方法主要有改善磁极结构、改善交流绕组的构成和采用三相绕组 Y 接法三种，现分述如下。

（1）改善主极磁场分布。图 3 - 13 所示为主极磁场的分布。要使主极磁场沿定子表面的

分布接近于正弦波，因凸极式电机的励磁绕组为集中绕组，所以只能通过改善其磁极的极靴外形实现，而隐极电机的气隙是均匀的，所以可通过改善励磁绕组的分布来实现。

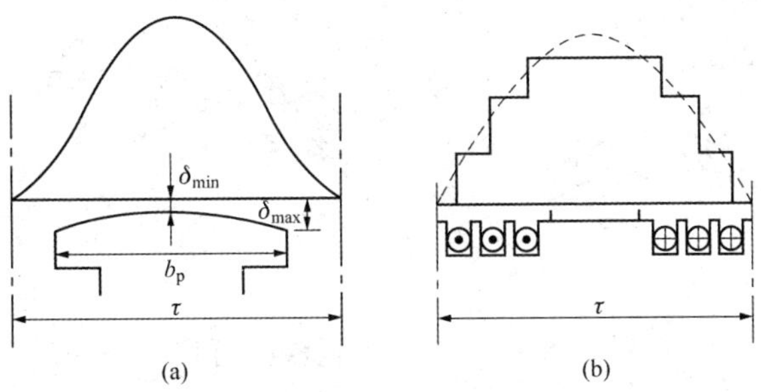

图 3-13　主极磁场的分布

(a) 凸极电机；(b) 隐极电机

(2) 改善交流绕组的构成，削弱谐波电动势。①采用短距绕组来削弱高次谐波。当 $y=\frac{\nu-1}{\nu}\tau$ 时，$k_{y\nu}=\sin[(\nu-1)\times 90°]=0$，则 ν 次谐波电动势为零。例如取 $y=\frac{4}{5}\tau$，$k_{y5}=0$，可以消除 5 次谐波电动势，原理如图 3-14 所示。可见，只要合理地选择线圈节距，使某次谐波的短距系数等于或接近于零，就可消除或削弱该次谐波电动势。通常选 $y=\frac{5}{6}\tau$，使 5、7 次谐波均得到较大削弱；②采用分布绕组来削弱高次谐波。通过计算可以发现，当 $q<6$ 时，随 q 增加，基波分布系数 k_{q1} 减少不多，而谐波分布系数 $k_{q\nu}$ 减少明显，所以适当增加每极每相槽数 q，就可以使某次谐波的分布系数接近于零，从而削弱该次谐波电动势。一般交流电机选 $q=2\sim6$。

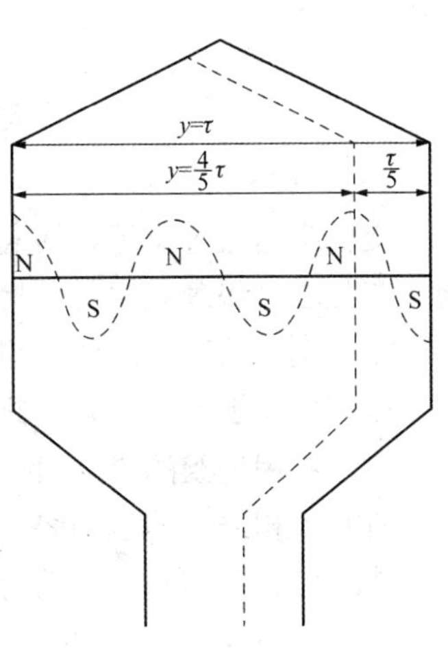

图 3-14　短距绕组消除谐波的原理图

(3) 采用三相对称绕组来消除线电动势中的三及三的倍数次奇次谐波电动势。当三相绕组采用星形（Y）连接时，如图 3-15（a）所示，考虑到各相中三次谐波电动势大小相等、相位相同，即 $\dot{E}_{A3}=\dot{E}_{B3}=\dot{E}_{C3}$，则三次谐波线电动势（空载线电压）为

$$\dot{E}_{AB3}=\dot{E}_{A3}-\dot{E}_{B3}=0$$

采用三角形（D）连接时，三相三次谐波电动势 $\dot{E}_{A3}=\dot{E}_{B3}=\dot{E}_{C3}=\dot{E}_3$，在三角形内形成环流

$$\dot{I}_3=\frac{3\dot{E}_3}{3Z_3}=\frac{\dot{E}_3}{Z_3}$$

三次谐波电动势为

$$\dot{E}_{AB3}=\dot{E}_{A3}-\dot{I}_3Z_3=0$$

即三次谐波的内阻抗压降与三次谐波电动势相平衡，因此线电动势中不含有三次谐波。

由此可见，三相对称绕组，无论采用星形还是三角形连接，线电动势中不存在三次及三的倍数次谐波电动势。

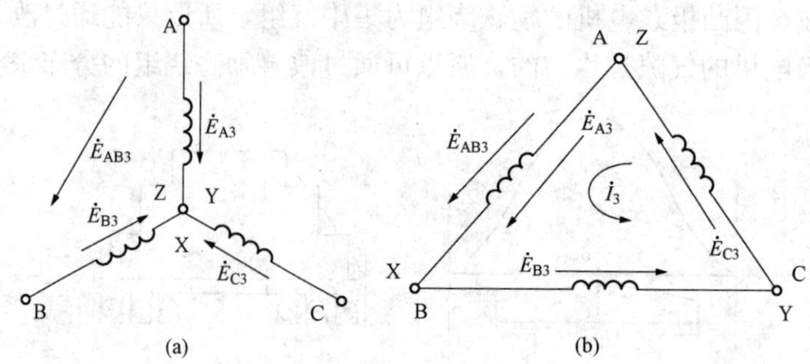

图 3-15 三相对称绕组的连接

(a) 星形连接；(b) 三角形连接

由于采用三角形连接时，闭合回路中的环流会引起附加损耗，所以现代同步发电机一般采用星形连接。

第三节 交流绕组的基波磁动势

交流绕组流过交流电流将产生磁动势，它对电机的能量转换和运行性能都有很大的影响，有关磁动势理论也是掌握电机原理的一个重要基础，所以在研究交流电机原理和运行之前，需要先分析交流绕组磁动势的性质、大小和分布情况。本节先从单相绕组的磁动势入手，然后再扩展到三相合成磁动势的分析上来。

一、单相绕组的磁动势

研究单相绕组的磁动势，按先分析整距线圈的磁动势，再分析整距线圈组的基波磁动势，然后得到单相基波磁动势的步骤进行。

1. 整距线圈的磁动势

假设在气隙均匀的交流电机定子铁心内嵌放一个整距线圈 AX，当线圈中流过正弦交流电流时，在电机气隙中产生磁动势，其磁场分布如图 3-16（a）所示。

如果设想将此电机在 A 处切开后展平，取纵坐标轴处在绕组的中心线位置，并用纵坐标轴表示磁动势 f 的大小，横坐标轴 x 表示沿定子内圆周的空间距离。从图 3-16（a）可见，每一束磁力线都与该线圈相交链。根据安培环路定律，作用在任一磁力线所经磁路上的磁动势，等于其所包围的全电流。如该线圈的匝数为 N_c，通过的交流电流为 i_c，则作用在每根磁力线所经磁路上的磁动势 $f_c=i_cN_c$，显然，任一磁力线所经磁路上的磁动势都相等。磁力线穿过转子铁心，定子铁心和两个气隙，相对于气隙而言，由于铁心磁导率极大，其上消耗的磁动势可以忽略不计，可认为该磁动势等于两段气隙中磁压降之和。这样，作用在每段气隙的磁压降为磁动势的一半，即为$\frac{1}{2}i_cN_c$。如果假定从定子进入转子的磁动势为正，相反的方向为负，则可得到沿气隙圆周空间分布的矩形磁动势波，其幅值为$\frac{1}{2}i_cN_c$，波形宽度等于线圈的宽度。如图 3-16（b）所示。

当电流随时间按正弦规律变化时，磁动势的大小在空间按正弦规律变化，图 3-17 所示为电流在 I_m、0、$-I_m$ 时刻时磁动势的波形。

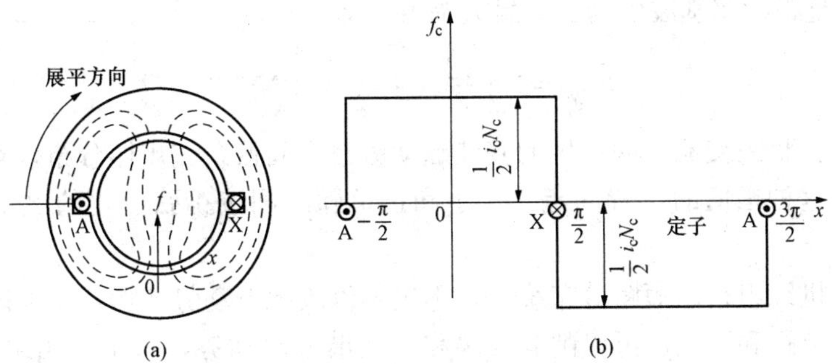

图 3-16　整距线圈的磁动势

（a）磁场分布；（b）磁动势波形

矩形磁动势波是一周期性非正弦曲线，按照傅里叶级数分解的方法可以把矩形磁动势波分解为基波和一系列高次谐波。由于矩形磁动势波具有对称性，傅里叶级数展开式中只含有1、3、5……奇次余弦项，即

$$f_c(x)=\frac{4}{\pi}\frac{i_cN_c}{2}\left(\cos\frac{\pi}{\tau}x-\frac{1}{3}\cos 3\frac{\pi}{\tau}x+\frac{1}{5}\cos 5\frac{\pi}{\tau}x-\cdots\right)\tag{3-24}$$

式中　$\frac{\pi}{\tau}x$——长度为 x 的空间电角度。

展开后的波形如图 3-18 所示。其中基波磁动势应为

$$f_{c1}(x)=\frac{4}{\pi}\frac{i_cN_c}{2}\cos\frac{\pi}{\tau}x\tag{3-25}$$

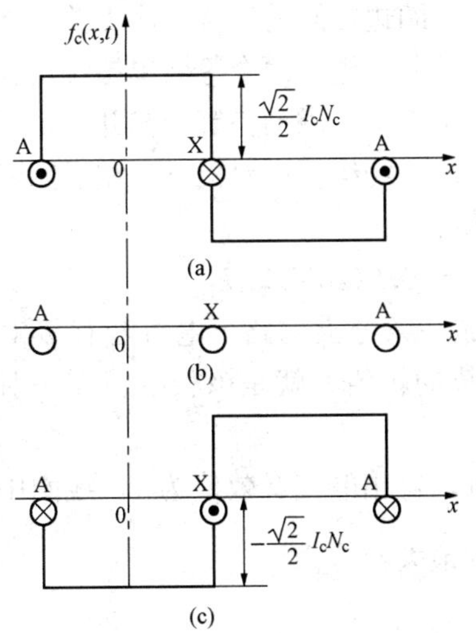

图 3-17　不同时刻的脉动磁动势

（a）$\omega t=90°$，$i_c=I_m$；（b）$\omega t=180°$，$i_c=0$；（c）$\omega t=270°$，$i_c=-I_m$

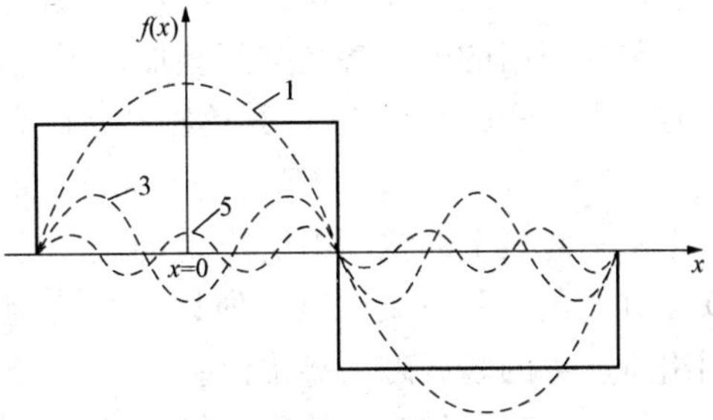

图 3-18　矩形波磁动势的分解

将电流 $i_c=\sqrt{2}I_c\sin\omega t$ 代入式（3-25），线圈的基波磁动势成为一个时间（t）和空间（x）的函数，即

$$f_{c1}(x,t)=\frac{4}{\pi}\frac{i_cN_c}{2}\cos\frac{\pi}{\tau}x=0.9N_cI_c\sin\omega t\cos\frac{\pi}{\tau}x=F_{c1m}\sin\omega t\cos\frac{\pi}{\tau}x\tag{3-26}$$

式中 F_{c1m}——整距线圈基波磁动势的最大幅值，即

$$F_{c1m}=\frac{4}{\pi}\frac{\sqrt{2}}{2}N_cI_c=0.9N_cI_c \tag{3-27}$$

由分析可见：整距交流线圈产生的基波磁动势在空间按余弦规律分布，其幅值随时间按正弦规律变化。这种幅值的位置固定，大小和正负随时间按正弦变化的磁动势称为脉动磁动势。

通常交流电机绕组采用短距分布绕组，不仅可以改善电动势波形，还可以改善磁动势波形，选择适当的节距和 q 值，可以削弱 5 次和 7 次谐波磁动势，由于三相绕组的对称布置，可消除 3 次及其倍数次谐波磁动势，因此，气隙磁动势主要为基波磁动势。下面仅讨论基波磁动势。

2. 整距线圈组的基波磁动势

由 q 个线圈构成的线圈组，由于线圈与线圈之间错开一个槽距角，而单个线圈基波磁动势为正弦脉动磁动势，所以 q 个正弦脉动磁动势在空间依次错开一个槽距角。线圈组的磁动势等于 q 个线圈磁动势在空间的叠加，其叠加方法类似于感应电动势。

由于线圈分布的关系，一个线圈组的基波磁动势最大幅值比 q 个线圈集中放置时的基波磁动势最大幅值要小，与求线圈组的电动势一样，需引入分布系数 k_{q1}。因此，整距线圈组的基波磁动势最大幅值为

$$F_{q1m}=qF_{c1m}k_{q1}=0.9qN_cI_ck_{q1} \tag{3-28}$$

3. 单相绕组的磁动势

对两极电机而言，单层绕组每相只有一个线圈组，双层绕组每相有两个线圈组。由于磁动势的大小和波形只决定于线圈边电流的空间分布，与线圈边之间的连接次序无关。在分析磁场分布时，双层短距绕组可以等效为上、下两个单层整距绕组，两个等效单层绕组在空间分布上错开一定的角度，这个角度等于短距角。双层短距绕组的磁动势等于错开一个短距角的两个单层绕组的磁动势在空间叠加，因此，计算双层短距绕组在一对极下每相线圈组的磁动势时需引入短距系数 k_{y1}，其单相基波磁动势最大幅值为

$$F_{p1m}=2F_{q1m}k_{y1}=0.9(2qN_c)I_ck_{q1}k_{y1}=0.9(2qN_c)I_ck_{N1} \tag{3-29}$$

由于一对极下的线圈组所产生的磁动势和磁阻构成一条分支磁路，电机若有 p 对极就有 p 条并联的对称分支磁路，所以一相绕组基波磁动势的幅值，就是该相绕组在一对极下线圈组所产生的基波磁动势幅值。

为了统一表示相绕组的磁动势，对 p 对磁极的电机，每相电流有效值为 I，线圈中流过的电流 $I_c=\frac{I}{2a}$。对于双层绕组，单相绕组基波磁动势的最大幅值为

$$F_{p1m}=0.9\frac{2qN_cp}{p}\frac{I}{2a}k_{N1}=0.9\frac{NI}{p}k_{N1} \tag{3-30}$$

式（3-30）虽然是由双层绕组推得，但对单层绕组也适用，式中 N 为每相绕组的串联匝数，所以单相绕组基波磁动势的统一表达式

$$f_{p1}(x,t)=0.9\frac{NI}{p}k_{N1}\sin\omega t\cos x=F_{p1m}\sin\omega t\cos x \tag{3-31}$$

可见，单相绕组产生的基波磁动势仍然是脉动磁动势。它在空间按余弦规律分布，其幅值位置固定不动，各点的磁动势大小又随时间按正弦规律变化。该磁动势的脉动频率为电流

的频率，最大幅值为 $0.9\dfrac{NI}{p}k_{N1}$。

通常交流电机绕组采用短距和分布绕组，短距和分布对高次谐波磁动势有削弱作用，原理与与削弱高次谐波电动势相同，短距系数和分布系数的表达式也相同。因此，当电机采用三相对称短距分布绕组时，气隙中的磁动势可认为是基波磁动势。

基波磁动势可以用空间相量表示，相量的长度表示磁动势的幅值，相量所在的位置表示磁动势幅值的位置，箭头的方向指磁动势正值的方向，如 A 相的磁动势用 $\boldsymbol{F}_A$ 表示。

二、脉动磁动势的分解

应用三角函数公式可以将式（3-31）分解，即

$$\begin{aligned} f_{p1}(x,t) &= F_{p1m}\sin\omega t\cos\frac{\pi}{\tau}x = \frac{1}{2}F_{p1m}\sin\left(\omega t-\frac{\pi}{\tau}x\right)+\frac{1}{2}F_{p1m}\sin\left(\omega t+\frac{\pi}{\tau}x\right) \\ &= f_p^+(x,t)+f_p^-(x,t) \end{aligned} \tag{3-32}$$

可见一个脉动磁动势可分解成两个幅值相等的磁动势 $f_p^+(x,t)$ 和 $f_p^-(x,t)$。

先分析 $f_p^+(x,t)=\dfrac{1}{2}F_{p1m}\sin\left(\omega t-\dfrac{\pi}{\tau}x\right)$ 的性质。

取 $f_p^+(x,t)$ 上的幅值 $\dfrac{1}{2}F_{pm}$ 这一点来分析，幅值出现的条件是 $\omega t-\dfrac{\pi}{\tau}x=\dfrac{\pi}{2}$，即 $x=\omega t-\dfrac{\pi}{2}$，这说明幅值的空间位置 x 随时间 t 而变化。①当 $\omega t=0$ 时，$x=-\dfrac{\pi}{2}=-\dfrac{\tau}{2}$；②当 $\omega t=\dfrac{\pi}{2}$ 时，$x=0$；③当 $\omega t=\pi$ 时，$x=\dfrac{\pi}{2}=\dfrac{\tau}{2}$；几个瞬间磁动势的位置如图 3-19（a）所示。

由以上分析可知：

（1）随着时间 t 的推移，$f_p^+(x,t)$ 向 x 正方向移动，所以称 $f_p^+(x,t)$ 为正向旋转磁动势；

（2）正向旋转磁动势的幅值为单相脉动磁动势幅值的 $\dfrac{1}{2}$，且保持不变，空间矢量端点的轨迹是一个以 $\dfrac{1}{2}F_{p1m}$ 为半径的圆，所以正向旋转磁动势是圆形旋转磁动势。

（3）旋转磁动势的线速度为

$$v=\frac{dx}{dt}=2\pi f(\text{rad/s})=2\tau f(\text{m/s})$$

由于为圆周长为 $2p\tau$，所以用转/分（r/min）来表示旋转速度——同步转速

$$n_1=\frac{2f\tau}{2p\tau}=\frac{f}{p}(\text{r/s})=\frac{60f}{p}(\text{r/min}) \tag{3-33}$$

同理，可以分析出 $f_p^-(x,t)$ 也是圆形旋转磁动势，转速为 n_1，转向与 $f_p^+(x,t)$ 相反，如图 3-19（b）所示。

将脉动磁动势分解时的波形和相量图对比来看，如图 3-20 所示。在不同时刻，脉动磁动势的幅值变化，对应相量的大小也随之相应变化，而分解出来的旋转磁动势波形对应的相量图大小不变，空间位置发生变化。

综合以上分析可以得到以下结论：

（1）单相绕组通上交流电流产生的基波磁动势为脉动磁动势，脉动的频率为电流的

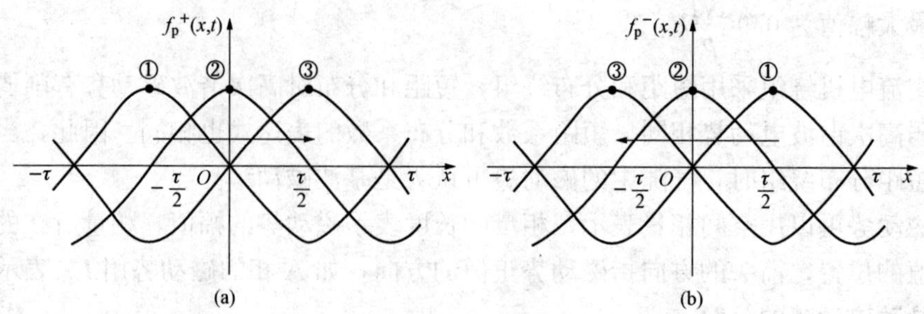

图 3-19 正、反向旋转磁动势波

(a) 正向；(b) 反向

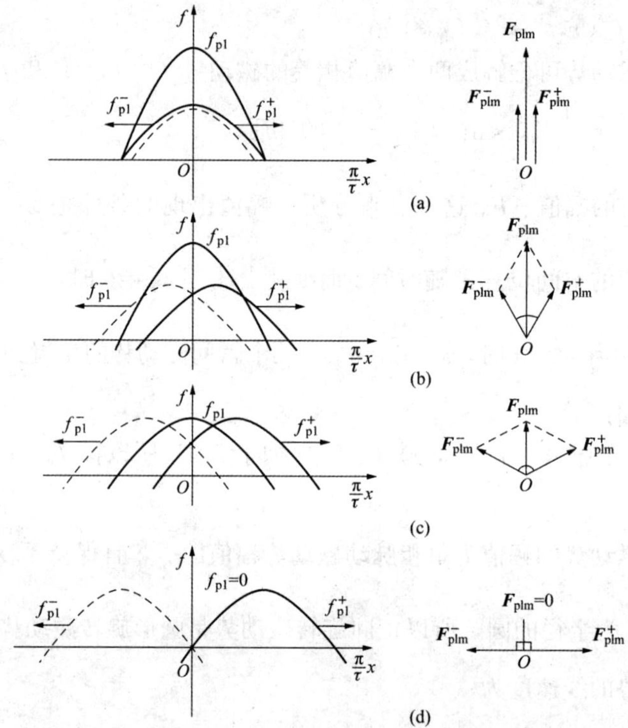

图 3-20 基波脉动磁动势分解为两个旋转磁动势

(a) $\omega t=90°$；(b) $\omega t=120°$；(c) $\omega t=150°$；(d) $\omega t=180°$

频率。

(2) 一个脉动的基波磁动势可以分解成幅值相等、转速相同，转向相反的两个圆形旋转磁动势。

(3) 两个幅值相等、转速相同，转向相反的圆形旋转磁动势可以合成一个脉动磁动势。

三、三相合成基波磁动势

交流电机大多数是三相的。三相对称绕组流过三相对称电流产生的合成基波磁动势是研究三相交流电机的基础。下面分别采用数学分析法和图解法进行分析。

1. 数学分析法

三相交流电机的定子铁心中，嵌放着在空间彼此相差120°电角度的三相对称绕组。当电机正常运行时，对称的三相电流流过对称的三相绕组，每相绕组分别产生一脉动磁动势，三相脉动磁动势在空间也彼此相差120°电角度。若将空间坐标的纵轴取在A相绕组轴线上，并把A相电流为零的瞬间作为时间t的起点，则各相脉动磁动势的表达式为

$$\begin{cases} f_{\text{p1A}}(x,t) = F_{\text{p1m}}\sin\omega t\cos\dfrac{\pi}{\tau}x \\ f_{\text{p1B}}(x,t) = F_{\text{p1m}}\sin\left(\omega t - \dfrac{2\pi}{3}\right)\cos\left(\dfrac{\pi}{\tau}x - \dfrac{2\pi}{3}\right) \\ f_{\text{p1C}}(x,t) = F_{\text{p1m}}\sin\left(\omega t + \dfrac{2\pi}{3}\right)\cos\left(\dfrac{\pi}{\tau}x + \dfrac{2\pi}{3}\right) \end{cases} \tag{3-34}$$

将每相脉动磁动势分解为两个幅值相等、转速相同、转向相反的旋转磁动势，即

$$\begin{cases} f_{\text{p1A}}(x,t) = \dfrac{1}{2}F_{\text{p1m}}\sin\left(\omega t - \dfrac{\pi}{\tau}x\right) + \dfrac{1}{2}F_{\text{p1m}}\sin\left(\omega t + \dfrac{\pi}{\tau}x\right) \\ f_{\text{p1B}}(x,t) = \dfrac{1}{2}F_{\text{p1m}}\sin\left(\omega t - \dfrac{\pi}{\tau}x\right) + \dfrac{1}{2}F_{\text{p1m}}\sin\left(\omega t + \dfrac{\pi}{\tau}x - \dfrac{4\pi}{3}\right) \\ f_{\text{p1C}}(x,t) = \dfrac{1}{2}F_{\text{p1m}}\sin\left(\omega t - \dfrac{\pi}{\tau}x\right) + \dfrac{1}{2}F_{\text{p1m}}\sin\left(\omega t + \dfrac{\pi}{\tau}x + \dfrac{4\pi}{3}\right) \end{cases} \tag{3-35}$$

将式（3-35）中的三式相加，可得到三相合成基波磁动势为

$$f_1(x,t) = f_{\text{p1A}}(x,t) + f_{\text{p1B}}(x,t) + f_{\text{p1C}}(x,t) = \frac{3}{2}F_{\text{p1m}}\sin\left(\omega t - \frac{\pi}{\tau}x\right) = F_1\sin\left(\omega t - \frac{\pi}{\tau}x\right) \tag{3-36}$$

式中　F_1——三相合成基波磁动势的幅值，即

$$F_1 = \frac{3}{2}F_{\text{p1m}} = 1.35\frac{Nk_{\text{N1}}}{p}I \tag{3-37}$$

从式（3-36）可知，三相合成基波磁动势波$f_1(t, x)$是一个沿空间按正弦规律分布、波幅F_1恒定不变、而幅值的位置随时间移动的旋转磁动势波，即三相合成基波磁动势是一幅值恒定的旋转磁动势，其空间矢量端点的轨迹是一个以F_1为半径的圆，所以称为圆形旋转磁动势。

为了对三相合成的旋转磁动势有更明确的物理概念，下面对三相合成基波磁动势再用图解法分析。

2. 图解法

将三相对称绕组在定子中采用集中线圈表示，在三相对称绕组中通入三相对称交流电流i_{A}、i_{B}、i_{C}

$$\begin{cases} i_{\text{A}} = I_{\text{m}}\sin\omega t \\ i_{\text{B}} = I_{\text{m}}\sin\left(\omega t - \dfrac{2\pi}{3}\right) \\ i_{\text{C}} = I_{\text{m}}\sin\left(\omega t + \dfrac{2\pi}{3}\right) \end{cases} \tag{3-38}$$

三相对称绕组和三相对称电流如图3-21所示。为了便于分析，规定：电流从绕组的末端流入，首端流出时为正值。且电流从绕组流入用⊗表示，从绕组流出用⊙表示。并规定正

电流和绕组中产生的正相磁动势符合右手螺旋关系，且用空间相量 $\boldsymbol{F}_A$、$\boldsymbol{F}_B$、$\boldsymbol{F}_C$ 表示三相脉动磁动势，每相磁动势的幅值位置均处在该相绕组的轴线上。

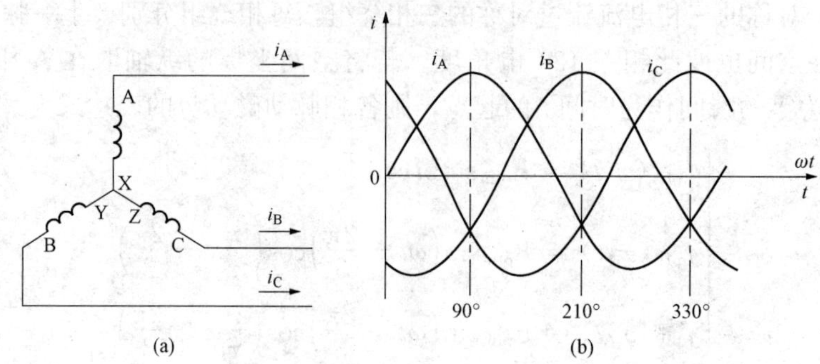

图 3-21 三相对称绕组接线及其电流波形

(a) Y 形接线的三相对称绕组；(b) 三相对称电流波形

图 3-22 所示为四个不同瞬间每相磁动势及三相合成基波磁动势的空间相量图。

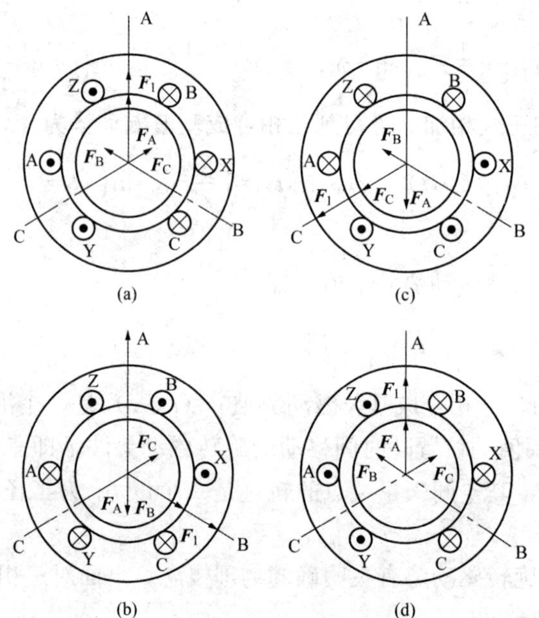

图 3-22 图解法分析三相基波合成磁动势

(a) $\omega t=90°$；(b) $\omega t=210°$；(c) $\omega t=330°$；(d) $\omega t=450°$

当 $\omega t=90°$时，$i_A=I_m$，$i_B=i_C=-\frac{1}{2}I_m$。A 相磁动势 $\boldsymbol{F}_A$ 为正的最大值 F_{plm}，位置在 A 相绕组的轴线正方向上。B 和 C 相磁动势 $\boldsymbol{F}_B$ 和 $\boldsymbol{F}_C$ 的幅值均为 $-\frac{1}{2}F_{plm}$，位置分别位于 B、C 相绕组轴线的反方向上。三相合成基波磁动势 $\boldsymbol{F}_1$ 位于 A 相绕组的轴线上，幅值都为 $F_1=\frac{3}{2}F_{plm}$，如图 3-22 (a) 所示。

当 $\omega t=210°$时，$i_B=I_m$，$i_A=i_C=-\frac{1}{2}I_m$。B 相磁动势 $\boldsymbol{F}_B$ 为正的最大值 F_{plm}，位置在 B 相绕组的轴线正方向上。A 和 C 相磁动势 $\boldsymbol{F}_A$ 和 $\boldsymbol{F}_C$ 的幅值均为$-\frac{1}{2}F_{plm}$，位置分别位于 A、C 相绕组轴线的反方向上。三相合成基波磁动势 $\boldsymbol{F}_1$ 位于 B 相绕组的轴线上，幅值都为 $F_1=\frac{3}{2}F_{plm}$，如图 3 - 22（b）所示。

当 $\omega t=330°$时，$i_C=I_m$，$i_A=i_B=-\frac{1}{2}I_m$。C 相磁动势 $\boldsymbol{F}_C$ 为正的最大值 F_{plm}，位置在 C 相绕组的轴线正方向上。A 和 B 相磁动势 $\boldsymbol{F}_A$ 和 $\boldsymbol{F}_B$ 的幅值均为$-\frac{1}{2}F_{plm}$，位置分别位于 A、B 相绕组轴线的反方向上。三相合成基波磁动势 $\boldsymbol{F}_1$ 位于 C 相绕组的轴线上，幅值都为 $F_1=\frac{3}{2}F_{plm}$，如图 3 - 22（c）所示。

当 $\omega t=450°$时，A 相电流又达到最大值，合成磁动势相量 $\boldsymbol{F}_1$ 又回到 A 相绕组的轴线上，从起始位置沿 A—B—C 方向旋转了 360°，即电流变化一个周期，$\boldsymbol{F}_1$ 在空间上旋转一周，如图 3 - 22（d）所示。

从图中可见，无论哪一瞬时合成磁动势的幅值都为 $F_1=\frac{3}{2}F_{plm}$不变，端点的轨迹为一个圆。同时，电流变化多少时间角度，合成磁动势就转过同样多的空间电角度，当电流交变一个周期，合成磁动势 F_1 相应地在空间就旋转 360°电角度（p 对磁极的电机，合成基波磁动势 $\boldsymbol{F}_1$ 在空间则旋转$\frac{360°}{p}$机械角度，即旋转了$\frac{1}{p}$周）。合成基波磁动势转向是从电流超前相绕组轴线转向电流滞后相绕组轴线。当那相电流达最大值，合成基波磁动势波幅就转到该相绕组的轴线上。

综合以上两种方法分析的结果可得出：三相对称绕组通过三相对称电流时，产生的合成基波磁动势是一个幅值恒定的旋转磁动势。合成基波磁动势具有以下性质：

（1）旋转磁动势的幅值。由磁动势的相量图或数学分析方法均可以证明三相基波合成磁动势的幅值为单相脉动磁动势最大幅值的$\frac{3}{2}$倍，即 $F_1=\frac{3}{2}F_{plm}=1.35\frac{Nk_{N1}}{p}I$（安匝/极）；

（2）旋转磁动势的转向。从图 3 - 22 可知，三相绕组中电流的相序为 A—B—C，旋转磁动势的转向也是 A—B—C，即从 A 相绕组的轴线转向 B 相绕组的轴线，再转向 C 相绕组的轴线。如果改变电流相序，用同样分析方法可知，旋转磁动势的转向改变，为 A—C—B。

可见，合成基波磁动势转向由电流的相序决定，总是从电流超前相绕组轴线转向电流滞后相绕组轴线。当某相电流达最大值时，合成基波磁动势波幅就转到该相绕组的轴线上。其转向由三相对称电流的相序来决定，即由带有超前电流的相转向带有滞后电流的相。

（3）旋转磁动势的转速。旋转磁动势的转速与电源频率 f 和绕组的极对数 p 有关，即

$$n_1=\frac{60f}{p} \tag{3-39}$$

常常称 n_1 为同步转速，简称为同步速。

（4）旋转磁动势的位置。当某相电流达到最大值时，旋转磁动势的波幅刚好转到该相绕

组的轴线上。电流在时间上经过多少电角度，合成基波磁动势就在空间上转过相同的电角度。

三相对称绕组通过三相对称电流时，产生的基波合成磁动势是一个幅值恒定的圆形旋转磁动势，这个结论推广为：多相（相数大于等于 2）对称绕组通入多相对称电流时，其基波合成磁动为圆形旋转磁动势。

基波磁动势的通式可以写成

$$f_1(x,t)=F_1\sin\left(\omega t-\frac{\pi}{\tau}x\right)+F_2\sin\left(\omega t+\frac{\pi}{\tau}x\right)$$

1）当 $F_1=F_2$ 时，$f_1(x,\ t)$ 为脉动磁动势；

2）当 $F_1=0$ 或 $F_2=0$ 时，$f_1(x,\ t)$ 为圆形旋转磁动势；

3）当 $F_1\neq0$，$F_2\neq0$，且 $F_1\neq F_2$ 时，$f_1(x,\ t)$ 为椭圆形旋转磁动势。

本章研究的是交流电机的共同问题：交流绕组、电动势和基波磁动势。

三相交流绕组的构成原则是：均匀原则、对称原则、电动势相加原则。

交流绕组的电动势大小、波形与气隙磁场的大小和分布、绕组的排列和连接方法都有密切关系。基波相电动势的有效值为 $E_{p1}=4.44fNk_{N1}\Phi_1$。

为了改善电动势的波形，必须设法削弱高次谐波电动势，特别是影响较大的 3、5、7 次谐波电动势。常用的方法主要有改善磁极结构、交流绕组采用短距分布绕组以及三相绕组采用星形接法。

单相绕组产生的基波磁动势是脉动磁动势，脉动磁动势在空间按余弦规律分布，其幅值位置固定不动，各点的磁动势大小又随时间按正弦规律变化。脉动磁动势可以分解成大小相等、转速相同、转向相反的两个圆形旋转磁动势。当三相对称绕组流过三相对称电流时，产生的基波合成磁动势是一个圆形旋转磁动势，磁动势基波幅值等于单相基波脉动磁动势最大幅值的 $\frac{3}{2}$ 倍，转速为同步速 $n_1=\frac{60f}{p}$，转向与电流相序有关，电流在时间上经过多少电角度，合成基波磁动势就在空间上转过相同的电角度。

思考题与习题

3-1　电机中的空间电角度与机械角度有何区别？

3-2　八极交流电机绕组中有两根导体，相距 45°空间机械角，这两根导体中感应电动势的相位相差多少？

3-3　试述短距系数和分布系数的物理意义，为什么这两系数总是小于或等于 1？

3-4　说明交流绕组改善电动势波形的方法？

3-5　为什么在三相电机中主要应削弱 5 次和 7 次谐波电动势？

3-6　单相绕组通入正弦交流电流所产生的磁动势是什么性质的磁动势？它在空间如何分布？随时间又如何变化？

3-7　对称三相绕组通入对称三相电流所产生的基波磁动势有哪些性质？在实际工作中，如何改变旋转磁场的转向？

3-8　一台三角形连接的定子绕组，接到对称的三相电源上，当绕组内有一相断线时，将产生什么性质的磁动势？若是星形连接呢？

3-9　试证明两相对称绕组（空间相差90°电角度）通入两相对称电流（时间相位相差90°）能产生一个圆形旋转磁动势。

3-10　一台交流电机绕组的极距 $\tau=10$，若希望线圈中没有5次谐波电动势，则线圈的节距 y 应为多少？

3-11　一台三相交流电机，$2p=4$，定子采用双层短距叠绕组，$q=2$，$y=\frac{5}{6}\tau$，相绕组的并联支路数 $2a=2$，试求：

（1）定子槽数 Z；

（2）极距 τ；

（3）槽距角 α；

（4）画出A相绕组的展开图。

3-12　一台三相50Hz的交流电机，极数 $2p=2$，定子槽数 $Z=54$，定子采用双层叠绕组，每个线圈匝数 $N_c=2$，绕组节距 $y=\frac{22}{27}\tau$，并联支路数 $2a=1$，定子绕组采用Y接法，已知空载时三相绕组线电压 $U_0=6.3\text{kV}$，试求每极基波磁通量 Φ_1 的值。

3-13　一台三相四极异步电动机，定子槽数 $Z=36$，采用短距双层叠绕组，$y=\frac{7}{9}\tau$，求基波、3次谐波、5次谐波的绕组系数。

3-14　一台三相50Hz的交流电机，$2p=2$，定子为双层叠绕组，Y接法，定子额定电流 $I_N=687\text{A}$，定子槽数 $Z=36$，每个线圈匝数 $N_c=1$，节距 $y=15$，并联支路数 $2a=1$，试求在额定运行时，三相基波合成磁动势的幅值及转速大小。

第三章自测题

一、填空

1. 一台三相交流电机的电枢绕组共有24个线圈，每极每相槽数 $q=2$，则双层绕组的极对数为________，单层绕组时电机的极对数为________。

2. 三相对称绕组，通入三相对称交流电流，将产生________磁动势，当某相电流达最大值时，其基波幅值的位置在________，转向取决于________。

3. 一个三相交流绕组 $2p=2$，通入 $f=50\text{Hz}$ 的对称交流电流，产生的旋转磁动势的转速为________r/min。

4. 一个脉动磁动势可以分解为两个________相等、________相同；而________相反的圆形旋转磁动势。

二、判断

1. 单相绕组通入交流电流产生圆形旋转磁动势。（　　）

2. 采用 $y=\frac{4}{5}\tau$ 的短距绕组可以消除交流绕组中每根导体中的 5 次谐波电动势。(　　)

3. 交流整距集中绕组的绕组系数 $k_{N1}=1$。(　　)

4. 改变三相电流的相序可以改变旋转磁动势的转向。(　　)

5. 采用 Y 形接线可以消除相电动势中的 3 次谐波电动势。(　　)

三、选择

1. 三相双层叠绕组，采用短距和分布的方法，目的是（　　）

A. 得到较大的相电动势　　B. 改善电动势波形

C. 获得较大的磁动势　　D. 以上都不正确

2. 在三相对称绕组中通入 $i_A=I_m\sin\omega t$，$i_B=I_m\sin(\omega t+120°)$，$i_C=I_m\sin(\omega t-120°)$ 的三相对称电流，当 $\omega t=210°$时，三相合成基波磁动势的幅值位于（　　）。

A. A 相绕组轴线位置　　B. B 相绕组轴线位置

C. C 相绕组轴线位置　　D. 其他位置

3. 三相对称绕组通入大小相同的直流电流，则产生的合成磁动势为（　　）。

A. 圆形旋转　　B. 脉动

C. 大小恒定　　D. 0

四、简答

1. 简要叙述三相合成基波磁动势的性质?

2. 交流绕组改善电动势波形的方法有哪些?

五、计算

1. 一台三相交流电机，$f=50$Hz，定子采用双层短距绕组，$Z=36$，$2p=2$，$y=\frac{8}{9}\tau$，每个线圈匝数 $N_c=44$，$2a=2$，每极基波磁通 $\Phi_1=0.00685$Wb，求：每相绕组的基波电动势的大小。

2. 一台三相交流电机的定子绕组是双层叠绕组，$2p=4$，$Z=36$，$2a=2$，每个线圈匝数 $N_c=10$，$y=8$，Y 接线，空载电压为 380V，50Hz，求每相基波磁通量?

第四章　三相异步电动机的工作原理和运行特性

异步电机作为电动机是电力系统中的主要负荷，广泛用来驱动各种金属切削机床、起重机、锻压机、传送带等。在发电厂中，水泵、风机、球磨机等锅炉和汽轮机的附属设备大多数都由三相异步电动机来驱动，单相异步电动机常用于功率不大的电动工具和某些家用电器中。

[主要内容]

本章首先介绍三相异步电动机的基本结构及基本工作原理，然后分析异步电动机运行时的基本电磁过程及电磁物理量之间的关系，推导出异步电动机的等效电路、转矩特性（机械特性）、工作特性，最后分析三相异步电动机在不对称电压下运行以及其他异步电机。

[重点要求]

1. 掌握三相异步电动机的基本结构和基本工作原理及型号和额定值。

2. 重点掌握转差率的概念，理解三相异步电机的三种运行状态。

3. 掌握三相异步电动机运行时的电磁过程，掌握电动势和磁动势平衡方程、等效电路，充分理解频率折算的意义和附加电阻的物理意义。

4. 掌握三相异步电动机的功率平衡关系及转矩特性。

5. 掌握三相异步电动机工作特性的定义和曲线。重点掌握机械特性和影响最大电磁转矩、临界转差率、起动转矩的因素。

6. 理解三相异步电动机不能在不对称电压下长期运行时的原因。

7. 理解单相异步电动机起动原理、深槽式和双笼型异步电动机起动原理、双馈异步发电机的工作原理。

第一节　三相异步电动机的基本结构和基本工作原理

三相异步电动机是由固定的定子和旋转的转子两大部分组成。定子和转子之间存在较小的空气隙，称为气隙。为了减小空载电流，气隙应尽量小，异步电动机的气隙一般为0.2～2.0mm。如图4-1所示为笼型异步电动机的结构。

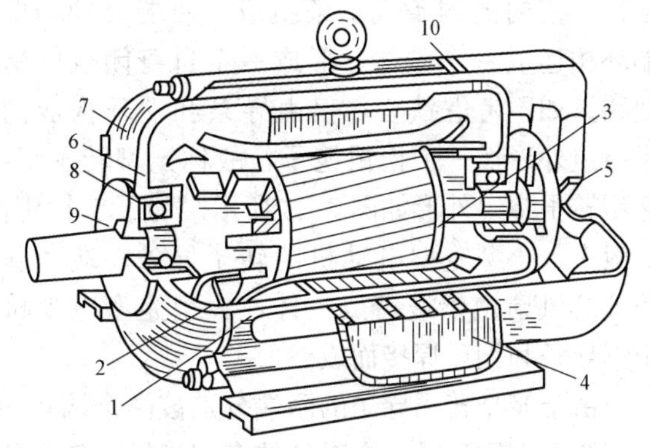

图4-1　笼型异步电动机结构图

1—定子；2—定子绕组；3—转子；4—出线盒；5—风扇；6—轴承；7—端盖；8—内盖；9—处盖；10—风罩

一、三相异步电动机的基本结构

1. 定子

三相异步电动机定子的主要作用是建立旋转磁场。定子主要由定子铁心、定子绕组、机座组成。

定子铁心是电机主磁路的一部分，为了减少铁心损耗，其铁心通常由0.5mm厚、片间绝缘的硅钢片叠压而成，并固定在机座内。一般大容量电动机定子硅钢片间涂有绝缘漆，且采用扇形冲片。当定子铁心较长时，为了增加散热面，在轴向长度上每隔 3～6cm 留有径向通风沟。为了嵌放定子绕组，在定子铁心内圆冲出许多形状相同的槽。常用的定子槽形有：半闭口槽、半开口槽、开口槽三种，如图 4-2 所示。其中开口槽用于 3kV 以上高电压中型和大型异步电动机。

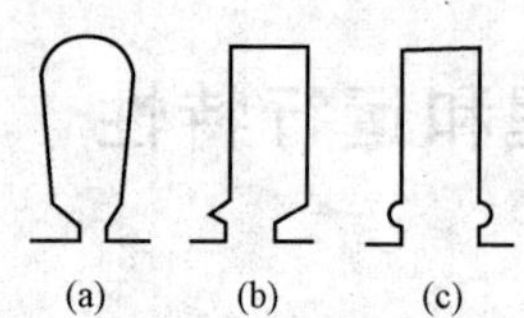

图 4-2　异步电机的定子槽形
(a) 半闭口槽；(b) 半开口槽；(c) 开口槽

定子绕组是电机的电路部分，其主要作用是通过电流产生主磁场，以实现机电能量的转换。定子绕组一般采用带绝缘的铜导线绕制的线圈连接而成。小型异步电动机采用高强度漆包圆线，大型异步电动机采用矩形截面成型线圈。三相异步电动机的定子绕组为三相对称绕组。

机座的主要作用是固定和支撑定子铁心，有足够的机械强度和刚度，能够承受运输和运行中的各种作用力。中、小型电动机通常采用铸铁机座，为增加散热面，在机座外表面有散热筋。大容量电动机采用钢板焊接机座，为满足通风散热要求，机座内表面和定子铁心隔开适当的距离以形成空腔，作为冷却空气的通道。

此外，机座两端装有端盖，端盖由铸铁或钢板制成，有的端盖中央还装有支撑转子的轴承。

2. 转子

三相异步电动机转子主要是利用旋转磁场感应产生转子电流，从而产生电磁转矩。转子主要由转轴、转子铁心、转子绕组组成。

转轴用强度和刚度较高的中碳钢加工而成，它一方面支撑和固定转子铁心，另一方面起着传递功率的作用。整个转子靠轴承和端盖支撑着。

转子铁心也是电机主磁路的一部分，通常也是由 0.5mm 厚的硅钢片叠压成圆柱体套装在转轴上，转子铁心表面均匀分布的槽内嵌放转子绕组。

转子绕组是对称多相闭合绕组，其作用是产生感应电动势，流过感应电流。转子绕组分为笼型和绕线式两种。

(1) 笼型绕组。笼型绕组的电动机叫笼型异步电动机。笼型绕组结构较简单，它是由嵌在转子铁心槽内的铜条或铝条组成，两端分别与两个端环相连成一个整体，形成一个自身闭合的短接回路。如不考虑铁心，仅由导条和端环构成的转子绕组外形像一个松鼠笼子，故称笼型转子绕组。笼型转子绕组外形如图 4-3 所示。为了节约用铜，一般中、小型笼型电动机的转子导条、端环和端环外的风扇由铝液铸成一体，大型笼型电动机则用铜导条和铜环焊接而成。

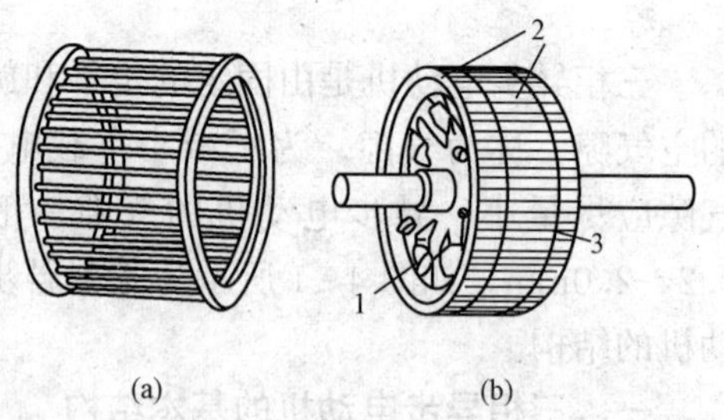

图 4-3　笼型转子外形图
(a) 铜条转子绕组；(b) 铜条转子
1—铁心；2—导条短路环；3—嵌入的导条

由于笼型转子导条的两端分别被两个端环短路，形成的绕组在结构上是对称的。因此，笼型绕组实质上是一个对称的多相绕组。各导条所感应的电动势或电流相位在时间上是各不相同的，其电动势瞬时值的分布由气隙磁密的空间分布决定，如图 4-4 所示。由于每相只有一根导条，相当于半匝，所以每相的匝数 $N_2=\frac{1}{2}$。另外，笼型转子绕组每相只有一根导条，不存在短距和分布问题。

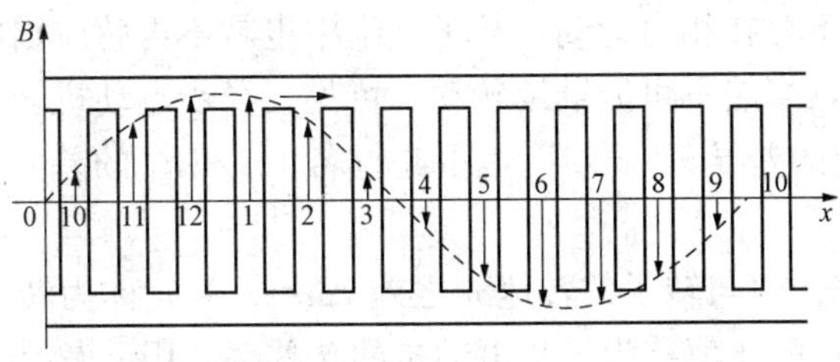

图 4-4　笼式转子导体条展开图中的磁密空间分布及电动势分布

(2) 绕线型绕组。绕线式绕组的电动机叫绕线式异步电动机。绕线式绕组是指转子铁心槽内放置的三相对称绕组。三相对称绕组和定子绕组相似，其极数、相数设计的和定子的极数、相数相等。绕线式绕组一般接为星形，转子三相绕组末端接在一起，始端分别引至轴上的三个互相绝缘的铜质集电环上，再经过电刷接在转子回路的可调附加电阻上，然后短接，其接线如图 4-5 所示。有的绕线式电动机还装有提刷短路装置，在电动机起动完毕且不需要调节转速时，把电刷提起并同时将三个集电短路，以减小电刷的磨损和摩擦损耗。

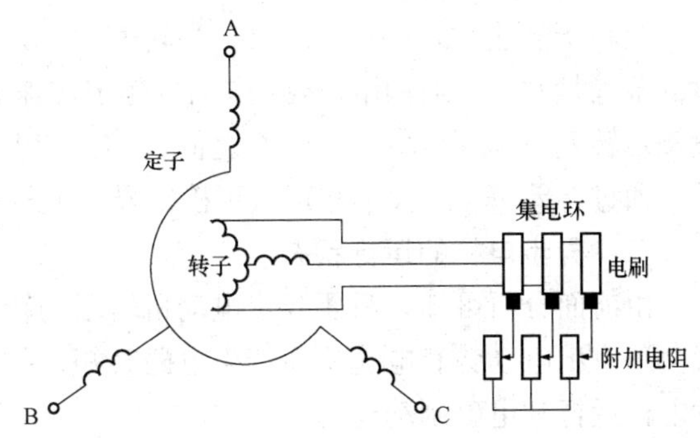

图 4-5　绕线型异步电动机接线示意图

绕线型电动机可以通过改变转子回路串入的附加电阻，改善电动机的起动性能，或调节电动机的转速。但与笼型异步电动机相比，绕线型电动机的结构复杂，维修较麻烦，造价高等。因此，对起动性能要求较高和需要调速的场合才选用绕线型电动机。

二、基本工作原理

图 4-6 所示为三相电动机转动原理图，基本工作原理如下：

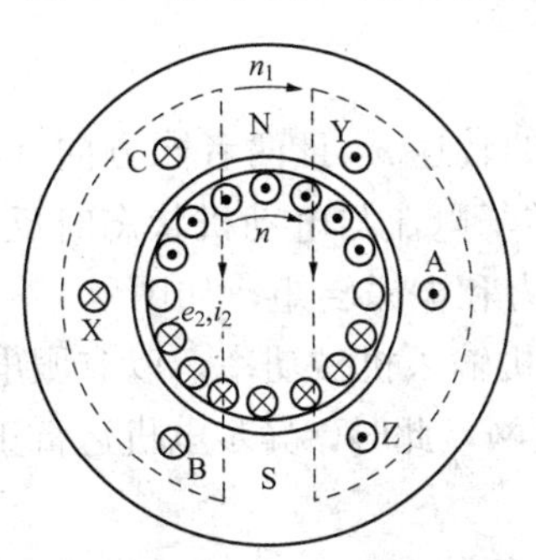

图 4-6　异步电动机的转动原理

(1) 电生磁：在异步电动机定子三相对称绕组通入三相对称电流，气隙中产生圆形旋转磁场。

(2) 磁生电：旋转磁场与转子绕组存在着相对运动，切割转子绕组，在转子绕组中感应电动势。由于转子绕组自成闭合回路，所以转子绕组中有电流流过。转子绕组感应电动势的方向由右手定则确定，若略去转子电阻，则感应电动势的方向即是感应电流的方向。

(3) 电磁力：转子绕组中的感应电流与旋转磁场相作用，在转子绕组上产生电磁力，电磁力的方向按左手定则判定。电磁力对称轴中心，所形成的电磁转矩驱动转子沿着旋转磁场的方向转动。如果转轴带上机械负载，电动机就拖动机械负载做功，将定子绕组输入的三相交流电能转化为轴端输出的机械能。

从三相异步电动机的转动原理分析可知，转子转动的方向虽然与旋转磁场转动方向相同，但转子的转速 n 不能达到旋转磁场的同步转速 n_1，即 $n<n_1$。这是因为，二者如果相等，转子与旋转磁场就不存在相对运动，转子绕组中也就不再感应出电动势和电流，转子不会受到电磁转矩的作用，当然不可能继续转动。可见，异步电动机转子的转速 n 总是和旋转磁场的转速 n_1 存在一定的差异，“异步”也由此得名。n 和 n_1 的差异是异步电动机产生电磁转矩的必要条件。

定子旋转磁场的转速 n_1 与转子的转速 n 之差 $\Delta n=n_1-n$ 称为转差。通常将转差（n_1-n）与旋转磁场的转速 n_1 的比值称为异步电动机的转差率，用 s 表示，即

$$s=\frac{n_1-n}{n_1} \tag{4-1}$$

当转子静止时，$n=0$，$s=1$；当转速 $n=n_1$ 时，$s=0$，因此，异步电动机正常运行时 s 值的范围是 $0<s<1$。由于异步电动机额定转速 n_N 与定子旋转磁场的转速 n_1 接近，所以一般额定转差率 s_N 在 0.01～0.06 之间。转差率是分析异步电动机运行性能的一个重要物理量，通过转差率 s 的大小和正负可确定异步电机的运行状态。

三、异步电机的运行状态

由前面分析可知，只要异步电动机转子的转速与旋转磁场的转速存在差异，转子绕组中就会感应出电动势和电流从而产生电磁转矩。异步电机也就可能有三种状态：电动机运行、发电机运行和电磁制动运行。

1. 电动运行状态

从电动机工作原理的分析可知，当转子转速小于同步转速且与旋转磁场转向相同时（$n<n_1$，$0<s<1$,），异步电机为电动机运行状态。这时，转子感应电流与旋转磁场相互作用，在转子上产生电磁力作用。如图 4 - 7（b）所示，图中 N、S 表示定子旋转磁场的等效磁极，转子导体中的“×”和“.”表示转子感应电动势及电流的有功分量的方向，f 表示转子受到的电磁力。由分析判断可知，电磁转矩与转子转向相同，为驱动性质。电机在电磁转矩作用下克服制动的负载转矩做功，向负载输出机械功率。也就是说，定子把从电网吸收的电功率转换为机械功率，输送给转轴上的负载。

可见，当转差率为 $0<s<1$ 时，异步电机处于电动运行状态。

2. 发电运行状态

当原动机驱动异步电机，使其转子转速 n 超过旋转磁场的转速 n_1 且两者同方向（$n>n_1$，$-\infty<s<0$）时，定子旋转磁场切割转子导体，产生的转子电流与电动机状态时反向。定子旋转磁场与转子电流相互作用，将产生制动性质的电磁力和电磁转矩，如图 4 - 7（c）所示。若要维持转子转速 n 大于 n_1 时，原动机必须向异步电机输入机械功率，以克服电磁转矩做功，将输入的机械功率转化为定子侧的电功率输送给电网，此时，异步电机运行于发电状态。

可见，当转差率为 $-\infty<s<0$ 时，异步电机处于发电机运行状态。

3. 电磁制动运行状态

当异步电机定子绕组流入三相交流电流产生转速为 n_1 的旋转磁场、同时一个外施转矩驱动转子以转速 n 逆着旋转磁场的方向旋转（$n<0$，$s>1$）时，定子旋转磁场切割转子导体

的方向与电动机状态时相同，产生的电磁力和电磁转矩与电动机状态时相同，但电磁转矩对外加转矩是制动性质的，如图 4-7（a）所示。这种由电磁感应产生制动作用的运行状态称为电磁制动运行状态。此时，一方面定子从电网吸收电功率，另一方面驱动转子反转的外加转矩克服电磁转矩做功，向异步电机输入机械功率，从两方面输入的功率转变为电机内部的损耗，再转化为热能消耗掉。

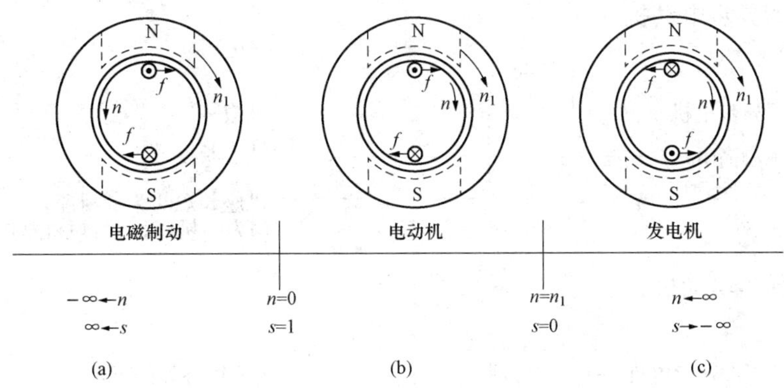

图 4-7 异步电机三种运行状态

可见，当转差率为 $1<s<\infty$ 时，异步电机运行在电磁制动状态。

异步电机的三种状态比较如表 4-1 所示。

表 4-1 **异步电机的三种状态比较**

状态	电动机	电磁制动	发电机
实现	定子绕组接对称电源	外力使电机沿定子磁场反方向旋转	外力使电机沿定子磁场方向旋转
转速	$0<n<n_1$	$n<0$	$n>n_1$
转差率	$1>s>0$	$s>1$	$s<0$
电磁转矩性质	驱动	制动	制动
能量关系	电能转变为机械能	电能和机械能变成内能	机械能转变为电能

例 4-1 有一台三相异步电动机，其额定转速 $n_N=1440$r/min，所接电源频率为 50Hz，试求该电动机的极数以及额定转速运行时的转差率。

解 由于异步电动机额定转速与旋转磁场的转速接近，所以

$$p=\frac{60f_1}{n_1}\approx\frac{60f_1}{n_N}=\frac{60\times 50}{1440}=2.083$$

取 $p=2$ 则 $2p=4$

$$n_1=\frac{60f_1}{p}=\frac{60\times 50}{2}=1500(\text{r/min})$$

$$s_N=\frac{n_1-n_N}{n_1}=\frac{1500-1440}{1500}=0.04$$

四、型号和额定值

1. 型号

异步电动机的机座上都装有一块醒目的铭牌，其上标明了异步电动机的型号、额定值和

有关技术数据，这些技术数据是电机运行的依据。异步电动机通常按铭牌所规定的额定值和工作条件运行。

型号是电机名称、规格、形式等的一种产品代号，表明电机的种类和特点。异步电动机的型号由汉语拼音大写字母、国际通用符号和阿拉伯数字三部分组成。例如 Y 系列异步电动机：

（1）中小型异步电动机。

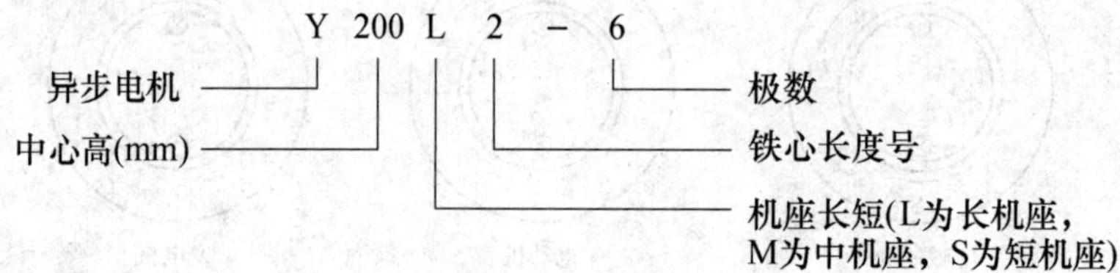

（2）大型异步电动机。

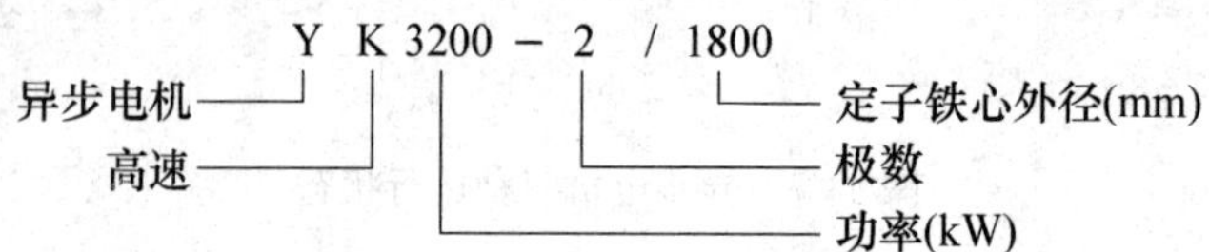

2. 额定值

1）额定功率 P_N(kW)。额定功率是指电动机在额定运行时，转轴上输出的机械功率。

2）额定电压 U_N(V)。额定电压是指额定运行时，定子绕组所加的线电压。

3）额定电流 I_N(A)。额定电流是指额定运行时，定子绕组流过的线电流。

4）额定频率 f_N(Hz)。我国电网频率为 50Hz，因此，除外销电动机外，一般国内异步电动机的额定频率均为 50Hz。

5）额定功率因数 $\cos\varphi_N$。额定功率因数是指额定运行时，定子电路的功率因数。一般中小型异步电动机 $\cos\varphi_N$ 为 0.8 左右。

6）额定转速 n_N(r/min)。额定转速是指额定运行时，异步电动机转子的运转速度。

此外，铭牌上还标有定子绕组的相数和接线方式（Y 或△接)，绝缘等级，温升以及电动机的效率、工作方式等。绕线式电动机还标有转子绕组的线电压和线电流。

额定值之间有如下关系

$$P_N = \sqrt{3}U_N I_N \cos\varphi_N \eta_N \tag{4-2}$$

式中 η_N——电动机的额定效率。

第二节 三相异步电动机的空载运行

三相异步电动机空载运行是指定子三相绕组接到额定频率、额定电压的三相交流电源上，转子轴上不带机械负载而空转的运行状态。异步电动机的空载运行状态与变压器空载运行状态很相似，定子侧相当于变压器的一次侧，转子侧相当于变压器的二次侧，因此，可将变压器的基本分析方法用于异步电动机。

一、空载运行时的电磁关系

当定子三相绕组接到三相对称电源时，定子绕组中流过三相对称电流，建立定子旋转磁

动势 $\boldsymbol{F}_0$，产生以同步转速 n_1 旋转的磁场。旋转磁场切割定子绕组，并在其中产生感应电动势。但由于转子空载转速 n_0 非常接近于旋转磁场的同步转速 n_1，即 $n_1-n_0\approx0$，$s\approx0$。此时定子旋转磁场几乎不切割转子，转子感应电动势和感应电流近似为零，即 $\dot{E}_2\approx0$，$\dot{I}_2\approx0$，转子磁动势可忽略。

和变压器空载运行一样，异步电动机空载运行时，由定子旋转磁动势 $\boldsymbol{F}_0$ 单独作用产生主磁通，定子电流，即空载电流 $\dot{I}_0$，近似等于励磁电流 $\dot{I}_{\mathrm{m}}$。由于异步电动机存在气隙，所以空载电流的百分值比变压器的要大。

当定子三相绕组流过三相对称电流时，除产生主磁通 $\dot{\Phi}$ 外，还产生漏磁通 $\dot{\Phi}_{1\sigma}$，如图 4-8所示。主磁通是经过气隙且同时交链定子和转子绕组的磁通，以同步转速 n_1 旋转，并以 n_1 的相对速度切割定子绕组，在定子绕组中产生感应电动势 $\dot{E}_1$。漏磁通有槽漏磁通和端部漏磁通如图 4-9 所示，以及高次谐波磁动势产生的高次谐波磁通（称谐波漏磁通）。槽漏磁通和端部漏磁通仅与定子绕组交链，不进入转子磁路，而谐波漏磁通实际上穿过气隙，同时交链定、转子绕组。可以证明（证明略），谐波漏磁通对转子不产生有效转矩，在定子绕组中感应的电动势又很小，频率和定子的前两种漏磁通在定子中感应电动势频率相同，因此谐波漏磁通具有漏磁通的性质，所以称作漏磁通。定子漏磁通仅在定子绕组中感应漏电动势 $\dot{E}_{1\sigma}$。

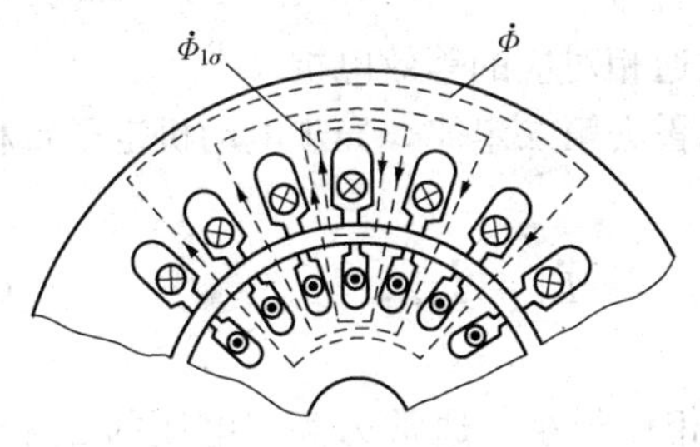

图 4-8　主磁通和漏磁通

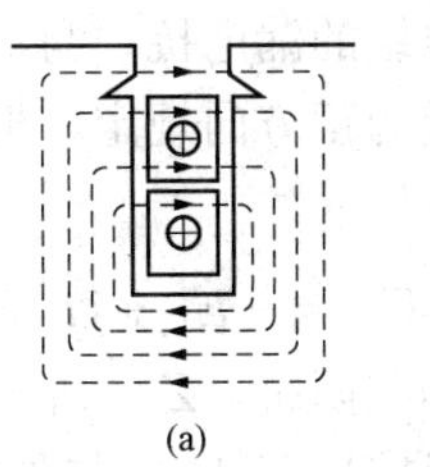

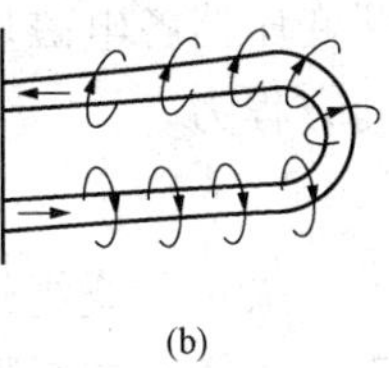

图 4-9　槽漏磁通和端部漏磁通
（a）槽漏磁通；（b）端部漏磁通

此外，每相定子绕组还有电阻 r_1 存在，当电流 $\dot{I}_0$通过定子绕组时，还将引起电阻压降 $\dot{I}_0r_1$。

上述电磁关系可归纳表示如下：

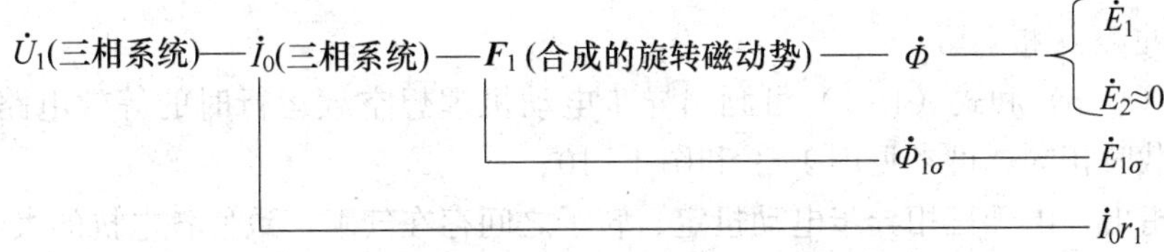

二、空载运行时的电动势方程、等效电路及相量图

由于空载运行时，$\dot{E}_2\approx0$，$\dot{I}_2\approx0$，因此，只需讨论定子回路。

1. 电动势平衡方程

在定子侧，主磁通 $\dot{\Phi}$ 以同步转速 n_1 的相对速度切割定子绕组产生感应电动势 $\dot{E}_1$，感应

电动势的表达式为

$$\dot{E}_1 = -\mathrm{j}4.44 f_1 N_1 k_{\mathrm{N1}} \dot{\Phi} \tag{4-3}$$

有效值为

$$E_1 = 4.44 f_1 N_1 k_{\mathrm{N1}} \Phi \tag{4-4}$$

式中 $\dot{\Phi}$——气隙旋转磁场的每极基波磁通量；

f_1——定子绕组的感应电动势频率；

N_1——定子绕组每相串联匝数；

k_{N1}——定子的基波绕组系数。

与分析变压器相似，感应电动势 $\dot{E}_1$ 可以用空载电流 $\dot{I}_0$ 在励磁阻抗 Z_{m} 上的阻抗压降来表示，即

$$\dot{E}_1 = -\dot{I}_0(r_{\mathrm{m}} + \mathrm{j}x_{\mathrm{m}}) = -\dot{I}_0 Z_{\mathrm{m}} \tag{4-5}$$

式中 Z_{m}——励磁阻抗，$Z_{\mathrm{m}} = r_{\mathrm{m}} + \mathrm{j}x_{\mathrm{m}}$；

r_{m}——励磁电阻，与铁心损耗相对应的等效电阻；

x_{m}——励磁电抗，与主磁通 $\dot{\Phi}$ 相对应的等效电抗。

定子漏磁通感应的漏电动势 $\dot{E}_{1\sigma}$ 也可以用漏电抗压降来表示，即

$$\dot{E}_{1\sigma} = -\mathrm{j}\dot{I}_0 x_1 \tag{4-6}$$

式中 x_1——定子每相绕组的漏电抗，与定子漏磁通相对应的等效电抗。

依照变压器各电磁量的正方向规定，根据基尔霍夫第二定律，异步电动机定子每相的电动势平衡方程为

$$\dot{U}_1 = -\dot{E}_1 + \mathrm{j}\dot{I}_0 x_1 + \dot{I}_0 r_1 = -\dot{E}_1 + \dot{I}_0 Z_1 \tag{4-7}$$

式中 Z_1——定子绕组的漏阻抗，$Z_1 = r_1 + \mathrm{j}x_1$。

由于定子绕组的漏阻抗压降 $I_0 Z_1$ 与外加电压相比很小，通常为额定电压的 2%～5%，为了分析问题简单起见，可忽略不计，则

$$\dot{U}_1 \approx -\dot{E}_1$$

$$U_1 \approx E_1 = 4.44 f_1 N_1 k_{\mathrm{N1}} \Phi \tag{4-8}$$

对于给定的异步电动机，N_1、k_{N1} 均为常数，当频率一定时，主磁通 $\dot{\Phi}$ 与电源电压 U_1 成正比，如果外施电压不变，则主磁通 $\dot{\Phi}$ 也基本不变，这一特点与变压器相同，对分析异步电动机的运行很重要。

2. 等效电路及相量图

根据式（4-5）和式（4-7）可画出异步电动机理想空载运行时的等效电路和相量图，与变压器空载时相同，可参见图 1-9 和图 1-10。

但应当指出，由于三相异步电动机定、转子之间存在气隙，致使各电抗的大小与变压器有较大的差别，异步电动机的励磁阻抗比变压器的小，空载电流大和漏抗比变压器的大。

第三节 三相异步电动机的负载运行

三相异步电动机负载运行是指定子三相绕组接到额定频率、额定电压的三相交流电源

上，转轴上带着机械负载转动的运行方式。

一、负载运行时的电磁过程

当异步电动机负载运行时，定子三相对称绕组通入三相对称电流产生的旋转磁场以 n_1 旋转，转轴上机械负载的阻力矩使转子转速从 n_0 下降到某值 n，此时 $n<n_1$，即电动机以低于同步转速 n_1 的速度旋转，其转向与气隙旋转磁场的方向相同。这时，定子旋转磁场以相对速度 $\Delta n=n_1-n$ 切割转子绕组，转子绕组中将感应电动势，因转子绕组是短路的，所以在转子感应电动势作用下，转子绕组中也将流过电流 $\dot{I}_2$。

电动机负载运行时，除了定子电流 $\dot{I}_1$产生一个定子磁动势 $\boldsymbol{F}_1$ 外，转子电流 $\dot{I}_2$还将建立一个转子旋转磁动势 $\boldsymbol{F}_2$。由 $\boldsymbol{F}_1$ 和 $\boldsymbol{F}_2$ 共同建立气隙主磁通 $\dot{\Phi}$。该磁场分别在定、转子绕组中感应电动势 $\dot{E}_1$、$\dot{E}_{2s}$。同时，定、转子侧的 $\boldsymbol{F}_1$ 和 $\boldsymbol{F}_2$ 还分别产生仅交链于本侧绕组的漏磁通 $\dot{\Phi}_{1\sigma}$、$\dot{\Phi}_{2\sigma}$，并感应相应的漏电动势 $\dot{E}_{1\sigma}$、$\dot{E}_{2\sigma}$。此外，定、转子电流分别流过各自的绕组，还将引起电阻压降 $\dot{I}_1r_1$ 和 $\dot{I}_2r_2$。

上述电磁关系可归纳表示如下：

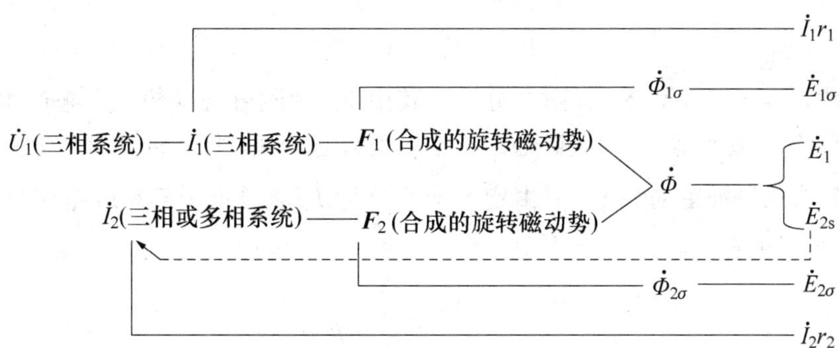

二、负载运行时的磁动势平衡方程

1. 负载时的转子磁动势

（1）转子磁动势性质。绕线式电动机转子绕组为三相对称绕组，流过绕组的电流是三相对称电流，其转子磁动势是一旋转磁动势；笼型异步电动机的转子绕组是多相对称绕组，流过绕组的电流为多相对称电流，其转子磁动势也是一个旋转磁动势，这个磁动势所产生的磁场也是一个旋转磁场。

（2）转子磁动势的转向。如果定子旋转磁动势按 A、B、C 相序沿顺时针方向旋转，转子三相绕组也按 a、b、c 顺时针嵌放，则转子感应电动势和电流的相序必然是 a、b、c。由于转子磁动势转向取决于转子绕组中电流的相序，始终从超前电流相转向滞后电流相，所以转子旋转磁动势也按顺时针方向旋转，即转子旋转磁动势 $\boldsymbol{F}_2$ 与定子旋转磁动势 $\boldsymbol{F}_1$ 转向相同。

（3）转子旋转磁动势的转速。定子旋转磁动势的转速是 n_1，负载运行时，转子转速为 n，则气隙旋转磁场以相对速度 $\Delta n=n_1-n$ 切割转子绕组，在转子绕组中感应电动势和电流，其频率为

$$f_2=\frac{p\Delta n}{60}=\frac{p(n_1-n)}{60}=s\frac{pn_1}{60}=sf_1 \tag{4-9}$$

当转子静止时，$s=1$，$f_2=f_1$。

由于旋转磁动势的转速取决于其绕组中电流的频率，所以转子磁动势相对于转子的转速为

$$n_2=\frac{60f_2}{p}=s\frac{60f_1}{p}=sn_1 \tag{4-10}$$

又由于转子本身以转速 n 旋转，所以转子磁动势相对于定子的转速为

$$n_2+n=sn_1+n=n_1 \tag{4-11}$$

即转子旋转磁动势与定子旋转磁动势在气隙中转速相等。

由上述分析可见，转子旋转磁动势 $\boldsymbol{F}_2$ 和定子旋转磁动势 $\boldsymbol{F}_1$ 转向相同、转速相等，即 $\boldsymbol{F}_1$ 和 $\boldsymbol{F}_2$ 在空间相对静止，由 $\boldsymbol{F}_1$ 和 $\boldsymbol{F}_2$ 共同建立稳定的气隙主磁场 $\dot{\Phi}$，将能量从定子传递到转子。

2. 磁动势平衡方程

转子磁动势的出现，气隙中的主磁通由 $\boldsymbol{F}_1$ 和 $\boldsymbol{F}_2$ 共同产生。$\boldsymbol{F}_1$ 和 $\boldsymbol{F}_2$ 相加共同产生合成基波磁动势 $\boldsymbol{F}_m$，可得到磁动势平衡方程

$$\boldsymbol{F}_m=\boldsymbol{F}_1+\boldsymbol{F}_2 \tag{4-12}$$

$$\boldsymbol{F}_1=\boldsymbol{F}_m+(-\boldsymbol{F}_2) \tag{4-13}$$

上式表明，定子磁动势 $\boldsymbol{F}_1$ 有两个分量，其中 $\boldsymbol{F}_m$ 为励磁磁动势，用来产生主磁通 $\dot{\Phi}$，$-\boldsymbol{F}_2$ 用于抵消转子磁动势 $\boldsymbol{F}_2$ 对主磁通的影响，所以它与 $\boldsymbol{F}_2$ 大小相等，方向相反。为了分析方便，假定合成基波磁动势 $\boldsymbol{F}_m$ 是由定子电流分量 $\dot{I}_m$ 流过定子三相绕组建立的，所以称 $\dot{I}_m$ 为励磁电流，则有

$$F_m=\frac{m_1}{2}\times 0.9\frac{N_1k_{N1}}{p}I_m$$

由上节分析可知，当外施电压 U_1 不变，异步电动机从空载到额定负载时，定子漏阻抗压降不大，所以主电动势 E_1 变化不大，与之相应的主磁通 $\dot{\Phi}$ 和产生主磁通的励磁磁动势变化不大，所以负载时的励磁电流 I_m 与空载电流 I_0 相差不，可近似认为相等，以下分析将以 I_0 代替 I_m。

式（4-13）说明，负载运行时，转子绕组中有电流流过，产生一个同步旋转磁动势，为了保持主磁通不变，定子磁动势除了提供励磁磁动势外，还必须产生抵消转子磁动势影响的负载分量。

将多相对称绕组的磁动势 $\boldsymbol{F}=\frac{m}{2}\times 0.9\frac{Nk_{N1}}{p}\dot{I}$ 代入式（4-12），可得

$$\frac{m_1}{2}\times 0.9\frac{N_1k_{N1}}{p}\dot{I}_0=\frac{m_1}{2}\times 0.9\frac{N_1k_{N1}}{p}\dot{I}_1+\frac{m_2}{2}\times 0.9\frac{N_2k_{N2}}{p}\dot{I}_2 \tag{4-14}$$

式中 m_1、m_2——分别表示定、转子绕组的相数。

将式（4-14）除以$\frac{m_1}{2}\times 0.9\frac{N_1k_{N1}}{p}$，可得到负载运行时的电流关系式为

$$\dot{I}_0=\dot{I}_1+\frac{m_2N_2k_{N2}}{m_1N_1k_{N1}}\dot{I}_2=\dot{I}_1+\frac{1}{k_i}\dot{I}_2$$

即

$$\dot{I}_1=\dot{I}_0+\left(-\frac{1}{k_i}\dot{I}_2\right)=\dot{I}_0+\dot{I}_{1L} \tag{4-15}$$

式中　k_i——异步电动机电流变比，$k_i=\frac{m_1N_1k_{N1}}{m_2N_2k_{N2}}$；

$\dot{I}_{1L}$——定子绕组电流的负载分量，$\dot{I}_{1L}=-\frac{\dot{I}_2}{k_i}$。

由式（4-15）可知，空载运行时，$I_2\approx0$，$I_1=I_0$；负载时，定子电流随负载转矩增大而增大。

三、负载运行时的电动势平衡方程

1. 定子侧电动势平衡方程

电动机负载运行时，定子侧电动势平衡方程与空载时相似，只是此时定子电流为 $\dot{I}_1$，电动势平衡方程为

$$\dot{U}_1=-\dot{E}_1+\mathrm{j}\dot{I}_1x_1+\dot{I}_1r_1=-\dot{E}_1+\dot{I}_1Z_1 \tag{4-16}$$

2. 转子侧电动势平衡方程

电动机负载运行时，由于转子绕组中感应电动势的频率为 $f_2=sf_1$，所以转子感应电动势的有效值为

$$E_{2s}=4.44f_2N_2k_{N2}\Phi=s4.44f_1N_2k_{N2}\Phi \tag{4-17}$$

当转子静止时，$s=1$，$f_2=f_1$，此时转子感应电动势用 E_2 表示，即

$$E_2=4.44f_1N_2k_{N2}\Phi \tag{4-18}$$

将式（4-17）与式（4-18）相比较，可得

$$E_{2s}=sE_2 \tag{4-19}$$

由式（4-19）可知，转子静止时其电动势最大；正常运行时转差率很小，转子频率很低（0.5～3Hz），相应的转子电动势就较小。

与定子侧相似，转子漏电动势也可以用漏电抗压降来表示，即

$$\dot{E}_{2\sigma}=-\mathrm{j}\dot{I}_2x_{2s} \tag{4-20}$$

式中　x_{2s}——转子绕组漏电抗，与转子漏磁通相对应的等效电抗。电抗的大小与电流频率有关，即有

$$x_{2s}=2\pi f_2L_2=2\pi sf_1L_2=sx_2$$

式中　x_2——静止时转子绕组漏电抗。

由于转子绕组短路，$U_2=0$，因此，感应电动势全部加在转子阻抗上。按照变压器二次侧各电磁量的正方向规定，根据基尔霍夫第二定律，可得电动机转子侧电动势平衡方程为

$$\dot{E}_{2s}=\dot{I}_2(r_2+\mathrm{j}x_{2s}) \tag{4-21}$$

则转子每相电流为

$$\dot{I}_2=\frac{\dot{E}_{2s}}{r_2+\mathrm{j}x_{2s}}=\frac{s\dot{E}_2}{r_2+\mathrm{j}sx_2} \tag{4-22}$$

每相电流有效值为

$$I_2=\frac{E_{2s}}{\sqrt{r_2^2+x_{2s}^2}}=\frac{sE_2}{\sqrt{r_2^2+(sx_2)^2}} \tag{4-23}$$

转子回路的功率因数为

$$\cos\varphi_2 = \frac{r_2}{\sqrt{r_2^2 + x_{2s}^2}} = \frac{r_2}{\sqrt{r_2^2 + (sx_2)^2}} \tag{4-24}$$

式中 φ_2——$\dot{I}_2$滞后$\dot{E}_2$的相位角，即为转子回路的功率因数角。

综上分析可见，三相异步电动机的转子频率、电动势、漏电抗、电流及功率因数等各量与转差率有关。

例 4-2 一台三相异步电动机，六极，定子绕组三角形连接，$f_1=50\text{Hz}$，$n_N=980\text{r/min}$，$r_1=2.865\Omega$，$x_1=7.71\Omega$。当定子加额定电压、转子卡住不动时，$r_2=0.1\Omega$，$x_2=0.5\Omega$；当转子绕组开路时，转子每相电动势为110V。试求：(1) 额定转差率s_N；(2) 额定转速时的转子电流I_2；

解 (1) $n_1 = \dfrac{60f_1}{p} = \dfrac{60\times 50}{3} = 1000(\text{r/min})$

$$s_N = \frac{n_1 - n_N}{n_1} = \frac{1000-980}{1000} = 0.02$$

(2) $E_{2s} = s_N E_2 = 0.02\times 110 = 2.2(\text{V})$

$$I_2 = \frac{E_{2s}}{\sqrt{r_2^2+(sx_2)^2}} = \frac{2.2}{\sqrt{0.1^2+(0.02\times 0.5)^2}} = 22(\text{A})$$

第四节 三相异步电动机的等效电路

根据负载运行时的定、转子电动势平衡方程，可得到旋转三相异步电动机的定、转子电路，如图4-10所示。图中，定子电路与转子电路之间无电的直接联系。为了便于分析和简化计算，可采用变压器等效电路的分析法，将磁耦合的定、转子电路变为直接电联系的电路。但异步电动机负载运行时，由于定、转子电流频率不相等，因此，先要进行频率折算。此外，三相异步电动机定、转子绕组的相数、有效匝数、绕组系数也不一定相等，因此在推导等效电路时，与变压器相仿，还必须要进行相应的绕组折算。

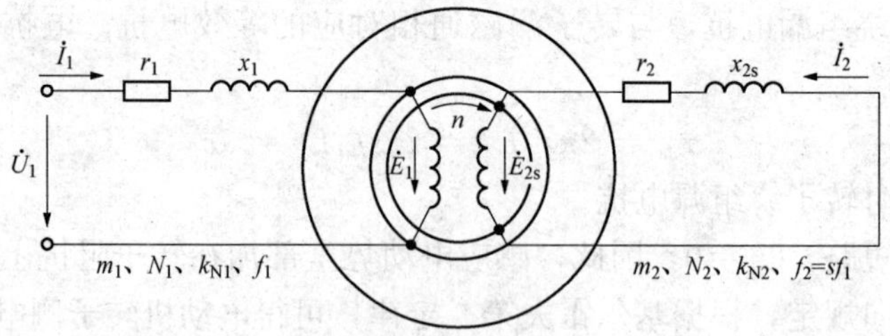

图4-10 三相异步电动机旋转时的定、转子电路

一、频率折算

所谓频率折算，就是要用一个等效的转子电路代替实际旋转的转子系统，而且等效转子电路的频率等于定子侧的频率f_1。由式（4-9）可知，转子静止时的异步电动机，定、转子侧有相同的频率，因此，等效的转子应该是静止不动的。由于转子侧对定子侧的作用是通过转子磁动势$\boldsymbol{F}_2$实现的，为了保证折算的等效性，在频率折算时，应使折算前、后的转子磁动势$\boldsymbol{F}_2$不变。也就是说，静止的等效转子应与实际旋转的转子具有同样的转子磁动势$\boldsymbol{F}_2$

（同转速、同转向、同幅值、同相位）。前面已分析过，无论转子旋转还是静止，定、转子的磁动势 $\boldsymbol{F}_1$、$\boldsymbol{F}_2$ 之间有相同的转速和转向。所以，频率折算时只需考虑折算前、后转子磁动势的幅值和相位相同即可。

转子磁动势 $\boldsymbol{F}_2$ 的大小和相位取决于 $\dot{I}_2$ 的大小和相位。从式（4-21）可知，异步电动机负载运行时转子电流为

$$\dot{I}_2=\frac{\dot{E}_{2s}}{r_2+jx_{2s}} \tag{4-25}$$

也可写成

$$\dot{I}_2=\frac{s\dot{E}_2}{r_2+jsx_2}=\frac{\dot{E}_2}{\dfrac{r_2}{s}+jx_2}=\frac{\dot{E}_2}{r_2+jx_2+\dfrac{1-s}{s}r_2} \tag{4-26}$$

显然，式（4-25）和式（4-26）所表示的转子电流具有同样的大小和相位，但是，它们所代表的物理意义却完全不同。在式（4-25）中，转子的感应电动势及漏电抗均与转差率 s 成正比关系，它对应于转子转动时的情况，具有频率 $f_2=sf_1$；而在式（4-26）中，转子的感应电动势及漏电抗与转差率 s 无关，它对应于转子静止时的情况，具有频率 $f_2=f_1$。由此可见，一台以转差率 s 旋转的三相异步电动机，可用一台等效的静止电动机来代替它，这时只要在等效静止的转子绕组中串入电阻 $\frac{1-s}{s}r_2$，使转子绕组的每相总电阻变为 $\frac{r_2}{s}=r_2+r_2\frac{1-s}{s}$，则等效静止电机转子电流的大小及相位与旋转时相同，用一台等效的静止电动机来代替实际旋转的电机，这个过程就是频率折算，频率折算后三相异步电动机的等效电路如图 4-11 所示。

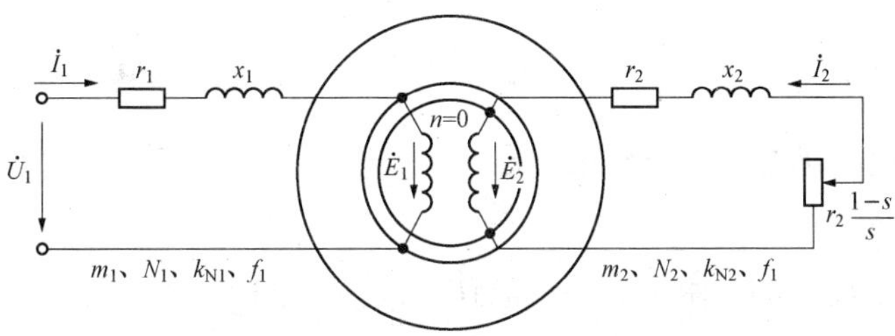

图 4-11　频率折算后三相异步电动机等效电路

由于在进行频率折算时，转子电流的大小及相位均未改变，转子磁动势的大小及相位也不会改变，所以用一个等效静止转子来代替实际旋转的转子，转子磁动势对定子磁动势的作用不会改变，这样定子中的磁动势和电流均保持原来的数值。换言之，从定子方面看，就无从区别它是串联附加电阻 $\frac{1-s}{s}r_2$ 的等效静止转子，还是以转差率 s 在旋转的实际转子。用一个等效静止转子代替实际旋转的转子后，转子侧的频率总是等于定子侧的频率。

对附加电阻 $\frac{1-s}{s}r_2$ 的物理意义，可以这样理解：在实际旋转电机的转子回路中不存在这项电阻，但转轴上产生有机械功率。频率折算后，静止的转子回路中有这项电阻，该电阻要消耗电功率。由于静止的转子回路与在实际旋转电机的转子回路等效，因此，由能量守恒定

律可知，消耗在附加电阻$\frac{1-s}{s}r_2$上的电功率应等于旋转电机转子轴上的总机械功率，即$\frac{1-s}{s}r_2$是模拟三相异步电动机轴上总机械功率的等效电阻。

二、绕组折算

所谓绕组折算，就是用一个和定子绕组具有相同相数 m_1、匝数 N_1 和绕组系数 k_{N1} 的等效转子绕组，来代替实际具有相数 m_2、匝数 N_2 和绕组系数 k_{N2} 的转子绕组。绕组折算的原则仍然是折算前、后转子磁动势不变，折算前、后转子的各部分功率不变。折算值仍然用原来转子各物理量符号右上角加一撇“′”来表示。

1. 电流的折算

根据折算前、后转子磁动势幅值不变的原则，有

$$\frac{m_2}{2}\times 0.9\frac{N_2k_{N2}}{p}I_2=\frac{m_1}{2}\times 0.9\frac{N_1k_{N1}}{p}I'_2 \tag{4-27}$$

折算后的转子电流为

$$I'_2=\frac{m_2N_2k_{N2}}{m_1N_1k_{N1}}I_2=\frac{1}{k_i}I_2 \tag{4-28}$$

2. 电动势的折算

由于折算前、后转子磁动势不变的，气隙主磁通也不变，则折算后的转子电动势 E'_2 与定子电动势 E_1 大小相等，即

$$E'_2=E_1=4.44f_1N_1k_{N1}\Phi \tag{4-29}$$

折算前的转子电动势为

$$E_2=4.44f_1N_2k_{N2}\Phi \tag{4-30}$$

将式（4-29）和式（4-30）相比较，可得折算后的转子电动势

$$E'_2=\frac{N_1k_{N1}}{N_2k_{N2}}E_2=k_eE_2 \tag{4-31}$$

式中　k_e——异步电动机的电动势变比，$k_e=\frac{N_1k_{N1}}{N_2k_{N2}}$。

3. 漏阻抗的折算

根据折算前、后转子的电阻上所消耗的功率不变的原则，可得

$$m_1I'^2_2r'_2=m_2I^2_2r_2 \tag{4-32}$$

即折算后转子的电阻为

$$r'_2=\frac{m_2I^2_2}{m_1I'^2_2}r_2=\frac{m_2}{m_1}\left(\frac{m_1N_1k_{N1}}{m_2N_2k_{N2}}\right)^2r_2=k_ek_ir_2 \tag{4-33}$$

根据折算前后转子的漏电抗上所消耗的无功功率不变的原则，可得

$$m_1I'^2_2x'_2=m_2I^2_2x_2 \tag{4-34}$$

即折算后转子的漏电抗为

$$x'_2=\frac{m_2}{m_1}\left(\frac{I_2}{I'_2}\right)^2x_2=k_ek_ix_2 \tag{4-35}$$

按照上面三个步骤将转子各量进行折算，并不会改变定、转子间的能量传递关系。

三、T型等效电路及其相量图

经以上频率折算和绕组折算后，异步电动机的基本方程为

$$\begin{cases}\dot{U}_1 = -\dot{E}_1 + \mathrm{j}\dot{I}_1 Z_1 \\ \dot{E}'_2 = \dot{I}'_2\left(\dfrac{r'_2}{s} + \mathrm{j}x'_2\right) = \dot{E}_1 \\ \dot{I}_1 = \dot{I}_0 + (-\dot{I}'_2) \\ \dot{E}_1 = -\dot{I}_0(r_m + \mathrm{j}x_m) = -\dot{I}_0 Z_m\end{cases} \tag{4-36}$$

由于$\dot{E}'_2=\dot{E}_1$，所以定、转子电路的对应端点为等电位点。于是定、转子电路就可以直接连在一起，从而得三相异步电动机 T 型等效电路，如图 4-12 所示。

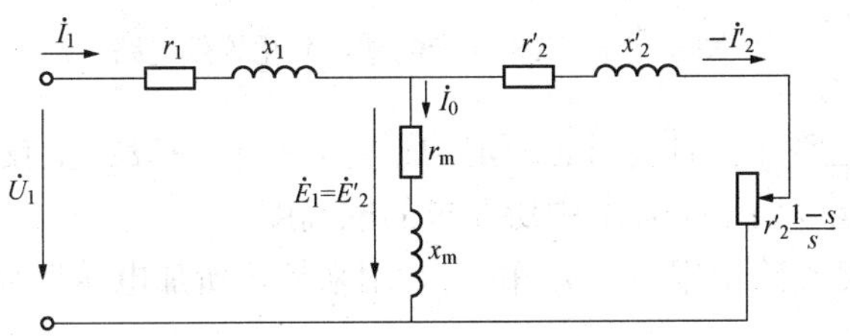

图 4-12　三相异步电动机的 T 型等效电路

T 型等效电路是分析三相异步电动机的重要手段，利用它可以方便地分析电动机的运行情况。由等效电路可知：

（1）异步电动机转子静止（起动瞬间或堵转）时，$n=0$，$s=1$，$\dfrac{1-s}{s}r'_2=0$，总机械功率为零，相当于异步电动机短路运行状态，此时，转子电流、定子电流都很大。

（2）当转子趋于同步速时，$s\approx 0$，$\dfrac{1-s}{s}r'_2\approx\infty$，等效电路近似开路，转子电流近似为零，定子电流即为励磁电流，相当于异步电动机空载运行。

（3）异步电动机相当于变压器带纯电阻负载运行，机械负载的变化在等效电路中是由转差率 s 的变化来体现的。负载增加时，转差率 s 增大，模拟总机械功率的等效电阻$\dfrac{1-s}{s}r'_2$减小，转子电流增加，以产生较大的电磁转矩与负载转矩平衡。根据磁动势平衡关系，定子电流增大，电机从电网吸取更多的电功率供给电机本身损耗和轴上输出功率，从而达到功率平衡。

（4）异步电动机可等效成阻感性电路。电机需从电网吸收感性无功电流来激励主磁通和漏磁通，定子电流总是滞后于定子电压，即电机的功率因数总是滞后的。

另外，经频率折算和绕组折算后，定、转子的电磁量都变成了同频率的正弦量，因而可以画出 T 型等效电路对应的相量图，其作图方法与变压器相量图做法类似。

四、简化等效电路

异步电动机的 T 型等效电路是一个复阻抗串并联电路，计算起来比较复杂。为了简化计算，实用中把 T 型等效电路的励磁回路移到输入端，得到如图 4-13 所示的简化等效电路，使电路演变成一个简单的并联电路。为了减小误差，引入一个修正系数 c_1，经推导，$c_1\approx 1+\dfrac{x_1}{x_m}$。对 40kW 以上容量的异步电动机，可取 $c_1=1$。

与变压器相比，由于异步电动机气隙的存在，励磁阻抗 Z_m 较小，励磁电流 I_0 较大，x_1

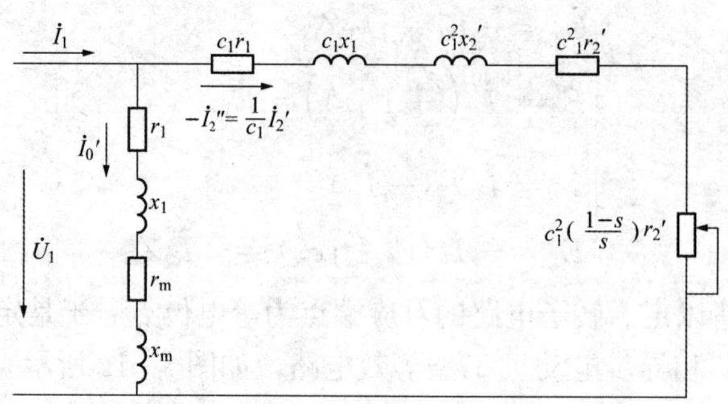

图 4-13 三相异步电动机简化等效电路

也较大，用简化等效电路计算时会引起一定的误差，但对一般容量较大的异步电动机而言，这种误差是不大的，能够满足工程上中所要求的准确度。

此外，电动机励磁支路中串入了 r_1 和 x_1，用来校正所加电压增加对励磁电流的影响。

第五节 三相异步电动机的功率平衡和转矩平衡

电磁转矩是旋转电机实现机电能量转换的重要物理量，在旋转运动中，作用在旋转体上的转矩等于相应的功率除以它的机械角速度，所以在研究电磁转矩及工作特性之前需要先分析功率平衡关系。

一、功率平衡关系

三相异步电动机拖动机械负载稳定运行时，从电网吸收的电功率 P_1，经电机内部的电磁感应作用转化为轴端的机械功率 P_2。在功率的转换和传递的过程中，不可避免地产生各种损耗。结合电动机的 T 形等效电路，将电动机内部各功率和各损耗的关系用功率流程图表示，如图 4-14 所示。

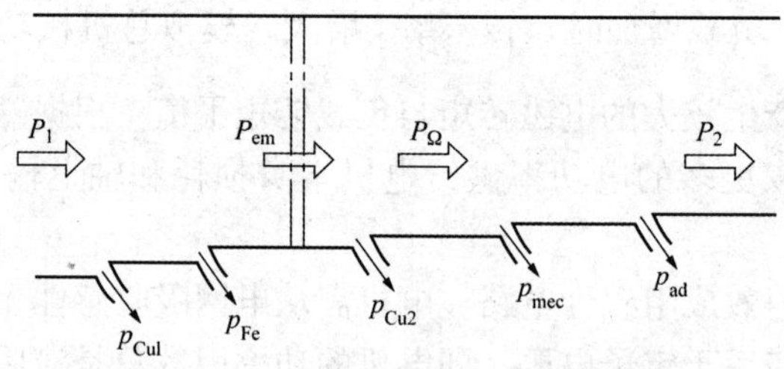

图 4-14 三相异步电动机功率流程图

下面逐步分析各功率、损耗间的关系。

三相异步电动机定子绕组从电网输入电功率 $P_1=m_1U_1I_1\cos\varphi_1$，定子电流 I_1 在定子绕组上产生铜耗 $p_{Cu1}=m_1I_1^2r_1$，而且三相电流产生的旋转磁场在定子铁心中还将产生铁耗 $p_{Fe}=m_1I_0^2r_m$。由于转子频率很低，转子铁耗可忽略，因此，输入的电功率 P_1 去掉这些损耗后，剩下的绝大部分功率通过电磁感应作用由定子侧传递到转子侧，此功率称为电磁功率 P_{em}，则

$$P_{em}=P_1-(p_{Cu1}+p_{Fe}) \tag{4-37}$$

从等效电路中可见，进入转子的电磁功率全部消耗在转子回路上，即

$$P_{em}=m_1I'^2_2r'_2+m_1I'^2_2r'_2\frac{1-s}{s}=m_1I'^2_2\frac{r'_2}{s} \tag{4-38}$$

也可表为

$$P_{em}=m_1I'_2E'_2\cos\varphi_2=m_2I_2E_2\cos\varphi_2 \tag{4-39}$$

转子绕组流过电流时将产生转子铜耗 $p_{Cu2}=m_1I'^2_2r'_2$，电磁功率减去转子铜耗余下的就是转子上的总机械功率 P_Ω，总机械功率为

$$P_\Omega=P_{em}-P_{cu2}=m_1I'^2_2r'_2\frac{1-s}{s} \tag{4-40}$$

三相异步电动机在运行时，还会产生轴承及风阻等摩擦损耗，这些损耗称为机械损耗 p_{mec}。另外由于定、转子开槽以及存在着谐波磁场，还要产生附加损耗 p_{ad}。p_{ad}一般不易计算，往往根据经验估算，在大型异步电动机中 p_{ad}约为额定功率的0.5%，而在小型电动机中 p_{ad}可达额定功率的1%～3%，或更大些。

电动机转子上的总机械功率 P_Ω 再减去上机械损耗 p_{mec}和附加损耗 p_{ad}后，得到电动机轴上输出的机械功率 P_2，即

$$P_2=P_\Omega-(p_{mec}+p_{ad})=P_\Omega-p_0 \tag{4-41}$$

式中　p_0——空载损耗，$p_0=p_{mec}+p_{ad}$。

此外，将转子铜耗 p_{Cu2}和总机械功率 P_Ω 分别与 P_{em}相比，可得

$$\frac{p_{Cu2}}{P_{em}}=\frac{m_1I'^2_2r'_2}{m_1I'^2_2\frac{r'_2}{s}}=s \tag{4-42}$$

$$\frac{P_\Omega}{P_{em}}=\frac{m_1I'^2_2r'_2\frac{1-s}{s}}{m_1I'^2_2\frac{r'_2}{s}}=1-s \tag{4-43}$$

即

$$\begin{cases}p_{Cu2}=sP_{em}\\P_\Omega=(1-s)P_{em}\end{cases} \tag{4-44}$$

式（4-44）说明，转差率 s 越大，转子铜耗在电磁功率中占的比重就愈大，总机械功率就越小，电动机的效率就低，所以电动机正常运行时，转差率较小，通常 s 为0.01～0.06。

二、转矩平衡关系

在式（4-41）两边同时除以机械角速度 Ω（$\Omega=\frac{2\pi n}{60}$rad/s），可得三相异步电动机的转矩平衡方程为

$$T_2=T_{em}-T_0$$

或

$$T_{em}=T_2+T_0 \tag{4-45}$$

式中　T_{em}——电磁转矩，它是由电磁功率转化而来，即

$$T_{em}=\frac{P_\Omega}{\Omega}=\frac{(1-s)P_{em}}{\frac{2\pi n}{60}}=\frac{P_{em}}{\frac{2\pi n_1}{60}}=\frac{P_{em}}{\Omega_1} \tag{4-46}$$

T_2——负载制动转矩，它是转子所拖动的负载阻转矩，$T_2=\dfrac{P_2}{\Omega}$；

T_0——空载转矩，它是由机械损耗 p_{mec} 和附加损耗 p_{ad} 所引起的制动转矩，$T_0=\dfrac{p_0}{\Omega}$。

可见，三相异步电动机稳定运行时，驱动性质的电磁转矩与制动的负载转矩及空载转矩相平衡。

三、电磁转矩

为了进一步了解异步电动机的特性，需要先来分析电磁转矩。

1. 物理表达式——用每极磁通量和转子电流表示电磁转矩

电动机的电磁转矩是由旋转磁场的每极磁通 Φ 与转子电流 I_2 相互作用产生的。但因转子电路是感性的，转子电流比转子电势滞后一个相位角 φ_2 角，于是可以得电磁转矩的物理表达式

$$T_{em}=\frac{P_{em}}{\Omega_1}=\frac{m_2E_2I_2\cos\varphi_2}{\dfrac{2\pi n_1}{60}}=\frac{m_2\times 4.44f_1N_2k_{N2}}{\dfrac{2\pi f_1}{p}}\Phi I_2\cos\varphi_2=C_T\Phi I_2\cos\varphi_2 \tag{4-47}$$

式中 C_T—转矩常数，与电机结构有关，$C_T=\dfrac{4.44m_2pN_2k_{N2}}{2\pi}$。

式（4-47）表明：电源电压不变，每极磁通量为定值时，电磁转矩和转子电流的有功分量成正比，即电磁转矩是转子电流有功分量与气隙主磁场共同作用产生的。

2. 参数表达式——用电机参数和转差率 s 表示电磁转矩

电磁转矩可表示为

$$T_{em}=\frac{P_{em}}{\Omega_1}=\frac{m_1I'^2_2\dfrac{r'_2}{s}}{\Omega_1}=\frac{m_1I'^2_2\dfrac{r'_2}{s}}{\dfrac{2\pi f_1}{p}} \tag{4-48}$$

将转子电流的关系式 $I'_2=\dfrac{U_1}{\sqrt{\left(r_1+\dfrac{r'_2}{s}\right)^2+(x_1+x'_2)^2}}$代入上式，可得电磁转矩的参数表达式为

$$T_{em}=\frac{P_{em}}{\Omega_1}=\frac{m_1I'^2_2\dfrac{r'_2}{s}}{\dfrac{2\pi f_1}{p}}=\frac{m_1pU_1^2\dfrac{r'_2}{s}}{2\pi f_1\left[\left(r_1+\dfrac{r'_2}{s}\right)^2+(x_1+x'_2)^2\right]} \tag{4-49}$$

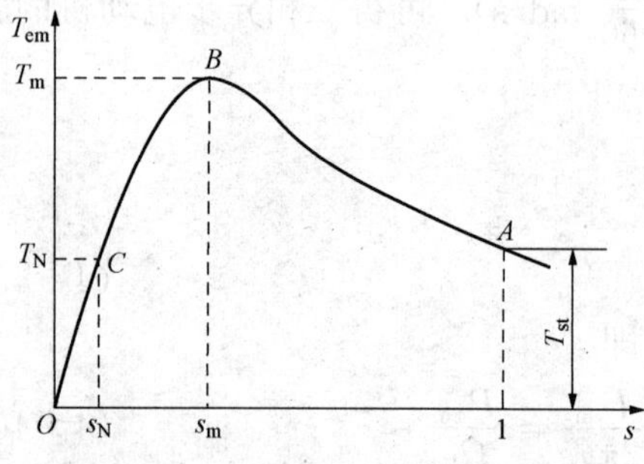

图 4-15 三相异步电动机的转矩特性

可见异步电动机电磁转矩 T_{em} 大小与①电源参数：电源电压 U_1、电源频率 f_1；②运行参数：转差率 s；③结构参数：电机阻抗 r_1、x_1、r_2、x_2 及极对数 p、相数 m_1 有关。

当电源电压 U_1 和频率 f_1 一定时，异步电动机的电磁转矩将随转差率的变化而变化。它们之间的函数关系可用 $T_{em}=f(s)$ 表示，称为异步电动机的转矩特性。由式（4-49）可得转矩特性曲线，如图 4-15 所示。

从图中可以看出，转差率较小时，电磁转矩随转差率的增大而增大，转差率较大时，电磁转矩随转差率的增大而减小。可见，曲线有一最大值 T_m，称 T_m 为最大电磁转矩。与最大电磁转矩 T_m 相对应的转差率 s_m 称为临界转差率。在电动机在起动瞬间，转差率 $s=1$，此时的电磁转矩 T_{st} 称为起动转矩。

3. 实用表达式——利用最大电磁转矩和临界转差率来表示电磁转矩

工程式上，利用电动机的铭牌数据和相关的手册提供的额定值：额定功率 P_N、额定转速 n_N、过载系数 k_m（$k_m=T_m/T_N$）可得到电动机机械特性的实用表达式（推导过程略）

$$\frac{T_{em}}{T_m}=\frac{2}{\frac{s}{s_m}+\frac{s_m}{s}} \tag{4-50}$$

上述三种电磁转矩的表达式，虽然都能用来表征电动机的运行性能，但应用的场合各有不同。一般来说，物理表达式适用于对电动机的运行性能作定性分析；参数表达式适用于分析各种参数变化对电动机运行性能的影响；实用表达式适用于电动机机械特性的工程计算。

第六节　三相异步电动机的机械特性和工作特性

一、机械特性

机械特性是三相异步电动机的主要工作特性。在实际生产中，称电磁转矩与转速之间的关系，即 $n=f(T_{em})$ 为三相异步电动机的机械特性。把转矩特性 $T_{em}=f(s)$ 曲线的纵、横坐标对调，利用 $n=n_1(1-s)$ 把转差率 s 转换成对应的转子转速 n，即可得到机械特性曲线，如图 4-16 所示。当电动机按规定方式接线，在额定电压、额定频率下，定、转子不接外电阻情况下的机械特性称为固有机械特性，当人为改变电源参数（如电源电压或电源频率）或电动机参数（如定、转子回路电阻等）时得到的机械特性称为人为机械特性。

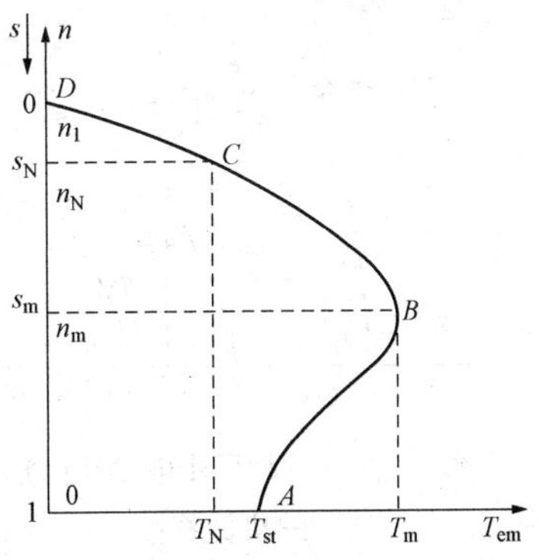

图 4-16　三相异步电动机的机械特性

异步电动机的机械特性分为两大部分。

（1）$0<s<s_m$ 区域——恒转矩负载时的稳定区域。设异步电动机在额定恒转矩 T_N 下运行，电磁转矩等于制动转矩，$s=s_N$，转速为额定转速 n_N，如图 4-16 中 C 点所示。若负载转矩增加，电磁转矩小于制动转矩，则电动机转速下降，转差率增加，由转矩特性曲线可知，随着 s 的增加，电磁转矩也相应增加，当增加到新的转矩平衡时，电动机即在低于额定转速的新的转速下稳定运行。另外，当电动机在稳定区域运行时，若机械负载突然发生短时变化，势必引起转速改变，当此负载扰动消失后，电动机能自动地恢复到原来转速下稳定运行。可见，异步电动机带恒转矩负载时在 $0<s<s_m$ 区域内能正常稳定运行。

（2）$s_m<s<1$ 区域——恒转矩负载时的不稳定区域。异步电动机在额定恒转矩 T_N 下运行，若在该区域内负载转矩增加，电磁转矩小于制动转矩，转速下降，转差率增加，但随着 s 的增加，电磁转矩却减小，使电磁转矩更小于制动转矩，转速继续下降，直至停转。且当电动机在此区域运行时，若机械负载突然发生短时变化，当负载变化量消失后，电动机不能

自动地恢复到原来转速下稳定运行。可见，异步电动机带恒转矩负载时在 $s_m<s<1$ 区域内不能正常稳定运行。

下面讨论机械特性曲线上的几个特殊点。

1. 额定转矩 T_N

额定转矩是指三相异步电动机带额定负载时轴上的输出转矩，即

$$T_N=\frac{P_N}{\Omega_N}=9550\cdot\frac{P_N}{n_N}(\mathrm{N\cdot m}) \tag{4-51}$$

式中 P_N 的单位为 kW。

2. 最大电磁转矩 T_m

利用数学方法，将式（4-49）对转差率 s 求导，令 $\frac{\mathrm{d}T_{em}}{\mathrm{d}s}=0$，即可求出临界转差率 s_m 为

$$s_m=\frac{r_2'}{\sqrt{r_1^2+(x_1+x_2')^2}}\approx\frac{r_2'}{x_1+x_2'} \tag{4-52}$$

将 s_m 代入式（4-49）可得

$$T_m=\frac{m_1pU_1^2}{4\pi f_1[r_1+\sqrt{r_1^2+(x_1+x_2')^2}]}\approx\frac{m_1pU_1^2}{4\pi f_1(x_1+x_2')} \tag{4-53}$$

由式（4-52）和式（4-53）可得以下结论：

（1）最大电磁转矩 T_m 与外加相电压的平方成正比，而临界转差率 s_m 与外加电压无关；

（2）临界转差率 s_m 与转子电阻 r_2' 成正比，而最大电磁转矩 T_m 却与转子电阻 r_2' 无关；

（3）最大电磁转矩 T_m 大小与负载大小无关。

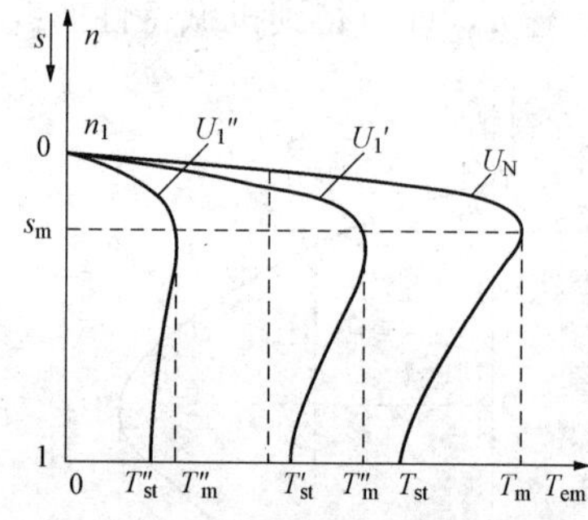

图 4-17 三相异步电动机降压时的机械特性

由第一个结论可知，若电源电压减小，虽然临界转差率 s_m 不变，但最大电磁转矩 T_m 减小了，如图 4-17 所示。所以电动机的额定转矩 T_N 不能太接近最大电磁转矩，否则如果电网电压降低，有可能使电动机最大电磁转矩小于其轴上所带的负载转矩，使电动机停转。因此一般电动机的最大电磁转矩 T_m 比额定转矩 T_N 大得多，它们的比值称为过载系数 k_m 即

$$k_m=\frac{T_m}{T_N} \tag{4-54}$$

过载系数是异步电动机的重要性能指标，它可以衡量电动机的短时过载能力和运行的稳定性。通常 k_m 在 1.8～2.5 左右。

由第二个结论可知，改变转子电阻大小，虽然最大电磁转矩的大小不变，但改变了临界转差率，使最大电磁转矩的位置变化了，这一性质对于绕线式异步电动机具有特别重要的意义。如图 4-18 所示，绕线式异步电动机的转子回路串可变电阻可以改变转矩特性曲线，达到改善起动性能和调节转速的目的。

3. 起动转矩 T_{st}

当定子绕组接入电网，电动机尚未转动时，$n=0$，$s=1$，将 $s=1$ 代入式（4-49），可得到电动机的起动转矩

$$T_{st}=\frac{m_1pU_1^2r_2'}{2\pi f_1[(r_1+r_2')^2+(x_1+x_2')^2]} \tag{4-55}$$

由式（4-55）可知，起动转矩具有以下特点：

（1）在频率和参数为定值时，起动转矩 T_{st}与电源电压的平方成正比；

（2）起动转矩 T_{st}与转子回路电阻 r'_2有关，起动转矩 T_{st}与转子电阻的关系不是单调的。在 $s_m<1$ 区间，T_{st}随 r_2 增加逐渐增大；$s_m=1$，$T_{st}=T_m$ 达到最大值；在 $s_m>1$ 区间，T_{st}随 r_2 增加逐渐减小，如图 4-18 所示。转子回路串入适当电阻可以增大起动转矩，因此线式异步电动机就是根据这一点改善起动性能的。

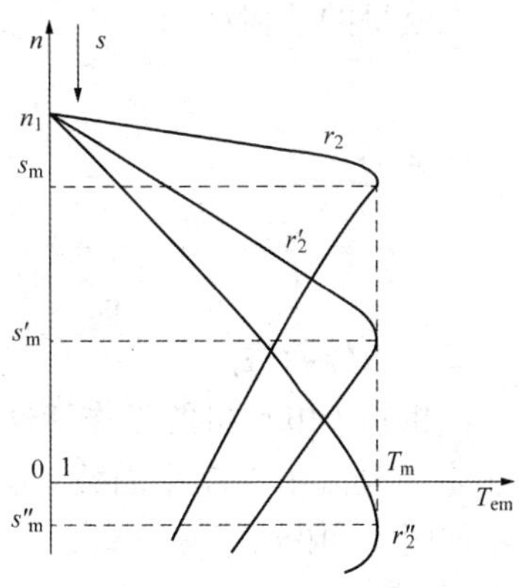

图 4-18　绕线型三相异步电动机转子串联电阻时的机械特性

（3）起动转矩大小与负载大小无关。如果起动转矩太小，在一定的负载下电动机可能不能起动，通常用 T_{st}与 T_N 的比值 k_{st}表示电动机的起动转矩倍数，即

$$k_{st}=\frac{T_{st}}{T_N} \tag{4-56}$$

起动转矩倍数是衡量异步电动机起动性能好坏的重要指标，只有 $k_{st}>1$，电动机才能带负载起动起来，k_{st}大，电动机起动的就快。Y 系列笼型电动机 $k_{st}=1.7\sim3.7$。

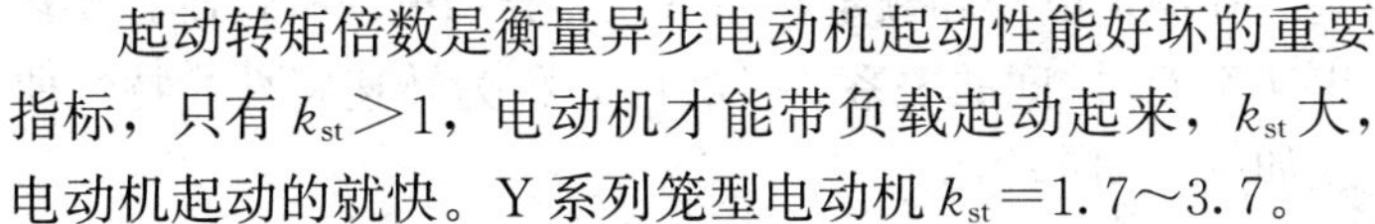

例 4-3　一台四极异步电动机，额定功率 $P_N=200$kW，额定电压 $U_N=380$V，定子绕组△连接，定子电流频率为 50Hz，定子铜耗 $p_{Cu1}=5.12$kW，转子铜耗 $p_{Cu2}=2.85$kW，铁耗 $p_{Fe}=3.8$kW，机械损耗 $p_{mec}=0.98$kW，附加损耗 $p_{ad}=3$kW，最大转矩倍数（即过载能力）$k_m=1.8$。试求：

（1）额定负载下的转速和电磁转矩；

（2）最大电磁转矩；

（3）额定负载下的效率。

解　（1）额定负载下的转速

额定电磁功率

$$P_{emN}=P_N+p_{Cu2}+p_{mec}+p_{ad}=200+2.85+0.98+3=206.83(\text{kW})$$

额定转差率

$$s_N=\frac{p_{Cu2}}{P_{emN}}=\frac{2.85}{206.83}=0.0138$$

额定负载下的转速

$$n_N=(1-s_N)\frac{60f_1}{p}=(1-0.0138)\frac{60\times50}{2}=1479(\text{r/min})$$

额定负载下的电磁转矩

$$T_{emN}=\frac{P_{emN}}{\Omega_1}=\frac{P_{emN}}{\frac{2\pi n_1}{60}}=\frac{206.83\times1000}{2\pi\times1500}\times60=1317.39(\text{N}\cdot\text{m})$$

（2）最大电磁转矩

$$k_m=\frac{T_m}{T_N}$$

$$T_N=9550\frac{P_N}{n_N}=9550\times\frac{200}{1479}=1291.41(\text{N}\cdot\text{m})$$

$$T_m = k_m T_N = 1.8 \times 1291.41 = 2324.54(\text{N} \cdot \text{m})$$

(3) 额定负载下的效率

电动机的总损耗

$$\sum p = p_{Cu1} + p_{Fe} + p_{Cu2} + p_{mec} + p_{ad} = 15.75(\text{kW})$$

效率为

$$\eta_N = \frac{P_N}{P_1} \times 100\% = \frac{P_N}{P_N + \sum p} \times 100\% = \frac{200}{200 + 15.75} \times 100\% = 92.7\%$$

二、工作特性

三相异步电动机的工作特性是指在额定电压和额定频率下，电动机的转速 n、输出转矩 T_2、定子电流 I_1、功率因数 $\cos\varphi_1$ 及效率 η 等物理量随输出功率 P_2 变化的关系，工作特性曲线如图 4-19 所示。

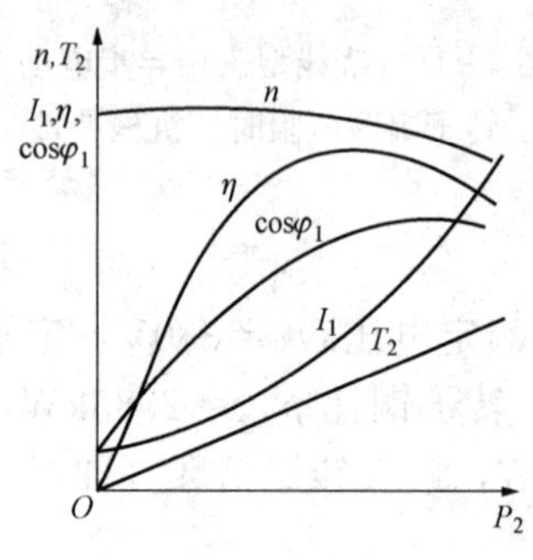

图 4-19 三相异步电动机工作特性

1. 转速特性 $n = f(P_2)$

在额定电压和额定频率下三相异步电动机转速 n 与输出功率 P_2 之间的关系 $n = f(P_2)$ 称为转速特性，特性曲线如图 4-19 所示。

空载时，输出功率 $P_2 = 0$，转子转速接近于同步转速，$s \approx 0$；当负载增加时，随负载转矩增加，转速 n 下降。额定运行时，转差率很小，一般在 0.01～0.06 范围内，相应的转速 n 随负载变化不大，与同步转速 n_1 接近，所以特性曲线 $n = f(P_2)$ 是一条稍微向下倾斜的曲线。

2. 转矩特性 $T_2 = f(P_2)$

在额定电压和额定频率下三相异步电动机的输出转矩 T_2 与输出功率 P_2 之间的关系 $T_2 = f(P_2)$ 称为转矩特性，特性曲线如图 4-19 所示。

三相异步电动机的输出转矩为

$$T_2 = \frac{P_2}{\Omega} = \frac{P_2}{\frac{2\pi n}{60}} \tag{4-57}$$

空载时，$P_2 = 0$，$T_2 = 0$；负载增加时，由于电动机从空载到额定负载之间，转速 n 变化很小，所以从式（4-57）可知，随负载的增加，T_2 近似成正比增加，即转矩特性曲线 $T_2 = f(P_2)$ 近似为一稍微上翘的直线。

3. 定子电流特性 $I_1 = f(P_2)$

在额定电压和额定频率下三相异步电动机定子电流 I_1 与输出功率 P_2 之间的关系 $I_1 = f(P_2)$ 称为定子电流特性，特性曲线如图 4-19 所示。

空载时，转子电流 $I_2 \approx 0$，定子空载电流 I_0 较小；当负载增加时，转子转速下降，转子电流增大，据 $\dot{I}_1 = \dot{I}_0 + (-\dot{I}'_2)$ 可知，定子电流 I_1 也相应增加。因此定子电流 I_1 随输出功率 P_2 增加而增加，定子电流特性曲线 $I_1 = f(P_2)$ 是上升的。

4. 功率因数特性 $\cos\varphi_1 = f(P_2)$

在额定电压和额定频率下三相异步电动机功率因数 $\cos\varphi_1$ 与输出功率 P_2 之间的关系 $\cos\varphi_1 = f(P_2)$ 称为功率因数特性，特性曲线如图 4-19 所示。

空载时，定子电流基本为无功励磁电流，用来建立磁场，所以电机的功率因数很低，约为0.2左右。负载运行时，随着负载增加，转子电流增加，定子电流有功分量增加，功率因数逐渐上升。在额定负载附近，功率因数达到最高值，一般为0.8～0.9。负载超过额定值后，由于转速下降，转差率 s 增大较多，转子频率、转子漏抗增加，转子功率因数下降，转子电流无功分量增大，与之相平衡的定子电流无功分量增大，致使电动机功率因数下降。功率因数特性是异步电动机的一个重要性能指标。

5. 效率特性 $\eta=f(P_2)$

在额定电压和额定频率下三相异步电动机效率与输出功率 P_2 之间的关系 $\eta=f(P_2)$ 称为效率特性，特性曲线如图4-19所示。效率等于输出功率 P_2 与输入功率 P_1 之比，即

$$\eta=\frac{P_2}{P_1}=\frac{P_2}{P_2+\sum p} \tag{4-58}$$

式中　$\sum p$ 为异步电动机总损耗，$\sum p=p_{Cu1}+p_{Fe}+p_{Cu2}+p_{mec}+p_{ad}$。

电动机从空载到额定运行，电源电压一定时，主磁通变化很小，故铁损耗 p_{Fe} 和机械损耗 p_{mec} 基本不变，称 p_{Fe} 和 p_{mec} 为不变损耗；而铜损耗 $p_{Cu1}+p_{Cu2}$ 和附加损耗 p_{ad} 随负载变化，称之为可变损耗。

空载时，$P_2=0$，$\eta=0$，随负载的增加，效率随之增加，当负载增加到可变损耗与不变损耗相等时，效率达到最大值。此后负载增加，由于定、转子电流增加，可变损耗增加很快，效率反而降低。对中小型异步电动机，通常在（0.75～1）额定负载范围内，效率最高。效率特性也是异步电动机的一个重要性能指标。

由以上分析可知，三相异步电动机的功率因数和效率都是在额定负载附近达到最大值。因此选用电动机时，应使电动机容量与负载容量相匹配。若电动机容量选择过大，电动机长期处于轻载运行，投资、运行费用高，不经济。电动机容量选择过小，将使电动机过载而造成发热，影响其寿命，甚至损坏。

三相异步电动机的工作特性通常通过电动机直接加负载测出，或间接计算得出。利用工作特性曲线，既可以掌握负载变动时运行量的变化规律，便于分析电动机运行的安全性和经济性，又可判断电动机的工作性能好坏。

第七节　三相异步电动机的参数测定

三相异步电动机等效电路中的参数可以由制造厂家提供，也可以通过实验的方法求得，由于异步电动机的等效电路与变压器的等效电路相似，所以实验测定参数的方法也十分相似。由空载实验测定励磁参数，由短路实验测定短路参数。

一、空载实验

空载实验的主要目的是测定电机的励磁电阻 r_m、励磁电抗 x_m、机械损耗 p_{mec} 和铁损耗 p_{Fe}。实验时电机转轴上不加任何负载，加电压后电机空载运行，使电机运转一段时间，让机械损耗达到稳定。然后调节电机的输入电压，使其从 $1.2U_N$ 逐渐降低，直到电机的转速明显下降、电流开始回升为止。此过程记录数点电压 U_1、电流 I_0、空载功率 P_0 和转速 n。根据记录数据绘出曲线 $P_0=f(U_1)$ 和 $I_0=f(U_1)$，即电动机的空载特性曲线，如图4-20

所示。

由于异步电动机空载时，转子电流很小，转子铜损耗可以忽略，在这种情况下，定子输入的功率就消耗在定子铜损、铁损、机械损耗和附加损耗上，即

$$P_0 = 3I_0^2 r_1 + p_{Fe} + p_{mec} + p_{ad} \tag{4-59}$$

令

$$P'_0 = P_0 - 3I_0^2 r_1 = p_{Fe} + p_{mec} + p_{ad} \tag{4-60}$$

上述损耗中，机械损耗 p_{mec} 的大小与电源电压 U_1 无关，只要电动机的转速不变，可以认为是常数。铁耗 p_{Fe} 和附加损耗 p_{ad} 可近似认为与磁感应强度的平方成正比，这样 P'_0 与 U_1^2 的关系是线性的，如图 4-21 所示。把这一曲线延长到纵轴 $U_1=0$ 处，得到交点 a，过 a 作平行于横轴的虚线，虚线以下为与电压无关的机械损耗，以上部分是与电压平方成正比的铁耗和附加损耗之和。空载时附加损耗 p_{ad} 很小，将其忽略。于是可以计算异步电动机的励磁参数。

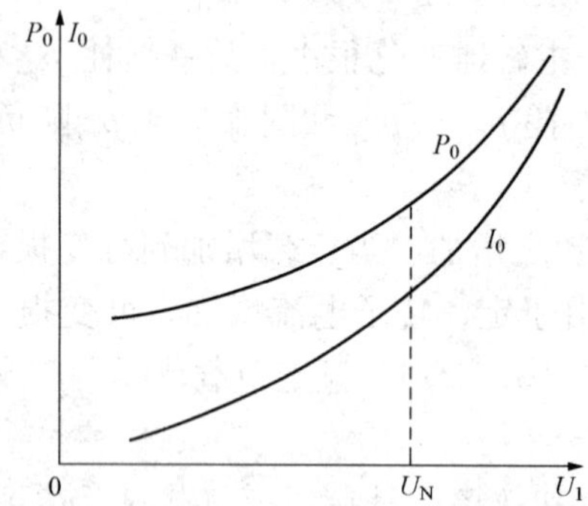

图 4-20 三相异步电动机空载特性

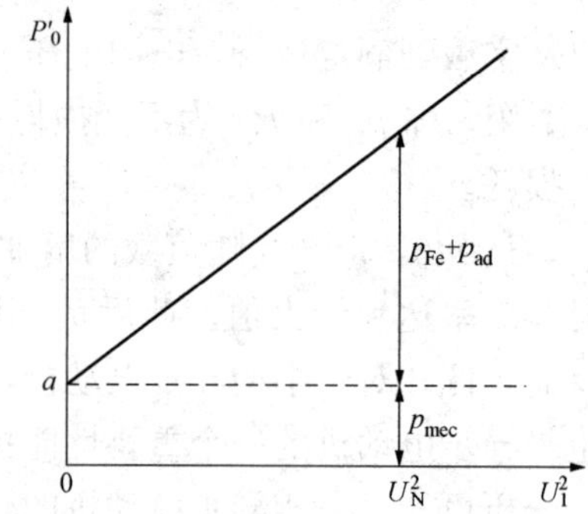

图 4-21 三相异步电动机机械损耗求法

对应额定电压，查出 P_0 和 I_0，则可求出空载参数

$$\begin{cases} Z_0 = \dfrac{U_1}{I_0} \\ r_0 = \dfrac{P_0 - p_{mec}}{I_0^2} \\ x_0 = \sqrt{Z_0^2 - r_0^2} \end{cases} \tag{4-61}$$

式中的电压、电流和功率均为一相的值。

由于 r_1 和 x_1 可以通过实验求取，则励磁参数

$$\begin{cases} r_m = r_0 - r_1 \\ x_m = x_0 - x_1 \end{cases} \tag{4-62}$$

二、短路实验

异步电动机的短路实验是将转子堵住，不让它旋转，因此又称为堵转实验。

短路实验时，等效电路中附加电阻$\dfrac{1-s}{s}r'_2=0$，对应的总机械功率 $P_\Omega=0$。在转子不转时，定子加额定电压相当于变压器的短路状态，这时的电流为短路电流，也是异步电动机直接起动瞬间的起动电流，这个电流可达额定电流的 4～7 倍，这是不允许的。为了降低堵转电流，可降低电压进行实验。调节电源电压，从零开始增大到电动机的短路电流达到额定电

流的 1.2 倍时为止，开始记录数据，然后逐渐降低电源电压，短路电流随之降低，降到短路电流为额定电流的 0.3 倍时停止实验，在此期间记录 5～7 组实验数据：短路电压 U_k、短路电流（堵转电流）I_k 和堵转功率 P_k，做出短路特性曲线 $I_k=f(U_k)$、$P_k=f(U_k)$，如图 4-22所示。

由于短路时电压很低，磁通较小，励磁电流很小，$I_0\approx 0$，可认为励磁支路开路，$I_1=I'_2=I_k$，短路时等效电路如图 4-23 所示。此时，输入的功率全变成定子铜损耗和转子铜损耗，即

$$P_k=m_1 I_k^2(r_1+r'_2)=m_1 I_k^2 r_k \tag{4-63}$$

由短路特性曲线查出对应 $I_k=I_N$ 时的短路电压 U_k 和短路功率 P_k，可求出短路参数

$$\begin{cases} Z_k=\dfrac{U_k}{I_k} \\ r_k=\dfrac{P_k}{I_k^2} \\ x_k=\sqrt{Z_k^2-r_k^2} \end{cases} \tag{4-64}$$

式中，电流、电压和功率均为一相的值。

对于大、中型电动机，可以认为

$$\begin{cases} r_1=r'_2=\dfrac{1}{2}r_k \\ x_1=x'_2=\dfrac{1}{2}x_k \end{cases} \tag{4-65}$$

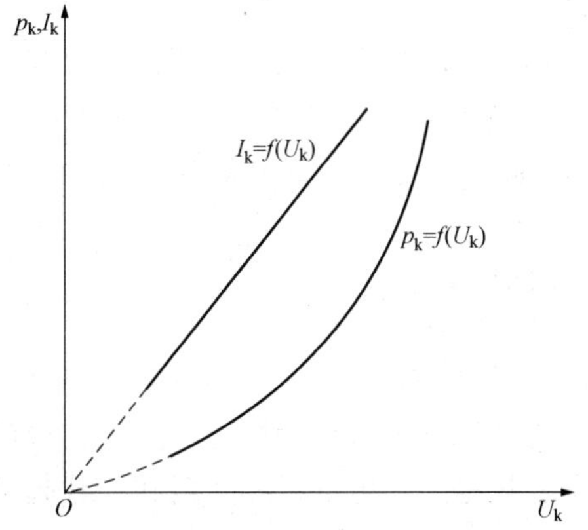

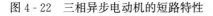

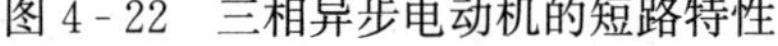
图 4-22　三相异步电动机的短路特性

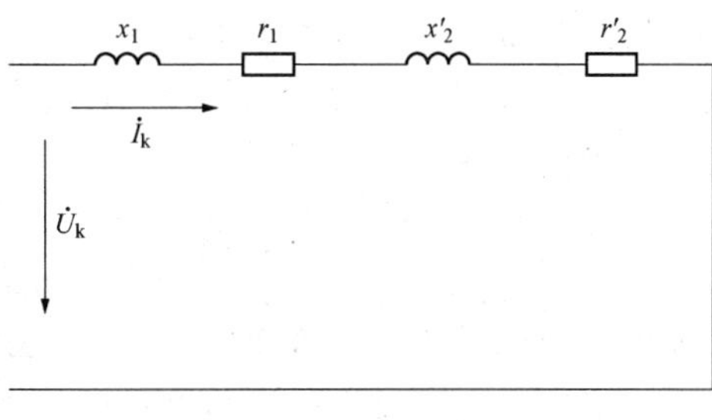

图 4-23　三相异步电动机短路实验等效电路

第八节　三相异步电动机的起动和调速

一、三相异步电动机的起动

1. 概述

电动机起动是指电动机接通电源后，从静止状态加速到稳定运行状态的过程。

为了使电动机能够转动并快速达到稳定运行转速，对异步电动机起动有以下要求：①起

动电流倍数 $k_I=\frac{I_{st}}{I_N}$要小；②起动转矩倍数 $k_{st}=\frac{T_{st}}{T_N}$足够大；③起动设备要简单、经济、可靠，操作维护方便。

普通三相异步电动机直接接到额定电压的电源上起动时，起动电流很大，起动转矩却不大。

电动机刚起动时，$n=0$，$s=1$，气隙旋转磁场切割转子的相对速度最大，转子绕组中感应的电动势最大，转子电流也达到最大值。根据磁动势平衡关系，定子电流随转子电流而相应变化，所以定子电流（起动电流）I_{st}也很大，可达额定电流的 4～7 倍。过大的起动电流由供电变压器提供，使得供电变压器的输出电压降低，对供电电网产生影响。

起动转矩却不大的原因，可以用公式 $T_{em}=C_T\Phi I_2\cos\varphi_2$ 来分析。一方面，电动机起动时，$s=1$，$f_2=f_1$，$x_2\gg r_2$，转子功率因数角 $\varphi_2=\tan^{-1}\frac{x_2}{r_2}\approx 90°$，功率因数 $\cos\varphi_2$ 很低，尽管起动时转子电流 I_2 很大，但是 $I_2\cos\varphi_2$ 并不大；另一方面，很大的起动电流引起定子漏阻抗压降 $I_{st}Z_1$ 增大，造成 E_1 减小，使气隙磁通量 Φ 减小。由于这两方面原因，三相异步电动机的起动转矩不大。

由此可见，在保证一定起动转矩的情况下，应采取措施限制起动电流。

2. 笼型三相异步电动机起动

笼型三相异步电动机的起动有直接起动（全压起动）、降压起动和软起动三种方法。

(1) 直接起动。直接起动是利用刀闸或者接触器把电动机直接接到具有额定电压的电源上，使电动机起动，又称全压起动。这种起动方法的优点是起动设备简单、操作方便，起动迅速；缺点是起动电流大。全压起动接线图见图 4-24。

异步电动机能否采用直接起动应由电网的容量、起动频繁程度、电网允许干扰的程度以及电动机的容量、型式等因素决定。一般规定，异步电动机的额定功率小于 7.5kW 时允许直接起动。若额定功率大于 7.5kW 且电网容量较大，则符合式（4-66）要求，电动机也允许直接起动。

$$k_I\leqslant\frac{1}{4}\left[3+\frac{\text{电源总容量(kVA)}}{\text{起动电动机功率(kW)}}\right] \tag{4-66}$$

如果不能满足式（4-66）要求，则必须采用降压起动方法。

(2) 降压起动。对笼型异步电动机，常采用降压的办法来改善起动性能。降压起动可以降低起动电流，但起动转矩也大大减小了，所以此方法只是用于电动机的空载和轻载起动。

一般降压起动的方法有以下几种：

1) 定子回路串电抗起动。如图 4-25 所示，起动时，接触器触点 KM1 闭合，在异步电动机定子回路串入适当的电抗器，起动电流在电抗器 L 上产生电压降，使定子绕组上所加电压低于电源电压，待电动机转速升高后，接触器触点 KM2 闭合，切除电抗器 L，使电动机在全电压下正常运行。

定子回路串电抗降压起动时，由于起动电流与起动电压成比例减小，若加在电动机上的电压减小到额定电压的$\frac{1}{k}$倍，则起动电流也减小到直接起动的$\frac{1}{k}$倍，由于起动转矩与电源电压平方成正比，因而起动转矩减小到直接起动的$\frac{1}{k^2}$倍。

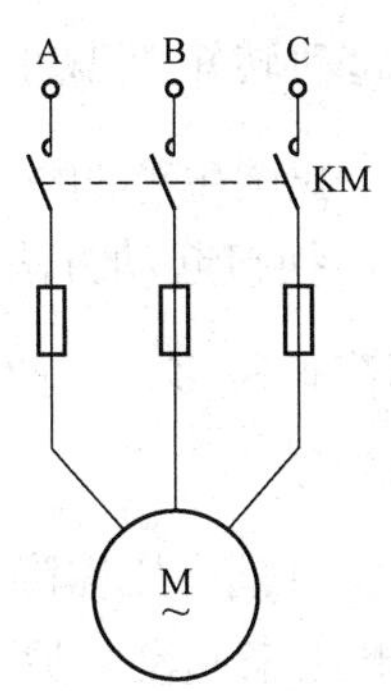

图 4-24　全压起动接线图

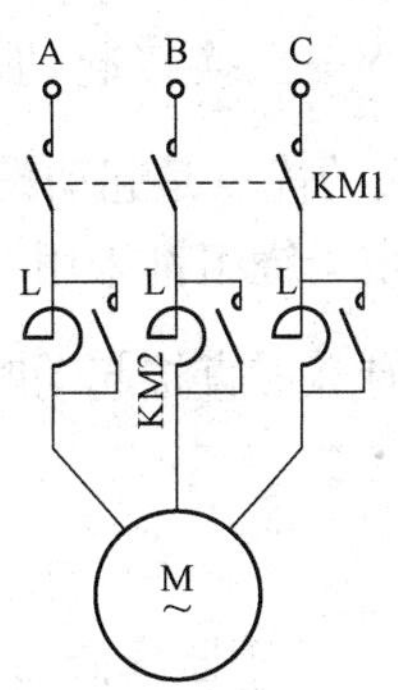

图 4-25　定子回路串电抗器起动接线图

定子回路串电抗器降压起动，其设备费用较高，通常用于高压电动机。

2）星形—三角形换接起动（Y—△换接起动）。这种起动方法只适用于定子绕组为△接法运行的电动机。起动时将绕组改接成Y形，当电动机转速上升到接近额定转速时再改成△形，其原理接线如图 4-26 所示。

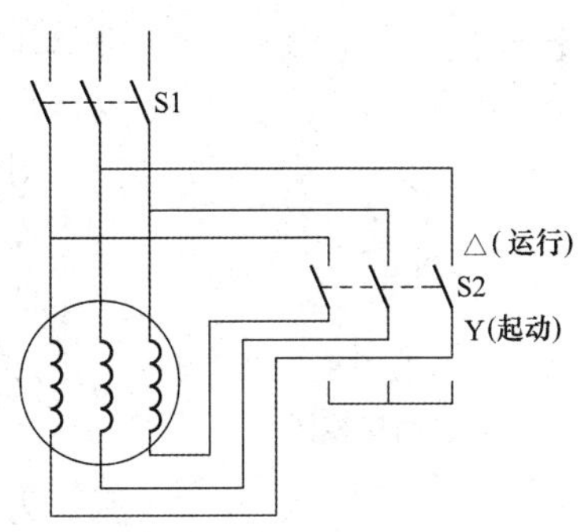

图 4-26　Y—△换接起动接线图

星形—三角形换接起动是利用Y—△起动器来实现的。起动时，合上开关S1，再把S2置于起动位置（Y形侧），定子绕组作Y形接法，每相绕组加的相电压为线电压的$\frac{1}{\sqrt{3}}$，起动电流减小。待电动机转速升高到接近额定转速，再把开关S2置于运行位置（△形侧），定子绕组改接成三角形（△形），所加电压即为线电压，电动机在额定电压下正常运行。

设电源电压为U_N，电动机每相阻抗为Z，起动时，三相绕组接成Y形，则电网供给电动机的起动电流为

$$I_{stY}=\frac{U_N}{\sqrt{3}Z} \tag{4-67}$$

若电动机在三角形（△形）接线时直接起动，则绕组相电压为电源线电压，定子绕组每相起动电流为$\frac{U_N}{Z}$，所以电网供给电动机的起动电流为

$$I_{st\triangle}=\sqrt{3}\frac{U_N}{Z} \tag{4-68}$$

将式（4-67）与式（4-68）相比，得到两种起动电流比值为

$$\frac{I_{stY}}{I_{st\triangle}}=\frac{1}{3} \tag{4-69}$$

由于起动转矩与相电压的平方成正比，所以Y形与△形起动时的起动转矩比值为

$$\frac{T_{stY}}{T_{st\triangle}}=\frac{\left(\frac{U_N}{\sqrt{3}}\right)^2}{U_N^2}=\frac{1}{3} \tag{4-70}$$

综上所述，采用Y—△换接起动，其起动电流及起动转矩都减小到直接起动时的$\frac{1}{3}$，Y—△换接起动的最大的优点是起动设备简单，成本低，我国生产的Y系列4～100kW的三相鼠笼式异步电动机定子绕组都采用△形连接，使Y—△换接起动方法得以广泛应用。此法的缺点是起动转矩只有△形直接起动时的$\frac{1}{3}$，起动转矩降低较多，因此只能用于轻载或空载起动的设备上。

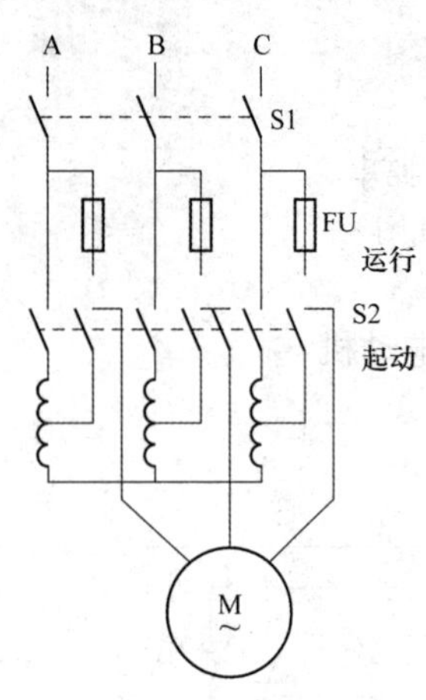

图4-27 自耦变压器降压起动接线图

3）自耦变压器降压起动。自耦变压器降压起动是利用自耦变压器降低加在定子绕组上的电压来起动，原理接线如图4-27所示。异步电动机起动时，先合上开关S1，再将开关S2置于起动位置，这时电源电压经过自耦变压器降压后加在电动机上，限制了起动电流，待转速升高到接近额定转速时，再将开关S2置于运行位置，自耦变压器被切除，电动机在额定电压下正常运行。自耦变压器二次侧通常有几组抽头，如40％、60％、80％三组抽头以供选用。

对电动机采用自耦变压器起动与全压起动比较如下：

设电网电压为U_N，自耦变压器的变比为k_a（$k_a>1$），经自耦变压器降压后，加在电动机上的电压（自耦变压器二次侧电压）为$\frac{1}{k_a}U_N$，则通过电动机定子绕组的电流（自耦变压器二次侧电流）为I_{2st}，即$I_{2st}=\frac{1}{k_a}I_{stN}$（$I_{stN}$为额定电压下直接起动时起动电流），电网供给电动机的起动电流为

$$I_{1st}=\frac{1}{k_a}I_{2st}=\frac{1}{k_a}\left(\frac{1}{k_a}I_{stN}\right)=\frac{1}{k_a^2}I_{stN} \tag{4-71}$$

由于起动转矩与电源电压的平方成正比，采用自耦变压器降压起动时，起动转矩为直接起动时的$\frac{1}{k_a^2}$，即

$$T_{st}=\frac{1}{k_a^2}T_{stN} \tag{4-72}$$

式中 T_{stN}——直接起动时的起动转矩。

可见，利用自耦变压器降压起动，电网供给的起动电流及电动机的起动转矩都减小到直接起动时的$\frac{1}{k_a^2}$倍。

自耦变压器降压起动的优点是不受电动机绕组连接方式的影响，可以根据需要选择自耦变压器抽头。其缺点是设备体积大、投资高。此方法适用于不需频繁起动的大容量电动机。

（3）软起动。前面几种降压起动方法属于有级起动，起动的平滑性不高。应用软起动器可以实现笼型异步电动机的无级平滑起动，这种起动方法称为软起动，软起动是由软起动器来实现的，软起动器分磁控式和电子式两种。磁控式软起动器由一些磁性自动化元件（如磁放大器、饱和电抗器等）组成，由于它们体积大故障率高，现已被电子软起动器取代。下面简单介绍电子软起动器的四种起动方法：

1）斜坡电压起动法。用电子软起动器实现电动机起动时定子电压由小到大斜坡线性上升，这种方法用于重载软起动。

2）限流或恒流起动方法。用电子软起动器实现电动机起动时限制起动电流或保持恒定的起动电流，这种方法用于轻载软起动。

3）电压控制起动法。用电子软起动器控制电压，保证电动机起动时产生较大的起动转矩，这是一种较好的轻载软起动法。

4）转矩控制起动法。用电子软起动器实现电动机起动时起动转矩由小到大线性上升，这种方法起动的平滑性好，能够降低起动时对电网的冲击，是较好的重载软起动方法。

目前，一些生产厂家已经生产出各种类型的电子软起动装置，供不同类型的用户选用。在实际应用中，当笼型异步电动机不能采用全压起动时，应首先考虑选用电子软起动方法。

例 4-4　一台三相笼型电动机，$P_N=1000\text{kW}$，$U_N=3\text{kV}$，$I_N=235\text{A}$，$n_N=593\text{r/min}$，$k_I=6$，$k_{st}=1$。最大允许冲击电流为 950A，负载要求起动转矩不小于 7500Nm，计算下列起动方法时的起动电流和起动转矩，并判断每一种起动方法是否满足要求？（1）直接起动；（2）定子串电抗降压起动；（3）采用 Y—△换接起动。

解　电动机的额定转矩

$$T_N = 9550\frac{P_N}{n_N} = 9550\times\frac{1000}{593} = 16104.55\text{N}\cdot\text{m}$$

（1）直接起动时的电流

$$I_{st} = k_I I_N = 6\times 236 = 1410(\text{A}) > 950(\text{A})$$

起动转矩

$$T_{st} = k_{st}T_N = 1\times 16104.55 = 16104.55(\text{N}\cdot\text{m}) > 7500(\text{N}\cdot\text{m})$$

起动电流大于允许电流，不满足要求。

（2）定子串联电抗起动，设起动电流为最大冲击电流

$$I'_{st} = 950(\text{A})$$

有

$$\frac{U'}{U_N} = \frac{1}{k} = \frac{I'_{st}}{I_{st}} = \frac{950}{1410} = 0.674$$

则

$$T'_{st} = \frac{1}{k^2}T_{st} = 0.674^2\times 16104.55 = 7315.9(\text{N}\cdot\text{m}) < 7500(\text{N}\cdot\text{m})$$

起动转矩小于负载转矩，电动机不能起动。

（3）采用 Y—△换接起动

起动电流

$$I_{syY} = \frac{1}{3}I_{st} = \frac{1}{3}\times 1410 = 470(\text{A}) < 950(\text{A})$$

起动转矩

$$T_{syY} = \frac{1}{3}T_{st} = \frac{1}{3}\times 16104.55 = 5368.18(\text{N}\cdot\text{m}) < 7500(\text{N}\cdot\text{m})$$

起动转矩小于负载转矩，电动机不能起动。

3. 绕线型异步电动机的起动

降压起动在限制起动电流的同时，大大降低了起动转矩。在需要较大起动转矩的应用场

合，不得不选择价格昂贵的绕线式异步电动机。

绕线式异步电动机的特点是可以在转子回路中接入附加电阻，以改善其起动和调速性能。如果适当增加转子回路电阻，T_{st}就增加，当$r'_2=x_1+x'_2$，则获得最大起动转矩（$T_{st}=T_m$）。同时，转子电阻增大也会使起动电流I_{st}减小，所以绕线式电动机采用转子回路串入电阻起动，外接电阻通常有起动变阻器和频敏变阻器两种。

1）转子回路串起动变阻器起动。如图 4 - 28 所示，绕线式电动机转子三相绕组的端头引线接到集电环上经电刷串入外加电阻（起动变阻器）。起动时，通过集电环、电刷串入起动变阻器，随转速上升逐级切除所串入的起动电阻，以缩短起动过程。起动完毕，起动变阻器退出，并将转子回路短路。

绕线式电动机转子串入电阻的起动过程，可用机械特性曲线说明，如图 4 - 29 所示。a点，转子串入全部起动电阻，起动转矩T_{st}很接近T_m。当起动过程中的转矩小于切换转矩T_2时，切除一段起动电阻瞬间运行点跃变到曲线c点，随转速的升高逐级切除电阻，直到起动电阻被完全短接，回到未串电阻时的曲线g点。当到h点转矩达到平衡时，电动机就在该点稳定运行。

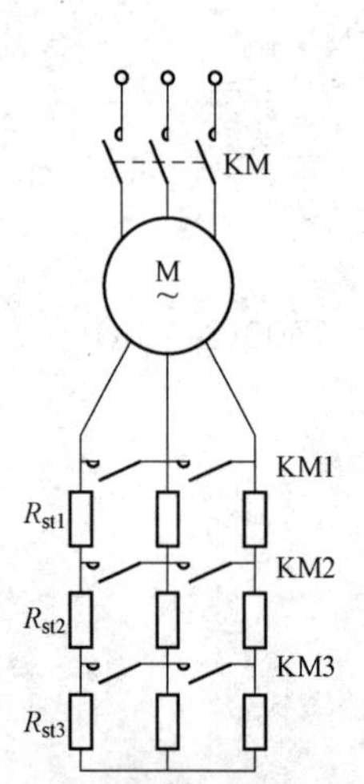

图 4 - 28 三相绕线型异步电动机转子串电阻起动接线图

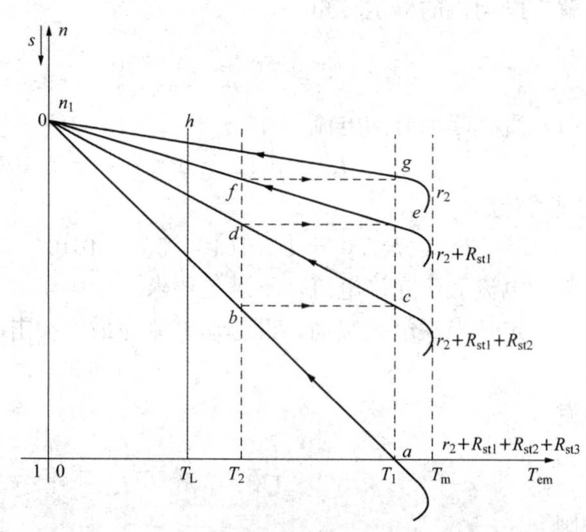

图 4 - 29 转子回路串电阻起动过程机械特性

可见，转子回路串入起动变阻器起动是通过随转速的升高分级切除电阻实现的，电磁转矩突然增加会引起机械冲击，且起动设备较笨重、复杂，维护工作量较大。但选择适当的电阻，可使起动转矩达到最大值，所以重载下的起动一般采用此方法。

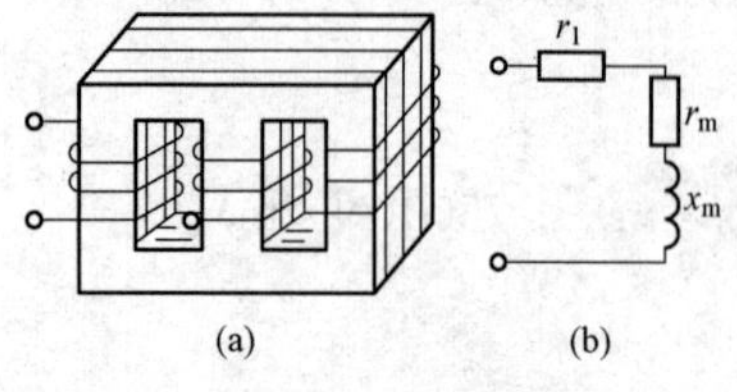

图 4 - 30 频敏变阻器

（a）结构示意图；（b）等效电路

2）转子回路串频敏变阻器起动。频敏变阻器的结构如图 4 - 30（a）所示。频敏变阻器类似于只有一次绕组的三相三柱式变压器，与变压器铁心不同的是，其铁心是由几片到十几片厚钢板或铁板叠成，且铁心间有可调节的气隙。可用类似变压器的分析方法，画出其等效电路如图 4 - 30（b）所示。

频敏变阻器是利用铁心涡流损耗随频率的变化而变化的原理改变起动电阻的。电动机接通电源的瞬间，转速 $n=0$，转子频率 $f_2=f_1=50\text{Hz}$，频敏变阻器铁心中涡流损耗大，故等效电路中电阻 r_m 也大，从而限制了起动电流，增大了起动转矩。随着转速升高，f_2 逐渐降低，频敏变阻器铁心损耗随之逐渐减小，串入转子回路的电阻 r_m 自动减小，因此不需要分级切换电阻就能使电动机迅速而平稳地升至额定转速。

可见，转子回路串入频敏变阻器起动是随着转子转速升高、转子频率降低而自动改变频敏变阻器电阻的，且频敏变阻器静止无触点，结构简单，成本低，所以应用较为广泛。

二、三相异步电动机的调速

三相异步电动机结构简单、坚固耐用、维护方便、造价较低，是电力拖动控制系统中的主要动力源。在生产过程中人为地改变电动机的转速，称为调速。许多机械需要调速，如车床、机车、风机、水泵等。常用闸阀控制，为了节能，则要求从电机本身出发进行电气调速。

异步电动机过去被认为调速性能不好。随着电子电力技术的发展，异步电动机的调速问题已经基本得到了解决，异步电动机的调速性能甚至可以做到等同于直流电动机，剩余的问题就是降低成本、扩大实际应用。

异步电动机的转速公式为

$$n=(1-s)n_1=(1-s)\frac{60f_1}{p} \tag{4-73}$$

从式（4-73）可看出，要改变异步电动机的转速，可从以下几个方面入手。

（1）改变电动机电源的频率 f_1，即变频调速；

（2）改变电动机定子绕组的磁极对数 p，即变极调速；

（3）改变电动机的转差率 s，即改变转差率调速。

1. 变频调速

改变电源的频率 f_1，可以实现平滑而且范围较广的调速。但这需要配备一套变频设备，目前，交流变频调速技术发展得很快，静止的电力电子变频器具有体积小、控制方便的特点。交—直—交变频器和交—直变频器正在得到推广使用。

变频调速的主要优点是无级变速，变速范围大，且具有较硬的机械特性。缺点是它需要一套专门的变频电源，调速系统仍较复杂，设备投资仍较高。但变频调速性能好，在近代无疑是最有发展前途的调速方法。至于变频调速装置及原理在这里就不再作进一步分析，可另见专著。

2. 变极调速

变极调速是通过改变电动机定子绕组的极对数 p 实现的。由于鼠笼式异步电动机转子的磁极对数能自动地随定子磁极对数相应变化，使定、转子极对数始终相等；而绕线式异步电动机转子绕组的磁极对数在转子嵌线时就已确定了，在改变定子磁极对数时，转子绕组必须相应地改变接法，才能得到与定子相同的磁极对数，不容易实现，所以变极调速只适用于鼠笼式异步电动机。

当电源频率 f_1 不变时，改变电动机的极对数 p，电动机的同步转速 n_1 随之成反比变化。若电动机极对数增加一倍，同步转速下降一半，电动机的转速也几乎下降一半，即改变磁极对数可以实现电动机的有级调速。

要改变电动机的极对数，可以在定子铁心槽内嵌放两套不同极对数的定子绕组，但从制造的角度看，很不经济，通常在定子铁心内只装一套绕组，通过改变定子绕组的接法来改变极对数和电动机的转速，此方法叫单绕组变极调速。

定子绕组变极的方法可以通过图 4 - 31 来说明。如定子三相绕组中的 A 相绕组，每相都由两个线圈组串联组成，每个线圈组用一个集中线圈来表示，如图 4 - 31（a）所示，若把 A 相两组线圈 A1X1 和 A2X2 顺向串联，则气隙中形成四极磁场，即 $2p=4$。如图 4 - 31（b）所示，若将绕组中的一组线圈 A1X1 和 A2X2 反向并联（或反向串联），则气隙中形成两极磁场，即 $2p=2$。

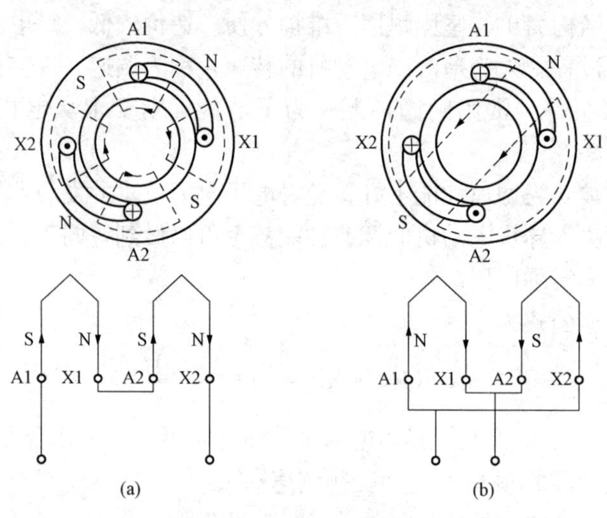

图 4 - 31 变极调速原理

（a）正向串联连接；（b）反向并联连接

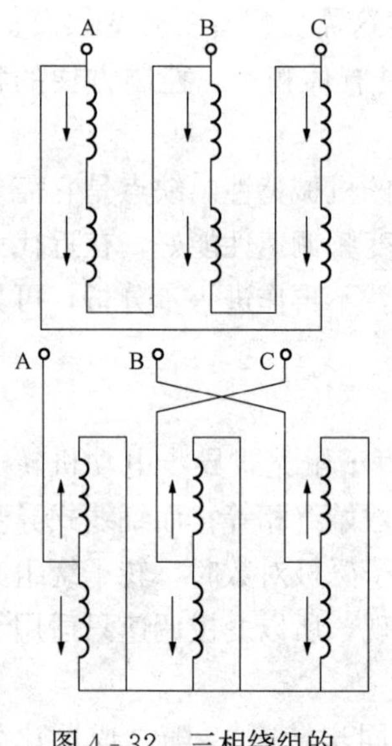

图 4 - 32 三相绕组的△—YY 接法

可见，改变每相定子绕组的接线方式，使其中一半绕组中的电流反向，可使极对数发生改变，这种每相内部通过改变绕组连接来实现变极的方法称为反向变极法，它使得一套绕组能够产生两种同步转速。

一般三相绕组之间的连接最常用的有两种方式，一种是三角形—双星形（△—YY），即低速时接为△，高速时接为 YY；另一种是星形—双星形（Y—YY），即低速接为 Y，高速时接为 YY。如图 4 - 32 所示，给出了△—YY 接法变极调速接线图，若由△接线变为 YY 接线，则磁极对数减小一半，同步转速增加一倍。即实现了变极调速。另外，在高速时在相邻两相之间的空间相位角为 120°，则在改变为低速接法时，由于极数增加一倍，空间相位角变为 240°，也就是说，在变极后，三相之间的相序将改变。为了保证改变转速后电动机转向不变，在改变接线方式的同时，应将任意两个出线端互换。

变极调速的主要优点是设备简单、经济性好。缺点是分级调速平滑性差、电动机出线端头也较多。

3. 改变转差率调速

改变定子电压或改变转子回路的电阻，都可以改变转差率，实现电动机调速的目的。但改变定子电压，转差率变化不大，若电压降低还会使最大转矩 T_m 减小，实际调速效果较差。所以，一般采用改变转子回路电阻来改变转差率调速，此方法只适用于绕线异步电动机。

在讨论转子电阻对绕线式异步电动机转矩特性的影响时，曾经讲过转子回路中的电阻增大，其转矩特性曲线 $T_{em}=f(s)$ 将向转差率增大的方向移动（最大转矩大小不变）。若电动机驱动恒转矩负载，改变转子回路的电阻后，工作点就从原来的点移动到另一个点，转差率改变了，即改变了电动机的转速，参见图 4-29。

另外，当负载转矩恒定时，电动机产生相应的电磁转矩不变，由电磁转矩表达式（4-49）可知，$\frac{r'_2}{s}$=常数，即转子回路电阻与转差率成正比，也就是说，r'_2增大一倍时，s 也相应增大一倍，而比值不变。

这种调速方法简单，而且可以均匀调速，缺点是转子串入电阻使铜耗增加，降低了电动机的效率。

第九节　三相异步电动机在不对称电压下运行

前面分析了三相异步电动机在对称电压下运行的情况，在实际运行中，有时也存在三相电压不对称的情况，例如当电网接有较大的单相负载（电气机车、电炉、电焊机等）或电网发生不对称故障。异步电动机在三相电压不对称情况下运行时，常用对称分量法分析。异步电动机定子绕组为无中线的星形或三角形接线，所以线电压中无零序分量，线电流中也无零序分量。因此，只需分析正序和负序系统，最后再用叠加原理将正序分量和负序分量的结果叠加起来即可。

若异步电动机在不对称电压下运行，则可将不对称的电压分解为正序电压分量和负序电压分量。对称的正序电压作用在定子上产生正序电流 $\dot{I}_+$，建立幅值恒定并以同步转速 n_1 沿转子转向（正向）旋转的正向旋转磁场 $\dot{\Phi}_+$，因旋转磁场 $\dot{\Phi}_+$ 与转子转向相同，转子转速为 n，所以对正向旋转磁场转子的转差率为

$$s_+=\frac{n_1-n}{n_1} \tag{4-74}$$

正向旋转磁场和正序转子电流相互作用，产生正向电磁转矩 T_{em+}。

同理，对称的负序电压作用在定子上产生负序电流，建立幅值恒定也以同步速 n_1 沿转子反方向旋转的反向旋转磁场 $\dot{\Phi}_-$。因转子转向与 $\dot{\Phi}_-$ 的转向相反，二者之间存在相对运动转速为 n_1+n，所以对反向旋转磁场转子的转差率为

$$s_-=\frac{n_1+n}{n_1}=\frac{n_1+n+n_1-n_1}{n_1}=2-\frac{n_1-n}{n_1}=2-s_+ \tag{4-75}$$

反向磁场 $\dot{\Phi}_-$ 和负序转子电流相互作用，产生反向电磁转矩 T_{em-}。由于反向旋转磁场 $\dot{\Phi}_-$ 与转子转向相反，所以反向电磁转矩 T_{em-} 为制动性质转矩。

当正、负序电压同时存在时，只需将上述两种情况的结果叠加，其合成转矩为 $T_{em+}+$

T_{em-}。

在负序等效电路中，经过折算后的转子等效电阻应为$\frac{r'_2}{2-s_+}$。由于电动机负序阻抗较小，即使在较小的负序电压作用下，也可引起较大的负序电流，造成电机发热，且使合成转矩减小。因此，不允许异步电动机长期在不对称电压下运行。

第十节 其他异步电机

一、单相异步电动机

单相异步电动机适用于只有单相电源的场所，主要用于电动工具、家用电器上。

单相异步电动机由单相电源供电，使用方便，广泛应用于家电、电动工具、医疗器械中。与同容量的三相异步电动机比较而言，单相异步电动机的体积大、运行性能较差，所以单相电动机只做成小容量的。

单相异步电动机通常在定子上装有两个分布绕组，一个称为工作绕组（主绕组），另一个称为起动绕组（辅绕组），这两个绕组通常在空间错开 90°电角度。转子是普通的笼型转子。

根据两个定子绕组的分布及供电情况的不同，可以产生不同的起动和运行性能。单相异步电动机类型有：①单相电阻分相起动异步电动机；②单相电容分相起动异步电动机；③单相电容运转异步电动机；④单相电容起动与运转异步电动机；⑤单相罩极式异步电动机。本节主要分析单相异步电动机的工作原理和起动的有关问题。

1. 单相异步电动机的工作原理

当单相异步电动机的工作绕组接通单相正弦交流电源后，便产生一个脉动磁场。一个脉动磁场可以分解为幅值相同、转速相同、旋转方向相反的两个旋转磁场。把与转子旋转方向相同的称为正向旋转磁场，用$\dot{\Phi}_+$表示，把与转子旋转方向相反的称为反向旋转磁场，用$\dot{\Phi}_-$表示。与普通三相异步电动机一样，正向和反向旋转磁场均切割转子导体，并分别在转子导体中感应电动势和电流，产生相应的电磁转矩。由正向旋转磁场所产生的正向转矩T_{em+}企图使转子沿正向旋转磁场方向旋转，而反向旋转磁场所产生的反向转矩T_{em-}企图使转子沿反向旋转磁场方向旋转。T_{em+}与T_{em-}方向相反，单相异步电动机的电磁转矩为两者产生的合成转矩。

若电动机的转速为n，则对正向旋转磁场而言，转差率为

$$s_+=\frac{n_1-n}{n_1} \tag{4-76}$$

而对反向旋转磁场而言，转差率为

$$s_-=\frac{n_1+n}{n_1}=2-\frac{n_1-n}{n_1}=2-s_+ \tag{4-77}$$

按照三相异步电动机的分析方法，可画出正向旋转磁场和反向旋转磁场分别产生的$T_{em}=f(s)$，两条曲线叠加就得到了单相异步电动机的转矩特性曲线，如图 4-33 所示。

从曲线上可以看出：①单相异步电动机无起动转矩，不能自行起动。这是由于$s=1$时，$T_{em}=T_{em+}+T_{em-}=0$。若不采取其他措施，电动机不能自起动。②若外施转矩使转子正转

时，合成转矩 T_{em} 为正，此时如果合成转矩大于负载转矩，转子将沿着正向旋转磁场的方向继续转动下去，反之，若外施转矩使转子反转时，合成转矩 T_{em} 为负，此时如果合成转矩大于负载转矩，转子则沿着反向旋转磁场的方向继续转动下去。可见，单相异步电动机没有固定的转向，它运行时的转向取决于起动时的外施转矩（起动转矩）的方向。

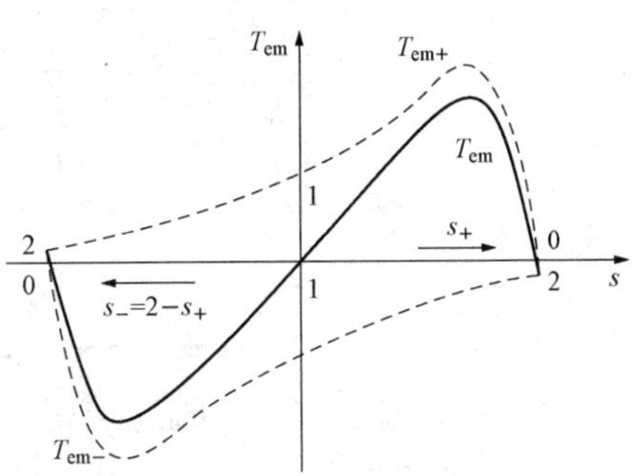

图 4-33　单相异步电动机的转矩特性曲线

2. 单相异步电动机的起动方法

如上所述，单相异步电动机不能自行起动，但若能有一个起动转矩，则可使电动机按起动转矩的方向转动。也就是说，单相异步电动机不能产生起动转矩的根本原因，在于单相绕组产生的是脉动磁场，因此，设法使电动机产生一个旋转磁场，是解决单相异步电动机起动的关键。常用的起动方法有分相起动和罩极起动两种。

（1）分相起动：

1）电容分相起动电动机。为产生起动时的旋转磁场，除工作绕组外，在定子铁心上与主绕组空间相距 90°电角度处装一个起动绕组，起动绕组与电容 C 串联后与工作绕组并联在同一个单相电源上，如图 4-34 所示。在空间相位差 90°的两个绕组，选择适当的电容值，可使两绕组中流过时间相位差 90°的电流，如图 4-35 所示，产生一个圆形旋转磁场，从而产生较大的起动转矩，当电机转速升高到 75%～80%同步速时，离心开关 K 自动断开切除起动绕组，工作绕组仍接在电源上正常工作。这种电机称为电容起动电动机。

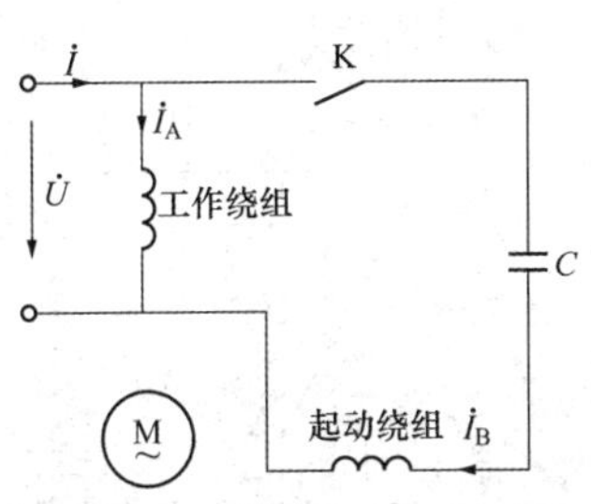

图 4-34　分相起动电动机

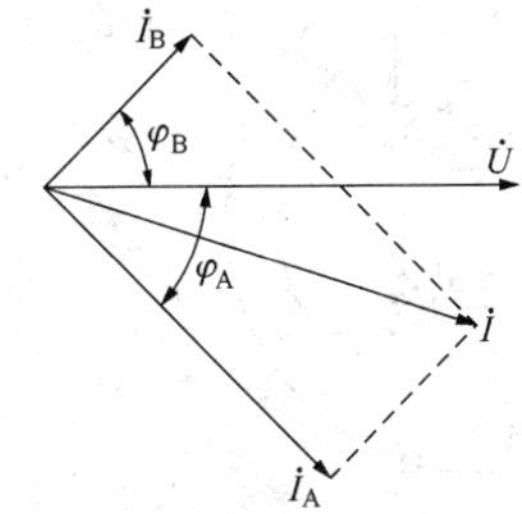

图 4-35　电容分相时相量图

2）电容起动运转电动机。有的单相电动机的起动绕组是按长时间工作设计的，正常运行时起动绕组仍连接在电路上。这种电动机的起动绕组中串联一个适当数值的电容器，如图 4-36 所示，使电流呈容性，比工作绕组的感性电流超前约 90°，由于正常运行中仍接入一个电容，所以还可提高功率因数，改善运行性能，这种电动机就称为电容式单相异步电动机。

3）电阻分相起动。这种单相电动机除了一个工作绕组外，还有一个起动绕组，两个绕组的阻抗值不同，这样也可以使起动绕组电流 $\dot{I}_B$ 超前工作绕组电流 $\dot{I}_A$ 一定的相位角，如图 4-37 所示，两电流产生椭圆形的旋转磁场。与电容分相起动相比，电阻分相产生的气隙旋转磁场椭圆度较大，即负序磁场较强，因此起动转矩要小一些。电阻分相的优点在于，一般起动绕组不需要串联电阻，只是在设计时，使匝数多，导线截面积小，电阻就大了，因此运行时可靠性高。

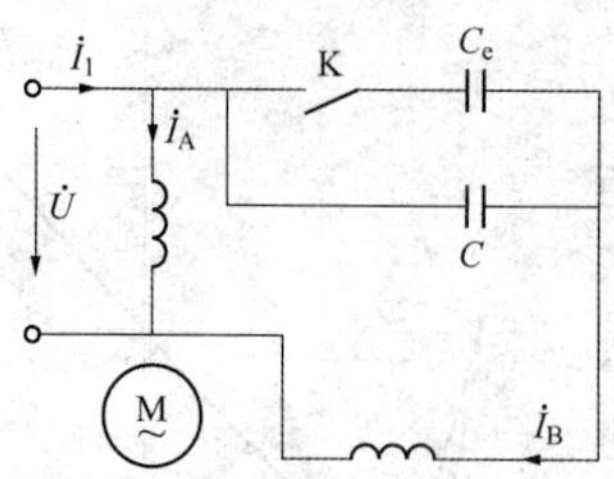

图 4-36 电容起动运转电动机

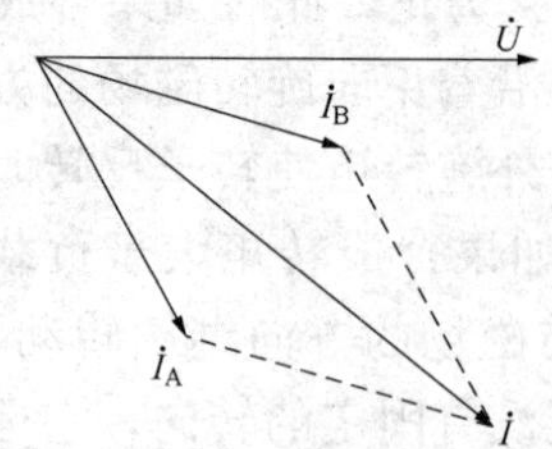

图 4-37 电阻分相时相量图

(2) 罩极起动。罩极电动机的定子铁心通常为凸极式，凸极上套装一个集中绕组，称为工作绕组。在凸极极靴表面$\frac{1}{3}\sim\frac{1}{4}$处开有一凹槽，把凸极分为两部分，在极靴较窄的那部分(称为罩极)上套一个很粗的短路铜环，称为罩极绕组。如图 4-38 所示。当工作绕组通入单相交流电流时，产生脉动磁通，一部分磁通 $\dot{\Phi}_1$ 不穿过短路铜环，一部分磁通 $\dot{\Phi}_2$ 过短路铜环，根据楞次定律，$\dot{\Phi}_2$ 在短路铜环中所产生的感应电流将反对罩极中磁通的变化，使得穿过短路铜环的合成磁通为 $\dot{\Phi}_3$，这样极面下的磁通分成两部分 $\dot{\Phi}_1$（不穿过罩极绕组）和 $\dot{\Phi}_3$（穿过短路环的总磁通），这两部分磁通不仅在空间，而且在时间上都存在着相位差，如图 4-39 所示。于是，在磁极的端面上就产生一个移动的磁场，转子受到这个“局部的旋转磁场”的作用，就能自行起动。

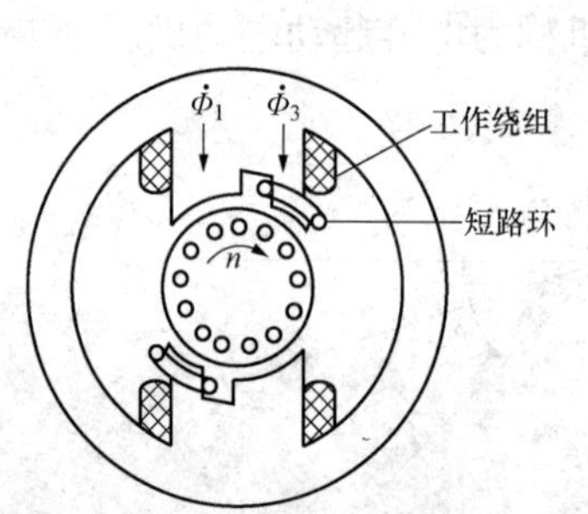

图 4-38 罩极电动机结构示意图

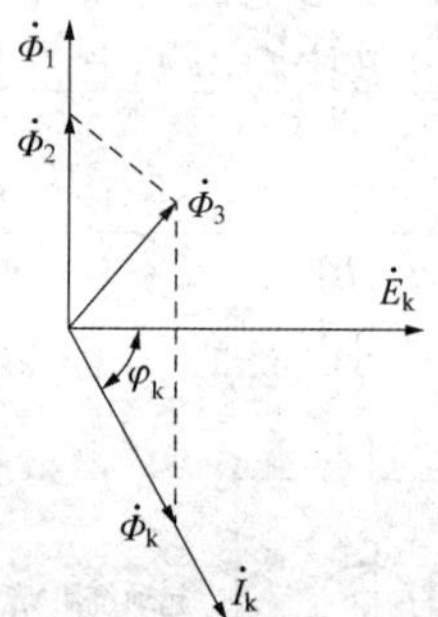

图 4-39 罩极电动机起动时磁通相量图

罩极电动机定子磁场移动的方向，是从磁极未罩部分移向被罩部分。因此，转子的旋转方向也是从磁极未罩部分向被罩部分转动。

罩极电动机结构简单，运行可靠，但起动转矩小，所以常用于对转矩要求不高且不需改变转向的小型电动机中，如用于小电扇、电唱机、录音机中。

二、深槽式和双笼型异步电动机

普通的笼型异步电动机具有结构简单、造价低、运行稳定、效率高等优点，但其起动性能较差；而绕线型异步电动机能通过转子回路串电阻改善起动性能，但其结构复杂、成本高。为了使异步电动机结构简单又有良好的起动性能，通过改进电动机的内部结构，采用特殊槽形的转子，制成了深槽式和双笼型异步电动机。

1. 深槽式异步电动机

深槽式异步电动机定子与普通异步电动机的定子完全相同，不同之处是转子的槽深而窄，通常槽深 h 与槽宽 b 之比为 10～12，相应的转子导条截面也高而狭。当转子导条中通过电流时，槽漏磁通的分布不是均匀的，如图 4-40（a）所示。与导条底部相交链的漏磁通比槽口部分所交链的漏磁通要多得多，所以槽底部漏电抗大，槽口漏电抗小。

起动时，$s=1$，转子电流频率最高，即 $f_2=f_1$，转子漏电抗较大，远远大于转子电阻，所以转子电流分布主要取决于漏电抗的大小。由于槽口漏电抗小于槽底漏电抗，所以靠近槽口处的导条中电流密度较大，靠近槽底处则很小，沿槽高的电流密度 j 分布，如图 4-40（b）所示，大部分电流集中在槽口部分的导体中，这种现象称为电流的集肤效应。电流集中到槽口，其效果相当于减小了导条的有效截面，转子有效电阻增大，如同起动时转子回路串入了一个附加电阻，达到了限制起动电流、增大起动转矩的作用。

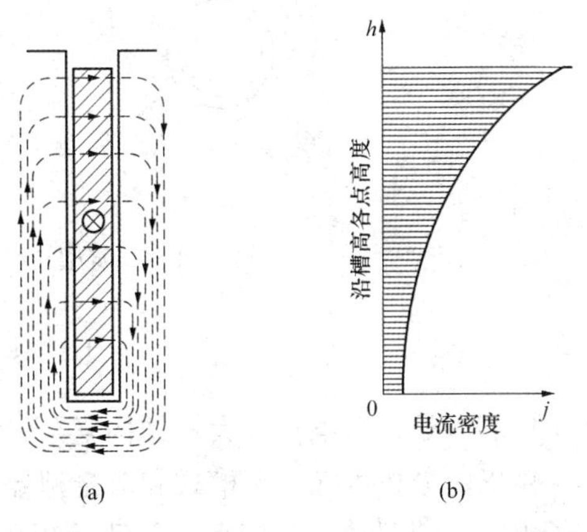

图 4-40　深槽转子导条中电流的集肤效应
（a）槽漏磁通的分布；（b）电流密度分布

随着转速不断升高，转差率减小，转子电流频率 $f_2=sf_1$ 逐渐减小，集肤效应逐渐减弱，转子有效电阻自动减小。当起动完毕，电动机正常运行时，转差率 s 很小，转子电流频率很低（仅 0.5～3Hz），转子漏电抗很小，远小于转子电阻，转子电流分布主要取决于电阻的大小，转子导条内电流按电阻均匀分布，集肤效应基本消失，相当于转子导条截面又自动增大，转子电阻也自动减小。这样，正常运行时也不会增加转子的铜耗。

可见，深槽式异步电动机与普通电动机相比，具有较大的起动转矩和较小的起动电流，但深槽会使槽漏磁通增多，致使电机的功率因数、最大转矩及过载能力稍低。

2. 双笼型异步电动机

双笼型异步电动机定子与普通异步电动机的定子完全相同，主要区别也在于转子，转子上具有两套笼型绕组，如图 4-41（a）所示。外笼的导条截面积较小，并用电阻系数较大的材料制成（黄铜或铝青铜等），所以外笼的电阻较大。内笼导条的截面积大，并用电阻系数较小的材料制成（紫铜），所以内笼电阻较小。由于内笼处于铁心内部，交链的漏磁通多，外笼靠近转子表面，交链的漏磁通较少，故内笼的漏电抗较外笼漏电抗大得多。

双笼型电动机与深槽式电动机起动原理相似。起动时，转子电流频率较高，转子漏电抗大于电阻，转子电流分布主要取决于漏电抗。内笼漏电抗大于外笼，所以电流主要在外笼中流过。外笼电阻大，所以可以降低起动电流，增大起动转矩。由于起动时外笼起主要作用，故称外笼为起动笼。

起动过程结束后，电动机正常运行，转差率很小，转子电流频率很低，转子漏电抗远小于电阻。转子电流分布主要取决于电阻，于是电流就从电阻较小的内笼流过，相当于转子电阻自动减小，正常运行时转子铜耗较小。由于内笼在运行时起主要作用，故称内笼为运行笼或工作笼。

事实上，双笼型异步电动机内笼和外笼同时流过大小不等的电流，总的电磁转矩由两个笼共同产生，其转矩特性曲线如图 4-41（b）所示。

从曲线可见，双笼型异步电动机具有较大的起动转矩，较好的运行性能。但其工作绕组

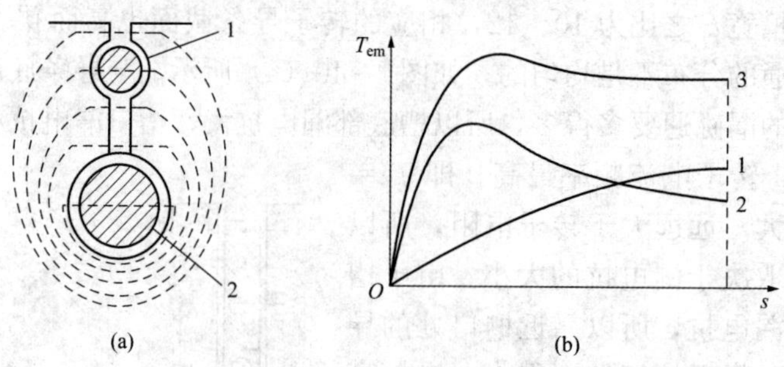

图 4-41 双笼型转子绕组中漏磁通的分布和转矩特性

(a) 漏磁通的分布；(b) 转矩特性

1—外笼；2—内笼；3—合成

嵌于铁心深处，漏电抗较大，结构复杂，价格较贵。

由以上分析可知，深槽式和双笼型异步电动机都是利用电流的集肤效应来增大起动时的转子电阻，使起动电流较小，起动转矩增大来改善起动性能的。这两种电动机起动性能优良，一般都能带额定负载起动，双笼型电动机可以重负载起动。因此，大容量、高转速电动机一般都制成深槽式或双笼型。

三、双馈异步发电机

1. 双馈发电机概述

双馈发电机是风力发电领域应用广泛的一种发电机，它实质上是一种绕线式转子异步电机，由于其定、转子都能向电网馈电，故简称双馈发电机。双馈发电机将转子绕组作为独立的励磁绕组，功率因数可调，所以又称为交流励磁电机。双馈风力发电系统主要由风力机、增速箱、双馈发电机、双向变流器和控制器构成，其原理框图如图 4-42 所示。

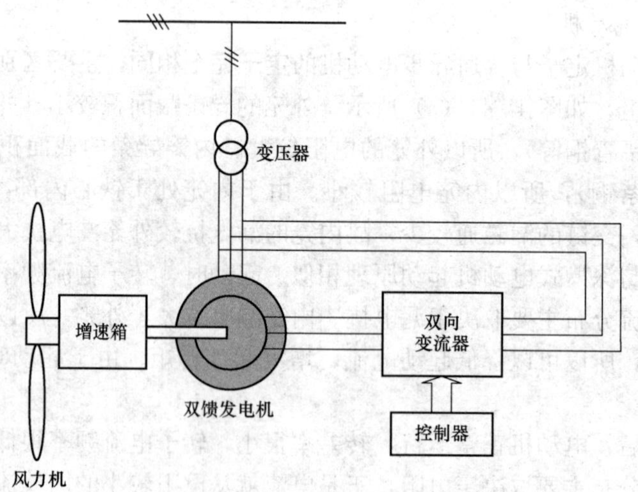

图 4-42 双馈风力发电系统原理框图

2. 双馈发电机基本工作原理

假设双馈发电机的定转子绕组均为对称三相绕组，电机的极对数为 p，根据旋转磁场理论，当定子对称三相绕组施以对称三相电压，有对称三相电流流过时，会在电机的气隙中形

成一个同步转速 n_1 的旋转磁场，定子侧频率、极对数和同步转速之间关系如下

$$n_1 = \frac{60f_1}{p} \tag{4-78}$$

同理，在转子三相对称绕组上通入频率为 f_2 的三相对称电流，所产生旋转磁场相对于转子本身的旋转速度为

$$n_2 = \frac{60f_2}{p} \tag{4-79}$$

根据机电能量转化理论，定子和转子的旋转磁场速度相对静止，转子转速 n、同步转速 n_1 和转子磁场相对转子转速 n_2 三者之间的关系应满足

$$n \pm n_2 = n_1 \tag{4-80}$$

联立式（4-78）、式（4-79）、式（4-80），可以得出

$$f_1 = \frac{np}{60} \pm f_2 \tag{4-81}$$

式（4-81）表明，双馈发电机的转子转速发生变化时，通过控制转子侧励磁电流的频率，则在定子绕组中产生的反电势可以保持在工频，实现变速恒频发电。当发电机的转速低于气隙旋转磁场的转速时，为了保证发电机发出的频率与电网频率一致，需要双向变流器向发电机转子提供正相序励磁，给转子绕组输入一个产生旋转磁场方向与转子机械方向相同的励磁电流，转子的电流必须与转子的感应电动势反方向，定子向电网馈送电功率，而转子绕组吸收功率。当发电机的转速高于气隙旋转磁场的转速时，为了保证发电机发出的频率与电网频率一致，需要给转子绕组输入一个产生旋转磁场方向与转子机械方向相反的励磁电流，此时变流器向发电机转子提供负相序励磁，转子绕组发出功率，定子绕组向电网发出功率；当发电机的转速等于气隙旋转磁场的转速时，变流器应向转子提供直流励磁，定子仍然向电网馈送电功率。

双馈发电机的转差率 $s=\frac{n_1-n}{n_1}$，则双馈发电机转子三相绕组内通入的电流频率应为

$$f_2 = \frac{pn_2}{60} = sf_1 \tag{4-82}$$

因此，转子侧励磁频率也称为转差频率。

根据电机转子转速的变化，双馈发电机可有以下三种运行状态：

1）亚同步运行状态：在此种状态下 $n<n_1$，由转差频率为 f_2 的电流产生的旋转磁场转速 n_2 与转子的转速方向相同，因此有 $n+n_2=n_1$。

2）超同步运行状态：在此种状态下 $n>n_1$，改变通入转子绕组的频率为 f_2 的电流相序，则其所产生的旋转磁场的转速 n_2 与转子的转速方向相反，因此有 $n-n_2=n_1$。

3）同步运行状态：在此种状态下 $n=n_1$，转差频率 $f_2=0$，这表明此时通入转子绕组的电流频率为 0，也即直流电流。

改变转子励磁的相位时，由转子电流产生的转子磁场在气隙空间的位置上有一个位移，这就改变了发电机电动势与电网电压相量的相对位移，也就改变了电机的功率角。这说明电机的功率角也可以进行调节。所以交流励磁不仅可调节无功功率，还可以调节有功功率。

3. 单机运行的双馈发电机

双馈发电机可以单独带负载运行，因此首先解决自励磁问题。在定子端点并联一组对称

三相电容，接线如图 4-43（a）所示，利用电容器提供双馈发电机所需的励磁电流 I_c［见图 4-43（b）］，实现双馈发电机的自励。

双馈发电机的建压过程与并励直流发电机类似，是一个自励过程。发电机转子上存在一定的剩磁，当原动机带动转子转动时，转子剩磁切割定子绕组，产生感应电动势 E_s，经电容产生电流，该电流流过定子绕组，产生与剩磁方向一致的定子磁动势，使气隙磁场得到加强，使发电机的电压逐步建立起来，如图 4-43（b）所示。图中，曲线 1 为空载特性曲线，可由双馈发电机空载实验求得，直线 2、3 为接不同电容时的电容线，电容值较大，α 角越小，则端电压越高。若发电机所接电容对应直线 2，则自励过程一直进行到空载特性曲线与电容线的交点 A 才结束。因此，电容 C 要足够大，使电容线与双馈发电机的空载特性曲线 1 交于正常的运行点，才能产生额定端电压。

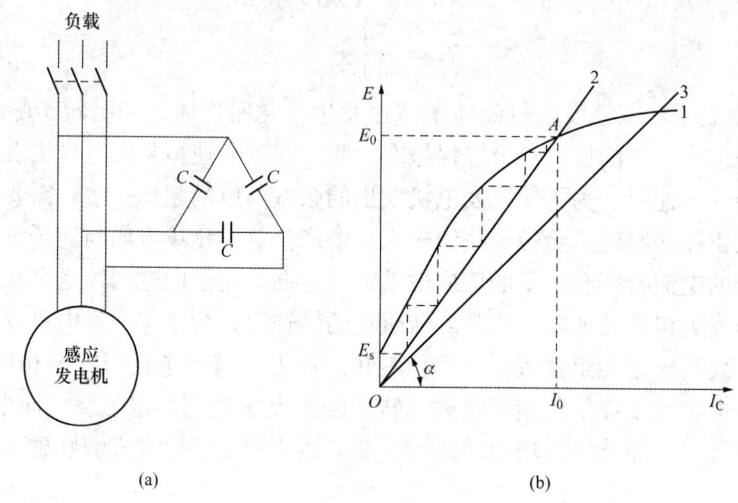

图 4-43　自励双馈发电机

（a）接线图；（b）建压过程

单机负载运行时，感应发电机的电压和频率将随负载的变化而变化，为保持电压和频率恒定，必须相应地调节原动机的驱动转速和电容的大小，给应用带来不便。所需电容容量大，价格贵且笨重，因此一般用于供电系统无法到达且对电压和频率要求不高的场合。

4. 与电网并联运行的双馈发电机

将双馈电机用原动机拖动，并在转子中加入励磁时，转子电流将会产生有功功率，该有功功率通过气隙旋转磁场的作用，传递到定子并供给电网，而形成气隙旋转磁场和定转子漏磁场所需的无功功率，仍然由电网供给。

并网运行的双馈发电机具有如下特点：

1）端电压和频率始终受到电网的约束而与电网保持一致。

2）建立磁场的励磁电流由电网提供，增加了电网的无功负担。

3）双馈发电机起动和并入电网都很方便，易于自动控制，不会发生振动或失步。

因此，双馈发电机制造方便、价格低廉，在风力和水力发电站中得到了较广泛的应用。

小　结

三相异步电动机的工作原理可以简述为：①定子三相对称绕组流过三相对称电流产生旋转磁场；②转子导体切割旋转磁场产生感应电动势和感应电流；③转子感应电流（有功分量）与旋转磁场相互作用产生电磁转矩，驱动电动机旋转。

转差率 s 是三相异步电机的一个重要物理量，定义式为

$$s=\frac{n_1-n}{n_1}$$

按着转差率的不同，异步电机可分为电动机运行状态（$0<s<1$）、发电机运行状态（$-\infty<s<0$）和电磁制动运行状态（$1<s<\infty$）。

根据转子结构不同三相异步电动机分为笼型和绕线式两大类，笼型转子绕组是两端短路的多相对称绕组；绕线式转子绕组是由集电滑环引出，经附加电阻短路的三相对称绕组。

三相异步电动机的额定功率是指从转轴上输出的机械功率，额定值之间的关系为

$$P_N=\sqrt{3}U_N I_N\cos\varphi_N\eta_N$$

三相异步电动机的基本电磁关系与变压器的电磁关系很相似，可以利用变压器的分析方法分析三相异步电动机的电磁关系。

三相异步电动机是旋转电机，其定、转子磁场都是旋转磁场。但无论电机转速如何，定、转子磁动势在空间相对静止，所以由定子磁动势和转子磁动势共同建立稳定的气隙磁场。气隙旋转磁场在转子绕组中的感应电动势的频率为 $f_2=sf_1$。

频率折算就是要用一个静止的转子电路代替实际旋转的转子系统，电机轴上的总机械功率用附加电阻 $r_2\frac{1-s}{s}$ 上的电功率等效；绕组折算就是用一个和定子绕组具有相同相数、匝数和绕组系数的等效转子绕组，来代替实际的转子绕组。等效电路是分析异步电动机的重要手段。

由三相异步电动机功率平衡关系及 T 型等效电路可获得两个重要关系，$p_{Cu2}=sP_{em}$，$P_\Omega=(1-s)P_{em}$。为了减小转子铜损耗，提高电机效率，异步电动机正常运行时转差率很小。

三相异步电动机的电磁转矩是由定子主磁场与转矩转子电流的有功分量共同作用产生的。三相异步电动机的电磁转矩和转差率之间的关系 $T_{em}=f(s)$ 称为转矩特性，而转速与电磁转矩之间的关系 $n=f(T_{em})$ 称为电动机的机械特性。电动机的最大电磁转矩与电源电压、频率大小有关，与转子回路的电阻大小无关；临界转差率与电源电压无关，与电动机转子的电阻大小有关；起动转矩与电源电压、频率及定、转子的阻抗大小有关。带恒转矩负载时，三相异步电动机稳定运行的转差率范围是 $0<s<s_m$。

三相异步电动机的工作特性可以用来判断异步电动机运行性能的好坏。异步电动机的效率和功率因数都是在额定负载附近达到最大值，电动机容量与负载容量一定要相匹配。

异步电动机的参数测定方法与变压器相似，也是通过空载和短路（堵转）实验测量和计算。

三相异步电动机的起动分笼型电动机起动和绕线型电动机的起动。笼型异步电动机的起

动包括直接起动、降压起动和软起动，降压起动是为了降低起动电流，Y—△变换起动适用于三角形连接的电动机，其起动电流和起动转矩均为直接起动时的 1/3。绕线型异步电动机的起动包括转子回路串电阻或频敏变阻器起动，其起动电流小、起动转矩大。

三相异步电动机的调速方法有变极调速、变频调速和变转差率调速三种。变极调速是通过改变定子绕组接线方式来改变电机的极数，实现电机转速的变化。变频调速是现代交流调速技术的主要方向，它可以实现无级调速。变转差率调速包括改变绕线型转子电阻调速、改变定子电压调速和串级调速。

三相异步电动机在不对称电压下运行时，会产生一个很大的负序电流，所以不允许长期在不对称电压下运行。

单相异步电动机没有起动转矩，所以经常采用分相起动和罩极起动，从本质上讲，单相异步电动机是两相异步电动机。

深槽式和双笼型异步电动机是利用集肤效应的原理来改善起动性能的。

双馈异步发电机实质上是绕线式异步发电机，当转子转速发生变化时，通过控制转子侧励磁电流的频率，则在定子绕组中产生的反电动势可以保持在工频，实现变速恒频发电。

思考题与习题

4-1 简要叙述三相异步电动机的基本工作原理。如何使一台三相异步电动机反向旋转？“异步”的含义是什么？

4-2 三相异步电动机的气隙为什么要做得很小？增大电机的气隙对空载电流、漏电抗有何影响？

4-3 什么是转差率？为什么异步电动机不能在转差率 $s=0$ 时正常工作？

4-4 如何根据转差率来判断异步机的运行状态？异步电机作发电机运行时，电磁转矩的性质如何？

4-5 三相异步电动机转子回路哪些物理量与转差率有关？试分析转差率 s 对这些物理量的影响？

4-6 三相异步电动机定子绕组与转子绕组没有直接联系，为什么负载增加时，定子电流和输入功率会自动增加，试说明其物理过程。从空载到满载，电机主磁通有无变化？

4-7 三相异步电动机的等效电路中$\frac{1-s}{s}r'_2$代表什么意义？能否用电感或电容代替？为什么？空载运行、起动瞬间和额定运行这三种情况下附加电阻所消耗的功率大小有何不同？

4-8 三相异步电动机的功率因数 $\cos\varphi_1$ 为什么总是滞后的？

4-9 三相异步电动机带额定负载运行时，如果电源电压下降，则对 T_m、T_{st}、Φ、I_2、s 有何影响？若电源电压下降过多，会产生什么严重后果？试分析其原因。

4-10 一台三相绕线式异步电动机，如果（1）转子电阻增大；（2）转子漏抗增大；（3）定子电源频率增大时，对最大电磁转矩、临界转差率及起动转矩有何影响？

4-11 普通笼型异步电动机在额定电压下起动时，为什么起动电流很大而起动转矩不大？

4-12 一台三相笼型异步电动机的铭牌上标明：定子绕组接法为 Y/△，额定电压为

380/220V，当电源电压为380V时，能否进行Y—△变换起动？为什么？

4-13　为什么变极调速适合于笼型异步电动机，而不适合绕线型异步电动机？为什么变极调速时需要同时改变电源的相序？

4-14　三相绕线式异步电动机转子回路串入适当的电阻可以增大起动转矩，串入适当的电抗时，是否也有相似的效果？

4-15　将一台三相绕线式异步电动机的定子绕组短路，在转子绕组中通入频率为 f_1 的三相交流电，设气隙旋转磁场相对于转子的旋转方向为顺时针，试问此时转子的转向及气隙磁场相对于定子和转子的转向与转速如何？

4-16　与普通笼型异步电动机相比，深槽型或双笼型电动机在额定电压下起动时，起动电流较小而起动转矩较大，为什么？

4-17　当三相异步电动机在额定电压下运行时，如果转子突然被卡住，会产生什么后果？为什么？

4-18　为什么三相异步电动机不宜长期在三相不对称电压下运行？

4-19　单相异步电动机为什么不能自行起动？怎样才能使它起动起来？

4-20　三相异步电动机起动时，如果电源一相断线，电动机能否起动？如果绕组一相断线，电动机能否起动？Y、△接线情况是否一样？如果带轻负载运行中电源或绕组一相断线，能否继续旋转？

4-21　双馈发电机如何实现变速恒频发电的？

4-22　一台三相异步电动机，$P_N=5.5$kW，Y/△接线，380/220V，$\cos\varphi_N=0.8$，$\eta_N=0.8$，$n_N=1450$r/min，求：

(1) 电动机接成Y形或△形时的额定电流；

(2) 同步转速 n_1 和电机的磁极对数 p；

(3) 额定负载时转差率 s_N？

4-23　一台八极三相异步电动机，$f_1=50$Hz，$s_N=0.04$，求：

(1) 电机的额定转速 n_N 为多少？

(2) 在额定状态时改变电源相序，求反接瞬间时的转差率？

4-24　一台六极三相异步电动机，$U_N=380$V，定子△联接，50Hz，$P_N=7.5$kW，$n_N=960$r/min，额定负载时 $\cos\varphi_1=0.824$，$p_{Cu1}=474$W，$p_{Fe}=231$W，$p_{mec}=45$W，$p_{ad}=37.5$W，试计算额定负载时：

(1) 转差率 s_N；

(2) 转子电流的频率 f_2；

(3) 转子铜耗 p_{Cu2}；

(4) 效率 η；

(5) 定子电流 I_1？

4-25　已知一台三相异步电动机的数据为：$U_N=380$V，定子△连接，50Hz，$n_N=1426$r/min，$r_1=2.865\Omega$，$x_1=7.71\Omega$，$r'_2=2.82\Omega$，$x'_2=11.75\Omega$，I_0 忽略不计，试求：

(1) 极数 p；

(2) 同步转速 n_1；

(3) 额定负载时的转差率 s_N 和转子频率 f_2；

（4）额定负载时的定子电流 I_1、输入功率 P_1 和定子功率因数 $\cos\varphi_1$？

4-26 一台三相四极异步电动机，$P_N=5.5kW$，$U_N=380V$，50Hz，在某种运行情况下，$P_1=6.32kW$，$p_{Cu1}=341W$，$p_{Cu2}=237.5W$，$p_{Fe}=167.5W$，$p_{mec}=45W$，$p_{ad}=239W$。计算在该运行情况下，电动机的效率 η、转差率 s、转速 n、空载转矩 T_0 和电磁转矩 T_{em}？

4-27 一台三相笼型异步电动机，$U_N=380V$，$I_N=20A$，定子绕组△连接，$k_I=7$，$k_{st}=1.4$，求：

（1）若保证满载起动，电网电压不得低于多少？

（2）采用 Y—△换接起动时，起动电流为多少？能否半载起动？

4-28 一台过载能力 $k_m=2$ 的三相异步电动机，带额定负载运行时，由于电网突然故障，使电网电压下降到额定电压的 80%，问此时电动机是否会停止转动？能否继续长时间运行？为什么？

第四章自测题

一、填空

1. 根据转子结构不同三相异步电动机可分为________和________两类。

2. 三相异步电机的转率 s 在________范围内，电机运行于电动机状态，此时电磁转矩的性质为________；转率 s 在________范围内，电机运行于发电机状态，此时电磁转矩的性质为________。

3. 一台四极三相异步电机，额定转速 $n_N=1540r/min$，则转差率 $s_N=$________，电机工作在________状态。

4. 一台六极三相异步电机，接在 50Hz 的交流电源上，转差率 $s=0.05$，此时电机的转速为________r/min，定子旋转磁场相对转子的转速为________r/min，定子旋转磁场相对转子旋转磁场的转速为________r/min，转子旋转磁场相对定子的转速为________r/min。

5. 三相异步电动机的电磁转矩是________和________共同产生的。

6. 一台三相异步电动机带恒转矩负载运行，当电源 U_1 下降时，最大电磁转矩 T_m________，起动转矩 T_{st}________，电机转速 n________，临界转差率 s_m________，定子电流 I_1________。

7. 一台三相绕线型异步电动机带恒转矩负载运行，若增大转子回路电阻，则最大电磁转矩 T_m________，转差率 s________，临界转差率 s_m________，电机转速 n________，定子电流 I_1________，电磁功率 P_{em}________，转子铜损耗 p_{Cu2}________。

8. 其他条件不变，三相异步电动机的负载转矩增大时，转速________，转子感应电动势________，转子电流________。

9. 一台过载倍数为 2 的三相笼型异步电动机，定子绕组为△接线，在额定转矩下运行，若电源电压不变，定子绕组改为 Y 接线，则电动机的最大转矩为________倍的额定转矩，电动机会________。

10. 绕线型三相异步电动机起动时，通过________来降低起动电流、增大起动转矩，使起动性能得到改善的。在此起动过程中，T_m 将________。

11. 一台 Y 接线的三相异步电动机轻载运行时，一相电源断线，电机________（能、否）继续运行，若停机后________（能、否）起动。

二、判断

1. 转差率在 0～1 范围内时，三相异步电机运行于电磁制动状态。（ ）

2. 三相异步电动机的负载越大，则转速越低，转子旋转磁场相对定子的速度越大。（ ）

3. 无论电机旋转与否，定、转子的旋转磁场总是相对静止的。（ ）

4. 三相异步电动机负载的变化在等效电路中是由转差率 s 的变化来体现的。（ ）

5. 三相异步电动机堵转时，由气隙传递到转子的电磁功率 P_{em} 全变成转子铜损耗 p_{Cu2}。（ ）

6. 三相异步电动机的转子频率 f_2 随负载的增大而增大。（ ）

7. 三相异步电动机的电磁转矩是由气隙磁场 Φ 和转子电流 I_2 共同作用而产生的。（ ）

8. 绕组型三相异步电动机的转子回路电阻越大，则起动转矩也越大。（ ）

9. 变极调速只适用于笼型三相异步电动机。（ ）

10. 三相异步电动机的负载越大，则起动电流越大。（ ）

11. 可以通过改变笼型三相异步电动机的转子电阻大小来调速。（ ）

三、选择

1. 笼型三相电动机的功率因数是（ ）。

A. 超前的　　B. 滞后的

C. 既可以超前，也可以滞后　　D. 与负载性质有关

2. 三相异步电动机定子接三相电源空载运行时，气隙中每极磁通 Φ 的值主要决定于（ ）。

A. 电源电压　　B. 气隙大小

C. 空载电流大小　　D. 磁路饱和程度

3. 三相异步电动机的机械负载愈重，其起动转矩（ ）。

A. 愈大　　B. 愈小

C. 与负载轻重无关　　D. 无法确定

4. 在三相异步电动机等效电路中，对应电磁功率的电阻是：（ ）。

A. $\dfrac{(1-s)r_2'}{s}$　　B. $\dfrac{r_2'}{s}$

C. r_2'　　D. r_m

5. 三相异步电动机负增大，则转子旋转磁动势相对定子的转速（ ）。

A. 增大　　B. 减小

C. 不变　　D. 不能确定

6. 三相异步电动机的气隙越大，则（ ）。

A. 空载电流越大，功率因数越低

B. 空载电流越小，功率因数越高

C. 空载电流越大，功率因数越高

D. 空载电流越小，功率因数越低

7. 三相异步电动机带恒转矩负载运行，若电源电压下降5%，电机稳定后，（ ）。

A. 电磁转矩下降，定子电流增大

B. 电磁转矩下降，定子电流减小

C. 电磁转矩不变，定子电流增大

D. 电磁转矩不变，定子电流减小

8. 运行中的三相异步电动机，若把定子任意两相反接，则电机的转速（ ）。

A. 一直上升　　B. 一直下降到停转

C. 下降到某一转速稳定　　D. 上述都不正确

9. 三相异步电动机等效电路中的电阻$\frac{(1-s)r'_2}{s}$对应的功率为（ ）。

A. 输入功率　　B. 电磁功率

C. 总的机械功率　　D. 输出功率

10. 一台△接线的三相异步电动机轻载运行，若绕组断了一相，则电机（ ）。

A. 能继续运行，停转后不能起动

B. 能继续运行，停转后能起动

C. 不能继续运行，停转后不能起动

D. 不能继续运行，停转后能起动

11. 绕线型三相异步电动机的转子电阻越大，则（ ）。

A. 起动转矩越大，最大电磁转矩越大

B. 起动转矩不变，最大电磁转矩不变

C. 起动转矩先增后减，最大电磁转矩不变

D. 起动转矩先增后减，最大电磁转矩变大

12. 三相异步电动机带恒转矩负载运行，电源电压下降后电机又稳定运行，此时电动机的电磁转矩与降压前相比（ ）。

A. 下降　　B. 增大

C. 不变　　D. 不能确定

四、简答

1. 简要分析三相异步电动机的基本工作原理。

2. 证明三相异步电动机运行时，定子、转子磁场相对静止。

3. 三相异步电动机空载时为什么功率因数很低?

4. 三相异步电动机等效电路中附加电阻$\frac{1-s}{s}r'_2$的物理意义是什么？能否用电感或电容替代？为什么?

5. 画出三相异步电动机的转矩特性曲线，并标出特征转矩？指出电机带恒转矩负载运行时的稳定区域?

6. 星—三角形起动方式适用于三相异步电动机重载起动吗?

五、计算

1. 一台三相异步电动机带额定恒转矩负载在额定电压下、以额定转速n_N运行，$k_m=1.8$，由于某种原因电源电压下降为$90\%U_N$。

（1）利用 $T_{em}=f(s)$ 曲线分析电动机的转速、转子电流、定子电流的变化。

（2）若保证电动机正常运行，电压下降的极限是多少？

2. 一台三相异步电动机，$P_N=28\text{kW}$，$U_N=380\text{V}$，$f_1=50\text{Hz}$，$n_N=950\text{r/min}$，$\cos\varphi_N=0.88$ 额定负载时，$p_{Cu1}+p_{Fe}=2.2\text{kW}$，$p_{mec}+p_{ad}=1.1\text{kW}$，求此时额定转差率 s_N、转子铜损耗 p_{Cu2}、转子频率 f_2、定子电流 I_1、电磁转矩 T_{em}、空载转矩 T_0 及负载转矩 T_2？

3. 一台三相笼型异步电动机，定子绕组为三角形接线，$P_N=40\text{kW}$，$U_N=380\text{V}$，$n_N=2930\text{r/min}$，$\cos\varphi_N=0.85$，$\eta_N=90\%$，$k_I=\dfrac{I_{st}}{I_N}=5.5$，$k_{st}=\dfrac{T_{st}}{T_N}=1.2$，供电变压器允许起动电流为 140A，求：在下列情况下能否采用 Y—△变换起动？

（1）负载为 $0.25T_N$；

（2）负载为 $0.4T_N$。

第五章 三相同步发电机工作原理和运行特性

同步电机是根据电磁感应原理工作的一种旋转电机，其转子转速与定子电流频率维持严格的关系。从运行原理上讲，同步电机既可以用作发电机、也可作为电动机或调相机，实用中同步电机主要作为发电机。本章主要分析同步发电机的电磁关系及运行特性。

［主要内容］

本章介绍同步发电机的基本工作原理、分类、汽轮同步发电机的基本结构、同步发电机的额定值、主要励磁方式，然后先分析三相同步发电机在稳定对称运行时的内部电磁关系、电机的基本方程、等效电路、相量图和各种运行特性，重点分析同步发电机并网后的功角特性、功率调节及静态稳定性等，最后简要分析同步调相运行及同步电动机的运行原理。

［重点要求］

1. 掌握三相同步发电机的基本工作原理和额定值，了解同步发电机的基本结构和主要励磁方式。

2. 掌握同步发电机电枢反应的性质及对发电机的影响。

3. 掌握同步发电机的电动势平衡方程、等效电路、相量图。

4. 掌握同步发电机的运行特性及参数的实验求取方法。

5. 掌握同步发电机投入并联的条件及条件不满足时对发电机的影响。

6. 掌握并联于无穷大电网的同步发电机的功角特性及功率调节方法。

7. 掌握同步发电机静态稳定的概念及判定。

8. 掌握同步电机运行状态的判定方法，了解调相运行及同步电动机的运行原理。

第一节 三相同步发电机的基本结构和基本工作原理

一、三相同步发电机的基本结构

三相同步电机的基本结构由定子和转子两大部分组成。

1. 定子

同步电机的定子也称为电枢，由定子铁心、定子绕组（电枢绕组）、机座和端盖等部件组成。

定子铁心是构成磁路的部件，一般由 0.5 毫米厚的两面涂有绝缘漆的硅钢片冲成带有开口槽的扇形片按圆周拼合迭装而成，如图 5-1 所示。定子铁心沿轴向长度每隔 3～6cm，留有 0.6～1cm 的径向通风沟，以增加定子铁心的散热面积。定子铁心的两端齿压板压住齿部，用非磁性材料制成的压圈通过拉紧螺杆压紧，并固定在机座上，如图 5-2 所示。

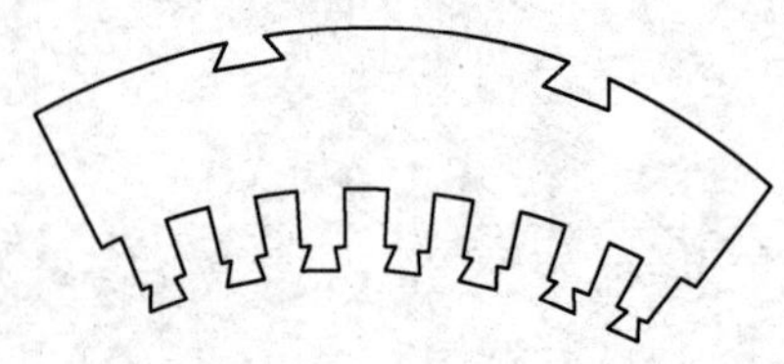

图 5-1 定子铁心扇形片

电枢绕组为三相对称绕组，多为双层叠绕组，由扁铜线绕制成形后，包以绝缘而成，形状如图 5-3 所示。直线部分嵌于槽内，是感应电动势的有效部分，端接部分有两个出线端头，用以绕组的连接。电枢绕组在槽内靠用绝缘材料制成的槽楔作径向固定，端部用绑扎或压板固定，以防止突然短路产生巨大电磁力而引起线圈端部变形。

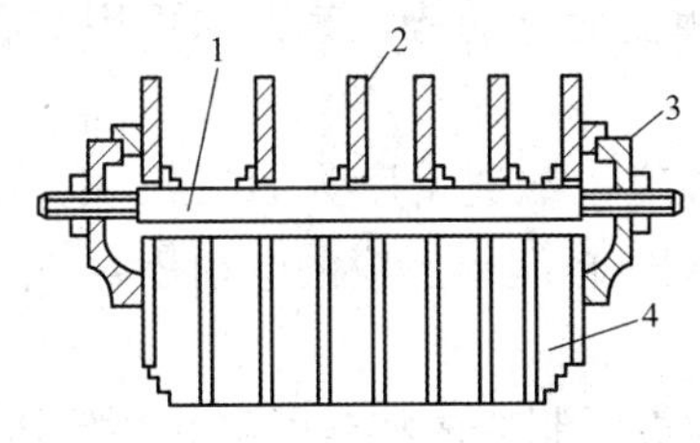

图 5-2 定子铁心结构

1—拉紧螺杆；2—机座隔板；3—端压板；4—铁心

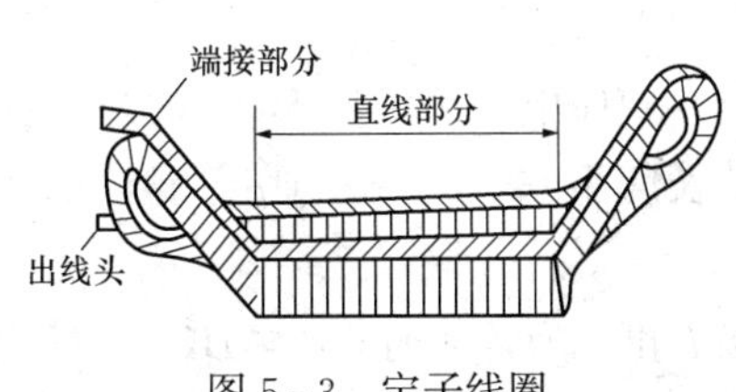

图 5-3 定子线圈

机座是支撑部件，主要是固定定子铁心和构成冷却风道，由钢板焊接而成。机座和铁心外圆之间留有空间，加上隔板形成风道。外壳、端盖和隔板构成的空间，加上风道、冷却器及风扇等，构成密闭的通风冷却系统。

定子部分除上述主要部件外，还有轴承、轴承座、端盖及电刷等部件。

2. 转子

同步电机的转子通常由转子铁心、励磁绕组、护环、滑环和转轴等组成。根据形状的不同，同步发电机的转子分为凸极式和隐极式两种类型，高速的汽轮发电机是隐极式的，水轮发电机是凸极式的，所以有时称汽轮发电机为隐极发电机，水轮发电机为凸极发电机。

凸极式转子的形状有明显凸出的磁极，周围的气隙和磁场不均匀，圆周上各处的磁阻不同，如图 5-4 所示。转子铁心由磁极、励磁绕组及转轴组成。直流的励磁电流 I_f 通过电刷和集电环送入励磁绕组，使转子中产生稳定的磁场。除励磁绕组外，凸极式电机还装有阻尼绕组，它是一个短路绕组，是由槽楔下的阻尼铜条和置于转子两端护环下的铜环焊接而成，类似异步电动机的笼型绕组，在发电机中起到抑制转子机械振荡的作用。

隐极式转子的铁心一般由高机械强度和导磁性能好的合金钢锻成，整个转子成圆柱形，无明显的磁极。转子表面铣有辐射形的开口槽，槽中嵌放分布式直流励磁绕组，如图 5-5 所示。

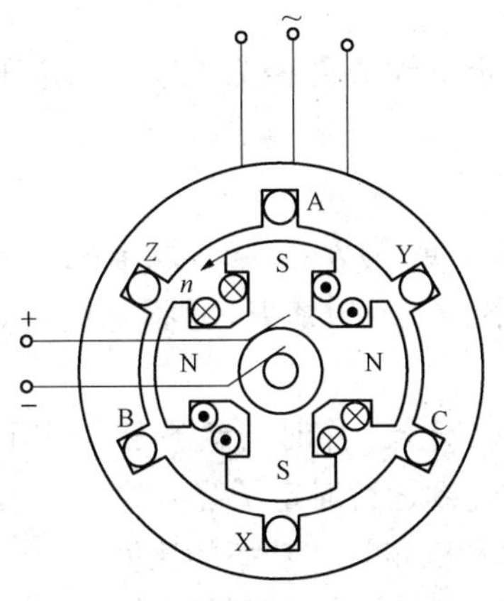

图 5-4 凸极同步电机示意图

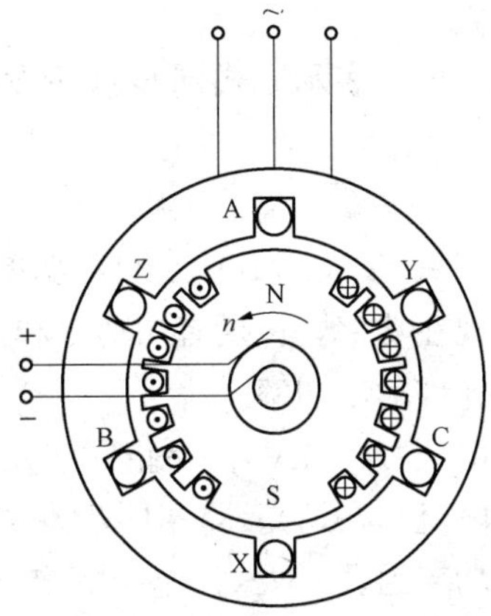

图 5-5 隐极同步电机示意图

二、同步发电机的基本工作原理

同步发电机是将转轴上的机械能转换为电能输送到电网的。如图 5 - 4 和图 5 - 5 所示，当励磁绕组通入直流电流 I_f 后，建立转子磁场。转子由原动机带动匀速旋转，转子磁场不断切割定子三相对称绕组，在三相绕组中感应出三相交变电动势，其方向可用“右手定则”确定。

(1) 感应电动势的波形。若转子磁场的磁感应强度或磁通密度为 $B(x)$，电枢绕组导体的有效长度为 l，转子磁场切割导体的线速度为 v，则电枢绕组感应的电动势 e_0 为

$$e_0 = B(x)lv$$

当 l 和 v 为常数时，$e_0 \propto B(x)$。若把转子磁极的极弧制造成特定的形状，使转子产生的磁场在气隙空间按正弦规律分布，则定子绕组就能得到正弦波形的感应电动势，即导体感应电动势的波形决定于转子磁场在气隙空间分布的波形。

(2) 三相电动势的大小和相序。由于三相绕组对称，所以在三相绕组中感应电动势也对称，若转子磁场的每极基波磁通量为 Φ，则三相绕组基波电动势的有效值大小均为

$$E_0 = 4.44fNk_N\Phi \tag{5-1}$$

旋转的转子磁场，切割定子绕组在时间上有先后，当转子为逆时针方向旋转时，先被切割的一相为 A 相，后被切割的两相分别是 B 相和 C 相，即三相电动势的相序与转子的转向一致，相序由转子的转向决定。

(3) 感应电动势频率。由图 5 - 4 和图 5 - 5 可知，转子转过一对磁极，电动势就经历了一个周期的变化；若转子有 p 对磁极，转子以每分钟 n 转的转速旋转，则每分钟内感应电动势变化 pn 个周期；电动势在 1s 内所变化的周期数称作交流电的频率，即

$$f = \frac{pn}{60} \tag{5-2}$$

已制造好的同步发电机，磁极对数 p 一定，$f \propto n$，即电动势频率和转速之间保持严格不变的关系，这就是同步发电机的特点。

三、三相同步发电机的型号和额定值

1. 型号

同步电机的型号表示该发电机的类型和特点。例如：

QFQS－200－2 表示定子绕组水内冷、转子绕组氢内冷、铁心氢冷的二极汽轮发电机，容量为 200MW。

TS854/210－40 表示立式同步水轮发电机，定子铁心外径为 854cm，定子铁心长度为 210cm，有 40 个磁极。

2. 额定值

(1) 额定容量 S_N (kVA) 或额定功率 P_N (kW 或 MW)。同步发电机的额定容量是指出线端的额定视在功率，包括有功功率和无功功率。额定功率 P_N 是指电机长期安全运行时定子绕组最大允许输出功率。

(2) 额定电压 U_N (kV)。是指同步发电机长期安全工作时的定子三相绕组最高线电压。

(3) 额定电流 I_N (A)。是指同步发电机正常连续运行时定子绕组的最大工作线电流。

(4) 额定功率因数 $\cos\varphi_N$。是指额定有功功率和额定视在功率的比值。

(5) 额定转速 n_N (r/min)。是指同步发电机额定运行时转子转速。

除此之外，同步发电机的额定值还有额定频率 f_N(Hz)、额定效率 η_N、额定励磁电流 I_{fN}及额定励磁电压 U_{fN}等。额定值之间的关系是

$$P_N = \sqrt{3}U_N I_N \cos\varphi_N \tag{5-3}$$

四、三相同步电机励磁方式简介

为同步发电机励磁绕组提供可调励磁电流的设备构成发电机的励磁系统。励磁系统主要由两部分组成：一是励磁功率单元，它是向同步发电机的励磁绕组提供直流电流的励磁电源部分；二是励磁调节器，它根据发电机电压及运行工况，自动调节励磁功率单元输出的励磁电流的大小，满足系统运行的要求。由励磁调节器、励磁功率单元和发电机共同组成的闭环反馈系统称为励磁控制系统。

1. 励磁系统的主要作用

励磁系统对发电机及其相连的电力系统的安全稳定运行有很大的影响，它的主要作用有：

(1) 正常运行时，根据负荷的变化相应调节发电机的励磁电流，维持发电机的端电压为给定值；

(2) 控制并联运行的各同步发电机之间无功功率的分配；

(3) 提高并联电网运行发电机的静态稳定性；

(4) 在发电机内部故障时，快速灭磁，以减少故障损失程度；

(5) 在电力系统发生短路故障造成发电机端电压严重下降时，强行励磁，以提高并网运行的发电机的动态稳定性；

(6) 根据运行要求对发电机实行最大励磁限制和最小励磁限制。

2. 主要励磁方式

(1) 直流励磁机励磁方式。直流励磁机励磁方式是最简单的励磁方式，即是采用与同步发电机同轴的直流发电机作为励磁电源向同步发电机提供励磁。通过励磁调节器改变直流励磁机的励磁电流大小，来改变直流励磁机输出电压的大小，调节同步发电机转子的励磁电流，达到调节同步发电机的端电压和输出无功功率的目的。

由于大容量、高转速的直流励磁机在制造和运行维护方面存在困难，不能满足大容量发电机组的需要，所以随着整流技术的发展，大容量的同步发电机已采用交流励磁机励磁方式。

(2) 交流励磁机静止整流器励磁方式。交流励磁机静止整流器励磁方式又称三机励磁方式，工作原理如图 5-6 所示，交流副励磁机、交流主励磁机、同步发电机三机同轴旋转，整流器和励磁调节器是静止的。交流主励磁机是旋转磁极式三相同步发电机，频率通常为100Hz，主励磁机的交流输出经静止的不可控整流器整流后，通过电刷和集电环接到主发电机的励磁绕组。主励磁机的励磁则由交流副励磁机发出的交流电经静止的可控整流器整流后提供。交流副励磁机是中频三相同步发电机或永磁发电机，一般为 400～500Hz 副励磁机制励磁，开始由外部直流电源提供，待电压建立后再转为自励。

交流励磁机静止整流器励磁方式的特点是：

1) 励磁功率源于主轴功率，不受电力系统扰动的影响，可靠性高；

2) 无机械整流装置，维护工作量小；

3) 整流元件静止，易检测和维护，可在发电机励磁回路中装灭磁装置，灭磁较快；

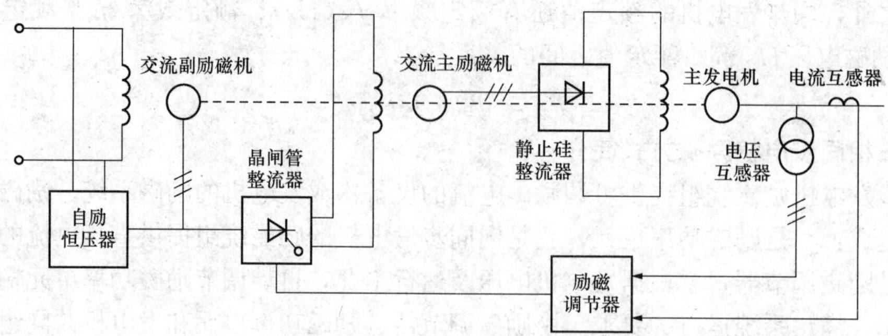

图 5-6 交流励磁机静止整流器励磁系统原理图

4）仍有集电环和电刷存在，存在绝缘污染和不安全因素；

5）旋转部件多，外接线多，励磁系统发生故障的几率较高；

6）机组轴长，轴承座多，易引起机组振动超标。

（3）交流励磁机旋转整流器励磁方式。交流励磁机旋转整流器励磁方式通常称无刷励磁方式，也是三机励磁方式。与静止整流器励磁方式不同的是，主励磁机是旋转电枢式，其励磁绕组装在定子上，三相交流电枢绕组装在转子上，主励磁机的电枢绕组与整流器和同步发电机的励磁绕组同轴旋转，三者之间无相对运动。主励磁机发出的三相交流电流经整流后直接送到同步发电机的励磁绕组中，少去了电刷和集电环，其励磁系统工作原理图如图 5-7 所示。

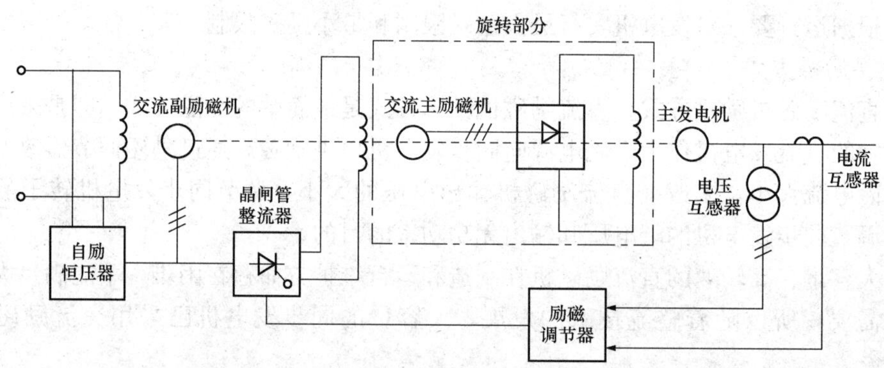

图 5-7 交流励磁机旋转整流器励磁系统原理图

与静止整流器励磁方式相比，无刷励磁方式的优点是：励磁电流可以很大，不受集电环极限容量限制；无需考虑电刷电流的分配和腐蚀问题；主励磁机与发电机励磁绕组的连线通过主轴上的孔道连接，无外露部分，励磁系统结构紧凑，可靠性提高，维护工作量减少。但也带来新的问题，一是无法用常规的方法检测同步发电机励磁回路的工作状况，二是同步发电机励磁回路中无法装灭磁装置，而只能在主励磁机的励磁回路中装设灭磁装置，所以灭磁时间相对较长。

（4）自并励励磁方式。自并励励磁方式，励磁电源取自发电机本身。发电机的励磁电流，由并接在发电机端的励磁整流变压器经由整流器、电刷、集电环供给，如图 5-8 所示。由于取消了主、副励磁机，整个励磁装置无转动部件，所以自并励励磁方式属于静止励磁方式的一种。

自并励励磁方式的优点是：机组长度缩短，励磁系统结构简单，降低了造价；调节容易、维护方便，提高了可靠性和机组轴系统的稳定性；因为整流器设在发电机励磁绕组回路内，所以励磁响应快，调压性能好，并可实现逆变快速灭磁。此励磁方式的问题是，整流装置的电源电压在电力系统发生故障时将随发电机端电压下降而下降，影响暂态过程的强励能力。但随着快速继电保护装置和其他相应技术的发展和完善，自并励励磁方式的许多性能都高于交流励磁机励磁系统。大型汽轮发电机采用自并励励磁方式已成为发展趋势，自并励励磁方式已成国内生产的大型水轮发电机的主要励磁方式。

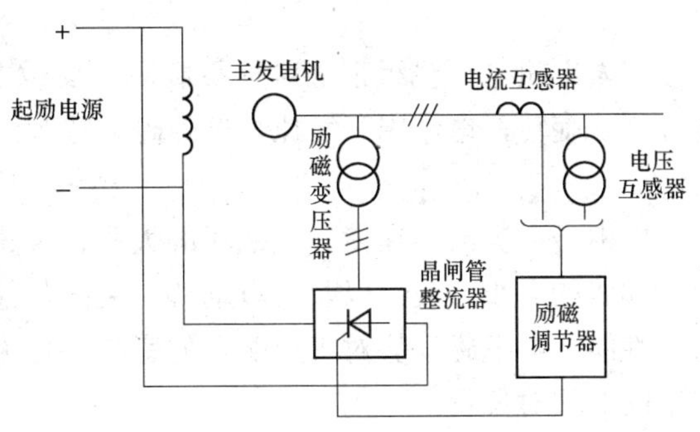

图 5-8　自并励励磁系统原理图

第二节　三相同步发电机对称负载时的电枢反应

一、同步发电机的空载状态

同步发电机转子由原动机拖动到同步转速，转子绕组通以恒定的直流励磁电流，定子电枢绕组开路，这种运行状态，称为空载运行。

空载运行时，电机气隙中只有励磁电流 I_f 产生的励磁磁动势 $\boldsymbol{F}_f$ 和由该磁动势所产生的磁场，励磁磁动势 $\boldsymbol{F}_f$ 产生的磁通可分为主磁通 $\dot{\Phi}$ 和漏磁通 $\Phi_{f\sigma}$ 两部分，其路径如图 5-9 和图 5-10 所示。主、漏磁通均随转子旋转，在气隙中形成旋转磁场。主磁通交链电枢绕组，在电枢绕组中感应电动势 $\dot{E}_0$；漏磁通不交链电枢绕组，不在电枢绕组中感应电动势，不参与定、转子之间的能量转换。在一般电机中，漏磁通约占主磁通的 10%～20%。

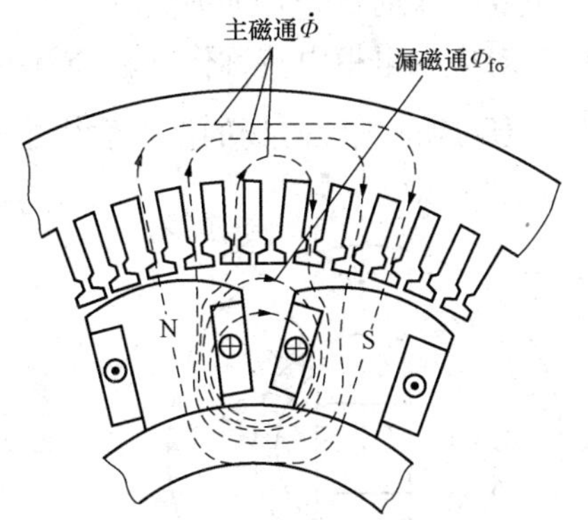

图 5-9　凸极同步发电机的励磁磁场

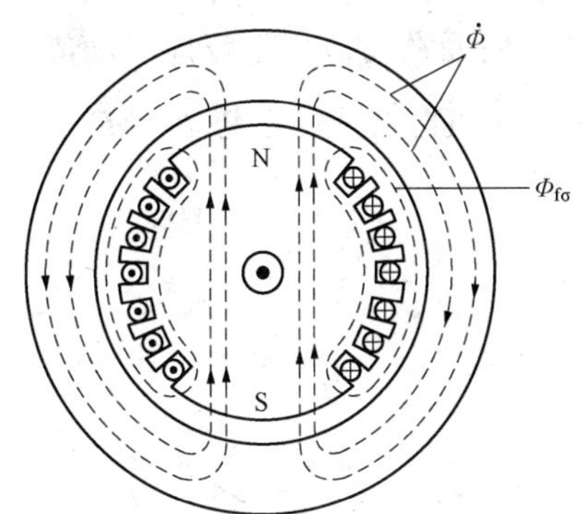

图 5-10　隐极同步发电机的励磁磁场

二、电枢反应

同步发电机空载时，作用在气隙中的磁动势只有励磁磁动势，只考虑基波分量，记作 $\boldsymbol{F}_f$，则气隙磁动势

$$\boldsymbol{F}_{\delta}=\boldsymbol{F}_{\mathrm{f}} \tag{5-4}$$

当发电机电枢绕组带上对称负载后，负载电流产生旋转的电枢基波磁动势 $\boldsymbol{F}_{\mathrm{a}}$，以同步速 $n_1=n$ 旋转，也作用于气隙，气隙磁动势为两个磁动势的合成，即

$$\boldsymbol{F}_{\delta}=\boldsymbol{F}_{\mathrm{f}}+\boldsymbol{F}_{\mathrm{a}} \tag{5-5}$$

电枢磁动势的存在使气隙磁场的大小、位置或波形与空载时不同，直接影响电枢绕组感应电动势的大小、波形以及与电动势有关的其他各物理量，还将影响电机的机电能量转换及运行性能。电枢磁动势对气隙磁场的影响，称为电枢反应，电枢反应的性质取决于 $\boldsymbol{F}_{\mathrm{a}}$ 与 $\boldsymbol{F}_{\mathrm{f}}$ 在空间的相对位置。

$\boldsymbol{F}_{\mathrm{f}}$ 是随转子旋转的旋转磁动势；$\boldsymbol{F}_{\mathrm{a}}$ 本身为旋转磁动势，与转子同速同向旋转，$\boldsymbol{F}_{\mathrm{a}}$ 与 $\boldsymbol{F}_{\mathrm{f}}$ 在空间相对静止，所以分析电枢反应时取电枢绕组某一相（A 相）电动势达最大值瞬间来分析即可。

由于电枢绕组空载电动势 $\dot{E}_0$ 的相位与励磁磁动势 $\boldsymbol{F}_{\mathrm{f}}$ 的空间位置有关；而电枢磁动势 $\boldsymbol{F}_{\mathrm{a}}$ 的空间位置与电枢电流 $\dot{I}$ 的相位有关，所以 $\boldsymbol{F}_{\mathrm{f}}$ 与 $\boldsymbol{F}_{\mathrm{a}}$ 的空间相对位置和 $\dot{E}_0$ 与 $\dot{I}$ 之间的相位有关。电枢反应的性质取决于电枢磁动势 $\boldsymbol{F}_{\mathrm{a}}$ 与励磁磁动势 $\boldsymbol{F}_{\mathrm{f}}$ 在空间的相对位置，也就是取决于空载电动势 $\dot{E}_0$ 与电枢电流的 $\dot{I}$ 相位差角 ψ。ψ 称内功率因数角，为 $\dot{E}_0$ 与 $\dot{I}$ 之间的相位角，并规定 $\dot{E}_0$ 超前 $\dot{I}$ 时的 ψ 角为正，ψ 角主要与负载性质有关，还与发电机本身的阻抗参数有关。

为了分析电枢反应性质，称转子主磁极轴线为直轴（或纵轴），用 d 轴表示；称转子相邻磁极轴线间的中线为交轴（或横轴），用 q 轴表示。

下面分析不同情况下的电枢反应

1. $\psi=0°$ 时的电枢反应

如图 5-11（a）所示是 $\dot{E}_{0\mathrm{A}}$ 为最大瞬间三相电动势和电流的相量图。由于 $\psi=0°$，所以 A 相电流 $\dot{I}_{\mathrm{A}}$ 也是最大值，由旋转磁动势的性质可知，此时电枢磁动势 $\boldsymbol{F}_{\mathrm{a}}$ 的幅值就在 A 相绕组轴线上，与 q 轴重合，如图 5-11（b）所示，称 $\psi=0°$ 时的电枢反应为交轴电枢反应，电枢磁动势 $\boldsymbol{F}_{\mathrm{a}}$ 称作交轴电枢反应磁动势，记作 $\boldsymbol{F}_{\mathrm{aq}}$，对应的电枢电流称作交轴分量电流，记作 $\dot{I}_{\mathrm{q}}$。此时，气隙合成磁动势 $\boldsymbol{F}_{\delta}=\boldsymbol{F}_{\mathrm{f}}+\boldsymbol{F}_{\mathrm{a}}$。交轴电枢反应使气隙磁场的波形发生了畸变。

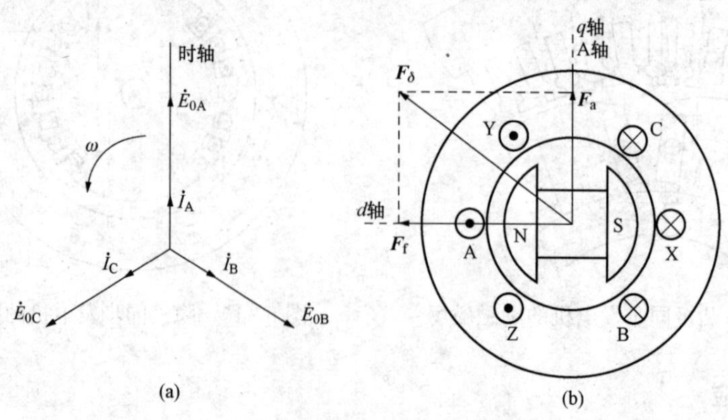

图 5-11 $\psi=0°$ 时的电枢反应

（a）时间相量图；（b）空间相量图

若认为 $\varphi\approx\psi=0°$，则可认为发电机带上电阻负载时产生交轴电枢反应。

2. $\psi=90°$时的电枢反应

图5-12（a）是 $\dot{E}_{0A}$ 为最大瞬间三相电动势和电流的相量图。由于 $\psi=90°$，所以A相电流 $\dot{I}_A=0$，A相电流要等 ωt 时间经过90°后才能达最大值，电枢磁动势 $\boldsymbol{F}_a$ 的空间位置滞后A相绕组轴线90°电角度，如图5-12（b）所示，它位于转子磁极轴线即 d 轴的反方向上，$\boldsymbol{F}_f$ 与 $\boldsymbol{F}_a$ 的空间夹角为 $\psi+90°=180°$，$\boldsymbol{F}_a$ 与 $\boldsymbol{F}_f$ 方向相反，气隙合成磁动势 $F_\delta=F_f-F_a$，气隙合成磁场减小，所以称 $\psi=90°$时的电枢反应为直轴去磁电枢反应，直轴去磁电枢反应使气隙磁场削弱，电机的端电压下降。

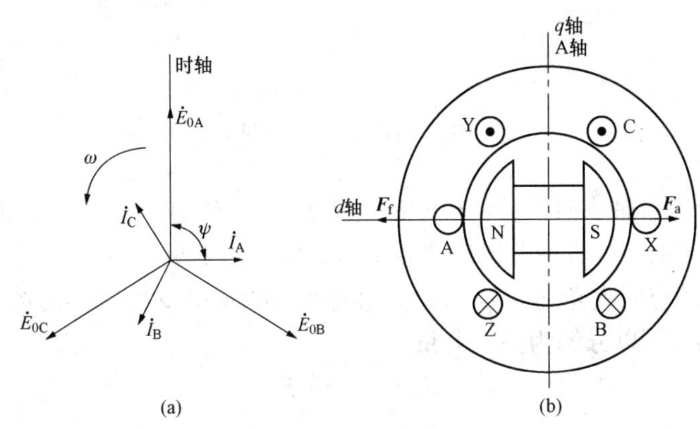

图5-12 $\psi=90°$时的电枢反应

（a）时间相量图；（b）空间相量图

若认为 $\varphi\approx\psi=90°$，则可以认为发电机带上电感负载时产生直轴去磁电枢反应。

3. $\psi=-90°$时的电枢反应

图5-13（a）是 $\psi=-90°$时三相电动势和电流的相量图。$\psi=-90°$，说明A相电流在 $\omega t=90°$以前已达最大值，电枢磁动势 $\boldsymbol{F}_a$ 的空间位置已超前A相绕组轴线90°电角度，$\boldsymbol{F}_a$ 位于磁极轴线即 d 轴上，并且与 $\boldsymbol{F}_f$ 方向相同，$\boldsymbol{F}_f$ 与 $\boldsymbol{F}_a$ 的空间夹角为 $\psi+90°=0°$，气隙合成磁动势 $F_\delta=F_f+F_a$，气隙合成磁场增强，所以称 $\psi=-90°$时的电枢反应为直轴助磁电枢反应。直轴助磁电枢反应使气隙磁场增强，电机的端电压上升。

无论是 $\psi=90°$还是 $\psi=-90°$，电枢反应都是直轴电枢反应，电枢磁动势 $\boldsymbol{F}_a$ 称作直轴电枢反应磁动势，记作 $\boldsymbol{F}_{ad}$，对应的电枢电流称作直轴分量电流，记作 $\dot{I}_d$。

若认为 $\varphi\approx\psi=-90°$，则可以认为发电机带上电容负载时产生直轴助磁电枢反应。

4. $0°<\psi<90°$时的电枢反应

一般情况下，发电机的空载电动势 $\dot{E}_0$ 与电枢电流 $\dot{I}$ 的夹角在$-90°\sim90°$之间，现以 $0°<\psi<90°$时为例来分析。

图5-14（a）表示 $0°<\psi<90°$时空载电动势和电枢电流的相量图，电流 $\dot{I}$ 可以分解为两个分量，一个滞后 $\dot{E}_0$ 90°的直轴分量 $\dot{I}_d$，一个与 $\dot{E}_0$ 同相位的交轴分量 $\dot{I}_q$，且

$$\begin{cases}\dot{I}=\dot{I}_d+\dot{I}_q\\ I_d=I\sin\psi\\ I_q=I\cos\psi\end{cases}\tag{5-6}$$

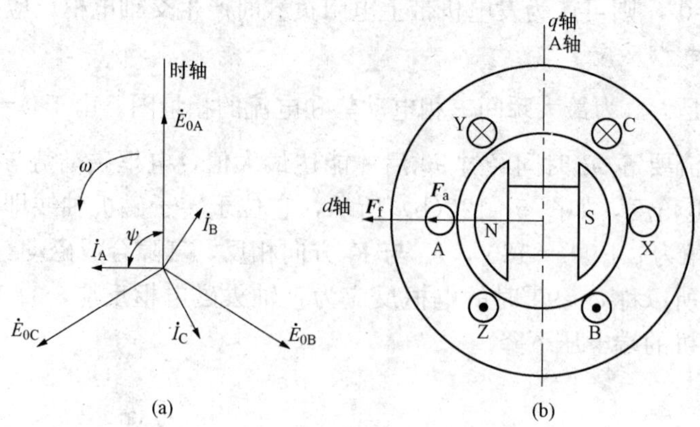

图 5-13 $\psi=-90°$时的电枢反应

(a) 时间相量图；(b) 空间相量图

直轴分量 $\dot{I}_d$产生直轴去磁性质的电枢磁动势 $\boldsymbol{F}_{ad}$，交轴分量 $\dot{I}_q$产生交轴电枢磁动势 $\boldsymbol{F}_{aq}$；所以当 $0°<\psi<90°$时的电枢反应为既有交轴又有直轴去磁电枢反应。

根据 $\boldsymbol{F}_f$ 与 $\boldsymbol{F}_a$ 的空间夹角通式 $\psi+90°$，相应地可确定电枢反应磁动势 $\boldsymbol{F}_a$ 的位置，如图 5-14（b）所示，$\boldsymbol{F}_a$ 可以分解为两个分量

$$\begin{cases}\boldsymbol{F}_a=\boldsymbol{F}_{ad}+\boldsymbol{F}_{aq}\\ F_{ad}=F_a\sin\psi\\ F_{aq}=F_a\cos\psi\end{cases}\tag{5-7}$$

$\boldsymbol{F}_{ad}$和 $\boldsymbol{F}_{aq}$分别是直轴分量电流 $\dot{I}_d$和交轴分量电流 $\dot{I}_q$产生的，可见，$0°<\psi<90°$时的电枢反应既有交轴又有直轴去磁性质。同理，当$-90°<\psi<0°$时的电枢反应既有交轴又有直轴助磁性质，请读者自行分析。

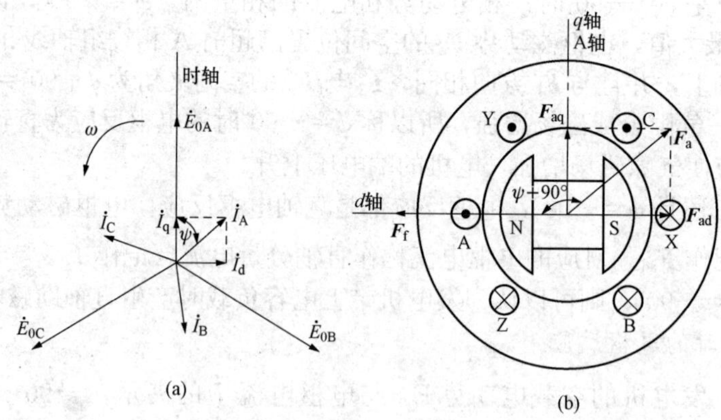

图 5-14 $0°<\psi<90°$时的电枢反应

(a) 时间相量图；(b) 空间相量图

三、电磁转矩

同步发电机带上负载后，电枢电流建立电枢反应磁场，它与励磁电流相互作用产生电磁力，在某些情况下形成电磁转矩，实现机电能量的转换。

1. 有功电流产生电磁力，形成电磁转矩

当发电机带电阻负载（有功负载）时，可近似认为 $\psi \approx \varphi = 0^\circ$，电枢电流产生交轴电枢反应，也就是说，当电枢绕组中流过有功电流时产生交轴电枢反应磁场。转子励磁绕组的载流导体在电枢反应磁场作用下产生电磁力 f_1、f_2，其方向由左手定则确定，如图 5-15 所示，f_1、f_2 对转子转轴形成电磁转矩 T_{em}。电磁转矩 T_{em} 与转子的转向相反，对转子起制动作用。原动机对转轴的驱动转矩克服电磁转矩作功，把机械能转化为发电机输出的电能。发电机的有功负载越大，交轴电枢反应越强，制动的电磁转矩越大，为保持发电机的转速（电动势的频率）不变化，需同时增大原动机的驱动转矩。这就是改变原动机转矩（调节汽轮机的汽门或水轮机的水门大小）来调节有功功率输出的道理。

2. 无功电流产生电磁力而不形成电磁转矩

当发电机带电感或电容负载（无功负载）时，可认为 $\psi \approx \varphi = 90^\circ$（或 -90°），产生直轴电枢反应。即无功电流产生直轴电枢反应磁场，励磁绕组的载流导体在该磁场作用下产生电磁力 f_1、f_2，如图 5-16 所示为带电感负载时励磁绕组的受力情况。电磁力 f_1、f_2 对转轴不形成转矩，不影响电机的转速。所以发电机无功负载改变时，不需要改变原动机的输入功率。但是直轴电枢反应的结果，削弱（或增强）了气隙磁场，影响发电机的端电压（降低或升高），欲保持端电压不变，就必须调节发电机励磁电流 I_f 的大小，这就是调节发电机的励磁电流能调节无功功率输出的道理。

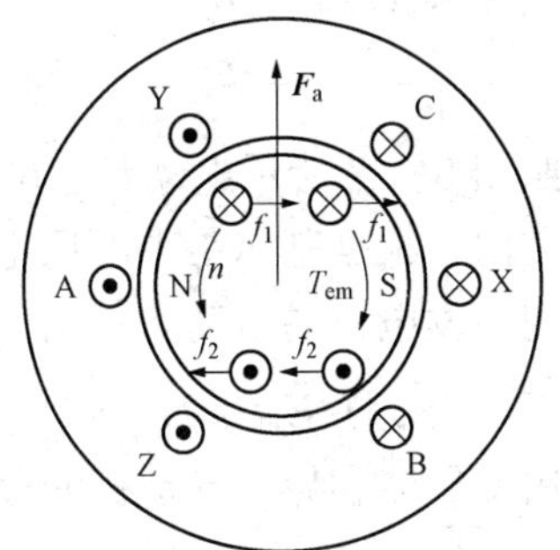

图 5-15　有功电流形成电磁转矩

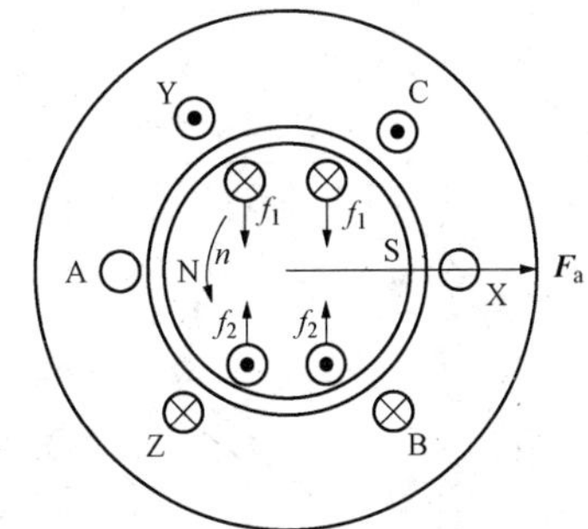

图 5-16　无功电流不形成电磁转矩

同步电机电枢反应性质及对电机影响的总结如表 5-1 所示。

表 5-1　　同步电机电枢反应性质及对电机影响

	$\boldsymbol{F}_a$ 位置	$\boldsymbol{F}_f$ 和 $\boldsymbol{F}_a$ 夹角	$\boldsymbol{F}_a$ 记作	电枢反应性质	对电机的影响		
					气隙磁场	转速和频率	端电压
$\psi=0^\circ$	q 轴	$\psi+90^\circ$	$\boldsymbol{F}_{aq}$	交轴	波形畸变	下降	
$\psi=90^\circ$	d 轴	$\psi+90^\circ$	$\boldsymbol{F}_{ad}$	直轴去磁	削弱	不变	下降
$\psi=-90^\circ$	d 轴	$\psi+90^\circ$	$\boldsymbol{F}_{ad}$	直轴助磁	增强	不变	增大
$0<\psi<90^\circ$	d、q 轴	$\psi+90^\circ$	$\boldsymbol{F}_{aq}+\boldsymbol{F}_{ad}$	交轴、直轴去磁	削弱	下降	下降
$-90^\circ<\psi<0^\circ$	d、q 轴	$\psi+90^\circ$	$\boldsymbol{F}_{aq}+\boldsymbol{F}_{ad}$	交轴、直轴助磁	增强	下降	增大

第三节 三相同步发电机的电动势平衡方程和相量图

一、凸极同步发电机的电动势平衡方程和相量图

同步发电机带上三相对称负载后，三相电枢电流产生旋转的电枢磁动势 $\boldsymbol{F}_a$，由于凸极机气隙不均匀，在不计磁路饱和的情况下，可利用“双反应理论”和迭加原理，把电枢磁动势 $\boldsymbol{F}_a$ 分解为直轴分量电枢磁动势 $\boldsymbol{F}_{ad}$ 和交轴电枢磁动势 $\boldsymbol{F}_{aq}$（相当于把电枢电流 $\dot{I}$ 分解成直轴分量 $\dot{I}_d$ 和交轴分量 $\dot{I}_q$）；在这两个磁动势的作用下分别产生旋转的直轴电枢反应磁通 $\dot{\Phi}_{ad}$ 和交轴电枢反应磁通 $\dot{\Phi}_{aq}$，两个磁通在电枢绕组中分别感应直轴电枢反应电动势 $\dot{E}_{ad}$ 和交轴电枢反应电动势 $\dot{E}_{aq}$。定子每相漏磁通 $\dot{\Phi}_\sigma$ 在电枢绕组中感应漏电动势 $\dot{E}_\sigma$，电枢绕组电阻 r_a 上还会有电阻压降 $\dot{I}r_a$。各磁动势、磁通和电动势的关系为

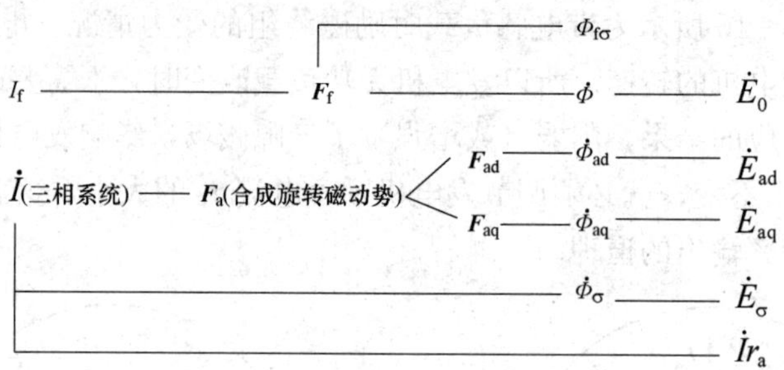

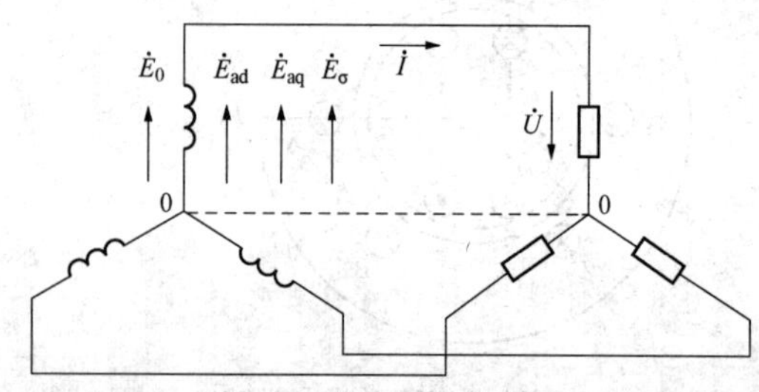

图 5-17 同步发电机各物理量正方向的规定

按照图 5-17 所示电动势、电压和电流的规定正方向，根据基尔霍夫电压定律，可以得到凸极同步发电机的电动势平衡方程

$$\dot{E}_0+\dot{E}_{ad}+\dot{E}_{aq}+\dot{E}_\sigma=\dot{U}+\dot{I}r_a \quad (5-8)$$

利用变压器和异步电动机的分析方法，有

$$\begin{cases}\dot{E}_\sigma=-j\dot{I}x_\sigma\\ \dot{E}_{ad}=-j\dot{I}_d x_{ad}\\ \dot{E}_{aq}=-j\dot{I}_q x_{aq}\end{cases} \quad (5-9)$$

式中 x_σ——漏电抗，是对应定子漏磁通的电抗，为一常数；

x_{ad}——对应 $\dot{\Phi}_{ad}$ 的直轴电枢反应电抗，由于直轴气隙很小，磁路具饱和特性，所以 x_{ad} 大小与磁路饱和程度有关，磁路不饱和时为常数；

x_{aq}——对应 $\dot{\Phi}_{aq}$ 的交轴电枢反应电抗，由于交轴气隙很大，一般认为是常数。

根据所对应磁通的磁路分析，三个电抗的大小关系是 $x_{ad}>x_{aq}>x_\sigma$。

将 $\dot{E}_{ad}$、$\dot{E}_{aq}$、$\dot{E}_\sigma$ 代入式（5-8），考虑 $\dot{I}=\dot{I}_d+\dot{I}_q$，整理后可得凸极同步发电机的电动势平衡方程

$$\dot{E}_0=\dot{U}+\dot{I}r_a+j\dot{I}_d x_d+j\dot{I}_q x_q \quad (5-10)$$

式中 x_d——直轴同步电抗，$x_d=x_{ad}+x_\sigma$；

x_q——交轴同步电抗，$x_q=x_{aq}+x_\sigma$。

直轴磁路的气隙较小，应考虑铁心饱和的影响，所以 x_d 大小与磁路饱和程度有关，磁路不饱和时为常数；而交轴磁路气隙较大，可认为 x_q 为常数，且满足 $x_d > x_q > x_\sigma$。

若已知发电机参数（r_a、x_d、x_q）、端电压 U、电枢电流 I、功率因数 $\cos\varphi$ 和内功率因数角 ψ，可根据式（5-10）画出凸极同步发电机在不计磁路饱和时的电动势相量图，如图 5-18 所示。若内功率因数角 ψ 不知，有两个方法求出 ψ 角，一是利用相量图 5-18 分析，从 D 点作垂直于电流 $\dot{I}$ 的相量 $j\dot{I}x_q$，且 $Ix_q = DN$，连接线段 ON，则 $\dot{E}_{0N} = \dot{U} + \dot{I}r_a + j\dot{I}x_q$，过 D 点作 ON 的垂线，可得 ψ 角，如图所示，$Ix_q = \dfrac{I_q x_q}{\cos\psi}$，显然 $\dot{E}_{0N}$ 与 $\dot{E}_0$ 同相，由此可确定 $\dot{E}_0$ 的相位；另一个方法是利用从相量图中推出的公式来求 ψ 角，公式（推导过程略）为

$$\psi = \tan^{-1}\frac{Ix_q + U\sin\varphi}{Ir_a + U\cos\varphi} \tag{5-11}$$

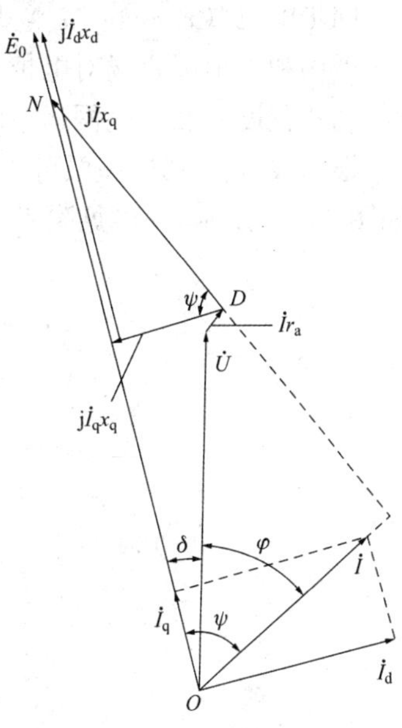

图 5-18　不计饱和时凸极同步发电机的相量图

以上电动势相量图只适用于磁路不饱和情况，它反映了电动势、电压和电流间的相位关系。实际中电机的磁路总是饱和的，若利用相量图解决某些问题时，必须对参数加以必要的修正，或采用磁路饱和时的磁动势—电动势相量图。

二、隐极同步发电机的电动势平衡方程、等效电路和相量图

与凸极发电机的分析方法相同，在不考虑磁路饱和的情况下，各磁动势产生各自的磁通，并在绕组中感应各自的感应电动势。各磁动势、磁通和电动势的关系为：

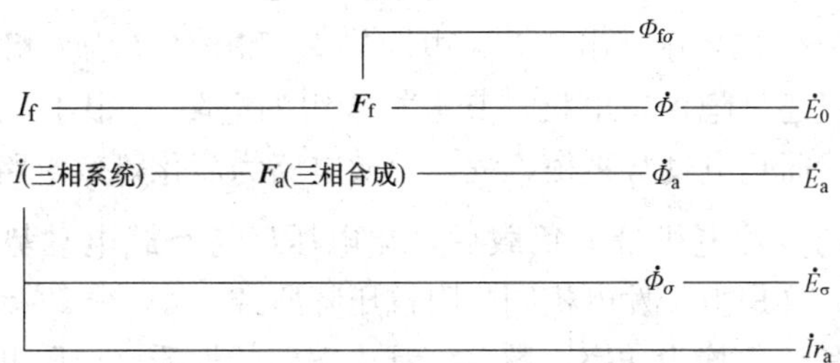

按照凸极同步发电机的分析方法，得到隐极同步发电机的电动势平衡方程为

$$\dot{E}_0 + \dot{E}_a + \dot{E}_\sigma = \dot{U} + \dot{I}r_a \tag{5-12}$$

同理也有

$$\dot{E}_a = -j\dot{I}x_a$$

式中　x_a——隐极发电机对应 Φ_a 的电枢反应电抗，由于隐极发电机的气隙均匀，所以可以认为 $x_{ad} = x_{aq} = x_a$。

将 $\dot{E}_a$、$\dot{E}_\sigma$ 代入式（5-12）可得隐极同步发电机的电动势平衡方程

$$\dot{E}_0 = \dot{U} + \dot{I}r_a + j\dot{I}x_a + j\dot{I}x_\sigma = \dot{U} + \dot{I}r_a + j\dot{I}x_t \tag{5-13}$$

式中　x_t——隐极电机的同步电抗，$x_t=x_a+x_\sigma$，与磁路的饱和程度有关，磁路不饱和时为常数。对隐极电机可认为 $x_t=x_d=x_q$。

同步电抗（x_t、x_d、x_q）是同步电机的重要参数，它表征了同步发电机稳定运行时电枢反应磁场和电枢漏磁场对电枢电路的作用。同步电抗的大小直接影响同步发电机端电压随负载波动的程度和在大电网运行时的稳定性，也影响同步发电机短路电流大小。

根据式（5-13）关系可以画出隐极同步发电机的等效电路（如图 5-19 所示）和相量图（如图 5-20 所示）。可见隐极同步发电机相当于一个具有内阻抗 $r_a+\mathrm{j}x_t$ 的电动势源。

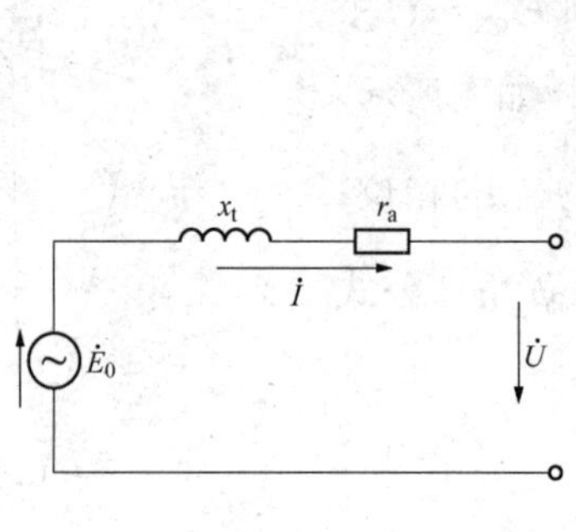

图 5-19　隐极同步发电机等效电路

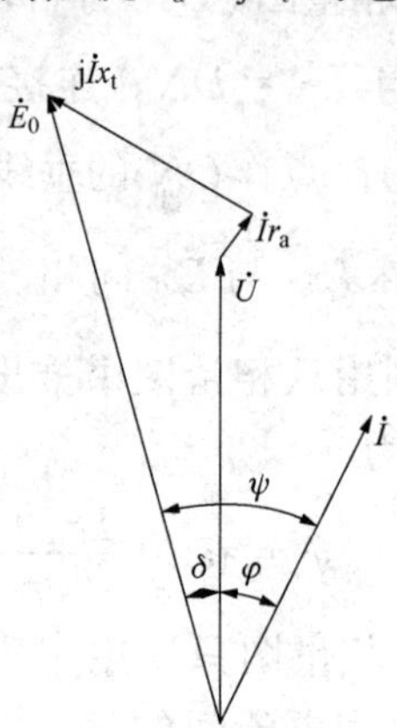

图 5-20　隐极同步发电机的相量图（$\varphi>0°$）

从隐极发电机的相量图可以得出

$$E_0=\sqrt{(U\cos\varphi+Ir_a)^2+(U\sin\varphi+Ix_t)^2} \tag{5-14}$$

$$\psi=\tan^{-1}\frac{U\sin\varphi+Ix_t}{U\cos\varphi+Ir_a} \tag{5-15}$$

式（5-14）、式（5-15）中，电压 U、电动势 E_0 和电流 I 均为相值。

无论是凸极发电机还是隐极发电机，其电枢绕组的电阻 r_a 很小，通常可忽略不计，此时的电动势平衡方程为简化电动势平衡方程，等效电路为简化等效电路，相量图为简化相量图。由相量图可知，同步发电机带上负载后，端电压 $\dot{U}$ 与空载电动势 $\dot{E}_0$ 之间不仅相位不同，而且数值也不同，这是由于发电机同步阻抗压降所致。

前面提及的 φ 角和 ψ 角均为功率因数角，都由电路的性质（电阻和电抗）决定。φ 角是电压 $\dot{U}$ 与电流 $\dot{I}$ 的夹角，它由发电机外部的负载阻抗决定，称之为外功率因数角；ψ 角是空载电动势 $\dot{E}_0$ 和电流 $\dot{I}$ 的夹角，它由发电机电路的所有阻抗（包括负载阻抗和发电机的内阻抗）决定，称之为内功率因数角。而空载电动势 $\dot{E}_0$ 与电压 $\dot{U}$ 之间夹角 δ 角，则称之为功率角，简称功角。由相量图可知，内功率因数角、外功率因数和功率角之间满足

$$\psi=\varphi+\delta$$

$\varphi\neq\psi$，是由于发电机的内阻抗所致。若忽略发电机内阻抗，则 $\psi=\varphi$，前面已作过这样的处理。

第四节　三相同步发电机的稳态运行特性

一、空载特性

同步发电机的空载特性是指在发电机处于额定转速（$n=n_1$）、定子电枢绕组开路（$I=0$）状态时，空载电压 $U_0(U_0=E_0)$ 与励磁电流 I_f 之间的关系 $U_0=f(I_f)$。

空载特性实质就是电机的磁化曲线 $\Phi=f(F_f)$，它体现了电机中电磁之间的关系，可用实验方法测取。实验接线如图 5-21（a）所示，将电枢绕组开路，用原动机把发电机拖到同步速，逐渐增大励磁电流 I_f，记录下对应的 U_0 和 I_f 值，直到 $U_0=1.25U_N$ 左右为止，得到特性曲线的一个上升分支；然后再逐渐减小励磁电流 I_f，记录下对应的 U_0 和 I_f 值，得到特性曲线的一个下降分支。由于铁磁材料的磁滞特性，上升和下降的两条曲线不会重合，实际应用中，可取两条曲线的平均值，如图 5-21（b）所示。实验过程中，只允许单方向励磁，以减小磁滞引起的误差。

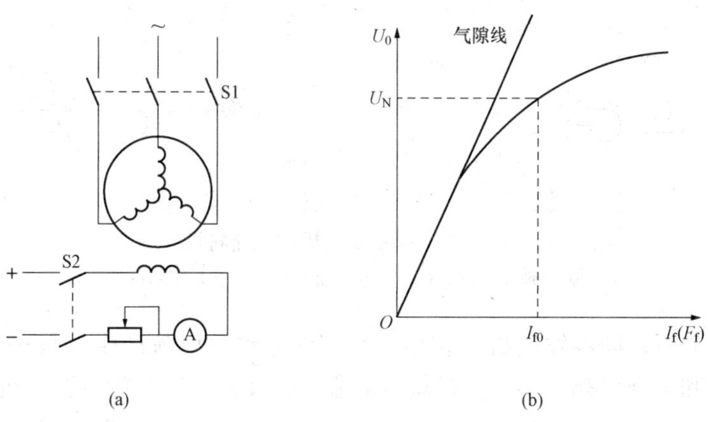

图 5-21　同步发电机空载特性
（a）实验原理接线图；（b）空载特性曲线

当空载电压较低时，磁路中的铁心不饱和，特性曲线为一直线；电压升高到一定程度（稍低于 U_N）时，铁心开始饱和，特性曲线偏离直线（气隙线）。

空载特性是发电机的基本特性之一，它一方面表征了磁路的饱和情况，另一方面把它和其他特性配合，可确定电机的基本参数、额定励磁电流和电压变化率等。生产实际中，它还可以检查三相电枢绕组的对称性、判断励磁绕组和定子铁心有无故障等。

二、短路特性和同步电抗

1. 短路特性

短路特性是指发电机在同步转速（$n=n_1$）下，电枢绕组三相短路（$U=0$）时，定子稳态短路电流 I_k 与励磁电流 I_f 的关系 $I_k=f(I_f)$。

短路特性可由发电机三相稳态短路求取。如图 5-22（a），实验时．发电机转速保持同步速度，调节励磁电流 I_f，使电枢的短路电流 I_k 从零开始，一直到 $1.25I_N$ 左右为止，记取对应的 I_k 与和 I_f 的值。

短路时，$U=0$，在忽略电枢电阻 r_a 情况下，发电机相当于电感电路，如图 5-22（b）

所示，$\psi=90°$，电枢电流和电枢反应磁动势只有直轴分量，对应的同步电抗为直轴同步电抗 x_d，电枢反应磁动势起去磁作用。此时气隙电动势

$$\dot{E}_\delta=\dot{U}+\dot{I}r_a+j\dot{I}x_\sigma\approx j\dot{I}x_\sigma \tag{5-16}$$

只需平衡漏抗压降，由于 x_σ 甚小，所以 E_δ 很小，用来感应气隙电动势的气隙磁通 Φ_δ 很小，电机的磁路处于不饱和状态，有 $E_0\propto I_f$。又从等效电路可知：

$$\dot{E}_0=j\dot{I}_k x_d \tag{5-17}$$

x_d 在磁路不饱和时为常数。故 $E_0\propto I_k$，所以 $I_k\propto I_f$，即短路特性为一条过原点的直线，如图 5-22（c）所示。

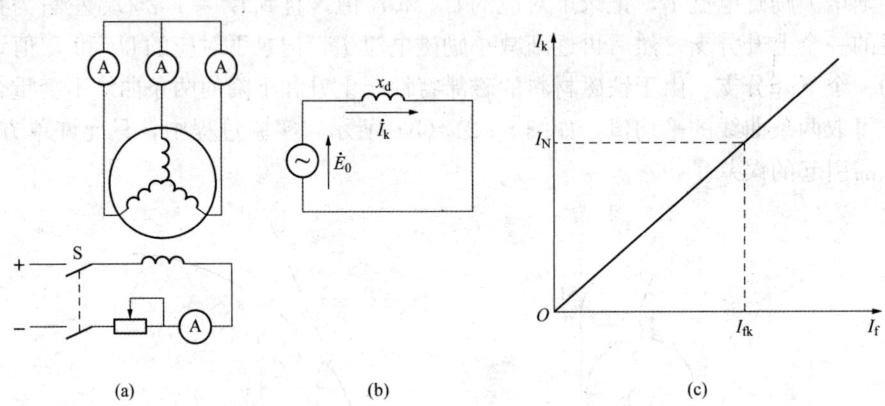

图 5-22 同步发电机的短路特性

（a）实验原理接线图；（b）短路时等效电路；（c）短路特性曲线

从磁路角度分析，同步发电机三相稳态短路时，电枢电流产生直轴去磁电枢反应的结果，使气隙磁通和电动势都很小，所以短路电流不会过大；从电路角度分析，由式（5-17）得 $I_k=\dfrac{E_0}{x_d}$，则因发电机内部有一个数值较大的同步电抗，起着限制短路电流的作用。

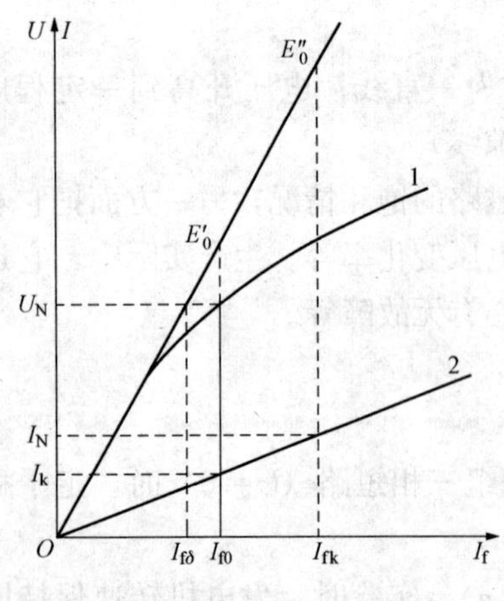

图 5-23 同步电抗 x_d 的确定

1—空载特性；2—短路特性

2. 同步电抗的求取

当电机的磁路不饱和时，x_d 为常数；当磁路饱和时，x_d 大小随磁路的饱和而减小。利用短路和空载特性求取 x_d 的值，由式（5-17）得

$$x_d=\frac{E_0}{I_k}$$

求 x_d 不饱和值时，首先给定一励磁电流 I_f，在空载特性的不饱和段或气隙线上确定对应 I_f 的 E_0 值，然后在短路特性曲线上确定对应 I_f 的短路电流 I_k 的值，如图 5-23 所示，于是 x_d 的不饱和值

$$x_{d(不)}=\frac{E'_0}{I_k}=\frac{E''_0}{I_N} \tag{5-18}$$

发电机一般在额定电压附近运行，磁路总是有些饱和，因此求取 x_d 饱和值时，首先在空载特性上取对应额定电压 U_N 的励磁电流 I_{f0}，再从短

路特性上取出对应 I_{f0} 的短路电流 I_k，则 x_d 的不饱和值

$$x_{d(饱)} = \frac{U_N}{I_k} \tag{5-19}$$

在凸极电机中，利用上述方法只能求出直轴同步电抗 x_d，但可用经验公式，近似求取交轴同步电抗 x_q

$$x_q \approx 0.6x_d \tag{5-20}$$

例 5-1　一台 QFQS-200-2 双水内冷汽轮发电机，U_N=15.75kV，$\cos\varphi_N$=0.85，I_N=8625A，Y 接线。空载实验：$U=U_N$=15.75kV 时，I_{f0}=630A；从气隙线上查得：U_N=15.75kV 时，$I_{f\delta}$=560A。短路实验的数据为

I_k (A)	4270	4810	8625
I_f (A)	560	630	1130

求：发电机直轴同步电抗的欧姆值和标么值？

解

$$Z_N = \frac{U_N/\sqrt{3}}{I_N} = \frac{15750/\sqrt{3}}{8625} = 1.054(\Omega)$$

在气隙线上，对应 $I_{f\delta}$的 E_0=15.75kV；

在短路特性上，对应 $I_{f\delta}$的 I_k=4270A，则

$$x_{d(不)} = \frac{E_0/\sqrt{3}}{I_k} = \frac{15750/\sqrt{3}}{4270} = 2.13(\Omega)$$

$$x^*_{d(不)} = \frac{x_{d(不)}}{Z_N} = \frac{2.13}{1.054} = 2.02$$

在短路特性上，对应 I_{f0}的短路电流为 4810A，则

$$x_{d(饱)} = \frac{U_N/\sqrt{3}}{I_k} = \frac{15750/\sqrt{3}}{4810} = 1.89(\Omega)$$

$$x^*_{d(饱)} = \frac{x_{d(饱)}}{Z_N} = \frac{1.89}{1.054} = 1.79$$

三、零功率因数负载特性

零功率因数负载特性是指在同步转速下（$n=n_1$），保持发电机的电枢电流 I=常数（一般取 I_N），负载功率因数 $\cos\varphi=0$ 时，端电压 U 与励磁电流 I_f 之间的关系 $U=f(I_f)$。

同步发电机以同步转速旋转，带上三相对称电感性负载，增加励磁电流 I_f，调节负载电抗大小，保持电枢电流 $I=I_N$ 时，可以得到端电压 U，将 $U=f(I_f)$ 关系画出曲线可得到零功率因数负载特性曲线。

$\cos\varphi=0$ 时发电机所带负载为电感性负载，由于电机本身的阻抗也近似是电感性的，所以零功率因数负载时，$\psi\approx 90°$，因此电枢反应的性质为直轴去磁效应。

同步发电机在电感负载下运行，励磁磁动势补偿了电枢反应去磁磁动势后，剩余部分在电机气隙内产生磁通。随着励磁电流的增加，磁路逐渐饱和，电压上升逐渐缓慢，使曲线弯曲。实际上，零功率因数特性曲线的形状与空载特性曲线相似。在空载特性上，当 $U=0$ 时，$I_f=0$。对于零功率因数负载特性，如图 5-24（a）所示，由于①零功率因数特性是在

$I=I_N$条件下得到的，电枢绕组中有电流，产生漏抗压降 Ix_σ，所以需要一定的励磁电流$\overline{OB}$产生电动势$\overline{AB}$来平衡 Ix_σ；②零功率因数特性是在电感负载下得到的，此时的电枢反应是直轴去磁作用，需一定的励磁电流$\overline{BC}$来抵消电枢反应去磁作用的影响，所以，在零功率因数负载特性上，$U=0$ 时，$I_f=\overline{OC}$。称图中$\triangle ABC$ 为特性三角形，它的垂直边是定子漏抗压降，水平边是电枢反应去磁磁动势，这两边都正比于电枢电流，因此，在电枢电流一定时，此特性三角形的大小是不变的。所以当特性三角形的 A 点在空载特性上移动时，C 点的轨迹线就是零功率因数负载特性曲线。

由以上分析可知，在空载和零功率因数负载特性之间，存在一个特性三角形$\triangle ABC$，利用空载特性和零功率因数负载特性就可以确定此三角形。具体方法如图 5-24（b）所示，根据两个特性确定$\overline{OC}$，在额定电压处做一水平线$\overline{O'C'}$交于零功率因数负载特性曲线于C'，取$\overline{O'C'}=\overline{OC}$。再从 O'点作空载特性直线部分的平行线$\overline{O'A'}$，与空载特性相交于 A'。过 A'点作$\overline{O'C'}$的垂线，交于$\overline{O'C'}$于 B'点。$\triangle A'B'C'$即是所要求的特性三角形。根据特性三角形可以求得发电机定子漏抗，即

$$x_\sigma=\frac{\overline{A'B'}}{I} \tag{5-21}$$

用此种方法求得的定子漏抗习惯上称为保梯电抗。

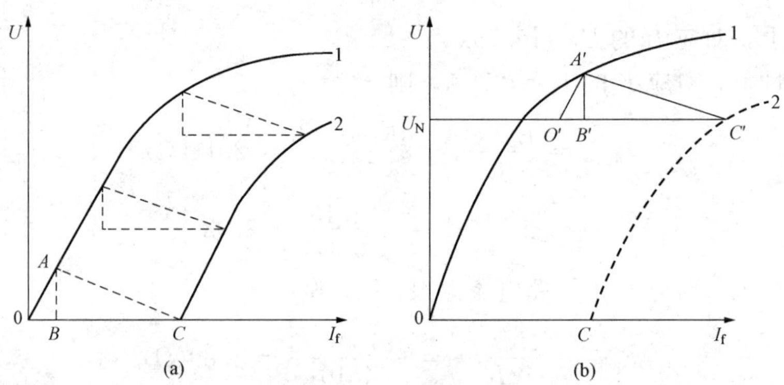

图 5-24 零功率因数负载特性

（a）负载特性；（b）特性三角形的作法

1—空载特性；2—零功率因数负载特性

四、外特性

外特性是指发电机的励磁电流 I_f、转速 n 和负载功率因数 $\cos\varphi$ 一定时，发电机的端电压与负载电流的关系 $U=f(I)$。

外特性可用直接负载法测定，也可用作图法间接求得。

如图 5-25（a）所示为不同性质负载时外特性曲线。当发电机带感性负载（$\varphi>0°$）时，外特性是下降的，原因是电枢反应的去磁作用和电枢漏阻抗产生了电压降；带容性负载（$\varphi<0°$）时且 $\psi<0°$（发电机负载的容抗大于同步电抗）时，外特性是上升的，原因是电枢反应的助磁作用和容性电流在漏抗上的压降；带阻性负载（$\varphi=0°$）时，尽管 $\varphi=0°$，但由于发电机同步电抗的存在，使 ψ 稍微大于 0°，依然有直轴去磁电枢反应，外特性仍然是下降的。为了在不同功率因数下 $I=I_N$ 时能得到 $U=U_N$，感性负载时要增大励磁电流，容性负

载时应减小励磁电流。

负载变化，必然引起发电机端电压波动。为了描述电压波动的程度，引入电压变化率的概念。电压变化率是指发电机在额定工作情况（$I=I_N$、$\cos\varphi_N$、$U=U_N$）时的励磁电流和转速保持不变的条件下，切除全部负载后，端电压的变化值（E_0-U_N）对额定电压的百分比，用 $\Delta U\%$表示

$$\Delta U\%=\frac{E_0-U_N}{U_N}\times 100\% \tag{5-22}$$

由电机的电动势平衡方程和相量图可知，影响电压变化率的因素有负载的大小、性质及同步阻抗。

电压变化率是同步发电机运行性能的重要数据之一。电压变化率过大，电机端电压波动程度大。现代同步发电机一般装有快速自动调压装置，可及时自动调节励磁电流维持电压基本不变。

五、调整特性

调整特性是指发电机的转速 n、端电压 U 和负载功率因数 $\cos\varphi$ 一定时，励磁电流与负载电流的关系 $I_f=f(I)$。

如图 5-25（b）所示是发电机的调整特性曲线。在感性和电阻性负载时，随着负载电流的增加，必须增加励磁电流，补偿电枢反应的去磁作用和漏阻抗压降，保持端电压恒定；对容性负载，随着负载电流的增加，必须减小励磁电流。

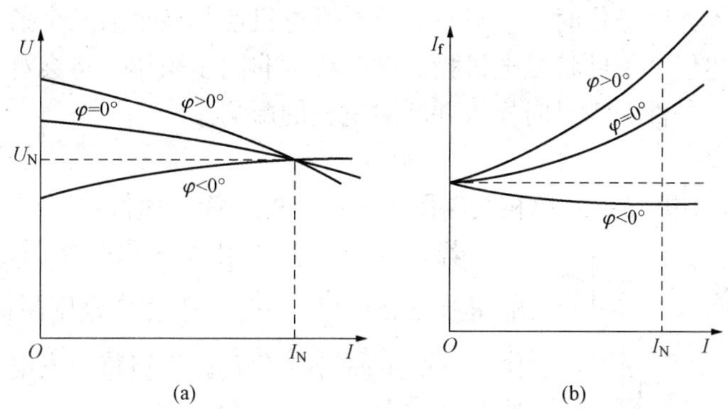

图 5-25　不同功率因数时发电机的外特性和调整特性

（a）外特性；（b）调整特性

在给定的功率因数情况下，根据调整特性曲线，可确定在给定的负载变化范围内，维持电压不变所需的励磁电流的变化范围。运行人员可利用调整特性曲线，使电力系统中无功功率的分配更合理一些。

第五节　三相同步发电机投入并联的方法和条件

同步发电机的最基本运行方式是并联运行，所谓并联运行，就是将两台或更多台同步发电机分别接在电力系统的对应母线上，或通过主变压器、输电线接在电力系统的公共母线上，共同向用户供电。

同步发电机并联运行的优点可概述为：①提高供电的可靠性；②提高供电的经济性；③提高电能的质量。

尽管现在的单机容量有越来越大的趋势，但与现代大容量的电力网比较还是很小，单台发电机功率的调节不会影响整个电力网的频率和电压，电力网的频率和电压可认为是常数。同时，电力网中有很多负载并联运行，整个电力网的等效阻抗就很小，这样的电力网相对单台发电机，可称为无穷大电网，用数学表达式表示为：f_c＝常数，U_c＝常数，$Z_c\rightarrow 0$。本书仅分析将发电机并联于无穷大电网运行情况。

根据待并发电机的励磁情况，同步发电机投入并联的方法并列可分为准同步（同期）法和自同步法两种。

一、准同步法

已励磁的发电机投入并联时均采用准同步法（准同期法）。准同步法可以避免发电机投入并联时产生巨大的冲击电流和冲击转矩的作用，使发电机很快进入同步稳定运行状态。采用准同步法投入并联要求同步发电机必须满足以下条件：

（1）发电机的电压 U_g 和电网电压 U_c 大小相等；

（2）发电机的电压相位和电网电压相位相同；

（3）发电机的频率 f_g 和电网频率 f_c 大小相等；

（4）发电机的电压相序和电网电压的相序相同。

条件（4）一般在安装发电机时，就已经根据发电机的转向确定了发电机相序而得到满足。运行人员在投入并联操作时，一般只需调整发电机使其满足前三个条件即可。

如果不符合上述任一条件将发电机投入并联称为非同步操作，将会对发电机产生严重危害。下面分析当某一条件不满足时投入并联对电机的影响。

1. 电压大小不等

由于三相对称，用图 5-26 单相线路图来分析。图中箭头为假定正方向，S 为同步开关。

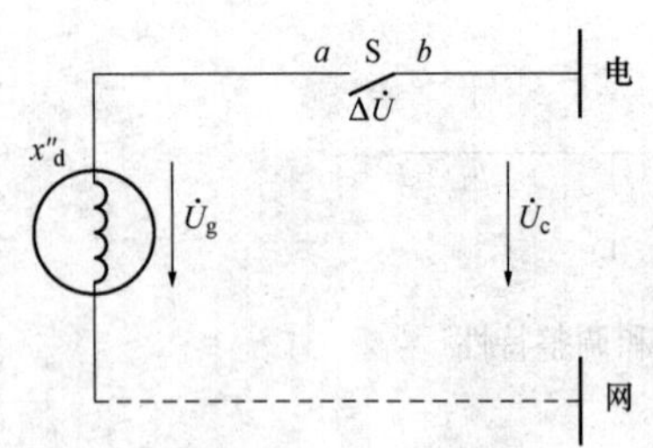

图 5-26 单相线路图

若 $U_g\neq U_c$，则在开关 S 未合闸时，a、b 两点间存在电压差 $\Delta\dot{U}=\dot{U}_g-\dot{U}_c$，开关 S 合闸瞬间，发电机在 $\Delta\dot{U}$ 作用下产生冲击电流 $\dot{I}_c$。忽略待并发电机的电枢电阻，则冲击电流为

$$\dot{I}_c=\frac{\Delta\dot{U}}{jx''_d} \tag{5-23}$$

式中 x''_d——发电机的次暂态同步电抗（物理意义详见下一章），$x''_d\ll x_d$。

由于 x''_d 很小，所以即使 ΔU 不大，冲击电流 I_c 也会很大。

当 $U_g>U_c$ 时，见图 5-27 所示，电流 $\dot{I}_c$ 滞后 $\dot{U}_g$ 90°，为理想感性电流，它不会在转轴上产生扭转矩，但能够在电枢绕组中产生很大的冲击力，使电枢绕组端接部分受到冲击力而变形。如果 U_g 和 U_c 相差较小，电机可以利用电枢反应作用，调节 U_g，使其和 U_c 相等。同理，当 $U_g<U_c$ 时，电机可以通过电枢反应作用，使 $U_g=U_c$。

2. 电压相位不同

发电机电压与电网电压大小相等但相位不同时，在开关 S 两端也会形成电压差 $\Delta\dot{U}=$

$\dot{U}_g-\dot{U}_c$，当$\dot{U}_g$、$\dot{U}_c$反相时，$\Delta\dot{U}$最大，如图 5-28（a）所示。此时，冲击电流为最大值，发电机将遭受巨大的电磁力而损坏；若合闸瞬间，发电机电压$\dot{U}_g$略超前于电网电压$\dot{U}_c$，如图 5-28（b）（$\dot{U}_g$略超前$\dot{U}_c$），在$\Delta\dot{U}$作用下产生滞后的冲击电流$\dot{I}_c$。$\dot{I}_c$可分解成有功分量$\dot{I}_{ca}$和无功分量$\dot{I}_{cr}$。此电流在电枢绕组中产生冲击电磁力，使电枢绕组端接部分受冲击力而变形；同时，有功分量电流$\dot{I}_{ca}$会在发电机轴上产生很大的冲击制动转矩，使机轴扭曲变形。另外，冲击电流还会使电枢绕组过热。同理，当发电机电压$\dot{U}_g$略滞后于电网电压$\dot{U}_c$时，冲击电流的有功分量也会在转轴上产生冲击驱动转矩，电枢绕组端部也会受到冲击力的作用。

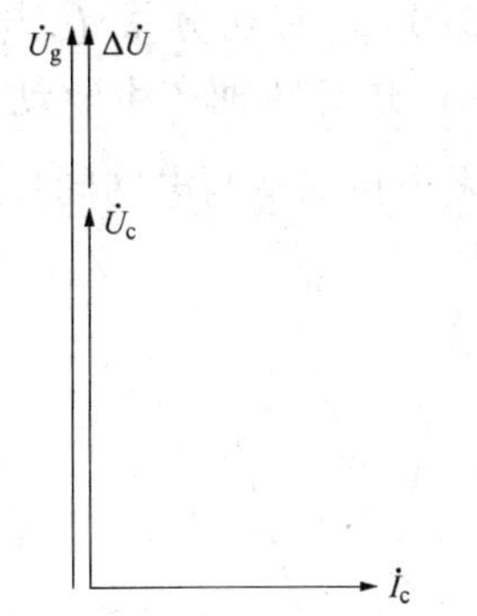

图 5-27　电压大小不等时的相量图

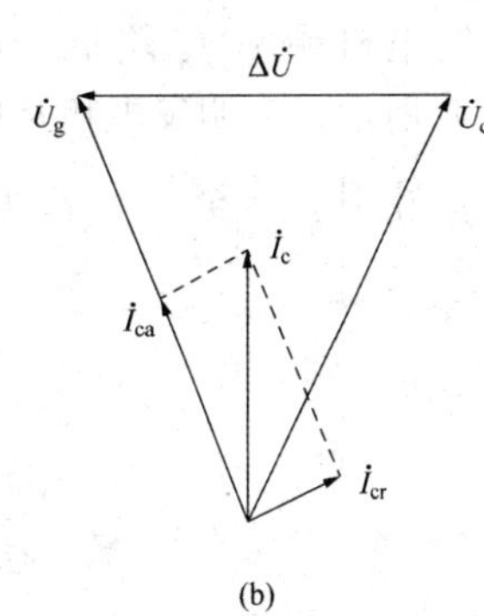

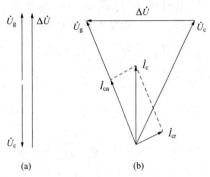

图 5-28　电压相位不同时的相量图

（a）$\dot{U}_g$、$\dot{U}_c$反相；（b）$\dot{U}_g$超前$\dot{U}_c$

3. 频率不等

频率不同时，可以把$\dot{U}_g$和$\dot{U}_c$设想为两个大小相等而角速度不同的旋转相量，它们分别以角速度$\omega_g=2\pi f_g$和$\omega_c=2\pi f_c$同向旋转，如 5-29（a）所示。由于$\omega_g\neq\omega_c$，所以可认为相量$\dot{U}_c$不动、相量$\dot{U}_g$以$\Delta\omega=\omega_g-\omega_c$的角速度旋转。此时，电压差 ΔU 在 $0\sim2U_g$ 之间波动，变化的角频率为$\Delta\omega$，这种瞬时值的幅值有规律的时大、时小变化的电压称为拍振电压，$\Delta\omega$为其拍振的角频率，如图 5-29（b）所示。在拍振电压作用下产生拍振电流，电流的有功分量对发电机而言时正、时负，与转子磁场作用，在转轴上产生周期性交变的冲击转矩，使发电机振动。同时拍振电流会使电枢绕组端部受冲击力而变形，还会使电枢绕组发热。

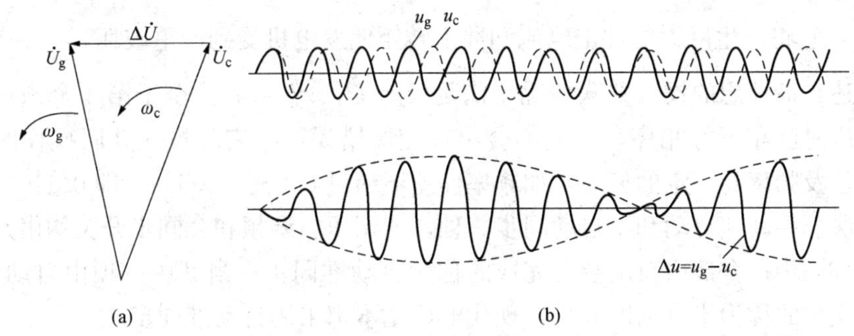

图 5-29　频率不等时的相量图和波形图

（a）相量图；（b）波形图

如果频差过大，发电机很难被拉入同步。

如果频差不大，不会产生严重后果，此时投入并联，电流的有功分量所产生的转矩会把发电机的转子拉入同步，这种作用，称作自整步作用，原理如下：

若待并发电机频率 f_g 略高于电网频率 f_c，则 $\omega_g>\omega_c$，在投入并联瞬间，$\dot{U}_g$ 略超前$\dot{U}_c$，如图 5-30（a）所示，在 $\Delta\dot{U}$作用下产生冲击电流 $\dot{I}_c$，它滞后$\dot{U}_g$ 的相位角为 φ'，其有功分量 $\dot{I}_{ca}$与$\dot{U}_g$ 同相，表明发电机向电网输送有功功率，并对转轴产生制动性质转矩，转子减速，f_g 下降，直至 $f_g=f_c$（即$\dot{U}_g$ 和$\dot{U}_c$ 同相），$\Delta\dot{U}=0$，发电机转速达到同步速，这个过程即为自整步作用。

反之，发电机频率 f_g 略低于电网频率 f_c 时，$\varphi'>90°$，有功分量 $\dot{I}_{ca}$与$\dot{U}_g$ 反相，如图 5-30（b）所示，表明发电机从电网输吸收有功功率，并对转轴产生驱动性质转矩，使转子加速，f_g 上升，直至 $f_g=f_c$（即$\dot{U}_g$ 和$\dot{U}_c$ 同相），发电机保持与电网同步运行。

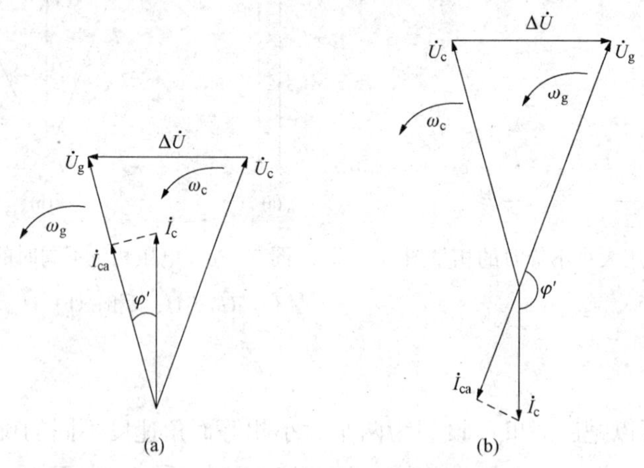

图 5-30　解析自整步作用的相量图

(a) f_g 略高于 f_c；(b) f_g 略低于 f_c

通常发电机投入并联时使发电机频率 f_g 略高于电网频率 f_c。

4. 相序不同

与电网相序不同的发电机绝对不能投入并联，这是由于$\dot{U}_g$ 和$\dot{U}_c$ 恒差 120°，电压差 ΔU 恒等于$\sqrt{3}U_g$，它将产生巨大的冲击电流和冲击转矩使发电机受到严重破坏。

综上所述，最理想的投入并联情况是满足$\dot{U}_g=\dot{U}_c$、$f_g=f_c$。至于第 4 个条件，发电厂在安装发电机时已布置好相序，一般不会出现相序错误。在实际投入并联操作时，允许电压、电压相位及频率有一定的偏差，如频率偏差不超过 0.2%～0.5%（即 0.1～0.25Hz）。

准同步法分手动、自动和半自动同步三种，若调压、调频和合同步开关均由运行人员操作，称手动准同步；全部由自动装置完成的称为自动准同步；当其中一项由自动装置完成，其余由手动完成的称为半自动准同步，现代电厂基本都采用自动准同步。

二、自同步法

准同步法条件苛刻，要同时满足条件需较长时间，特别是当电网发生故障时，电网的电压和频率均在变化，采用准同步投入并联比较困难。因此，发电机也可采用自同步法投入并联。

自同步法操作，首先要验证发电机的相序，然后将发电机转子励磁绕组跨接一个5～10倍于励磁电阻的灭磁电阻后形成闭合回路，以免电枢的冲击电流在励磁绕组中感应大电动势而损坏绕组；同时把励磁回路的调磁电阻放置在对应空载额定电压的阻值位置。发电机在无励磁的情况下起动，调节发电机转速使之接近同步速时，合上发电机的同步开关，并立即加上直流励磁，依靠定、转子磁场间形成的电磁转矩，把发电机拉入同步。

自同步法操作简单、迅速，便于自动化和实现重合闸。但在投入并联合闸时，会产生较大的冲击电流和冲击转矩，一般常用于紧急状态下的投入并联操作。

第六节　三相同步发电机的有功功率功角特性和静态稳定

同步发电机并入电网后，电能的发、输、用都是同时进行的，输入和输出功率必须保持平衡。因此，发电机输出的功率要根据电力系统的需要随时进行调节。

一、有功功率的平衡

同步发电机将转轴上输入的机械功率，转换为电枢绕组输出的电功率，其功率流程图为5-31所示。

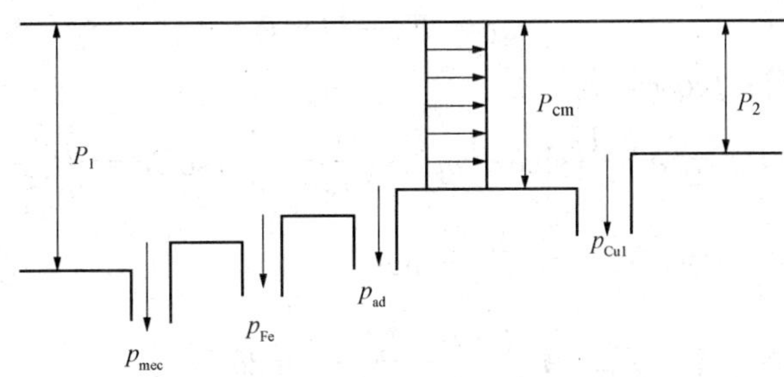

图5-31　同步发电机功率流程图

发电机自原动机的输入的机械功率 P_1，一部分用以抵偿机械损耗 p_{mec}、定子铁损 p_{Fe} 和附加损耗 p_{ad}，其余部分从转子通过气隙合成磁场传递到定子成为电磁功率 P_{em}，有

$$P_{em} = P_1 - (p_{mec} + p_{Fe} + p_{ad}) = P_1 - p_0 \tag{5-24}$$

式中　p_0——空载损耗，$p_0 = p_{mec} + p_{Fe} + p_{ad}$。

如果是采用同轴励磁机，P_1 还需扣除输入励磁机的全部功率后才是电磁功率 P_{em}。

电磁功率 P_{em} 减去定子绕组的铜损耗 p_{cu1}，得到发电机的输出功率 P_2，即

$$P_2 = P_{em} - p_{cu1}$$

$$p_{cu1} = mI^2 r_a$$

对于大、中容量的同步发电机，r_a 很小，p_{cu1} 不超过额定功率的1%，为了分析方便将 p_{cu1} 忽略，因此

$$P_{em} \approx P_2 = mUI\cos\varphi \tag{5-25}$$

将式（5-24）两边同时除以机械旋转角速度 Ω，得到同步发电机转矩平衡方程

$$T_{em} = T_1 - T_0$$

或

$$T_1 = T_{em} + T_0 \tag{5-26}$$

式中 T_{em}——对应 P_{em} 的电磁转矩，为制动性质；

T_1——对应 P_1 的原动机加在发电机轴上转矩，为驱动性质；

T_0——对应 p_0 的空载转矩，为制动性质。

可见同步发电机稳定运行时驱动转矩与制动转矩平衡。

二、有功功率功角特性

式（5-25）表示电磁功率近似为发电机输出的电功率，通常用有功功率功角特性表示电磁功率与发电机内部各量的关系。

为了分析方便，作以下假定：

（1）发电机并联于无穷大电网，即 U=常数，f=常数；

（2）发电机磁路不饱和，即同步电抗为常数；

（3）忽略电枢绕组电阻，即 $r_a=0$。

对于凸极同步发电机，由 $\varphi=\psi-\delta$ 得

$$P_{em} \approx P_2 = mUI\cos\varphi = mUI\cos(\psi-\delta) = mUI\cos\psi\cos\delta + mUI\sin\psi\sin\delta$$

由如图 5-18 所示相量图中的几何关系（忽略图中相量 $\dot{I}r_a$）得到

$$I_q x_q = U\sin\delta$$

$$I_d x_d = E_0 - U\cos\delta$$

并考虑到 $I_d=I\sin\psi$，$I_q=I\cos\psi$，得

$$P_{em} \approx P_2 = m\frac{E_0U}{x_d}\sin\delta + m\frac{U^2}{2}\left(\frac{1}{x_q}-\frac{1}{x_d}\right)\sin2\delta = P'_{em}+P''_{em} \tag{5-27}$$

式中 P'_{em}——基本电磁功率，$P'_{em}=m\dfrac{E_0U}{x_d}\sin\delta$；

P''_{em}——附加电磁功率，$P''_{em}=m\dfrac{U^2}{2}\left(\dfrac{1}{x_q}-\dfrac{1}{x_d}\right)\sin2\delta$。

由表达式可见，附加电磁功率有三个特点：①与励磁电流 I_f 无关，即使 $I_f=0$，$E_0=0$，P''_{em} 仍然存在；②在 $\delta=45°$ 时，P''_{em} 为最大；③P''_{em} 只有 $x_d\neq x_q$ 的凸极同步电机才存在，它是由于直轴和交轴的磁阻不同而产生的，又称为磁阻功率。

对隐极同步发电机，有 $x_d=x_q=x_t$，代入式（5-27），得

$$P_{em} = m\frac{E_0U}{x_t}\sin\delta \tag{5-28}$$

式（5-27）和式（5-28）表明，同步发电机并联在无穷大电网（U 为常数），且电机磁路不饱和（x_d、x_q 或 x_t 为常数），维持励磁电流不变（E_0 不变）时，发电机的电磁功率大小只取决于功角 δ 变化的规律，称 $P_{em}=f(\delta)$ 为同步发电机的有功功率功角特性。

凸极发电机的有功功率功角特性如图 5-32（a）所示。曲线 1 是基本电磁功率 $P'_{em}=f(\delta)$，是正弦函数，曲线 2 是附加电磁功率 $P''_{em}=f(\delta)$，是倍角正弦函数，曲线 3 是 1、2 曲线的合成，为凸极电机的有功功率功角特性曲线。在 $\delta<90°$ 时电磁功率达到最大值，曲线形状不是正弦曲线，略有畸变。

隐极发电机的功角特性曲线如图 5-32（b）所示，为一正弦函数曲线。在 $\delta=90°$ 时，电磁功率达最大，即功率极限

$$P_{\mathrm{em,max}} = m\frac{E_0 U}{x_t} \tag{5-29}$$

功率极限对应的功角称为功率极限角，隐极发电机的功率极限角为 90°，凸极发电机的功率极限角略小于 90°。

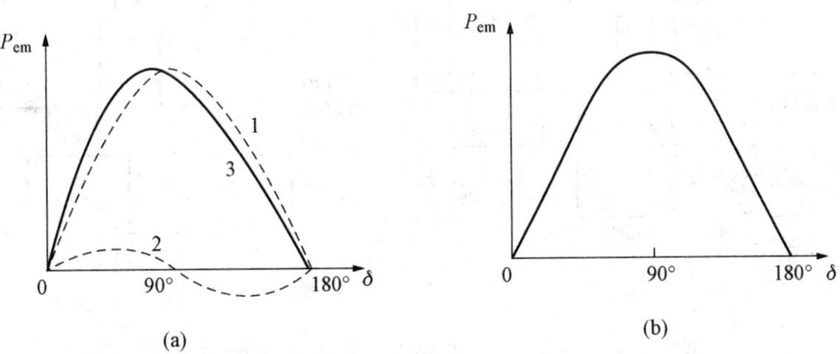

图 5 - 32　同步发电机有功功率功角特性

（a）凸极发电机；（b）隐极发电机

由上述分析可见，同步发电机输出有功功率的大小与功角 δ 有关。功角 δ 具有双重的物理意义：其一是电动势 $\dot{E}_0$ 与电压 $\dot{U}$ 与之间的时间相位角；其二是感应电动势 $\dot{E}_0$ 的主磁通 $\dot{\Phi}$ 与产生端电压 $\dot{U}$ 的定子合成磁通 $\dot{\Phi}_u$ 之间的夹角，如图 5 - 33（a）所示。图中定子合成磁通 $\dot{\Phi}_u$ 本身不存在，是一个虚拟磁通。为了树立功角的概念，假想发电机端电压 $\dot{U}$ 是一个由超前它 90°的磁通 $\dot{\Phi}_u$ 所感生，该磁通由主磁通、电枢反应磁通和定子漏磁通合成，它与定子的等效磁极相对应，因此主磁通 $\dot{\Phi}$ 和定子合成磁通 $\dot{\Phi}_u$ 之间的夹角即为转子磁极轴线与定子等效磁极轴线之间的空间夹角。

在发电机状态时，$\dot{E}_0$ 超前 $\dot{U}$（功角 $\delta > 0°$），所以，转子磁极轴线超前定子等效磁极轴线一个 δ 角，如图 5 - 33（b）所示。气隙中的磁力线发生了倾斜，转子磁极通过磁力线（像“弹簧”的作用）拉着定子等效磁极同步旋转，如图 5 - 34 所示。将气隙中磁力线分解为径向和切向两个分量，切线方向的拉力对转轴形成一个制动转矩，即电磁转矩。为了使转子继

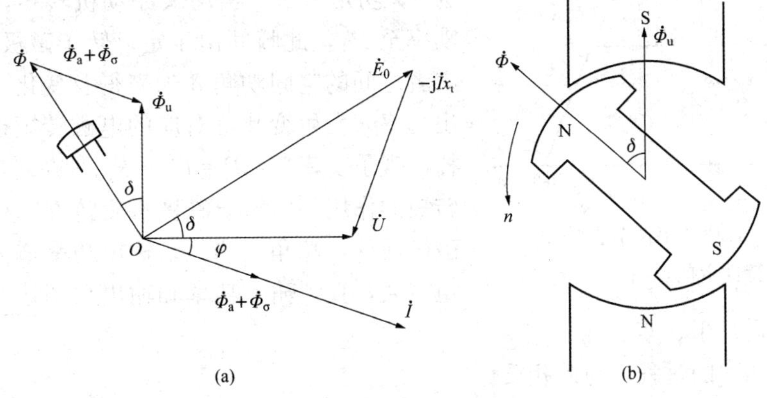

图 5 - 33　δ 角的双重物理意义

（a）相量图；（b）等效磁极

续保持额定转速，原动机的驱动转矩克服制动的电磁转矩作功，实现机械能转换成电能输出。在$\delta<90°$区间内，由功角特性可见，δ角越大，发电机输出电功率越大，制动转矩增大，转子侧输入的机械功率也增大。

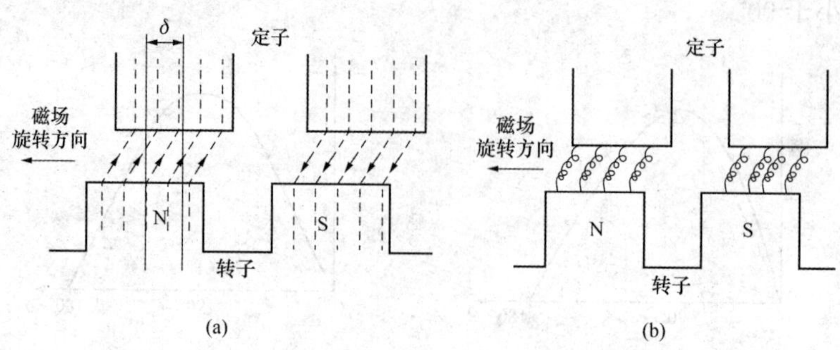

图 5-34 发电机工作状态的定、转子磁极关系

(a) 定、转子磁极间的磁联系；(b) 用弹簧来比喻磁力线

三、有功功率的调节

根据功角的意义，当发电机空载时，从原动机输入的机械功率只需用来平衡各种损耗，无多余功率转化为电磁功率，此时$\delta=0°$，转子磁极轴线和定子等效磁极轴线重合，磁力线拉力垂直于转子表面，只有径向力而无切向力，所以$P_{em}=0$。

增大原动机转矩（开大汽门或水门），发电机的输入机械功率增大，对应原动机转矩增大，超过制动的电磁转矩，出现剩余转矩，使转子磁极沿着旋转方向相对定子等效磁极前移，功角δ增大，气隙磁力线拉长，磁力线拉力沿转子切线方向有一分力，产生制动电磁转矩，当电磁转矩与原动机转矩平衡时，功角δ不再增大，定、转子磁极又以同步转速旋转。功角δ的增大，使得输出的电磁功率增大，即将原动机输入的机械功率转化为电功率。

下面用功角特性曲线来解析有功功率的调节（以隐极同步发电机为例）。

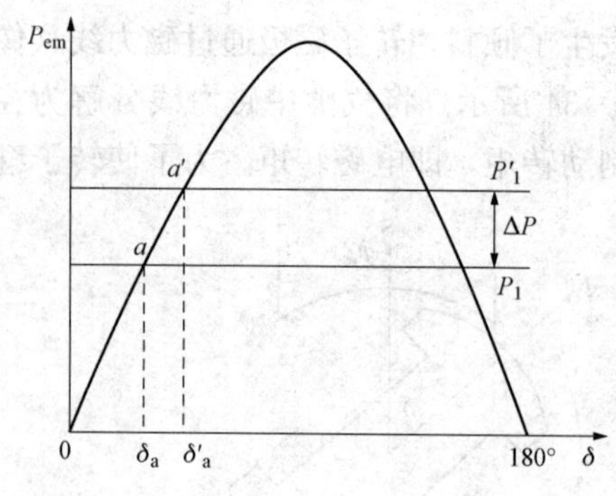

图 5-35 有功功率调节在功角特性上的反映

由图 5-35 可知，要想改变输出有功功率，功角δ必须改变。若发电机的输入功率为P_1，则在忽略各种损耗情况下，$P_1=P_2=P_{em}$，其对应工作点为a，功角为δ_a。当增大原动机转矩，即增大输入功率至P'_1，此瞬间由于定、转子磁极运动的惯性，二者之间的空间功角δ未来得及变化，发电机的输出功率未发生变化，对应的电磁转矩也未变化，这样出现了功率差$\Delta P=P'_1-P_{em}$，在对应ΔP的剩余转矩的作用下，转子磁极沿旋转方向相对定子等效磁极前移，功角δ增大，输出功率增大，即电磁转矩增大，直到输入功率和输出功率达新的平衡，发电机重新稳定运行于a'点。

减小有功功率的过程，与此相反。

可见，要调节发电机向电网输出的有功功率，只需调节发电机的输入机械功率即原动机的转矩，改变功角δ。在功率极限角范围内，输入机械功率越大，有功功率输出就越大。

四、静态稳定概念

在功率变化过程中，能否重新建立平衡状态，使电机继续保持稳定运行，这就是发电机运行稳定性的问题。

所谓静态稳定是指电网中稳定运行的同步发电机，在受到来自电网或原动机方面的某些微小的干扰后，能够自动地恢复到原来的平衡运行状态的能力。如果能够恢复，则发电机是"静态稳定"的，否则就是不稳定的。

现以隐极发电机的功角特性分析静态稳定的问题，如图 5-36 所示。设来自原动机的输入功率为 P_1，在忽略各种损耗情况下，$P_1=P_{em}$。原动机的功率与功角 δ 无关，它是一条直线，在功角特性上有 a、b 两个平衡点。在 a 点工作时，对应功角 δ_a，若某种原因原动机的功率增加 ΔP_a，该瞬间发电机的电磁功率还未来得及变化，使原动机的转矩大于电磁转矩，转子加速，功角 δ 获得一个增量 $\Delta\delta_a$，相应的电磁功率和电磁转矩也随之增大，直到电磁功率重新和输入功率重新平衡，稳定运行于 a' 点。若干扰消失后（ΔP_a 变为零），此刻电磁功率大于输入功率，对应的电磁转矩大于原动机转矩，电机减速，功角 δ 减小，输出功率减小，直至 $\delta=\delta_a$，电机又重新平衡于 a 点。可见 a 点为稳定运行点，在功角 δ 从 0°到功率极限角的范围内，情况与 a 点相同。

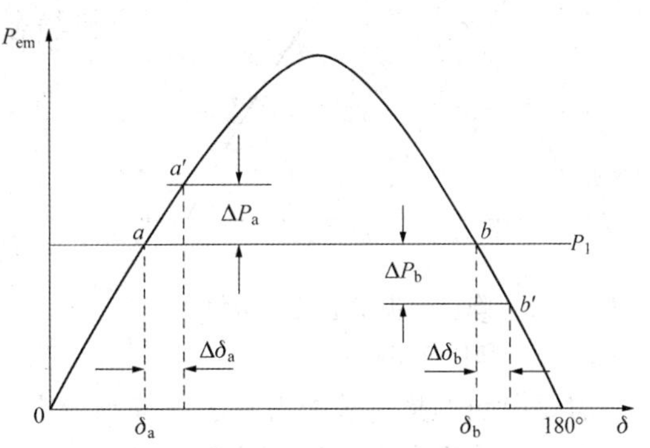

图 5-36　静态稳定的确定

在 b 点运行时，对应的功角 $\delta_b>90°$，正的功角增量引起负的发电机功率变量 ΔP_b。发电机功率（或电磁转矩）的变化，使制动转矩小于原动机的驱动转矩，于是，电机加速，功角 δ 增大，发电机的功率和对应的电磁转矩继续减小，功角 δ 继续增大，这种情况继续下去，发电机运行点离 b 点越来越远，致使发电机最后失去了同步。失步后的运行状况，表现为功率和电流的急剧振荡，系统内发电机的并联运行变为不可能，所以 b 点是不稳定的运行点。同理，功角 δ 从功率极限角到 180°范围内，情况与 b 点相同，为不稳定运行区。

由上述可知，在功角特性曲线上升部分的点（功角 δ 从 0°到功率极限角）都是稳定的，该区域称为发电机的静态稳定运行区，在功角特性曲线下降部分的点（功角 δ 从功率极限角到 180°）是不稳定的，该区域称为发电机的静态不稳定运行区。或者说当电磁功率增量与功角的增量有相同符号时，发电机是静态稳定的，即满足 $\frac{dP_{em}}{d\delta}>0$ 时电机稳定，而当 $\frac{dP_{em}}{d\delta}<0$ 时电机为不稳定。

定义 $P_{syn}=\frac{dP_{em}}{d\delta}$ 为比整步功率，单位 kW/rad，作为电机静态稳定的判据。

对于隐极同步发电机，比整步功率为

$$P_{syn}=\frac{dP_{em}}{d\delta}=m\frac{E_0U}{x_t}\cos\delta \tag{5-30}$$

对于凸极同步发电机，比整步功率为

$$P_{syn}=\frac{dP_{em}}{d\delta}=m\frac{E_0U}{x_d}\cos\delta+mU^2\left(\frac{1}{x_q}-\frac{1}{x_d}\right)\cos2\delta \tag{5-31}$$

在稳定区域内，功角 δ 愈小，P_{syn} 值愈大，电机的稳定性就愈好。如图 5-37 所示为隐极同步发电机的有功功率功角特性和比整步功率特性。

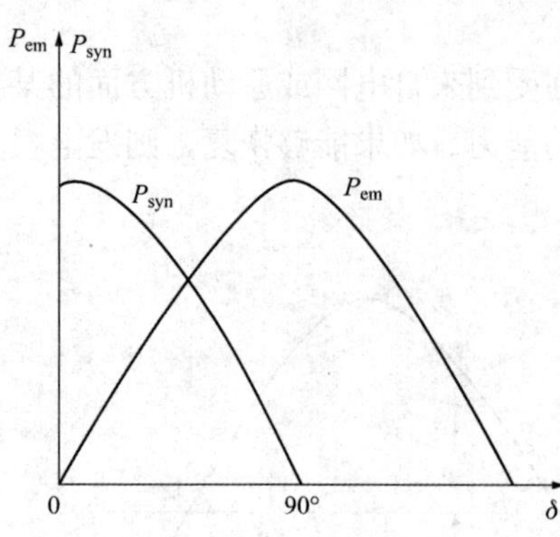

图 5-37 隐极同步发电机的功角特性和比整步功率特性

在实际运行中，发电机的额定运行点离稳定极限有一定的距离，使极限功率比额定功率大一定的倍数。极限功率与额定电磁功率之比，称为静态过载能力 k_m，若忽略电枢电阻，则 $P_{emN}=P_N$，对于隐极电机静态过载能力为

$$k_m=\frac{P_{em,max}}{P_N}=\frac{\dfrac{mE_0U}{x_t}}{\dfrac{mE_0U}{x_t}\sin\delta_N}=\frac{1}{\sin\delta_N} \quad (5-32)$$

式中 δ_N——额定运行时的功角。

一般 k_m 在 1.7～2 范围内，与之相对应，δ_N 大约在 25°～35°之间。

需要说明的是过载能力是表征静态稳定的能力，不是发电机可以过载的倍数。过载能力大一点，是从提高静态稳定的观点考虑的，不是从发热观点考虑的。

由式（5-32）可知，若想提高过载能力，必须减小功角 δ_N，而电机容量一定时，减小功角 δ_N 的方法主要有：①增大发电机的空载电动势 E_0，因为 $k_m\propto P_{em,max}=m\dfrac{E_0U}{x_t}$。增加磁电流 I_f 使 E_0 增大，过载能力和稳定性能提高，但是由于励磁电流增大，将引起励磁绕组发热增加。②减小发电机的同步电抗，减小发电机的同步电抗来提高过载能力，必须在设计制造时，加大电机气隙，增加主磁路的磁阻。但为了得到所需的气隙磁通，必须增加励磁安匝数，使励磁绕组及电机尺寸相应加大，因而造价提高了。

可见，无论采取哪种方法来提高电机的过载能力，都要付出较大的代价，因此无需过分追求过载能力。

第七节 三相同步发电机的无功功率调节及 V 形曲线

电网中除了有功负载外，还有无功负载。如果电网中各台发电机发出的无功功率不能满足电网对无功功率的要求，则感性电流的去磁效应会导致整个电网电压水平下降，因此，与电网并联运行的同步发电机输出的无功功率也需进行调节。

一、无功功率的调节

和有功功率一样，无功功率与功角 δ 也有关。发电机发出的无功功率为

$$Q=mUI\sin\varphi$$

按照一般习惯，假设发电机输出感性无功功率（滞后）时 Q 为正值。对于凸极发电机，由相量图中的几何关系（忽略图中相量 $\dot{I}r_a$）可以得到

$$\varphi=\psi-\delta$$

$$I_qx_q=U\sin\delta$$

$$I_dx_d=E_0-U\cos\delta$$

代入 Q 表达式中，变换后，得到

$$Q=m\frac{E_0U}{x_d}\cos\delta-m\frac{U^2}{2}\left(\frac{1}{x_q}+\frac{1}{x_d}\right)+m\frac{U^2}{2}\left(\frac{1}{x_q}-\frac{1}{x_d}\right)\cos2\delta \quad (5-33)$$

对隐极同步发电机，$x_d=x_q=x_t$，代入上式，有

$$Q=m\frac{E_0U}{x_t}\cos\delta-m\frac{U^2}{x_t} \quad (5-34)$$

式（5-33）和式（5-34）表明，当 E_0、U 和参数 x_d、x_q 或 x_t 为常数时，无功功率 Q 也随功角 δ 而变。无功功率 Q 与功角 δ 的关系 $Q=f(\delta)$，称为同步发电机的无功功率功角特性。如图 5-38 所示为隐极同步发电机的无功功率功角特性。

下面以无功功率功角特性和有功功率功角特性来分析调节励磁电流对发电机运行状态的影响。

从能量守恒的观点看，同步发电机与无穷大电网并联运行，如果只是调节无功功率，不需要改变原动机的输出功率。如图 5-39 所示，假设发电机的运行状态为：有功功率功角特性曲线为 1-1，无功功率功角特性曲线为 2-1，来自原动机的机械功率为 P_1，发电机工作于 a 点，功角为 δ_a、输出有功功率为 P_{ema}，输出无功功率为 Q_a。维持 P_1 不变，仅增大励磁电流 I_f，E_0 也相应增大，有功功率功角特性曲线变为 1-2，无功功率功角特性曲线变为 2-2。由于 P_1 不变，则电机的工作点由 a 变为 b，功角由 δ_a 变为 δ_b，此时无功功率变为 Q_b，有功功率不变。由此可见，增加励磁电流，可以增加无功功率输出；减小励磁电流，可以减小无功功率输出。由于来自原动机的功率未变，所以发电机的有功功率输出不变。

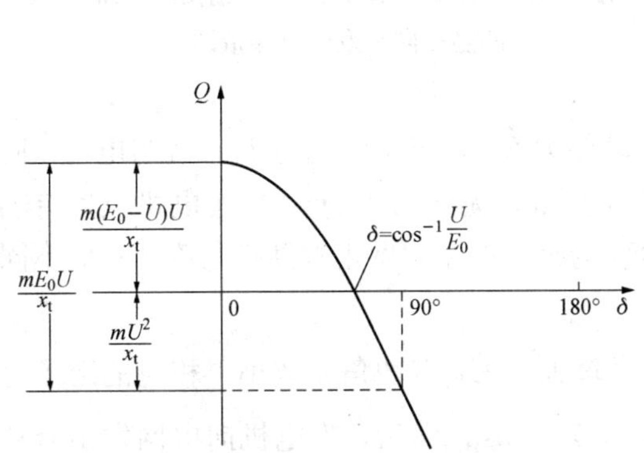

图 5-38　隐极同步发电机的无功功率功角特性

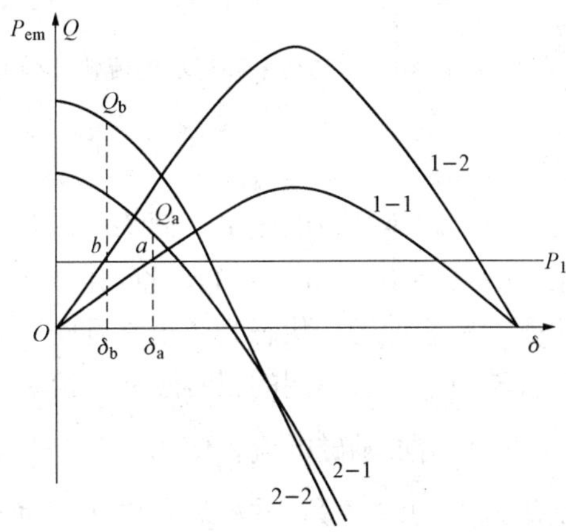

图 5-39　励磁电流改变时的功角特性

需要指出，通过调节励磁电流来调节无功功率，对有功功率不会有影响，但改变励磁电流，会影响电机的静态稳定性能。改变原动机的功率调节有功功率时，由于功角改变了，不仅有功功率发生变化，无功功率也将发生相应变化。

二、相量分析

下面以隐极电机为例，分析并联于无穷大网的同步发电机，当保持有功输出不变，调节励磁电流 I_f 时其他各物理量的变化情况（忽略电枢回路电阻）。

保持有功输出不变，即 $P_{em}=P_2=mUI\cos\varphi=m\frac{E_0U}{x_t}\sin\delta=$常数。由于 U、x_t 均保持不变，所以 $P_{em}\propto I\cos\varphi=$常数，$P_{em}\propto E_0\sin\delta=$常数。

仅调节励磁电流时，尽管电枢电流 I 的大小发生变化，但其有功分量电流 $I_a=I\cos\varphi$ 不变，即定子电流 $\dot{I}$ 相量末端的变化轨迹是一条与电压相量 $\dot{U}$ 垂直的直线 I_a-I_a，称之为有功电流的轨迹线。由 $P_{em}\propto E_0\sin\delta=$常数知，电动势相量 $\dot{E}_0$ 末端的变化轨迹是一条与电压相量 $\dot{U}$ 平行的直线 $P-P$，称之为有功功率的轨迹线。两条轨迹线如图 5-40 所示。

下面分四种情况进行具体分析，如图 5-41 所示。

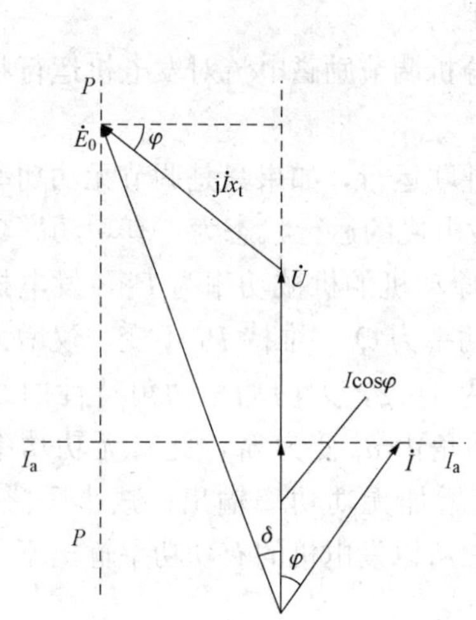

图 5-40 有功功率和有功电流轨迹线

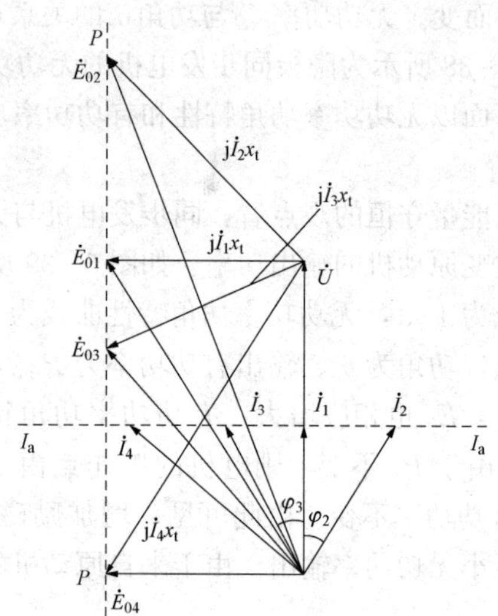

图 5-41 有功功率不变，不同励磁电流时的隐极同步发电机相量图

(1) 调节励磁电流 I_f，使 $I_f=I_{f1}$，相应的电动势为 $\dot{E}_{01}$，定子电流为 $\dot{I}_1$，且与电压 $\dot{U}$ 同相，$\varphi=\varphi_1=0°$，$\cos\varphi_1=1$，此时定子电流全为有功分量，无功功率 $Q=0$，发电机只发有功功率，称这种运行状态为"正常励磁"状态，对应的励磁电流叫做正常励磁电流。对应不同的有功功率就有不同的正常励磁电流。

(2) 增加励磁电流，使 $I_f=I_{f2}>I_{f1}$，$\dot{E}_0$ 随之增大为 $\dot{E}_{02}$，功角 δ 减小，相应的定子电流变为 $\dot{I}_2(I_2>I_1)$，并滞后端电压 $\dot{U}$ 为 φ_2 角，$\varphi_2>0°$，$\cos\varphi_2$ 滞后，发电机向电网发出有功功率和感性无功功率（或认为是从电网中吸收容性无功功率）。由于此时励磁电流大于正常励磁电流，所以称这种运行状态为"过励磁"状态，简称"过励"（迟相）。

(3) 减少励磁电流，使 $I_f=I_{f3}<I_{f1}$，$\dot{E}_0$ 随之减小为 $\dot{E}_{03}$，功角 δ 增大，相应的定子电流变为 $\dot{I}_3(I_3>I_1)$，并超前端电压 $\dot{U}$ 为 φ_3 角，$\varphi_3<0°$，$\cos\varphi_3$ 超前，发电机向电网发出有功功率和容性无功功率（或认为是从电网中吸收感性无功功率）。由于此时励磁电流小于正常励磁电流，所以称这种运行状态为"欠励磁"状态，简称"欠励"（进相）。

(4) 如果进一步减小 I_f，E_0 进一步减小，功角 δ 和超前的功率因数角 φ 将继续增大，当 $\dot{E}_0=\dot{E}_{04}$、$\delta=90°$时，发电机已达稳定运行的极限状态，如果再减小励磁电流，发电机就不能保持稳定运行。

同步发电机调节无功功率各物理量的变化情况如表 5-2 所示。

表 5-2　同步发电机调节无功功率各物理量的变化情况（以正常励磁为基准）

物理量	保持端电压和有功功率不变，调节励磁电流		
状态	正常励磁	过励磁	欠励磁
励磁电流	I_f	I_f 增大	I_f 减小
空载电动势	E_0	E_0 增大	E_0 减小
电枢电流	I	I 增大	I 增大
功率因数角	$\varphi=0$	$\varphi>0$	$\varphi<0$
功率因数	$\cos\varphi=1$	$\cos\varphi$ 滞后	$\cos\varphi$ 超前
功角	δ	δ 减小	δ 增大
输出功率	有功功率	有功功率、感性无功	有功功率、容性无功
静稳定性	中	好	差

由以上分析可知，当保持有功功率不变时，调节发电机的励磁电流，无功功率的大小和性质都发生改变。在过励状态下，发电机向电网发感性无功功率（吸取容性无功功率）。励磁电流越大，输出的感性无功越多；在欠励状态下，发电机向电网发容性无功功率（吸取感性无功功率），励磁电流越小，输出的容性无功越多。

由静态稳定概念可知，励磁电流增加后，电动势 E_0 增大，发电机的功率极限 $P_{em,max}$ 随之增大，发电机的静态稳定程度（过载能力 k_m）有所提高，但是“过励”受到定、转子额定电流的限制。发电机运行于欠励状态时，静态稳定性能下降，定子电流增大很多，所以，“欠励”受定子额定电流和稳定极限的限制。在现代电网中，调节励磁电流的作用不仅是为了调节无功功率，有时还是提高系统稳定性的一个有效手段。

三、V 形曲线

在同步发电机的运行中，定子电流 I 和励磁电流 I_f 是运行人员主要监视的两个量，这两个量关系着定子绕组和励磁绕组的温度，又牵涉到功率因数的超前、滞后以及电机的运行稳定性。

由相量图分析可知，发电机在保持有功功率不变情况下，调节励磁电流改变无功功率时，正常励磁点 $\cos\varphi_1=1$，定子电流为最小值，在此基础上无论增加或减小励磁电流，定子电流均增加。与无穷大电网并联运行的同步发电机，在保持有功功率不变情况下，表示定子电流 I 和励磁电流 I_f 的关系 $I=f(I_f)$，其曲线像字母“V”，称之为 V 形曲线，如图 5-42 所示为一簇 V 形曲线。

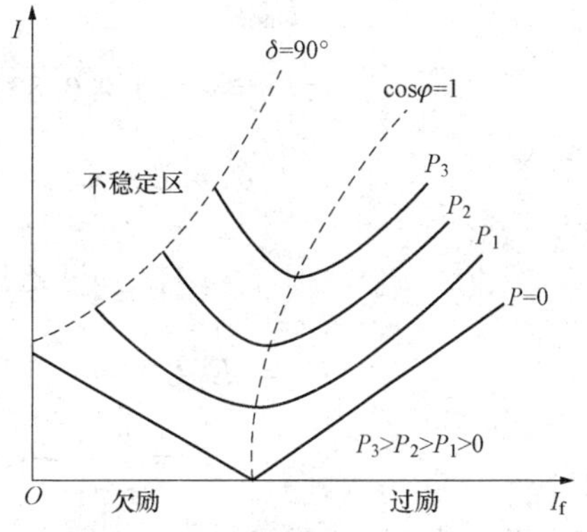

图 5-42　隐极同步发电机的 V 形曲线

每条 V 形曲线的最低点都是相应于 $\cos\varphi=1$ 的工作点，这点的定子电流值最小，而且全是有功分量，对应此点，发电机没有无功功率输出，这点为“正常励磁”。将各曲线的最低点连接起来，得到一条 $\cos\varphi=1$ 的稍向右倾的曲线，这说明增加有功功率输出时，要保持 $\cos\varphi=1$，必须相应地增加励磁电流。以该曲线为基准，右侧，发电机处于“过励”（也称迟相）运行状态，功率因数滞后，发电机向电网发出感性无功功率；

左侧，发电机处于“欠励”（也称进相）运行状态，功率因数超前，发电机向电网发出容性无功功率。

在V形曲线的左侧存在一个不稳定运行区，不稳定运行区的边缘是功角为功率极限角（隐极发电机为90°）时各条V形曲线中相应点的连线。在相量图中（图5-41）$\dot{E}_{04}$已处于稳定边缘$\delta=90°$。若再减小励磁电流，则原动机的输出功率P_1将大于功率极限$P_{em,max}$，使转子加速而失去同步。有功功率越大，维持稳定运行所需的励磁电流也越大，否则发电机极易进入不稳定区。在实际运行中，发电机在增大有功输出时，其励磁电流也需相应增加，且必须大于所限制的最小励磁电流。

一般情况下，发电机运行于过励运行状态，功率因数为0.8～0.85（滞后），大容量同步发电机的功率因数可达0.9。发电机功率因数大于或低于额定功率因数，对发电机运行都不利。

例5-2 有一台国产QFQS-200-2型汽轮发电机，额定容量$S_N=235000\text{kVA}$，额定电流$I_N=8625\text{A}$，额定电压$U_N=15.75\text{kV}$，双Y接线，额定功率因数$\cos\varphi_N=0.85$（滞后），同步电抗$x_t^*=1.9$（不饱和值），电枢电阻$r_a=0$，发电机并联于无穷大电网运行。试求：

（1）发电机额定状态下运行时，不饱和时的空载电动势E_0、额定功率角δ_N、电磁功率P_{em}、比整步功率P_{syn}及静态过载能力k_m？

（2）若维持额定运行时励磁电流不变，输出有功功率减半时，功角δ、电磁功率P_{em}及$\cos\varphi$变为多少？

（3）发电机运行在额定状态下，仅将其励磁电流加大10%时，δ、P_{em}、$\cos\varphi$和电流I变为多少（不考虑磁路饱和）？

解 （1）由于$\cos\varphi_N=0.85$，所以

$$\sin\varphi_N=0.527$$

$$\varphi_N=31.8°$$

额定运行，$U_N^*=U^*=1$，$I_N^*=I^*=1$

$$E_0^*=\sqrt{(U^*\cos\varphi_N)^2+(U^*\sin\varphi_N+I^*x_t^*)^2}$$

$$=\sqrt{(1\times0.85)^2+(1\times0.527+1\times1.9)^2}=2.57$$

$$\delta_N=\psi-\varphi_N=\tan^{-1}\frac{U^*\sin\varphi_N+I^*x_t^*}{U^*\cos\varphi_N}-\varphi_N$$

$$=\tan^{-1}\frac{1\times0.527+1\times1.9}{1\times0.85}-31.8=38.89°$$

$$E_0=E_0^*U_N=2.57\times15.57=40.478(\text{kV})\quad（线电动势）$$

$$P_{em}^*=\frac{E_0^*U^*}{x_t^*}\sin\delta_N=\frac{2.57\times1}{1.9}\sin38.89°=0.85$$

三相总功率

$$P_{em}=P_{em}^*S_N=0.85\times235000\times10^3=200(\text{MW})$$

$$P_{syn}^*=\frac{E_0^*U^*}{x_t^*}\cos\delta_N=\frac{2.57\times1}{1.9}\cos38.89°=1.062$$

$$P_{syn}=P_{syn}^*S_N=1.062\times235000\times10^3=249.57(\text{MW/rad})$$

$$k_m = \frac{1}{\sin\delta_N} = \frac{1}{\sin 38.89} = 1.59$$

（2）有功功率减半后

$$P'_{em} = \frac{1}{2}P_{em} = 100(\text{MW})$$

$$P'^{*}_{em} = \frac{1}{2}\times 0.85 = \frac{E_0^* U^*}{x_t^*}\sin\delta'$$

$$0.425 = \frac{2.57\times 1}{1.9}\sin\delta'$$

$$\delta' = 18.31^\circ$$

$$\dot{E}_0^* = \dot{U}^* + \mathrm{j}\dot{I}'^* x_t^*$$

$$2.57\angle 18.31^\circ = 1\angle 0^\circ + \mathrm{j}\dot{I}'^* 1.9$$

$$\dot{I}'^* = 0.87\angle -60.64^\circ$$

$$\cos\varphi = \cos 60.64^\circ = 0.49$$

（3）磁路不饱和，E_0 增加 10%

$$P^*_{em} = \frac{1.1E_0^* U^*}{x_t^*}\sin\delta''$$

$$0.85 = \frac{1.1\times 2.57\times 1}{1.9}\sin\delta''$$

$$\delta'' = 34.84^\circ$$

P_{em}不变，仍为 200MW

$$1.1\dot{E}_0^* = \dot{U}^* + \mathrm{j}\dot{I}''^* x_t^*$$

$$1.1\times 2.57\angle 34.384^\circ = 1\angle 0^\circ + \mathrm{j}\dot{I}''^* 1.9$$

$$\dot{I}''^* = 1.098\angle -39.26^\circ$$

$$I'' = I''^* I_N = 1.098\times 8625 = 9470.25(\text{A})$$

$$\cos\varphi = \cos 39.26^\circ = 0.774$$

第八节　同步调相机及同步电动机

任何一种旋转电机从运行原理来说都是可逆的，同步发电机也不例外。同步电机既可作为发电机运行，也可作为电动机运行，还可以作为调相机运行。下面以隐极同步发电机为例，说明同步电机的可逆过程。

一、同步电机的可逆原理

同步电机作为发电机运行时，转子磁极轴线超前定子等效磁极轴线 δ 角，拖动定子等效磁极同速旋转，电磁转矩为制动性质。发电机将原动机输入的机械功率扣除电机本身的损耗后，转变为电磁功率输送到电网。在发电机状态中，空载电动势 $\dot{E}_0$ 超前端电压$\dot{U}$ δ 角，电磁功率 P_{em}和功角 δ 均为正值，如图 5 - 43（a）所示。

若逐渐减小来自原动机的输入功率，功角 δ 逐渐减小，电磁功率 P_{em}也逐渐减小。当原动机的机械功率仅能抵偿发电机的空载损耗、维持电机同步旋转时，功角 δ 为零，电磁功率

P_{em}也为零，发电机处于空载运行状态，如图 5-43（b）所示。

如果继续减小原动机的功率（甚至撤去原动机），功角 δ 变为很小的负值，定子等效磁极超前转子磁极 δ 角，电磁功率也为负值，意味着此时电机开始从电网吸取有功功率，用以抵偿电机的空载损耗，相应的电磁转矩也由制动转矩变为驱动转矩。定子等效磁极拖着转子磁极以同步速旋转。由于电机轴上不带机械负载，电机从电网吸取的有功功率仅用来补偿电机的空载损耗，$|\delta|$ 很小。若此时电机用来承担调节无功功率的任务，就称电机处于调相运行状态，实际上就是空载运行的电动机。

如果在机轴上加上机械负载，则驱动的电磁转矩不仅要用来克服空载转矩，还要用来克服制动性质的负载转矩，负值的 δ 角将增大，转子磁极比定子等效磁极更落后，此时空载电动势 $\dot{E}_0$ 滞后端电压 $\dot{U}$ 为 δ 角，电机成为一台带机械负载运行的同步电动机，如图 5-43（c）所示。

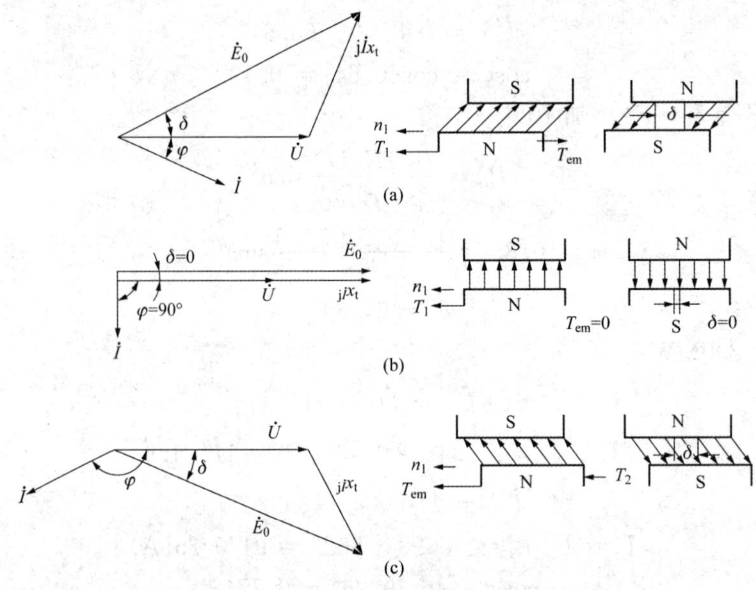

图 5-43 同步发电机过渡到同步电动机

（a）发电机；（b）过渡状态；（c）电动机

由以上分析可知，当同步发电机变为电动机运行时，功角 δ、电磁功率 P_{em} 由正变负，电磁转矩 T_{em} 由制动转矩变为驱动转矩。

综上所述，同步电机有三种运行状态，功角 δ 是判断同步电机运行状态的标志。第一种为发电运行状态（$\delta>0°$），电机向电网输送有功功率；第二种为调相运行状态，$\delta<0$，$|\delta|$ 很小，电机从电网吸取很少的有功功率以补偿空载损耗，维持电机同步速旋转；第三种为电动机状态，$\delta<0$，电机从电网吸收有功功率；三种状态中，电机都可以向电网发送或从电网吸收无功功率。

二、同步调相机

前面已述，调相运行实质上是同步发电机的另一种运行方式。正常情况下，发电机向电网提供有功功率，也提供无功功率。减小原动机的输出功率，让原动机只满足发电机本身损耗，这时调节励磁电流，发电机就成为单纯向电网提供无功功率的发电机。如果由电网向电机提供本身损耗所需的功率，则发电机就为调相运行了。

同步调相机，也称同步补偿机，是一种专门设计的无功功率发电机，准确说是不带负载的同步电动机。图5-44是按照发电机惯例画出的相量图，并且忽略电机的全部损耗，则$\delta=0$，$\dot{E}_0$与$\dot{U}$同相，定子电流全是无功性质的。由于变压器和异步电机都必须从电网吸取感性无功功率建立磁场，使电网的功率因数降低，采用同步调相机可以缓解电网无功不足的矛盾，改善电网的功率因数，具体方法是调节电机的励磁电流。

（1）调节励磁电流，使$E_0=U$，如图5-44（a）所示，此时定子电流$I=0$，调相机不发无功功率，处于"正常励磁"状态。

（2）增加励磁电流，使$E_0>U$，如图5-44（b）所示，定子绕组中出现滞后电压$\dot{U}$ 90°的感性电流$\dot{I}$，调相机向电网发感性无功电流，处于"过励"运行状态，调相机起电容器的作用。过励程度越大，调相机发出的感性无功电流越大。

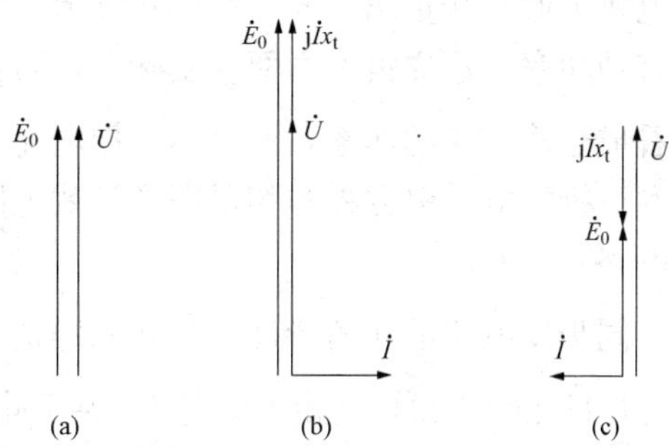

图5-44　调相机的相量图（发电机惯例）

（a）正常励磁；（b）过励磁；（c）欠励磁

（3）减小励磁电流，使$E_0<U$，如图5-44（c）所示，定子绕组中出现超前电压$\dot{U}$ 90°的容性电流$\dot{I}$，调相机向电网发送容性无功电流，处于"欠励"运行状态，调相机起电感线圈的作用。欠励程度越大，调相机发出的容性无功电流越大。

当电网电压和频率不变时，定子电流与励磁电流的关系$I=f(I_f)$，其曲线为V形曲线，见图5-42曲线中$P=0$的一条曲线。

一般同步发电机改作调相运行多用于水轮发电机。同步调相机在装设地点上具有更大的灵活性，它一般装在靠近负荷中心的变电站里。在电力网中，每100万kVA的发电容量，一般要求有15万～30万kVar的调相容量与之配合，所以调相机利用率较高。

调相机有以下特点：

（1）调相机的额定容量指的是在过励状态下的额定视在功率；它的额定欠励容量是指输出最小励磁电流的容量。通常的欠励容量，空冷的电机为过励容量的50%～60%，氢冷的为30%～40%。

（2）由于轴上不带机械负载，所以调相机转轴比同容量的电动机转轴细，没有过载能力的要求。为了减小励磁绕组的用铜量，电机的气隙很小，同步电抗较大，$x_d^*=1.6\sim2.4$，转速较高。

（3）为了尽量增加调相机提供感性无功能力，励磁线圈导线截面较大，但励磁损耗仍较大，对通风冷却要求较高。调相机在3万kVA及以下采用空冷，3万kVA及以上采用氢冷或水冷。

同步调相机的起动一般采用异步起动法或辅助电动机法。选择起动方法时，首先考虑限制起动电流，然后考虑满足起动转矩的要求。

三、同步电动机

同步电动机是同步电机将电能转换为机械能的一种运行方式，其转速不随负载变化而变，永远保持与电网频率所对应的同步速。同步电动机的基本工作原理是：当定子三相绕组接到三相对称电源上时，三相绕组中流过三相对称电流，产生一个圆形旋转磁场。转子励磁绕组通入了直流励磁电流后，转子具有了固定的磁极极性。当转子转速接近旋转磁场的同步转速时，旋转磁场的磁极对转子磁极产生电磁拉力，牵着转子以同步转速旋转。由于定子旋转磁场的转速与转子的转速相等，即 $n=n_1$，所以称为同步电动机。

由同步电机的可逆原理分析可见，当电机从发电机状态过渡到电动机状态时，仅是功角 δ 由 $\delta>0$ 变为 $\delta<0$，因此用发电机惯例表达同步电动机的电动势平衡方程和相量图时，与发电机类似，相量图如 5-43（c）所示。图中功率因数角 $\varphi>90°$，表示电动机向电网输出负的有功功率，这样很不方便。实际上，习惯采用电动机惯例，按电动机观点，把输出负的功率看成是输入正的功率，所以只需把电流 $\dot{I}$ 的正方向规定得与发电机的相反即可，把 $-\dot{I}$ 代到发电机的电动势方程和相量图及等效电路中，就能得到电动机的电动势方程和相量图及等效电路。

同步发电机的功角特性表达式同样适用于电动机状态。重新定义 δ 为电动机电动势 $\dot{E}_0$ 与电压 $\dot{U}$ 之间夹角，规定电动势 $\dot{E}_0$ 滞后电压 $\dot{U}_0$ 时 δ 为正值。则电动机的电磁功率表达式与发电机的一样。

下面仅以隐极式同步电动机为例进行分析，所得结论同样适用于凸极式同步电动机。

当输出有功功率不变时（忽略定子电阻，不计铁损耗和各种损耗的变化，不考虑磁路饱和），有

$$P_{em}=P_2=m\frac{E_0U}{x_t}\sin\delta=mUI\cos\varphi=常数$$

由于电网电压 U、同步电抗 x_t 为常数，所以 $P_{em}\propto I\cos\varphi=常数$，$P_{em}\propto E_0\sin\delta=常数$。根据同步电动机的电动势平衡方程，则可以画出同步电动机的相量图，如图 5-45 所示。

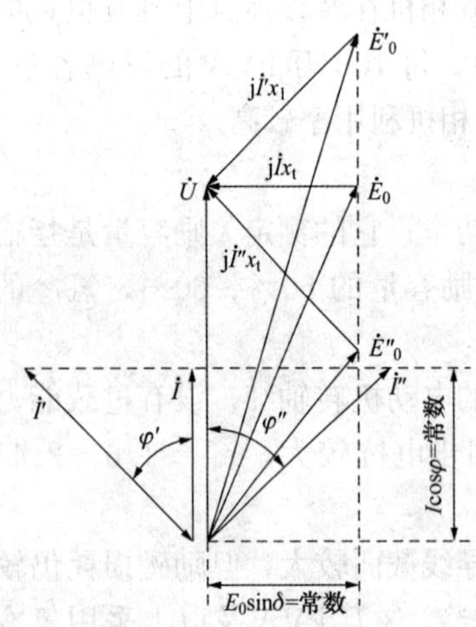

图 5-45　改变转子励磁电流时同步电动机的相量图

（1）调节 I_f，使电动势为 $\dot{E}_0$ 时，定子电流 $\dot{I}$ 与电源电压 $\dot{U}$ 同相位，$\varphi=0$，功率因数 $\cos\varphi=1$，电枢电流全部为有功电流。对电源来说，电动机为阻性负载，这种状态称为“正常励磁”状态。

（2）增加励磁电流 I_f，使电动势增大到 $\dot{E}'_0$，定子电流 $\dot{I}'$ 超前电源电压 $\dot{U}$ φ' 角，$\varphi'<0$，$\cos\varphi$ 为超前，电枢电流中除了有功电流分量外，还有容性无功电流分量，说明电动机从电网吸收容性无功功率（或发出感性无功功率）。对电源来说，电动机为容性负载，这种状态称为“过励磁”状态。

（3）减少励磁电流 I_f，使电动势下降到 $\dot{E}''_0$，定子电流 $\dot{I}''$ 滞后电源电压 $\dot{U}$ φ'' 角，$\varphi''>0$，$\cos\varphi$ 为滞后，电枢电流中除了有功电流分量外，还有感性无功电流分量，说明电动机从电网吸收感性无功功率（或发出容性无功功率）。对电源来说，电动机为感性负载，这种状态称为“欠励磁”状态。

从以上分析可知，同步电动机和同步发电机一样，在保持有功功率不变条件下，调节励

磁电流，也有三种励磁状态。“正常励磁”状态时，电动机没有无功功率输入（输出）；“过励”状态时，电动机从电网吸取容性无功功率（或向电网发出感性无功功率）；“欠励”状态时，电动机从电网吸取感性无功功率（或向电网发出容性无功功率）。

调节励磁电流 I_f，同样可画出定子电流 I 和励磁电流 I_f 之间关系 $I=f(I_f)$ 曲线，即 V 形曲线。与同步发电机 V 形曲线不同的是，在 $\cos\varphi=1$ 的曲线的右侧，电动机处于过励状态，$\cos\varphi$ 超前；左侧，电动机处于欠励状态，$\cos\varphi$ 滞后。

当 I_f 减小到一定数值时，电动机也会失去同步，所以 V 形曲线中也存在不稳定区域。由于欠励状态更加接近不稳定区，所以电动机一般运行于过励状态。

调节励磁电流可以改变无功功率输出，可以改善电网的功率因数，这是同步电动机最可贵的特点。尤其是同步电动机在“过励”状态下，向电网发出感性无功功率的特性，很有实际意义。但是要注意，定子电流不能超过电动机温升所允许的最大电流。

同步电动机的电磁转矩是由定子旋转磁场和转子励磁磁场相互作用而产生的。只有两者相对静止时，才能产稳定的电磁转矩。当同步电动机转子加上励磁，定子加上交流电压起动时，定子产生的高速旋转磁场扫过由于转子机械惯性而不动的转子，电磁转矩平均值为零，即同步电动机本身无起动转矩，不能自行起动，需借助于辅助方法来起动。

一般来讲，同步电动机的起动方法大致有三种：辅助电动机起动、异步起动、调频起动。

（1）辅助电动机起动。这种起动方法必须要有另外一台电动机作为起动的辅助电动机才能工作。辅助电动机一般采用与同步电动机极数相同且功率较小（其容量约为主机的10%～15%）的异步电动机。在起动时，辅助电动机首先开始运转，将同步电动机的转速拖动到接近同步转速，再给同步电动机加入励磁并投入电网运行同步运行。由于辅助电动机的功率一般较小，所以这种起动方法只适用于空载起动。

（2）异步起动。在同步电动机的主磁极上设置类似异步电动机的笼型绕组，称为起动绕组。在起动时，先将转子励磁绕组断开，电枢接额定电网，这时笼型起动绕组中产生感应电流以及转矩，电动机转子就起动运行起来了，这个过程叫做异步起动。当转速接近同步转速时，将励磁电流通入转子绕组，电动机就可以同步运转了，这个过程叫做牵入同步。

同步电动机的异步起动法的原理线路图如图 5-46 所示，起动过程分三个步骤：

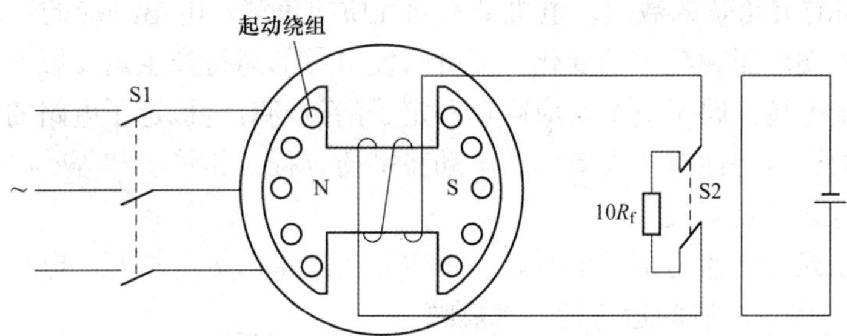

图 5-46　同步电动机异步起动法的原理线路图

第一步，将励磁绕组与一个是励磁绕组电阻 10 倍的大电阻（$10R_f$）串接成闭合回路，即将图 5-46 中 S2 合向左边。这是因为励磁绕组匝数较多，若起动时开路，在旋转磁场的作用下，励磁绕组中产生很高的感应电压，导致励磁绕组的绝缘击穿和危及人身安全。如果将励磁绕组直接短路，则产生一个较大的感应电流，它与旋转磁场相互作用，产生一个较大的附加转矩，影响电动机起动。

第二步，同步电动机定子绕组接通三相交流电压，定子绕组电流产生的旋转磁场与转子起动绕组中的感应电流相互作用，产生电磁转矩（这与异步电动机的工作原理相同），同步电动机便开始异步起动。

第三步，当同步电动机异步起动的转速升至同步转速的95%左右时，将开关S2合向右边，转子励磁绕组中通入励磁电流，产生转子励磁磁场，定子旋转磁场与转子励磁磁场的速度非常接近，依靠两磁场间的相互吸引力把转子拉住，产生电磁转矩，使转子跟着定子旋转磁场以同步转速旋转，即牵入同步运行。

同步电动机在异步起动时，需要限制起动电流，一般可采用定子串电抗或自耦变压器等起动方法。

(3) 变频起动。在具有三相变流器供电的场合下，可以采用变频方法起动。首先将定子电枢的频率降低，并在转子端加上直流励磁，电动机将会逐渐起动并低速运转，起动过程中，逐渐增加供电变频器的输出频率，使定子旋转磁场和转子转速随之逐渐升高，直至转子转速达到同步转速，再切换至电网供电。

变频控制的方法由于将同步电动机的起动、调速以及励磁等诸多问题放在一起解决，显示了其独特的优越性，业已成为当前同步电动机电力拖动的一个主流。

同步电动机的起动过程较为复杂，且准确度要求高，现普遍采用晶闸管励磁系统，可以使同步电动机起动过程实现自动化。

小 结

同步发电机的一个基本特点是磁极数一定时，定子感应电动势的频率和电机的转速保持严格不变的关系：

$$f=\frac{pn}{60}$$

电枢反应实质上是指电枢磁动势对气隙磁动势的影响。电枢反应主要与负载性质有关，即取决于$\dot{E}_0$与$\dot{I}$之间的夹角ψ的数值。电机带不同性质的负载，电枢反应的性质不同。电枢反应不仅影响发电机端电压和频率的变化，而且对发电机的运行产生重要影响。

发电机的同步电抗反映了电枢反应磁场和定子漏磁场对电机定子电路的影响，同步电抗的大小对发电机的运行特性有重大影响。电动势平衡方程、相量图和等效电路是分析同步发电机对称稳定运行的重要工具。

同步发电机在保持转速为恒定值时，三个主要物理量即端电压U、电枢电流I和励磁电流I_f之间的关系，可用电机的运行特性来反映。

为了避免产生强烈的冲击电流和冲击转矩，同步发电机并列时，发电机电压与电网电压的大小、相位、频率和相序必须相同。

同步发电机输出有功功率的大小决定于功角δ的大小，功角δ既是电动势$\dot{E}_0$和电压$\dot{U}$的时间相量间的相位角，又是转子磁极轴线与定子等效磁极轴线的空间夹角。功角特性反映同步发电机的功率和本身参数的关系：

凸极同步发电机

$$P_{em} \approx P_2 = m\frac{E_0U}{x_d}\sin\delta + m\frac{U^2}{2}\left(\frac{1}{x_q}-\frac{1}{x_d}\right)\sin 2\delta$$

隐极同步发电机

$$P_{em} = m\frac{E_0U}{x_t}\sin\delta$$

用比整步功率和静态过载能力来衡量发电机静态稳定的性能。

无穷大电网并联运行时，调节原动机的功率能改变发电机有功功率输出，调节励磁电流能改变无功功率输出。调节有功功率输出会影响无功功率的输出，但调节无功功率时不会影响有功功率的输出。

保持有功功率输出不变时，发电机定子电流与励磁电流之间的关系可用V形曲线描述。正常励磁时，发电机只发有功功率；过励（迟相）状态时，发电机向电网发有功功率和感性无功功率；欠励（进相）状态时，向电网发有功功率和容性无功功率。

同步电机有三种运行状态，功角 δ 是判断同步电机运行状态的标志，$\delta>0°$时，运行于发电运行状态；$\delta<0$ 且 $|\delta|$ 很小时，运行于调相运行状态；$\delta<0$ 时，运行于电动机状态。三种状态中，通过改变励磁电流电机可以改变无功功率的大小和性质。

思考题与习题

5-1　同步发电机是怎样发出三相对称正弦交流电的？

5-2　什么叫同步电机？其感应电动势频率和转速有什么关系？怎样由其极数决定它的转速？

5-3　试比较三相对称负载时同步发电机中电枢磁动势和励磁磁动势的性质，它们的大小、位置和转速各由哪些因素决定的？

5-4　同步电抗对应什么磁通？它的物理意义是什么？

5-5　为什么同步电抗的数值一般都较大（不可能做得较小），试分析下列情况中同步电抗有何变化？

（1）电枢绕组匝数增加；

（2）铁心饱和程度提高；

（3）气隙加大；

（4）励磁绕组匝数增加。

5-6　同步发电机带上 $\varphi>0°$的对称负载后，端电压为什么会下降，试用电路和磁路两方面分别加以分析？

5-7　表征同步发电机单机对称稳定运行的性能有些特性？其变化规律如何？

5-8　同步发电机短路特性曲线为什么是直线？当 $I=I_N$ 时，这时的励磁电流已处于空载特性曲线的饱和段，为什么此时求得的 x_d 却是不饱和值？为什么零功率负载特性曲线与空载特性曲线的形状相似？

5-9　测定同步发电机空载特性和短路特性时，如果转速降为额定转速的 0.95 倍，对实验结果有什么影响？

5-10 试述三相同步发电机准同步并列的条件？为什么要满足这些条件？

5-11 同步发电机的功角δ在时间和空间上各具有什么含义？

5-12 试比较在无穷大电网运行的同步发电机的静态稳定性，并说明理由？

（1）在过励磁状态下运行或在欠励状态下运行；

（2）在轻载状态下运行或在重载状态下运行；

（3）直接接到电网或通过升压变压器、长输电线接到电网。

5-13 与无穷大电网并联运行的隐极同步发电机，当调节（增加）有功功率输出时，保持无功功率不变，应如何调节？功角δ和励磁电流I_f应如何变化？定子电流I和空载电动势E_0如何变化？画出变化前、后的相量图？当保持输出有功功率不变，只调节（增大）励磁电流时，功角δ是否变化？定子电流I和空载电动势E_0又如何变化？画出变化前、后的相量图？

5-14 一台并联于无穷大电网的隐极同步发电机，保持励磁电流不变，增加有功功率输出，说明功角δ、输出的无功功率Q、空载电动势E_0如何变化，画出变化前、后的相量图，标出定子电流$\dot{I}$的变化轨迹线？

5-15 什么是V形曲线？什么是正常励磁、过励磁和欠励磁？一般情况下发电机在什么状态下运行？为什么V形曲线的最低点连线随输出有功的增加向右上方偏移？

5-16 有一台QFS-300-2的汽轮发电机，$U_N=18\text{kV}$，$\cos\varphi_N=0.85$，$f_N=50\text{Hz}$，试求：

（1）发电机的额定电流；

（2）发电机额定运行时能发多少有功功率和无功功率；

（3）电机的转速。

5-17 有一台$P_N=25000\text{kW}$、$U_N=10.5\text{kV}$、Y接线、$\cos\varphi_N=0.8$（滞后）的汽轮发电机，$x_t^*=2.13$，$r_a=0$，试求额定负载下发电机的空载相电动势E_0、$\dot{E}_0$与$\dot{U}$之间的夹角δ及$\dot{E}_0$与$\dot{I}$之间的夹角ψ。

5-18 有一台凸极同步发电机，$x_d^*=1.0$，$x_q^*=0.6$，电枢电阻略去不计，试计算发出额定电压、额定电流、$\cos\varphi_N=0.8$（滞后）时发电机的空载电动势E_0^*及$\dot{E}_0$与$\dot{U}$之间的夹角δ？

5-19 一台三相隐极同步发电机，$S_N=26\text{kVA}$，$U_N=400\text{V}$，Y接法，$\cos\varphi_N=0.85$（滞后），已知空载特性

E_0^*	1.43	1.38	1.32	1.24	1.09	1.0	0.86	0.7	0.5
I_f^*	3	2.4	2	1.6	1.2	1.0	0.8	0.6	0.4

短路特性

I_k^*	1.0	0.85	0.65	0.5	0.15
I_f^*	1.2	1.0	0.8	0.6	0.2

求：x_t^*的不饱和值、饱和值及欧姆值。

5-20　一台72500kW三相水轮发电机，$U_N=10.5kV$，Y接，$\cos\varphi_N=0.8$（滞后），空载特性

E_0^*	0.55	1.0	1.21	1.27	1.33
I_f^*	0.52	1.0	1.51	1.76	2.09

短路特性为过原点的直线，$I_k^*=1$时，$I_f^*=0.965$。试求：直轴同步电抗标么值$x_{d不}^*$、$x_{d饱}^*$？

5-21　一台凸极式同步发电机，Y接线，$x_d=1.2\Omega$，$x_q=0.9\Omega$，并联于无穷大电网，线电压为230V，额定运行时$\delta_N=24°$，每相空载电动势$E_0=225.5V$。求该发电机：

(1) 在额定运行时的基本电磁功率；

(2) 在额定运行时的附加电磁功率；

(3) 在额定运行时总的电磁功率；

(4) 在额定运行时的比整步功率。

5-22　一台汽轮发电机并联于无穷大电网运行，$P_N=25000kW$，$U_N=10.5kV$、Y接线、$\cos\varphi_N=0.8$（$\varphi_N>0$），$x_t=7\Omega$，$r_a=0$，求：

(1) 发电机额定状态下运行时，功角δ_N、电磁功率P_{em}、比整步功率P_{syn}及静态过载能力k_m；

(2) 若维持额定运行时励磁电流不变，输出有功功率减半时，δ、P_{em}、P_{syn}及$\cos\varphi$将为多少？

(3) 发电机运行在额定状态下，仅将其励磁电流加大10%时（不考虑磁路饱和），δ、P_{em}、$\cos\varphi$和I变为多少？

5-23　一台汽轮发电机并联于无穷大电网运行，额定运行时$\cos\varphi_N=0.8$（滞后），$x_t^*=1.0$。

(1) 当发电机提供90%额定电流且有额定功率因数时，输出的有功功率和无功功率（标么值）是多少？这时的空载电动势E_0^*和功角δ是多少？

(2) 调节原动机的功率输入，使该发电机的有功功率达到额定运行时的110%，励磁电流保持（1）中的不变，这时的功角δ是多少？输出的无功功率应如何变化？如果使输出的无功功率不变，试求E_0^*和功角δ数值；

(3) 如果将原动机的功率调整到$0.9P_N$并保持不变，调节励磁电流，使发电机输出的感性无功功率为额定运行时的110%，这时的空载电动势E_0^*和功角δ是多少？

5-24　一台汽轮发电机与无穷大电网并联运行，额定运行时$\delta_N=20°$。若电网电压因故障下降到额定电压的60%，要保持输出有功功率不变并使功角不超过25°，求此时的空载电动势为额定时的多少倍？

5-25　一台汽轮同步发电机并联于无穷大电网，额定运行时$E_0^*=1.5$，过载能力$k_m=2$，如果保持励磁电流不变，增加有功输出，使无功功率为零。求此时输出的有功功率。

5-26　某工厂变电站的变压器容量为1000kVA，该厂原有电力负载：有功功率为400kW，无功功率为400kvar，功率因数滞后。由于生产需要，新添一台同步电动机来驱动有功功率为500kW、转速为370r/min的生产机械。同步电动机技术数据如下：$P_N=550kW$，$U_N=6000V$，$I_N=64A$，$n_N=375r/min$，$\eta_N=0.92$，绕组为Y形连接。假设电动

机磁路不饱和，电动机的效率不变。调节励磁电流 I_f 向电网提供感性无功功率，当调节到定子电流为额定值时，求：

（1）同步电动机输入的有功功率、无功功率和功率因数；

（2）此时电源变压器的有功功率、无功功率及视在功率。

5-27 有一台发电机向某一感性负载供电，有功电流分量为 1000A，感性无功电流分量为 1000A，求：

（1）发电机的电流 I 和 $\cos\varphi$；

（2）在负载端接入同步调相机后，如果将 $\cos\varphi$ 提高到 0.8，发电机和调相机电流各为多少？

（3）如果将 $\cos\varphi$ 提高到 1，发电机和调相机电流又各为多少？

第六章　同步发电机的三相突然短路和异常运行

［主要内容］

本章首先从磁链守恒原理出发，分析同步发电机三相突然短路时内部的电磁过程以及短路电流对发电机的影响，然后简要分析同步发电机的异常运行：不对称运行、失磁、振荡。

［重点要求］

1. 掌握同步发电机三相突然短路时的电磁关系、电抗大小关系以及短路电流对电机的影响。

2. 掌握同步发电机的不对称运行的序阻抗及不对称运行对电机的影响。

3. 了解同步发电机失磁、振荡的产生原因、电磁过程、各表计的变化及抑制措施。

第一节　同步发电机的三相突然短路

同步发电机的突然短路，是同步发电机的严重故障之一。虽然突然短路的过渡过程时间很短，但定子和转子绕组中流过很大的短路电流，对电机本身、用户和电网的运行都会产生严重的影响。

同步发电机三相对称稳态短路时，电枢磁场是一个幅值恒定的、以同步速度旋转的磁场，不会在转子绕组中感应出电动势和电流。而三相突然短路时，电枢电流和相应的电枢磁场的各分量幅值发生变化，会在转子绕组中感应出电动势及电流，此电流反过来又影响定子短路电流。定、转子各电磁量之间的相互作用，使突然短路过渡过程十分复杂。

一、超导体闭合回路的磁链守恒原理

图 6-1 所示为一超导体闭合回路，若有一外磁场突然移入该回路时，外磁场对回路的磁链 ψ_0 在回路中感应电动势 e_0

$$e_0 = -\frac{\mathrm{d}\psi_0}{\mathrm{d}t} \tag{6-1}$$

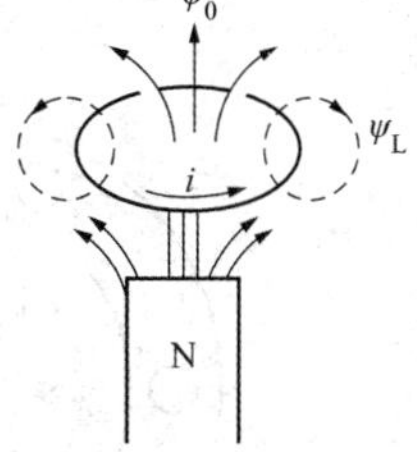

图 6-1　超导体回路

在 e_0 作用下，回路中有电流 i 流过，并产生自感磁链 ψ_L，ψ_L 在回路中感应自感电动势 e_L

$$e_L = -L\frac{\mathrm{d}i}{\mathrm{d}t} = -\frac{\mathrm{d}\psi_L}{\mathrm{d}t}$$

式中　L——超导回路的自感系数。

由于超导回路的电阻为零，所以回路的电动势平衡方程为

$$e_0 + e_L = -\frac{\mathrm{d}\psi_0}{\mathrm{d}t} - \frac{\mathrm{d}\psi_L}{\mathrm{d}t} = 0$$

即

$$\frac{\mathrm{d}(\psi_0 + \psi_L)}{\mathrm{d}t} = 0$$

所以

$$\psi_0 + \psi_L = \psi = \text{常数} \tag{6-2}$$

式（6-2）说明，无论交链回路的外磁链如何变化，由感应电流产生的磁链将恰好抵消这种变化，使得任意瞬间超导闭合回路的总磁链始终不变，即超导闭合回路保持其磁链等于初始值而且不变，这就是超导闭合回路的磁链守恒原理。

实际上，同步电机的绕组电阻不为零，回路中有能量消耗。没有外部能源支持的回路电流 i 及其产生的磁链是衰减的。但在发生突然短路瞬间，即 $t=0$ 时，可认为磁链是守恒的。下面分两步对发电机三相突然短路进行分析：一是认为 $r_a=0$，分析 $t=0$ 时刻各磁链和电流；二是在此基础上考虑 r_a 的影响，推导出电流衰减过程的数学表达式。

二、三相突然短路时的物理过程和同步电抗

为了简化分析，假定：

（1）转子转速一直保持同步转速，只考虑电磁过渡过程，不考虑机械过渡过程；

（2）磁路不饱和，在分析时可利用叠加原理；

（3）突然短路前电机处于空载状态，突然短路发生在发电机的出线端；

（4）突然短路后由励磁电源提供的励磁电流 I_f 始终不变，即认为空载电动势 E_0 不变。

1. 定子绕组的磁链

图 6-2 为一台有阻尼绕组的同步发电机示意图，图示为 A 相感应电动势最大的瞬间。励磁电流 I_f 产生的主磁通 $\dot{\Phi}_0$ 以同步速逆时针方向旋转，定子三相绕组分别交链随时间按正弦规律变化的励磁磁链 ψ_{0A}、ψ_{0B}、ψ_{0C}，取转子 d 轴与定子 A 相绕组轴线垂直为 $t=0$ 时刻，则磁链的表达式为

$$\begin{cases} \psi_{0A} = \psi_{0m}\sin\omega t \\ \psi_{0B} = \psi_{0m}\sin(\omega t - 120°) \\ \psi_{0C} = \psi_{0m}\sin(\omega t + 120°) \end{cases} \tag{6-3}$$

磁链变化曲线如图 6-3 所示。

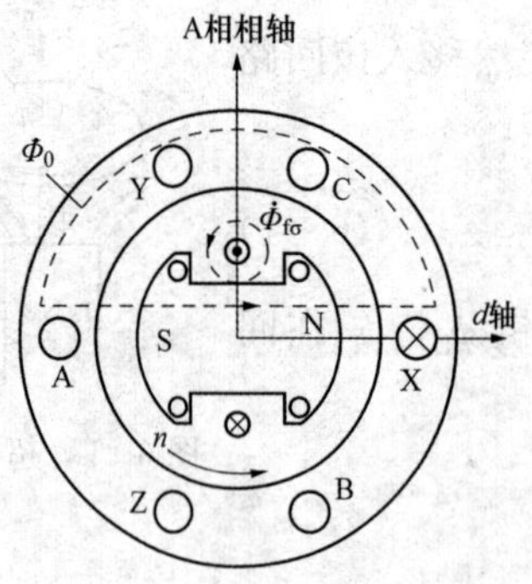

图 6-2　三相同步发电机示意图

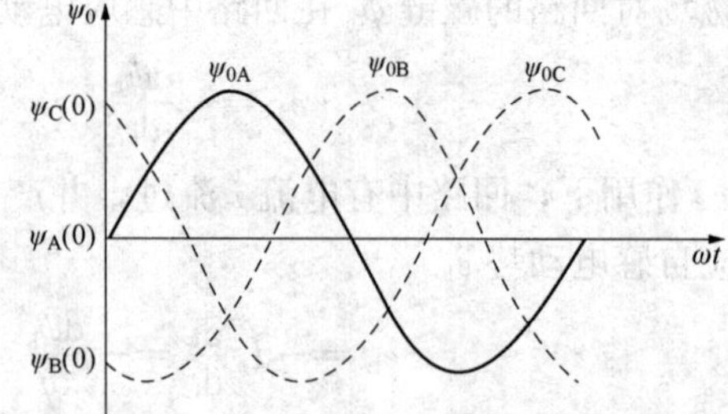

图 6-3　三相绕组的磁链波形

三相突然短路时，即 $t=0$ 时刻，三相磁链的初始值

$$\begin{cases} \psi_A(0) = \psi_{0m}\sin 0° = 0 \\ \psi_B(0) = \psi_{0m}\sin(0 - 120°) = -0.866\psi_{0m} \\ \psi_C(0) = \psi_{0m}\sin(0 + 120°) = +0.866\psi_{0m} \end{cases} \tag{6-4}$$

短路发生后，先认为 $r_a=0$，根据磁链守恒原理，由定子短路电流产生的磁链 ψ_A、ψ_B、

ψ_C 将抵消转子主磁场交链定子的磁链 ψ_{0A}、ψ_{0B}、ψ_{0C} 的变化，并且保持各绕组磁链初始值不变，即

$$\begin{cases}\psi_{0A}+\psi_A=\psi_A(0)\\ \psi_{0B}+\psi_B=\psi_B(0)\\ \psi_{0C}+\psi_C=\psi_C(0)\end{cases} \tag{6-5}$$

或

$$\begin{cases}\psi_A=-\psi_{0A}+\psi_A(0)=-\psi_{0m}\sin\omega t=\psi_{A\sim}+\psi_{AZ}\\ \psi_B=-\psi_{0B}+\psi_B(0)=-\psi_{0m}\sin(\omega t-120°)-0.866\psi_{0m}=\psi_{B\sim}+\psi_{BZ}\\ \psi_C=-\psi_{0C}+\psi_C(0)=-\psi_{0m}\sin(\omega t+120°)+0.866\psi_{0m}=\psi_{C\sim}+\psi_{CZ}\end{cases} \tag{6-6}$$

其中，

$$\begin{cases}\psi_{A\sim}=-\psi_{0m}\sin\omega t\\ \psi_{B\sim}=-\psi_{0m}\sin(\omega t-120°)\\ \psi_{C\sim}=-\psi_{0m}\sin(\omega t+120°)\end{cases} \tag{6-7}$$

$$\begin{cases}\psi_{AZ}=\psi_A(0)=0\\ \psi_{BZ}=\psi_B(0)=-0.866\psi_{0m}\\ \psi_{CZ}=\psi_C(0)=+0.866\psi_{0m}\end{cases} \tag{6-8}$$

式中　$\psi_{A\sim}$、$\psi_{B\sim}$、$\psi_{C\sim}$——定子短路电流产生的交流分量（周期分量）磁链，其作用是抵消转子励磁磁链的变化；

ψ_{AZ}、ψ_{BZ}、ψ_{CZ}——定子短路电流产生的直流分量（非周期分量）磁链，其作用是维持瞬间磁链不变。

2. 定、转子电流的对应关系

由式（6-6）可知，定子每相磁链由直流分量和交流分量磁链组成，与之对应的定子短路电流也有两个分量，一个是三相对称的交流分量短路电流 $i_{A\sim}$、$i_{B\sim}$、$i_{C\sim}$，另一个是直流分量短路电流 i_{AZ}、i_{BZ}、i_{CZ}。

定子三相对称交流分量短路电流 $i_{A\sim}$、$i_{B\sim}$、$i_{C\sim}$ 产生直轴的同步旋转电枢反应磁场，与转子相对静止，与励磁主磁通 $\dot{\Phi}_0$ 方向相反。该磁场的磁链企图穿过励磁绕组和阻尼绕组。为保持磁链守恒，励磁绕组和阻尼绕组将分别感应与原励磁电流 I_f 同方向的直流分量附加电流 i_{fZ} 和 i_{DZ}，这两电流分别产生恒定方向的直流磁链抵消定子的直轴电枢反应磁场的影响。

同理，定子三相直流分量短路电流 i_{AZ}、i_{BZ}、i_{CZ} 产生合成的静止磁场，相对转子是旋转的，它分别在励磁绕组和阻尼绕组中将感应出交流分量电流 $i_{f\sim}$ 和 $i_{D\sim}$，二者分别产生交变的磁链抵消定子的静止磁场的影响，维持磁链守恒。

3. 电枢反应磁通的路径和同步电抗

有阻尼绕组的同步发电机三相突然短路时，定子的直轴同步旋转磁场记为 $\dot{\Phi}''_{ad}$，阻尼绕组和励磁绕组中感应的直流分量电流 i_{fZ} 和 i_{DZ} 分别产生磁通 $\Phi_{fZ\sigma}$ 和 $\Phi_{DZ\sigma}$ 抵消 $\dot{\Phi}''_{ad}$ 的影响。在阻尼绕组和励磁绕组内，$\Phi_{DZ\sigma}$ 与 Φ''_{ad}、$\Phi_{fZ\sigma}$ 与 Φ''_{ad} 方向相反，大小相等，故 $\dot{\Phi}''_{ad}$ 被挤出阻尼绕组和励磁绕组，只能沿着阻尼绕组和励磁绕组漏磁路径闭合，如图 6-4 所示，磁路的磁阻变得很大，为此建立直轴同步旋转磁通所需的定子电流（即交流分量短路电流）就很大，这就

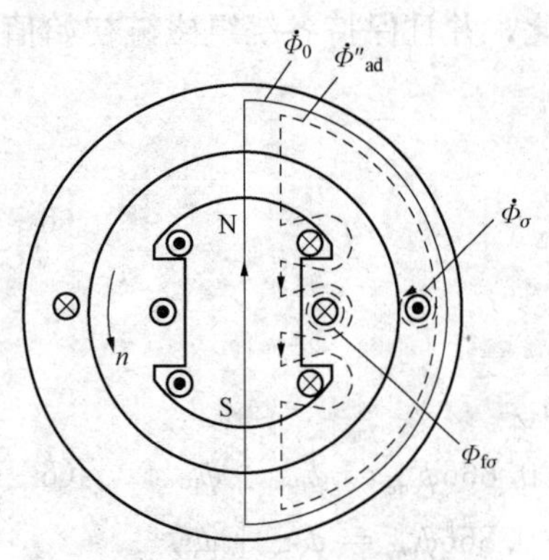

图 6-4　有阻尼绕组同步发电机短路时合并后各磁通

是同步发电机突然短路电流很大的物理本质。从电路角度看，在突然短路瞬间，由于$\dot{\Phi}''_{ad}$路径的磁阻变大，所以定子绕组的电抗比稳态短路时的同步电抗大大减小，致使短路电流很大。此时同步发电机处于次暂态状态，定子直轴同步电抗称为直轴次暂态同步电抗 x''_d，短路电流称为次暂态短路电流 I''_k，显然有 $x''_d \ll x_d$，$I''_k = \dfrac{E_0}{x''_d}$。

由于阻尼绕组和励磁绕组电阻的存在，阻尼绕组和励磁绕组中附加电流 i_{DZ} 将衰减，且阻尼绕组中附加电流的衰减快于励磁绕组中附加电流的衰减。当阻尼绕组中附加电流衰减完毕后，电枢反应磁通就能够穿过阻尼绕组，此时 $\dot{\Phi}''_{ad}$记作 $\dot{\Phi}'_{ad}$（或相当于发电机无阻尼绕组状态），$\dot{\Phi}'_{ad}$仍需经过励磁绕组的漏磁路径，如图 6-5 所示，此时发电机状态处于暂态状态，定子直轴同步电抗称为暂态同步电抗 x'_d，短路电流称为暂态短路电流 I'_k，有 $x''_d < x'_d < x_d$，$I'_k = \dfrac{E_0}{x'_d}$。

当励磁绕组中的附加电流 i_{fZ} 也衰减完毕后，发电机进入稳态短路状态，$\dot{\Phi}'_{ad}$变为 $\dot{\Phi}_{ad}$，如图 6-6 所示，x'_d变为 x_d，短路电流 I'_k变为稳态短路电流 I_k，$I_k = \dfrac{E_0}{x_d}$。

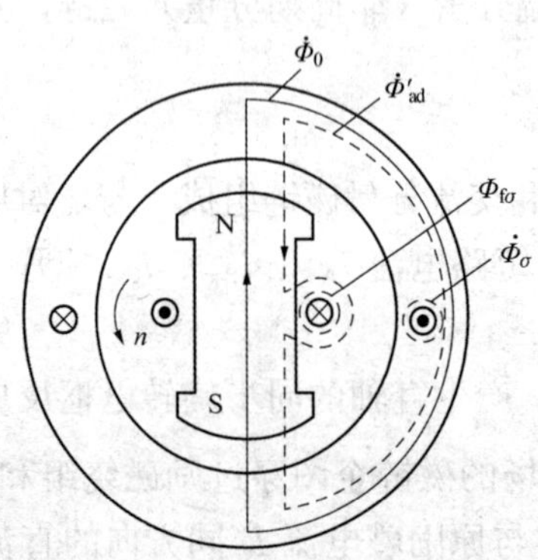

图 6-5　无阻尼绕组同步发电机短路时各磁通路径

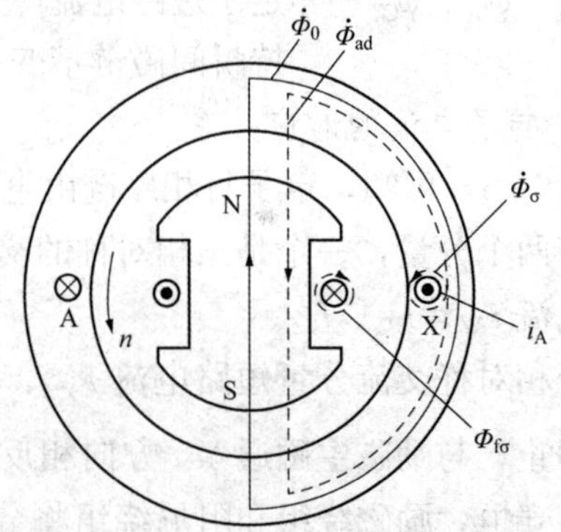

图 6-6　同步发电机稳态短路时各磁通的路径

若忽略定、转子铁心内的磁阻，可推导（过程略）出直轴次暂态同步电抗 x''_d大小为

$$x''_d = x_\sigma + \frac{1}{\dfrac{1}{x_{ad}} + \dfrac{1}{x_{f\sigma}} + \dfrac{1}{x_{D\sigma}}} \tag{6-9}$$

式中　$x_{f\sigma}$和 $x_{D\sigma}$——折算到定子侧的励磁绕组和直轴阻尼绕组的漏抗。

根据式（6-9），可以作出 x''_d的等效电路，如图 6-7 所示。

如果转子上无阻尼绕组或阻尼绕组中的电流 i_{DZ} 衰减完毕，这时的 x'_d表达式为

$$x'_d = x_\sigma + \frac{1}{\dfrac{1}{x_{ad}} + \dfrac{1}{x_{f\sigma}}} \tag{6-10}$$

对应的等效电路如图 6 - 8 所示。

当励磁绕组的感应电流 i_{fZ} 也衰减完毕，电枢反应磁通穿过阻尼绕组和励磁绕组，其磁路与稳态短路时完全相同。直轴同步电抗 x_d 的表达式为

$$x_d = x_\sigma + x_{ad} \tag{6 - 11}$$

如果同步发电机短路不是发生在出线端，而是在电网上的某处，由于线路阻抗的存在，短路电流产生的电枢反应磁通不仅有直轴分量，还有交轴分量。对于凸极电机，交轴磁路和直轴磁路有不同的磁阻，相应的电抗也有不同的数值。交轴的次暂态同步电抗 x''_q 和交轴暂态同步电抗 x'_q 的推导方法与直轴电抗相同。由于交轴无励磁绕组，所以

$$x''_q = x_\sigma + \frac{1}{\dfrac{1}{x_{aq}} + \dfrac{1}{x_{Dq\sigma}}} \tag{6 - 12}$$

式中　$x_{Dq\sigma}$ 为已折算到定子侧的交轴阻尼绕组漏抗。x''_q 的等效电路如图 6 - 9 所示。

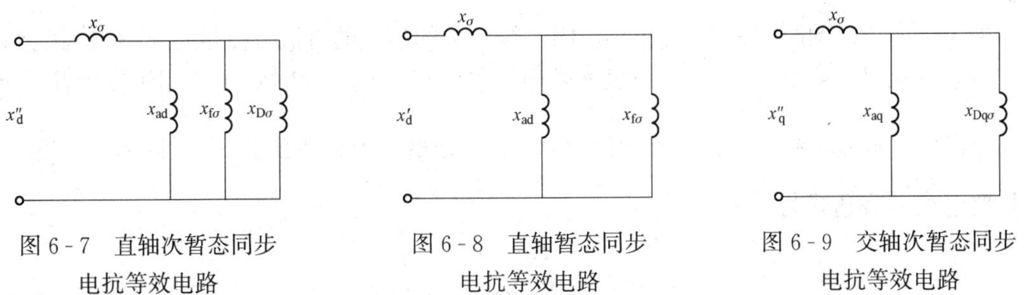

图 6 - 7　直轴次暂态同步电抗等效电路　　图 6 - 8　直轴暂态同步电抗等效电路　　图 6 - 9　交轴次暂态同步电抗等效电路

如果交轴没有阻尼绕组或交轴方向阻尼绕组的感应电流已衰减完毕，则交轴暂态同步电抗 x'_q 为

$$x'_q = x_\sigma + x_{aq} = x_q \tag{6 - 13}$$

交轴暂态同步电抗与交轴同步电抗相等。

与三相短路电流交流分量相同，定子三相直流分量短路电流产生合成的静止磁场，相对转子是旋转的，它分别在励磁绕组和阻尼绕组中将感应出交流分量电流，二者分别产生交变的磁链抵消定子的静止磁场的影响，维持磁链守恒。

三、三相突然短路电流

如前面所述，同步发电机三相突然短路电流由交流（或周期）分量 $i_\sim$ 和直流（或非周期）分量 i_Z 两部分组成。

三相交流分量短路电流产生的合成旋转磁场对某一相磁链的瞬时值与该相电流的交流分量瞬时值成正比，即 $i_\sim \propto \psi_\sim$，对比式（6 - 7），若换以不同的比例，则同步发电机突然短路时，次暂态短路电流交流分量为

$$\begin{cases} i''_{A\sim} = -I''_m \sin\omega t \\ i''_{B\sim} = -I''_m \sin(\omega t - 120^\circ) \\ i''_{C\sim} = -I''_m \sin(\omega t + 120^\circ) \end{cases} \tag{6 - 14}$$

式中　I''_m——短路电流的交流分量幅值，$I''_m = \dfrac{\sqrt{2}E_0}{x''_d}$。

另外，由三相直流分量短路电流产生的静止磁场对定子每相磁链的瞬时值也与该相直流

分量短路电流成正比，即 $i_Z \propto \psi_Z$，对比式（6-8），若换以不同的比例，则次暂态短路电流直流分量为

$$\begin{cases} i''_{AZ} = 0 \\ i''_{BZ} = -0.866 I''_m \\ i''_{CZ} = +0.866 I''_m \end{cases} \tag{6-15}$$

由于电机在空载时发生突然短路，短路前各相电流为零，所以短路发生 $t=0$ 时，各相电流仍为零，即每相 $i''_{\sim} + i''_Z = 0$，短路瞬间，满足了各相电流不跃变和磁链守恒原则。

以上是用超导回路磁链守恒原理，从物理意义上分析定子各相绕组在突然短路发生时的短路电流。实际上，定、转子各绕组都存在电阻，要消耗能量。短路发生后，满足起始条件而产生的直流分量短路电流，由于无能源支持要按指数规律衰减，衰减的速度取决于各绕组的时间常数，可分别用 T''_d、T'_d 和 T_a 来表示阻尼绕组、励磁绕组和定子电枢绕组的时间常数。

由于阻尼绕组的时间常数 T''_d 很小，阻尼绕组中的感应的直流分量电流 i_{DZ} 很快就衰减完毕（或电机无阻尼绕组），电枢反应磁通随即穿过阻尼绕组，此时定子三相短路电流为暂态短路电流 i'_k，同步电抗为暂态同步电抗 x'_d，交流分量电流的幅值为 I'_m，且 $I'_m = \dfrac{\sqrt{2}E_0}{x'_d}$，暂态短路电流 i'_k 表达式为

$$\begin{cases} i'_{A\sim} = -I'_m \sin\omega t \\ i'_{B\sim} = -I'_m \sin(\omega t - 120°) \\ i'_{C\sim} = -I'_m \sin(\omega t + 120°) \end{cases} \tag{6-16}$$

由于励磁绕组电阻的存在，励磁绕组中感应的直流分量电流衰减完毕后，电枢反应磁通就穿过励磁绕组，发电机进入稳态短路运行状态。此时定子三相稳态短路电流 i_k，同步电抗为稳态同步电抗 x_d，交流分量电流幅值为 I_m，且 $I_m = \dfrac{\sqrt{2}E_0}{x_d}$，三相稳态短路电流 i_k 表达式为

$$\begin{cases} i_{A\sim} = -I_m \sin\omega t \\ i_{B\sim} = -I_m \sin(\omega t - 120°) \\ i_{C\sim} = -I_m \sin(\omega t + 120°) \end{cases} \tag{6-17}$$

由于定子绕组电阻 r_a 的存在，定子绕组的直流分量短路电流 i''_Z 和与之对应的转子中感应的交流分量电流也将按照指数规律衰减，衰减的时间常数为定子绕组的时间常数 T_a。定子的直流分量电流是为了保持短路电流不跃变而产生的，其大小和短路瞬间交流分量短路电流的初始值相等，方向相反。

发生短路的瞬间，若转子的位置不同，则三相短路电流交流分量的初始值也不同，也就是直流分量短路电流幅值不同。设转子 d 轴与某相绕组所构成的平面之间夹角为 α_0，如图 6-10所示，则该相突然短路电流的表达式为

$$i_k = -\left[(I''_m - I'_m)e^{-\frac{t}{T''_d}} + (I'_m - I_m)e^{-\frac{t}{T'_d}} + I_m\right]\sin(\omega t + \alpha_0) + I''_m \sin(\alpha_0) e^{-\frac{t}{T_a}} \tag{6-18}$$

当 $\alpha_0 = 90°$ 时，穿过该相绕组的磁链为最大，将 $\alpha_0 = 90°$ 代入式（6-18），可得到该相三相突然短路电流的表达式，短路电流的波形如图 6-11 所示。短路瞬间，短路电流交流分量为负的最大值，见曲线 1，直流分量为正的最大值，见曲线 2，维持短路电流（曲线 3）从

零值开始变化。曲线 4 为短路电流幅值的包络线。当 $t=\frac{T}{2}$ 时，短路电流达最大值 i_{km}，若不考虑衰减，则 $i_{km}=2I''_m$。若考虑衰减，则 $i_{km}=k_yI''_m$，k_y 为冲击系数，一般 $k_y=(1.8\sim1.9)$。如果 $E_0^*=U_N^*=1$，取 $x''^*_d=0.127$，则短路电流的冲击值为

$$i_{km}=2\frac{\sqrt{2}E_0^*}{x''^*_d}=2\times\frac{\sqrt{2}\times1}{0.127}=22.27$$

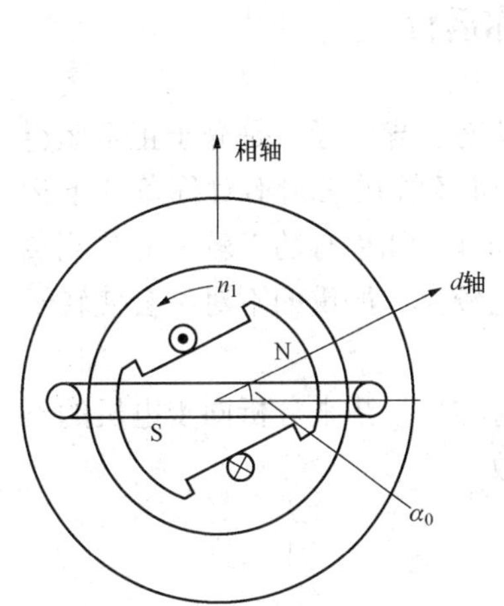

图 6-10　短路瞬间角 α_0

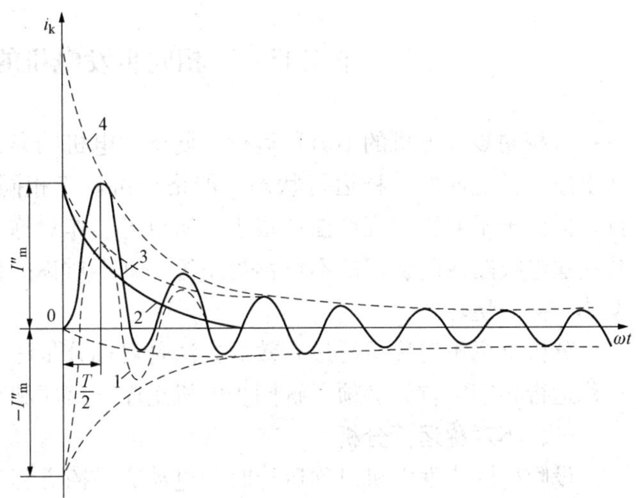

图 6-11　$\alpha_0=90°$时突然短路电流波形

说明短路发生后的 0.01s，短路电流的冲击值可达额定电流的 22.27 倍。实际上由于衰减，通常只有额定电流的 20 倍左右。国家标准规定，同步发电机应能承受 105%U_N 以下三相短路电流的冲击。

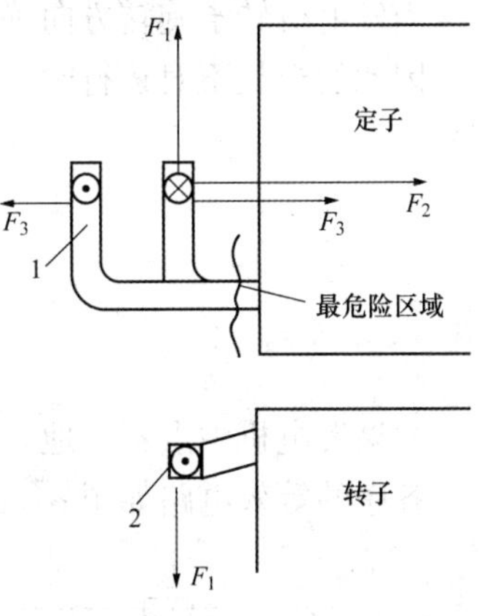

图 6-12　短路时定、转子绕组端部受力分析

1—定子绕组端部；2—转子绕组端部

四、短路电流对电机的影响

1. 定子绕组端部受到巨大电磁力的冲击

突然短路发生时，总有一相交链的磁链接近最大值，所以该相的冲击电流值可达额定电流的 20 倍左右，将产生冲击电磁力，对绕组的端部造成破坏。

定子绕组端部受到以下几个电磁力的作用，如图 6-12 所示。

(1) 定、转子绕组端部间的斥力 F_1。

(2) 定子绕组端部与定子铁心间的吸引力 F_2。

(3) 相邻定子绕组端部之间的作用力 F_3。相邻导体中电流方向相同时为吸力，相反时为斥力。

三种电磁力的作用趋向于使定子绕组端部向外张开，最危险区域在线棒伸出的槽口处。

2. 转轴受到强大电磁转矩的冲击

电磁转矩按其形成的原因可分为两类：一是短路后供定子和转子绕组中（感应电流）电阻损耗所产生的单向冲击转矩，对发电机来说，为阻转矩；二是定子短路电流所建立的静止

磁场与转子主极磁场相互作用引起的交变转矩，此转矩对转子时而制动、时而驱动，会引起电机的振动。

3. 绕组发热

突然短路时各绕组都出现较大的电流，使发电机的温升增加。

要减小或避免突然短路电流对电机的影响，一是要在电机设计中考虑相应的措施，二是要配置合适的继电保护。

第二节 三相同步发电机的不对称运行*

三相同步发电机的不对称运行，属于发电机的异常运行状态。异常运行是介于正常运行和事故运行之间的一种运行状态。严格地讲，三相同步发电机经常在三相不对称负载下运行，但由于不对称的程度往往很小，所以可当作对称状态来处理。如果有功率较大的单相负载或输电线路故障引起的不对称短路等，则不对称的程度就比较大。严重的不对称会使转子发热，甚至烧坏。

分析电机不对称运行最有效的方法是对称分量法。利用对称分量法来分析同步电机的不对称运行状态，首先必须了解同步电机正序、负序和零序参数。

一、不对称运行分析

设隐极同步发电机对称运行时的电动势平衡方程为

$$\dot{E}_0 = \dot{U} + \dot{I}Z_t \tag{6-19}$$

式中 Z_t——电机的同步阻抗，对隐极发电机，$Z_t = r_a + jx_t$。

当发电机转子旋转方向确定后，励磁电流产生的主磁场只能在定子绕组中感应正序电动势。因此发电机不对运行时，利用对称分量法分析，各序的电动势平衡方程为（以 A 相为例）

$$\begin{cases}\dot{E}_{0A+} = \dot{U}_{A+} + \dot{I}_{A+}Z_{t+} \\ 0 = \dot{U}_{A-} + \dot{I}_{A-}Z_{t-} \\ 0 = \dot{U}_{A0} + \dot{I}_{A0}Z_{t0}\end{cases} \tag{6-20}$$

如果发电机中点不接地，则 $\dot{I}_{A0}=0$，$\dot{U}_{A0}=0$。

各序的等效电路如图 6-13 所示。

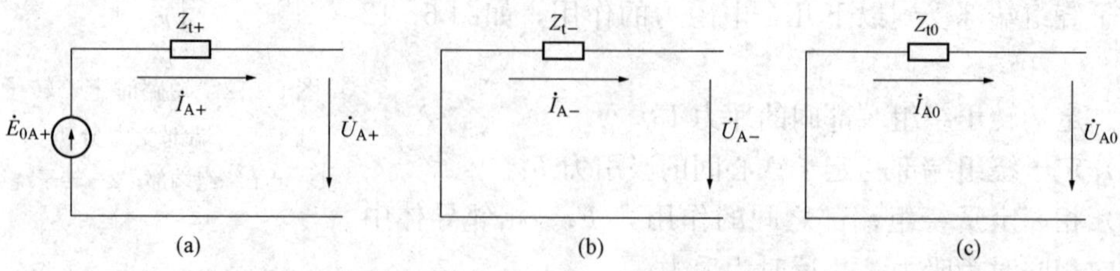

图 6-13 同步发电机不对称运行时的各序等效电路

(a) 正序等效电路；(b) 负序等效电路；(c) 零序等效电路

电动势方程和等效电路中的阻抗是各序电流所对应的电阻和电抗。由于各相序电磁过程不同，所以各相序的电阻和电抗也不同。

1. 正序阻抗

转子直流励磁的磁通在定子绕组所产生的感应电动势 $\dot{E}_0$ 的相序，定为正序。当定子绕组中三相电流的相序与 $\dot{E}_0$ 相序一致时，就是正序电流。正序电流流过定子绕组时所对应的阻抗就是正序阻抗。由于正序电流通过三相绕组后，产生了和转子同方向旋转的磁场，在空间和转子相对静止，不会在转子绕组中感应电动势，因此正序电流所对应的阻抗，就是三相同步发电机在对称稳态运行时的同步阻抗，对隐极同步发电机

$$Z_{t+} = Z_t = r_a + jx_t \tag{6-21}$$

2. 负序阻抗

负序电流流过定子绕组所对应的阻抗就是负序阻抗。三相负序电流流过定子三相对称绕组时除了产生漏磁通外，还产生以同步速旋转的负序旋转磁场，与转子转向相反，负序磁场以两倍同步速切割转子上的所有绕组，在转子绕组中感应出二倍基频的电动势和电流，该电流产生的磁通会削弱负序磁场。这时电机的物理过程相当于异步电机运行于转差率 $s=2$ 时的物理过程。对负序磁场而言，转子绕组的作用如同短路绕组，这时的负序电流对应的阻抗不再是同步阻抗。由于同步发电机转子结构不对称，励磁绕组又只有直轴向的，负序阻抗将随转子的位置变化而变化。

一般取直轴和交轴负序电抗的平均值作为电机的负序电抗，有 $x_{-}=\dfrac{x''_d+x''_q}{2}$，负序电抗的范围为 $x_\sigma < x_{-} < x_d$（或 x_t）。

负序电阻比定子绕组的电阻大，它除了电枢绕组本身电阻外，还包括定子供给转子损耗的等效电阻。

3. 零序阻抗

零序电流流过定子绕组时所对应的阻抗就是零序阻抗。由于三相零序电流大小相等、相位相同，建立的三个脉动基波磁动势大小相等、空间互差120°电角度，所以零序电流不能在气隙中建立基波磁动势及磁场，只产生漏磁通。如果定子绕组为整距绕组，同一定子槽内导体电流方向相同，零序电流对应的漏电抗与正序电流对应的漏电抗相同，如图 6-14（a）所示；在双层短距绕组中，有些槽内的上、下导体不属于同一相绕组，零序电流流过时，上、下导体电流方向相反，漏磁通互相抵消，如图 6-14（b）所示，这时的零序电抗就小于正序时的漏电抗。

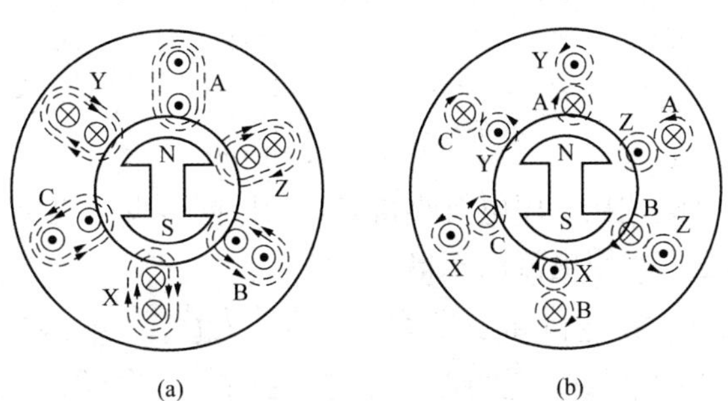

图 6-14　零序电流槽漏磁通的分布示意图

（a）整距绕组；（b）短距绕组

一般，零序电抗的范围为 $0<x_0<x_\sigma$。

零序电流只产生漏磁通，不与转子交链，所以零序电阻 $r_0=r_a$。

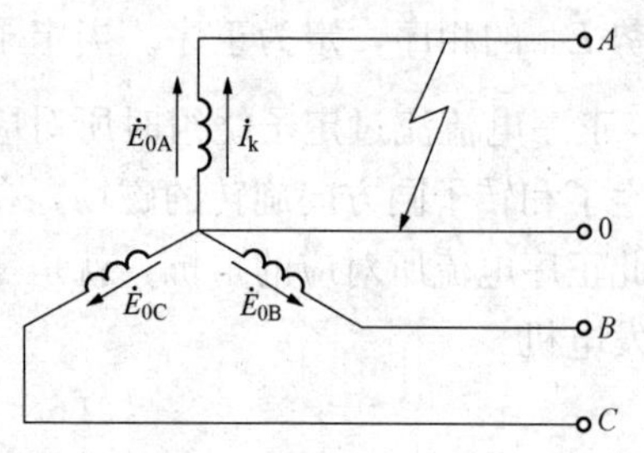

图 6 - 15　同步发电机单相对中点短路

二、不对称运行实例分析

下面以同步发电机单相对中点稳态短路为例，来研究不对称运行的分析方法。

如图 6 - 15 所示，假定 A 相发生稳态短路，$\dot{I}_k$ 表示短路电流，根据图所示的端点情况，可得边界条件

$$\begin{cases}\dot{I}_A=\dot{I}_k\\ \dot{I}_B=\dot{I}_C=0\\ \dot{U}_A=0\end{cases}\tag{6 - 22}$$

根据对称分量法将短路电流分解为对称分量，得

$$\begin{cases}\dot{I}_{A+}=\dfrac{1}{3}(\dot{I}_A+\alpha\dot{I}_B+\alpha^2\dot{I}_C)=\dfrac{1}{3}\dot{I}_k\\ \dot{I}_{A+}=\dfrac{1}{3}(\dot{I}_A+\alpha^2\dot{I}_B+\alpha\dot{I}_C)=\dfrac{1}{3}\dot{I}_k\\ \dot{I}_{A0}=\dfrac{1}{3}(\dot{I}_A+\dot{I}_B+\dot{I}_C)=\dfrac{1}{3}\dot{I}_k\end{cases}\tag{6 - 23}$$

由于正序、负序、零序电流分量均构成各自独立的对称系统，它们流经电枢绕组时，各自产生相应的正序、负序及零序电抗压降，而转子上仅有正序旋转磁场，所以每相感应电动势中只有正序分量，负序及零序的感应电动势为零。如果略去电阻压降，则正序、负序及零序电动势平衡方程为

$$\begin{cases}\dot{U}_{A+}=\dot{E}_{0+}-\mathrm{j}\dot{I}_{A+}x_+=\dot{E}_0-\mathrm{j}\dfrac{1}{3}\dot{I}_kx_+\\ \dot{U}_{A-}=0-\mathrm{j}\dot{I}_{A-}x_-=0-\mathrm{j}\dfrac{1}{3}\dot{I}_kx_-\\ \dot{U}_{A0}=0-\mathrm{j}\dot{I}_{A0}x_0=0-\mathrm{j}\dfrac{1}{3}\dot{I}_kx_0\end{cases}\tag{6 - 24}$$

A 相电压为

$$\dot{U}_A=\dot{U}_{A+}+\dot{U}_{A-}+\dot{U}_{A0}=0\tag{6 - 25}$$

解得短路电流为

$$\dot{I}_k=-\mathrm{j}\frac{3\dot{E}_0}{x_++x_-+x_0}\tag{6 - 26}$$

由于负序电抗及零序电抗比正序电抗小得多，所以同步发电机单相短路电流远比三相短路电流大，近似是三相稳态短路电流的三倍。

把式（6 - 26）代入式（6 - 24）可求得 $\dot{U}_{A+}$、$\dot{U}_{A-}$ 和 $\dot{U}_{A0}$，然后可求出 $\dot{U}_B$、$\dot{U}_C$，结果是 B、C 相电压 $U_B=U_C$，而 $U_A=0$。说明单相稳态短路时，三个相电压不对称，线电压也不对称，原因是存在负序电压降。

三、不对称运行对发电机的影响

1. 引起转子表面发热

由于负序电流所产生的反向旋转磁场以二倍同步速截切转子，在励磁绕组、阻尼绕组、转子铁心表面及转子的其他金属结构部件中均会感应倍频电流，在励磁绕组、阻尼绕组中产生额外铜损，在转子铁心中感应涡流，引起附加损耗。更为严重的是，汽轮发电机的励磁绕组嵌放在整块锻钢的转子槽中，倍频电流只能在转子表面流通，如图 6-16 所示，使转子表面温度过高，影响励磁绕组散热。环流大部分通过转子本体，在端部套箍和中心环形成回路，槽楔端头和套箍可能被产生的高温烧毁。

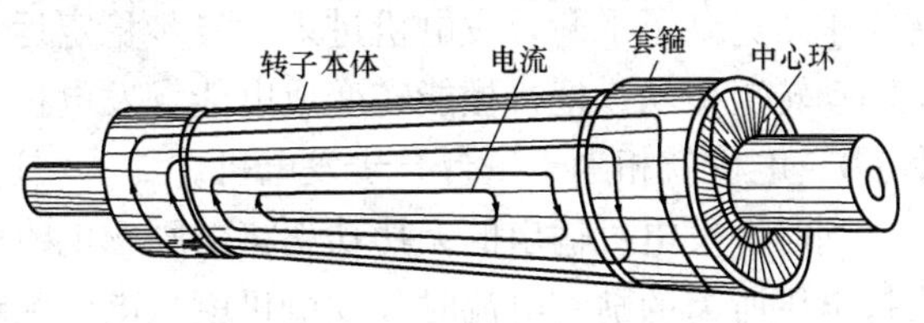

图 6-16　负序磁场引起的转子表面电流

2. 引起发电机振动

由于负序旋转磁场以二倍同步速与转子磁场相互作用，产生倍频的交变电磁转矩，这种转矩作用于定、转子的铁心和机座上，使其产生 100Hz 的振动。

同步发电机的不对称运行，除了对本身有影响，还会造成电网电压不对称，直接影响负载运行。

不对称运行的不良影响的产生，主要原因是由于负序电流产生的旋转磁场的结果。电机的运行规程对长期稳定不对称运行时，定子负序电流 I_-^* 以及负序电流在转子中引起的损耗 $I_-^{*2}t$ 作了限制。

为了减小负序磁场的影响，最常用的方法是在同步发电机的转子上装设了阻尼绕组，来削弱负序磁场。在汽轮发电机中，整块锻钢铁心里所感应的涡流能起到一部分阻尼作用，所以一般不装阻尼绕组，但有的大型汽轮发电机装设阻尼绕组，来提高发电机承受不对称负载的能力。还有一些方法是降低与电机相连的系统的零序电抗、在发电机侧接入附加阻抗、调节变压器的分接头、串并联电容器等（后续课将学习），这里不再叙述。

第三节　三相同步发电机的失磁运行*

同步发电机的失磁运行，是指发电机失去直流励磁后，仍带有一定的有功功率，以低转差率与电网继续并联运行的一种特殊运行方式。

失磁运行是发电机的一种异常运行方式。失磁的原因很多，如：励磁绕组开路、励磁绕组短路、灭磁开关误动作使励磁绕组经灭磁电阻闭合、运行人员误操作等。同步发电机失磁后，由于它还能继续向电网输送一定的有功功率，一般说来，不必立刻将发电机与电网解列，争取在短暂的时间排除失磁的原因，这对保证安全和稳定运行具有重要意义。

一、发电机失磁时的电磁过程

同步发电机正常运行时，由原动机输入的驱动转矩与发电机的电磁制动转矩相平衡，电机以同步速稳定运行。当发电机失去励磁时，由于励磁电流迅速减小，导致 E_0 减小，发电机输出的电磁功率减小，它所对应的电磁制动转矩就随之减小。但由于此瞬间原动机的调速系统还未来得及动作，即驱动转矩还未来得及变化，使转矩平衡遭受破坏，驱动转矩大于制动转矩，转子就在剩余转矩作用下加速，功角 δ 增大。直至 $\delta > 90°$时，发电机就脱出同步，进入异步运行状态，转子与定子旋转磁场之间有相对运动，$n>n_1$，出现了转差 $s<0$，定子旋转磁场就以转差的速度截切转子，在转子绕组中感应出转差频率的交变电流，这个电流就是失磁后转子的交流励磁电流。该电流产生的磁场与定子旋转磁场相互作用产生制动性质的电磁转矩（称为异步转矩）和电磁功率（异步功率 P_{em}），它们随转差的增大而增大。此时由于调速系统开始动作，由原动机输入的功率 P_1 将随转速的增加而减小，当 $P_1=P_{em}$ 时，转矩重新达到了平衡，发电机进入到异步稳定运行状态。这时电机的原动机驱动转矩克服异步制动转矩作功，把机械能转变成电能，发电机继续向电网输出有功功率（比同步运行时减小了），电机就相当于一台异步发电机。

同时，发电机输出的无功功率将随励磁电流的减小而减小，直到励磁电流减小到不足以维持电压所需的励磁电流时，发电机就从电网吸取感性无功功率来励磁，定子电流就从滞后于端电压（迟相）变为超前（进相），发电机端电压必将下降。

由以上分析可知，同步发电机失磁后便进入到 $n>n_1$ 的异步运行状态，此时电机从电网中吸取感性无功功率供定、转子励磁，同时向电网输送一定的有功功率，成了一台吸收无功（感性）发送有功的异步发电机了。

二、失磁运行时各表计的指示情况

1. 转子励磁电流表指示接近于零或等于零

励磁电流表指示情况与失磁原因直接相关。如励磁回路开路，则电流表指示为零。如励磁回路短路或经灭磁电阻闭合，由于转子回路有交流电流，直流电流表有指示，但数值很小。

2. 定子电流表指示升高并有摆动

定子电流升高原因是由于失磁异步运行时，电机既要发送有功，又要吸收大量无功电流励磁。摆动原因是由于转子中有交流电流，它与定子磁场相互作用产生交变的异步转矩，转矩的变化又引起电流脉动。

3. 有功功率表指示减小并摆动

电机失磁后，转速升高，自动调速系统将汽门自动关小，即来自原动机的输入功率减小。有功功率表摆动原因同 2。

4. 无功功率表指示负值，功率因数表指示进相

电机失磁后，由向系统输送感性无功变为吸取感性无功，故无功功率表反指（指示负值），功率因数表由迟相变为进相。

5. 发电机母线电压下降并摆动

由于定子电流增大，线路压降随之增大，所以母线电压随定子电流的摆动而摆动。

三、失磁运行的不良影响

1. 对发电机本身的影响

（1）转子各部分温度升高。失磁异步运行后，励磁绕组、阻尼绕组及转子铁心中感应出交流电流，产生附加损耗，使各绕组及转子铁心发热。

（2）使定子绕组温度升高。失磁异步运行是欠励运行的极端情况，定子端部漏磁通和发热显著增加。

2. 对电力系统的影响

发电机失磁后，不但不能向系统发送感性无功，反过来从系统吸取感性无功，使系统出

现无功差额。

当汽轮发电机失磁后，若满足下列条件，则允许发电机带一定数量的有功负荷无励磁运行一段时间：

(1) 快速减出力到允许水平；

(2) 电网应有相应的无功紧急储备，使电网电压不低于额定值的 90%；

(3) 定子电流平均值不得超过额定值的 1.1 倍；

(4) 定子端部结构部件和边段铁心的温度不超过允许值；

(5) 转子损耗对内冷式发电机一般不超过 0.5 倍额定励磁损耗；

(6) 失磁机组的厂用电压不得低于额定值的 80%，低于此值时，自动切换到其他厂用母线上运行。

这时，运行人员必须尽快查明失磁原因，排除故障，迅速恢复励磁，将发电机重新牵入同步。若在这段时间内恢复不了励磁，则必须作停机处理。

运行实践证明，大多数汽轮发电机可在很小的转差率下（在 0.01 以下）产生相当大的异步转矩，在这转差率下，转子电流不会过大，故不必担心其过热危险；另外由于广泛采用自动励磁调节装置及强行励磁，在大多数情况下可增加其他发电机励磁，以供失磁发电机所需的额外无功，这使失磁运行得以广泛应用。

对水轮发电机（尤为无阻尼绕组），只有在较大转差率下才能产生足够的异步功率输出，使发电机稳定异步运行，所以水轮发电机一般不允许失磁运行。因此发电机失磁后异步运行仅适用于汽轮发电机。至于失磁后允许异步运行的时间及输出功率的大小，要受到多种因素（如异步后的转矩特性、原动机的调速系统等）的限制，一般要根据发电机型式、参数、转子回路连接方式及电力系统等情况，经具体分析，试验后确定。

第四节　三相同步发电机的振荡*

同步发电机与大容量电网并联运行时，如果逐渐增加发电机的负载，功角 δ 逐渐增加，这种增大的过程是平缓的。但如果突然改变同步电机的负载，功角 δ 及转子转速将发生振荡。振荡时，发电机的转速、电压、电流、功率及转矩均发生周期性变化，振荡的幅值甚至会达到危险的数值，对电机本身及电网均造成不利影响。

一、振荡的物理现象

发生振荡的原因与现象可用图 6-17 来解释。

由于电网电压、频率固定不变，同步发电机并网以后，其端电压和频率也不会改变，与电网电压 $\dot{U}$ 相对应的定子等效磁场 $\dot{B}$ [图 6-17 (a)] 永远以同步速 ω_1 旋转，功角 δ 的大小只决定于转子的转速及位置。当同步发电机在 a 点运行时，由原动机输入的机械功率 P_{1a} 与发电机输出的电磁功率 P_{ema} 相平衡（为了分析方便，忽略各种损耗），此时功角为功角 δ_a。如果突然增加原动机的功率（例如开大汽门或水门），原动机输出的机械功率 P_{1a} 增加到 P_{1b}。由于惯性作用，在此瞬间转子转速来不及改变，功角仍然为 δ_a，输出的电磁功率仍然为 P_{ema}。此时 $P_{1b} > P_{ema}$，对应的原动机转矩大于电磁转矩，转子因受到一个剩余转矩的作用，开始加速。由图 6-17 (a) 可看出，转子磁极与等效磁场 $\dot{B}$ 之间出现相对移动，功角 δ_a 开始增加。当功角增大到 δ_b 时，发电机输入的机械功率 P_{1b} 和输出电磁功率为 P_{emb} 相等，所

以 b 点是功率平衡点，如图 6-17（b）所示。

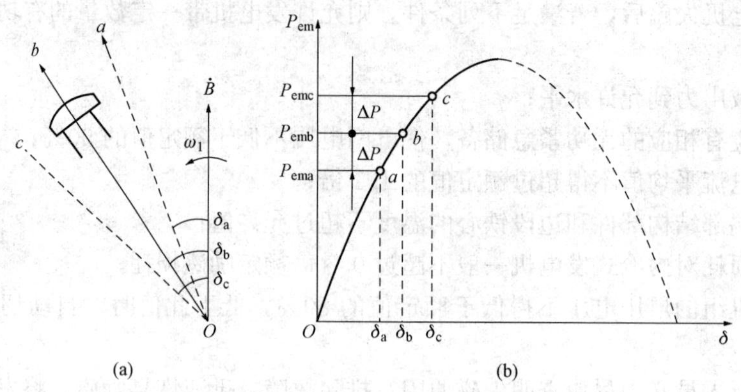

图 6-17 同步电机振荡时磁极位置及功率变化

（a）定子等效磁场；（b）振荡时的功率变化

但由于从 a 点到 b 点的过程中，转子转速不断上升，到达 b 点时，转子转速已高于同步速，因此由于转子的机械惯性，使功角从 δ_b 继续增大到 δ_c。在此期间，发电机输出电磁功率将继续增加，大于输入的机械功率，对应的制动电磁转矩大于原动机转矩，所以转子上受到一个减速转矩的作用，转子转速从大于同步速开始下降。到达 c 点时，转子转速降回到同步速。因此图 6-17（b）中 c 点是转速平衡点，转子磁极与定子等效磁场 $\dot{B}$ 之间没有相对移动，功角 δ 不再继续增大。但是转速不能稳定于 c 点运行，因为此时虽然转子转速等于同步速，但发电机输出的电磁功率比输入的机械功率还大，对应的电磁转矩大于原动机转矩，因此转子将减速，以致转子转速小于同步速。在转速降低过程中，转子磁极与定子等效磁场 $\dot{B}$ 之间产生相对移动，使功角减少到 δ_b。在 b 点，功率又得到平衡。但是从 c 点到 b 点的过程中，转子一直在减速，当到达 b 点时，转速已低于同步速，由于惯性作用，转子磁极与定子等效磁场 $\dot{B}$ 之间角度将继续减少，所以功角经过 b 点减少到 a 点。在 ba 这一段中，发电机输入的机械功率又大于输出的电磁功率，所以转子重新受到加速作用，使角速度又逐渐回升，当转子转速恢复到同步速时，功角就不再减小。但此时电机还是不能稳定运行，因为在 b 点的左边，发电机输入的机械功率大于输出的电磁功率，转子受到加速作用，功角又要增加，使功角重新越过 b 点……

按照上述过程，转子转速便在同步速上下不断振荡，功角在 δ_b 左右不断变化，这就是振荡过程。在振荡过程中，由于在机械方面存在有摩擦损耗，在电的方面存在有电的损耗，所以振荡幅度渐趋衰减，最后在平衡位置 δ_b 稳定运行。如果振荡幅值过大，运行点超出发电机稳定运行区域，电机将失步。

振荡如果是由电机本身的惯性引起，与外力无关，振荡频率仅决定于电机本身机械和电磁参数，这种振荡称之为自由振荡；如果作用在转子磁极上的外力（如转矩）本身就是一种含有周期性分量的转矩，则引起转子按照交变转矩的频率振荡，这种振荡称之为强制振荡。

同步电机在振荡过程中，电磁功率也发生振荡，因此会扰乱电网的正常运行，严重时，使电机并联运行成为不可能。因此总希望同步发电机发生振荡后能很快地衰减趋于稳定，通常在转子表面上装设阻尼绕组来抑制振荡。在振荡过程中，由于定子等效磁场在阻尼绕组中感应出电动势及电流，产生感应转矩。当转子转速高于同步速时，相当于异步发电机运行，感应转矩具有制动作用，会迫使转速下降。而当转子转速低于同步速时，相当于异步电动机运行，感应转矩有驱动作用，又会迫使转速上升。总之阻尼绕组所产生的感应转矩具有阻尼作用，当转子在同步速附近振荡时，能使转速很快地稳定下来。

二、振荡运行时各表计的指示情况

1. 定子电流表指针剧烈摆动，电流可能超过正常值

振荡的电机与其他电机之间出现电动势差，在其作用下又产生了环流；由于转子转速的摆动，其转矩和功率时大时小，造成环流时大时小，定子电流表指示就来回摆动；环流加上原来的负荷电流，定子电流有可能超出正常值。

2. 发电机电压表指针剧烈摆动，并经常降低

振荡时功角的变化引起电压摆动。电流的增加，阻抗压降增大导致电压下降。

3. 有功功率表在全刻度范围内摆动

振荡时发电机输出的功率随功角时大时小变化，造成功率表指示全刻度范围内摆动。

4. 转子电流表、电压表指针在正常值附近摆动

振荡时，定子磁场和转子间有相对运动，在转子绕组中感应交变电流，又叠加在励磁电流上，使电流表、电压表指针在正常值附近摆动。

同步发电机的不对称运行、失磁运行和振荡均属于异常运行。

分析突然短路的理论基础是超导体闭合回路的磁链守恒原理。突然短路时，为了保持磁链守恒，阻尼绕组和励磁绕组中将感应出对电枢反应磁链起抵制作用的电流，电枢反应磁通被挤到阻尼绕组和励磁绕组的漏磁路上，磁路的磁阻比稳态运行时大得多，同步电抗比稳态时同步电抗小得多，造成突然短路电流比稳态短路电流大很多倍。

定子绕组中的突然短路电流一般有交流分量和直流分量两部分。由于阻尼绕组和励磁绕组存在电阻，两绕组中的直流分量电流衰减，导致定子短路电流交流分量衰减。而定子绕组电阻的存在，导致定子短路电流直流分量衰减。

三相突然短路的最大冲击电流为 $i_{km}=k_y I''_m$，一般 $k_y=1.8\sim1.9$，冲击电流将产生巨大的电磁力和电磁转矩，危及发电机的安全运行。

分析同步发电机不对称运行应用的是对称分量法。同步发电机正序阻抗就是对称运行的同步阻抗。在一定的定子负序磁动势的作用下，转子感应倍频电流起削弱负序磁场的作用，造成同步发电机的负序电抗比同步电抗要小。零序电抗属于漏磁电抗性质，而且一般小于漏电抗，大小与绕组结构形式有关。不对称运行对发电机的影响主要是转子发热和电机的振动，主要原因是由于负序旋转磁场的存在。

失磁运行实质上是发电机的异步运行，此时电机的转速高于同步速，出现了转差和异步转矩。失磁运行时，电机可以向电网输送一定的有功功率，同时从电网吸取感性无功功率为发电机本身励磁。

振荡是发电机的一种异常运行，振荡使电机的电压、电流、转速功率和转矩都必须发生周期性变化。振荡严重可能造成发电机失步。

同步发电机转子上装阻尼绕组，可以提高发电机承受不对称负载的能力，有效抑制振荡，但在突然短路时，会造成突然短路电流增大。

思考题与习题

6-1 从磁路和电路两个方面来分析同步发电机三相突然短路电流大的原因？

6-2 同步发电机三相突然短路时，定子各相电流的直流分量起始值与短路瞬间转子的空间位置是否有关？与其对应的励磁绕组中的交流分量电流幅值是否也与该位置有关？为什么？

6-3 说明 x_d、x'_d、x''_d的物理意义，比较 x_d、x'_d、x''_d的大小？

6-4 为什么变压器的 $x_+=x_-$，而同步电机的 $x_+\neq x_-$？

6-5 汽轮发电机失磁异步运行应具备哪些条件？

6-6 同步发电机振荡时，为什么增大励磁电流和减小有功输出对恢复同步有利？

6-7 阻尼绕组对同步发电机在突然短路、失磁运行和振荡状态中各起什么作用？

6-8 一台汽轮发电机有下列数据：$x_d^*=1.62$，$x'^*_d=0.208$，$x''^*_d=0.126$，$T'_d=0.74s$，$T''_d=0.208s$，$T_a=0.132s$。设该电机在空载额定电压下发生三相突然短路，求：

(1) 在最不利情况下定子突然短路电流的表达式；

(2) 最大冲击电流值；

(3) 在短路后经过 0.5s 时的短路电流值；

(4) 在短路后经过 3s 时的短路电流值。

6-9 有一台三相同步电机，$x_+^*=1.871$，$x_-^*=0.219$，$x_0^*=0.069$，试求发电机单相对中点短路电流为三相稳态短路电流的多少倍？

第五章和第六章自测题

一、填空

1. 同步发电机单机运行时，空载电动势的波形取决于________，频率取决于________，相序取决于________。

2. 同步发电机的电枢反应取决于________，当________时产生交轴电枢反应，当________时，产生直轴去磁电枢反应，其结果使隙磁场________，发电机端电压________，为了保持端电压不变，应调节________，使其________。

3. 同步电抗是反映________磁通和________磁通对电枢电路作用的一个综合参数，同步电抗越大，短路电流越________，电机的静态稳定性越________。

4. 同步发电机的铁心饱和程度越大，同步电抗越________；电枢绕组匝数越多，同步电抗越________；励磁绕组匝数越多，则同步电抗________。

5. 同步发电机带负载（$\varphi>0°$）运行，保持原动机的转矩和励磁电流不变，则负载增加时，端电压 U ________，频率 f ________。

6. 同步发电机的内功率因数角 ψ 是________和________之间的时间相位角，功率因数角 φ 是________和________之间的时间相位角；功角 δ 是________和________之间的时间相位角，又是________和________之间的空间夹角。

7. 并联于无穷大电网的汽轮发电机，若要增加有功功率输出，应________，若要增加感性无功功率输出，应________。

8. 并联于无穷大电网的汽轮发电机，运行于向电网发出有功功率和感性无功功率的状态，若此时只增加励磁电流，则功角 δ ________，功率因数 $\cos\varphi$ ________，定子电枢电流 I ________，空载电动势 E_0 ________。

9. 并联于无穷大电网的同步发电机，过励磁时向电网发________性质无功功率，欠励磁时向电网发________性质无功功率。同步电动机过励磁时从电网吸收________性质无功功率，欠励磁时从电网吸收________性质无功功率。

10. 并联于无穷大电网的汽轮同步发电机，$\cos\varphi=1$，现保持励磁电流不变，减小进汽量，由发电机输出有功功率 P_{em} ________，输出无功功率 Q ________，无功功率的性质为________，功角 δ ________。

11. 同步发电机出口处三相突然短路，则端电压________、同步电抗________、定子电流________。

12. 同步发电机三相突然短路时，三相绕组为了保持各自绕组的________初始值不变，各相绕组中都产生一个________分量电流和________分量电流。

二、判断

1. 同步电机的气隙越大，同步电抗越小。(　　)

2. 同步发电机稳定运行时，主磁通基波交链于励磁绕组和电枢绕组，在两绕组中均感应电动势。(　　)

3. 同步发电机准同步投入并联时，发电机的频率与电网的频率必须绝对相等。(　　)

4. 同步发电机的输出功率随功角 δ 按正弦规律变化。(　　)

5. 凸极同步发电机的附加电磁功率大小与励磁电流大小无关。(　　)

6. 同步发电机的稳定运行区是 $0<\delta<90°$。(　　)

7. 同步发电机的有功功率越大，功角 δ 越大，静稳定性越好。(　　)

8. 并联于无穷大电网的同步发电机过励运行比欠励运行稳定，重载比轻载运行稳定。(　　)

9. 并联于无穷大电网的同步发电机过励时，增加励磁电流增加无功功率输出，功角 δ 减小，有功功率输出减小。(　　)

10. 发电机进相运行时，发出无功，吸收有功。(　　)

11. 同步发电机的阻尼绕组产生的磁场能削弱定子负序磁场。(　　)

12. 同步电动机起动时励磁绕组不可以开路，也不可以短路。(　　)

三、选择

1. 同步发电机稳定运行时，转子励磁绕组中除正常直流电流励磁外：(　　)

A. 将感应基频电动势　　B. 将感应倍频电动势

C. 不感应电动势　　D. 将感应直流电动势

2. 一台凸极同步发电机，若 $I_d=I_q=10A$，则电枢电流 I 为(　　)。

A. 10A　　B. 20A

C. 14.14A　　D. 17.32A

3. 同步发电机准同步投入并联时必须绝对满足的条件是（　　）。

A. 发电机电压与电网电压大小相等　　B. 发电机电压与电网电压相位相同

C. 发电机电压与电网电压频率相同　　D. 发电机电压与电网电压相序相同

4. 并联于无穷大电网的凸极同步发电机，若 $I_f=0$，则电机出现最大电磁功率时，功角 δ 为（　）。

A. $0<\delta<45°$　　B. $\delta=45°$

C. $\delta=90°$　　D. $45°<\delta<90°$

5. 并联于无穷大电网的同步发电机，保持有功功率输出不变，只增大励磁电流，则（　　）。

A. 功角 δ 减小，功率因数 $\cos\varphi$ 上升

B. 功角 δ 减小，功率因数 $\cos\varphi$ 下降

C. 功角 δ 增大，功率因数 $\cos\varphi$ 上升

D. 功角 δ 增大，功率因数 $\cos\varphi$ 下降

6. 并联于无穷大电网的同步发电机，下列哪种做法可以提高静态稳定性（　　）。

A. 增加励磁电流；减小有功输出

B. 减小励磁电流；减小有功输出

C. 减小励磁电流；增加有功输出

D. 增加励磁电流；增加有功输出

7. 并联于无穷大电网的汽轮发电机运行于过励状态，当减少励磁电流时，定子电流变化为（　　）。

A. 一直增大　　B. 一直减小

C. 先增加后减小　　D. 先减小后增加

E. 无法确定

8. 并联于无穷大电网的汽轮发电机，保持定子电流 $I=I_N$，欲使功率因数 $\cos\varphi=0.8$ $(\varphi>0)$ 增加到 $\cos\varphi=0.9(\varphi>0)$，必须（　　）。

A. 增加励磁电流 I_f，同时增加输入功率 P_1

B. 增加励磁电流 I_f，同时减小输入功率 P_1

C. 减小励磁电流 I_f，同时增加输入功率 P_1

D. 减小励磁电流 I_f，同时减小输入功率 P_1

9. 判断一台同步电机为电动机运行的依据是（　　）。

A. $\dot{E}_0$ 超前 $\dot{U}$　　B. $\dot{E}_0$ 滞后 $\dot{U}$

C. $\dot{I}$ 超前 $\dot{U}$　　D. $\dot{I}$ 滞后 $\dot{U}$

10. 一台隐极同步电动机，在欠励磁状态时，增加励磁电流，则定子电流变化为（　　）。

A. 一直增大　　B. 一直减少

C. 先增加后减少　　D. 先减少后增加

11. 同步发电机中下列电抗关系正确的是（　　）。

A. $x''_d>x'_d>x_d>x_\sigma$　　B. $x_d>x'_d>x''_d>x_\sigma$

C. $x''_d>x_d>x'_d>x_\sigma$　　D. $x_\sigma>x''_d>x'_d>x_d$

12. 同步发电机装设阻尼绕组，其作用是（ ）。

A. 削弱负序磁场，抑制振荡，使短路电流增大

B. 削弱负序磁场，抑制振荡，使短路电流减小

C. 增强负序磁场，增强振荡，使短路电流增大

D. 增强负序磁场，增强振荡，使短路电流减小

四、简答及作图

1. 同步电机的“同步”是什么含义？电机的频率 f、极对数 p 和同步转速 n_1 三者之间是什么关系？

2. 画出汽轮同步发电机带阻性负载时的简化相量图？并指出此时电枢反应的性质？

3. 同步发电机投入并联时为什么通常使发电机的频率略高于电网的频率？频率相差很大时是否可以？为什么？

4. 同步发电机单机运行和并联于无穷大电网运行时，其功率因数分别由哪些因素决定？

五、计算

1. 有一台三相水轮同步发电机，定子绕组 Y 接，空载特性

E_0^*	0.55	1.0	1.21	1.27	1.33
I_f^*	0.52	1.0	1.51	1.76	2.09

短路特性：当 $I_f^*=0.965$ 时，$I_k^*=1$，求直轴同步电抗 x_d^* 的不饱和值和饱和值及 x_q^*？

2. 一台并联于无穷大电网的汽轮同步发电机，$P_N=600$MW，$U_N=20$kV，Y 接线，$\cos\varphi_N=0.9$（滞后），不计电枢回路电阻，$x_t^*=1.946$，求：

（1）发电机在额定状态下运行时，功角 δ_N、比整步功率 P_{syn} 及过载能力 k_m；

（2）若励磁电流增加 10%（假定磁路不饱和），则功角 δ、定子电流 I 和 $\cos\varphi$ 为多少？

（3）保持额定状态时的励磁电流不变，有功功率减半时的功角 δ 和 $\cos\varphi$ 为多少？

3. 一台三相隐极同步发电机并联于无穷大电网运行，额定电压 $U_N=400$V，Y 形接线，同步电抗 $x_t=1.2\Omega$，电枢电阻 $r_a=0$。如果该发电机输出功率 $P_{em}=80$kW 时，$\cos\varphi=1$，保持此时的励磁电流不变，将输出有功功率减少到 20kW，求：

（1）功角 δ；

（2）功率因数 $\cos\varphi$；

（3）电枢电流 I；

（4）此时的无功功率 Q 及性质？

第七章 直 流 电 机

直流电机是实现机械能和直流电能相互转换的设备，包括直流发电机和直流电动机。

直流发电机能提供直流电源。随着大功率可控硅整流元件的出现，交流与直流的变换技术应用方案很多，基本上都采用交直流变换技术实现供电，直流发电机的使用越来越少。

直流电动机具有良好的起动和调速性能，低速运行特别是起动时具有较大的转矩，广泛地使用在对起动性能和调速性能要求比较高的场合，调速范围宽，有较好的平滑性和经济性。但由于直流电动机有换向问题、生产成本和维护费用高，功率不能做得太大，因而限制了直流电动机应用范围。

[主要内容]

本章首先介绍直流电机的基本工作原理、主要结构、励磁方式和额定值；然后分析直流电枢绕组的连接规律及特点，重点分析直流电机电枢反应性质、电枢绕组的感应电动势和电磁转矩以及稳态运行时直流电机的基本方程式和运行特性。

[重点要求]

1. 掌握直流电机的基本工作原理、主要结构。
2. 掌握直流电机的励磁方式及各种励磁方式下电流之间的关系。
3. 掌握直流电机的额定值及计算。
4. 了解直流电枢绕组的构成规律。
5. 掌握直流电机电枢反应的性质及对电机的影响。
6. 掌握直流电枢电动势和电磁转矩的大小及性质。
7. 掌握直流电机的电动势、功率和转矩平衡方程
8. 掌握直流电动机的工作特性及起动、调速的方法和原理。

第一节 直流电机的基本工作原理和结构

一、直流电机的基本工作原理

直流发电机的简单原理图如图 7 - 1（a）所示。与交流发电机不同的是，直流发电机均采用固定磁极和旋转的电枢，如图，有与旋转导体同步旋转的两个半圆形的换向片（换向器）和与换向片相接触的空间位置固定的电刷 A 和 B，转子绕组的两边分别接到互相绝缘的弧形铜片（换向片）上，线圈 abcd 通过换向片和电刷与外电路接通，从而形成一个闭合回路。由图可知，当电机在原动机驱动下匀速旋转时，导体内将感应交流电动势，且电刷 A 的电位总是高于 B 的电位，电刷 A、B 两端将输出脉动的直流电动势，其电动势波形如图 7 - 1（b）所示，如果在两电刷间接一负载，则负载上的电流是交流经过整流后的脉动电流。

图 7 - 1 只是直流电机的简单模型，实际上为减少磁路中的磁阻，磁极间由磁轭相连，磁极 N 和 S 之间尽量放入铁心。另外导体数和换向片的数量很多，电刷间输出的直流电动

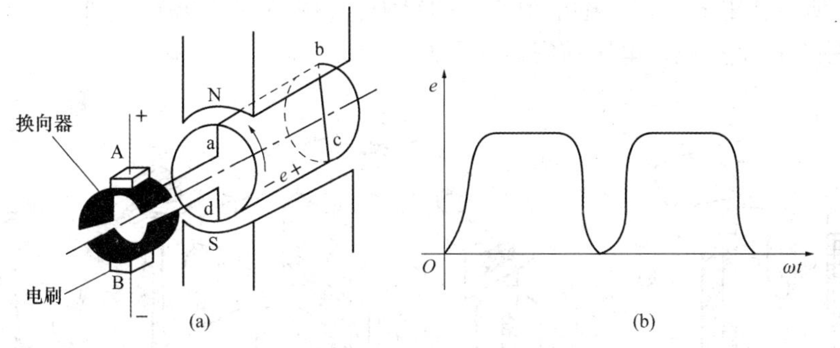

图 7-1　直流发电机

（a）原理示意图；（b）电刷间电动势波形

势的脉动系数大大减小。实践和分析表明，当每极下面的元件数大于 8 时，电压的脉动已经小于 1%，可以认为是恒定的直流电压。

若在图 7-1（a）的两电刷 A 和 B 间加上直流电源，如图 7-2 所示，则在电源的作用下电流从电刷经换向器流向绕组，绕组作为载流体在磁场作用下受到电磁力的作用，对转轴形成转矩，驱动转子旋转，此时，直流电机作电动机使用。

无论是直流发电机还是直流电动机实质上都是具有换向装置的交流电机。

二、直流电机的基本结构

直流电机由转子和定子两大主要部分组成，图 7-3 是直流电机横剖面示意图。

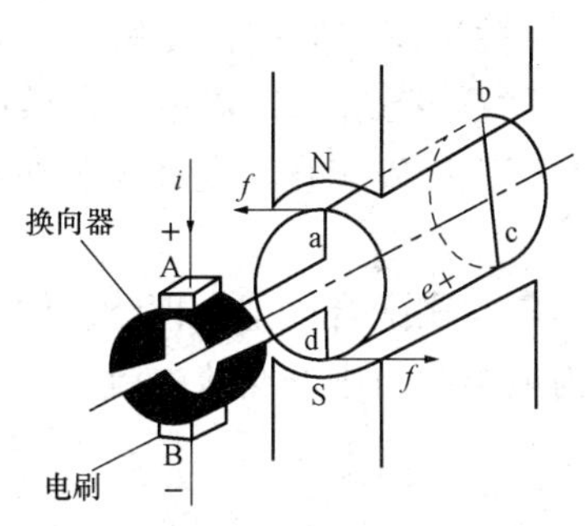

图 7-2　直流电动机原理示意图

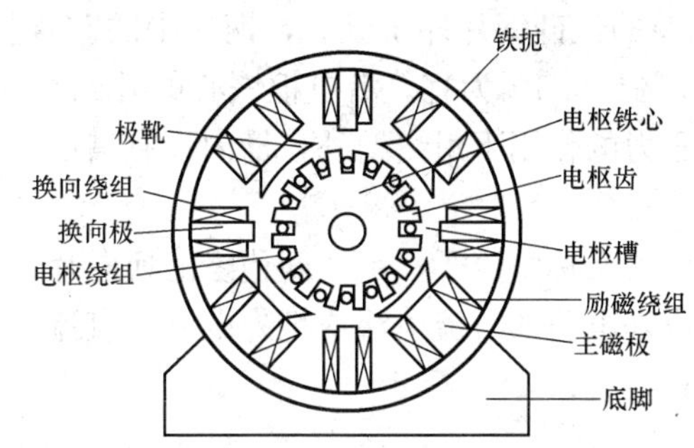

图 7-3　直流电机的横剖面示意图

定子是用来产生磁场和做电机的机械支撑，由主磁极、换向极、机座、端盖、轴承等组成，还有连接外部电路的电刷装置。

主磁极也称励磁磁极，一般为电磁式，用来产生主磁场，由铁心和套在铁心上的励磁绕组组成。主磁极铁心由 1.0～1.5mm 厚的低碳钢板冲成一定形状，用铆钉把冲片铆紧，固定在机座上。主磁极铁心分成极靴和极身，极靴的作用是使气隙磁通密度的空间分布均匀并减小气隙磁阻，同时对励磁绕组起支撑作用，如图 7-4（a）所示。

在相邻 N、S 主磁极铁心之间设有改善换向的换向极，或辅助极如图 7-4（b）所示。换向极铁心一般采用铸铁，换向极与磁轭铁心之间设有非磁性板以调节磁阻。

电刷装置是直流电机重要组成部分，它连接外部电路和换向器，把电枢绕组中的交流电流变成外电路的直流电流或把外电路的直流电流变换为电枢绕组中的交流电流。电刷结构如

图 7-4（c）所示。电刷采用接触电阻较高的炭刷、石墨刷和金属石墨刷，一般不用金属刷，因为金属电刷会产生火花。电刷被安装在电刷架上。

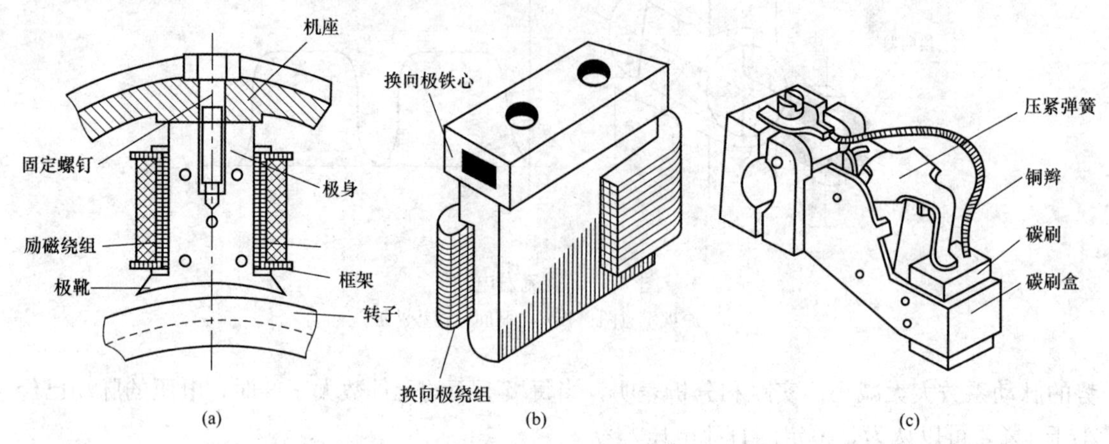

图 7-4 主磁极、换向磁极和电刷

（a）主磁极；（b）换向磁极；（c）电刷

转子用来感应电动势、产生电磁转矩，由电枢铁心、电枢绕组、换向器、转轴等组成。如图 7-5（a）所示。

电枢绕组通常采用棉绕或绢绕的圆铜线或扁铜线制成的纤维绝缘电磁线。

电枢铁心是主磁路的一部分。为了减少通过交变磁通时产生的磁滞损耗，通常用 0.5mm 厚的低硅钢片冲压成型，钢片中的硅含量越高，损耗越少，但钢板变硬，一般含硅量取 1.5%～3.5%为宜。沿电枢铁心的外圆均匀开槽，槽内放绕组。为防止放在槽中的绕组在离心力的作用下甩出槽外，槽内设有槽楔。电枢铁心有直接安装在轴上和安装在支架上的两种形式。

换向器又称整流子，由片间绝缘的换向片组合而成，与电刷配合，把电枢绕组中的交流电流变成外电路的直流电流或把外电路的直流电流变换为电枢绕组中的交流电流。结构如图 7-5（b）所示。

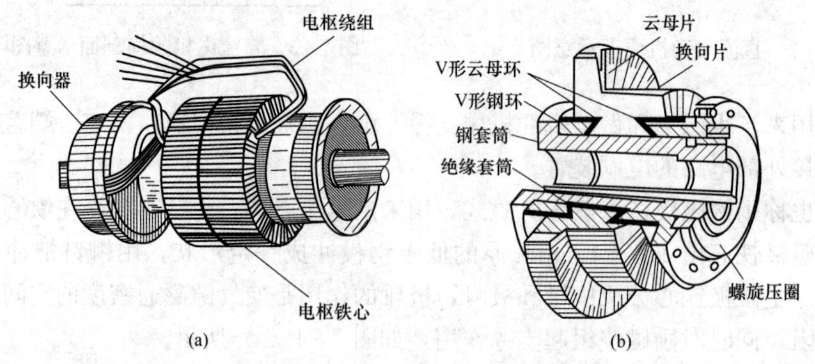

图 7-5 电枢铁心装配图和换向器结构

（a）电枢铁心装配图；（b）换向器结构

三、直流电机的励磁方式

直流电机供给励磁绕组励磁电流的方式称为励磁方式，直流电动机的励磁方式有他励、并励、串励、复励四种，各种励磁方式的接线图及各电流之间的关系如图 7-6 所示。

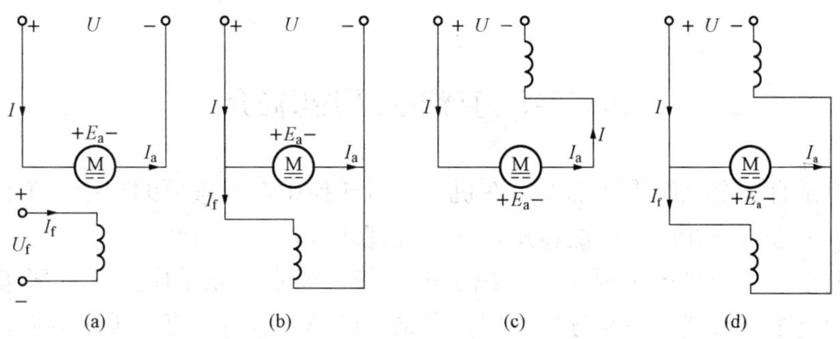

图 7-6 直流电动机励磁方式示意图

(a) 他励式；(b) 并励式；(c) 串励式；(d) 复励式

他励是指由其他的独立电源对励磁绕组进行供电的励磁方式，如图 7-6（a）所示，电流关系满足 $I_a=I$；并励是指电机的励磁绕组与电枢绕组相并联，如图 7-6（b）所示，电流之间的关系是 $I=I_a+I_f$；串励是指电机的励磁绕组与电枢绕组相串联，如图 7-6（c）所示，电流之间的关系是 $I_a=I=I_f$；复励电机有两个励磁绕组，一个与电枢绕组串联，另一个与电枢绕组并联，如图 7-6（d）所示，复励是串励和并励两种励磁方式的结合。复励中有积复励和差复励，当串励和并励产生的磁动势方向相同时称为积复励，相反时称为差复励，但差复励只用于电焊发电机。

直流发电机的励磁方式有他励和自励两种方式，自励是指发电机的励磁电流由发电机本身提供的励磁方式，包括串励、并励和复励三种。

四、直流电机的额定值

电机的额定值是电机制造厂家按照国家标准对产品在制定工作条件下所规定的一些基准值，额定值通常可从电机的铭牌上看到。

直流电机的额定值主要有：

1. 额定功率 P_N（W 或 kW）

对发电机额定功率是指额定状态时出线端输出的电功率；对电动机额定功率是指在额定状态时从轴上输出的机械功率。

2. 额定电压 U_N（V）

对发电机，额定电压是指在额定电流下输出额定功率时的端电压；对电动机，是指直流电源电压。

3. 额定电流 I_N（A）

对发电机，额定电流是指带额定负载时的输出电流

$$I_N=\frac{P_N}{U_N} \tag{7-1}$$

对电动机，额定电流是指带额定机械负载时的输入电流

$$I_N=\frac{P_N}{U_N\eta_N} \tag{7-2}$$

4. 额定转速 n_N（r/min）

额定转速是指在电机额定运行时的转速。

除了以上的额定值以外，还有额定效率 η_N、额定转矩 T_N、额定温升 θ_N，励磁方式、工作方式等。

第二节 直流电枢绕组简介

电枢绕组是直流电机的重要部件，在机电能量转换中起着重要的作用。工作时电枢绕组产生电动势、流过电流并产生电磁转矩，它是实现能量转换的枢纽。

对直流电枢绕组的要求主要是：①满足电性能的要求，能感应出接近要求的电动势波形；②绕组的绕组材料能得到充分的利用；③结构简单，运行可靠，维修方便，换向良好。

一、电枢绕组的基本知识

直流电枢绕组是由多个形状相同的绕组元件、按照一定的规律连接组成的，根据连接的规律不同，电枢绕组可以分为单叠绕组、单波绕组、复叠绕组、复波绕组和混合绕组。本节主要以单叠绕组为例，分析电枢绕组的构成及连接的一般规律。下面介绍绕组的基本知识。

1. 元件

构成绕组的线圈为绕组元件，元件是组成电枢绕组的基本单元。每个元件或是单匝或是多匝，两端分别与两个不同的换向片相连接，如图 7-7 所示。

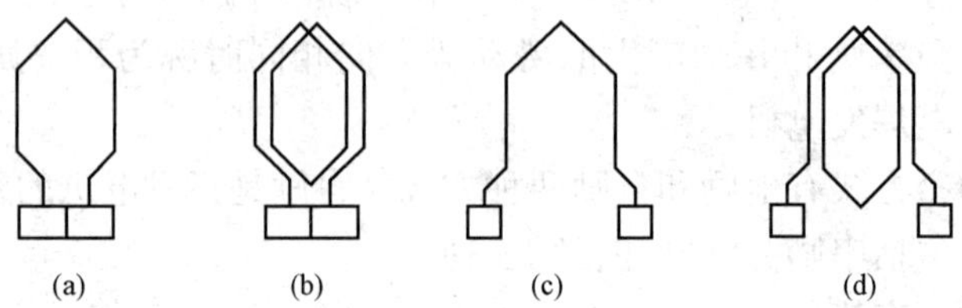

图 7-7 直流电枢绕组

（a）单匝单叠；（b）多匝单叠；（c）单匝单波；（d）多匝单波

2. 极距

一个磁极在电枢圆周上所跨的距离，称为极距，用 τ 表示，极距的表达式为

$$\tau = \frac{\pi D}{2p}$$

式中 D——电枢外径。

3. 叠绕组

叠绕组是指串联的两元件总是后一个元件端接部分紧叠在前一个元件端接部分，整个绕组成折叠式前进，如图 7-8（a）所示。

4. 波绕组

波绕组是指把相隔约一对极距的同极性磁场下的相应元件串联起来，像波浪式前进，如图 7-8（b）所示。

5. 第一节距 y_1

同一元件的两个有效边在电枢表面所跨的距离称为第一节距 y_1，如图 7-8 所示。

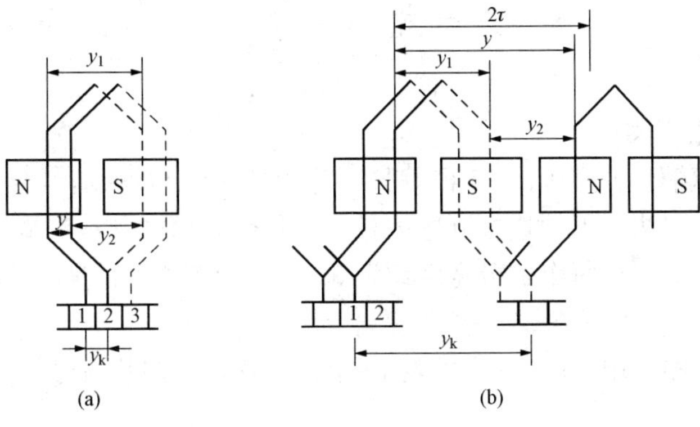

图 7-8　绕组节距示意图
(a) 叠绕组；(b) 波绕组

$y_1=\tau$ 的线圈称为整距线圈，$y_1<\tau$ 的线圈称为短距线圈，$y_1>\tau$ 的线圈称为长距线圈。显然，在端接部分长距线圈比短距线圈多消耗铜线，所以一般不采用长距线圈。

y_1 一般表示式为

$$y_1=\frac{Z}{2p}\pm\varepsilon=\text{整数} \tag{7-3}$$

式中　Z——电机电枢的槽数

ε——小于 1 的分数，用来把 y_1 凑成整数，显然，取负号时为短距线圈，取正号时为长距线圈。

6. 合成节距 y

相串联的两个元件的对应边所跨的槽数称为合成节距 y，如图 7-8 所示，图 (a) 中 $y=1$。

7. 换向节距 y_k

每一个元件首、末端所连的两换向片之间在换向器表面所跨的距离，称为换向节距 y_k。通常用换向片数目表示换向节距，图 7-8 中 $y_k=\pm1$。$y_k=+1$，表示把每一个元件连成绕组时，连接的顺序是从左向右进行，叫右行绕组；$y_k=-1$，则连接顺序是从右向左进行，叫左行绕组。

单叠绕组的合成节距和换向节距相同，即 $y=y_k$。

8. 第二节距 y_2

第一个元件的下层边到与它相串联的第二个元件的上层边所跨的槽数称第二节距 y_2，如图 7-8 所示。对单叠加绕组，$y=y_1-y_2$，对单波绕组，$y=y_1+y_2$。

二、单叠绕组

单叠绕组的特点是合成节距和换向节距均为 1，即 $y=y_k=1$

下面利用电枢绕组的展开图，说明单叠绕组的连接方法和特点。

例 7-1，已知一台直流电机的极数 $2p=4$，槽数 Z、元件数 S 及换向片数 k 之间满足 $Z=k=S=16$，画出单叠绕组的展开图。

1. 计算节距

$$y=y_k=1$$

$$y_1 = \frac{Z}{2p} \pm \varepsilon = \frac{16}{4} = 4$$

$$y_2 = y_1 - y = 4 - 1 = 3$$

2. 画出绕组的展开图

第一步，画电枢槽。分别画出 16 根等长、等距的实线与虚线，实线为上层边，虚线为下层边，将导体的上层边、下层边按顺序编号，该号码表示槽号，也是元件号。

第二步，安放磁极。让每个磁极宽度约为 0.7τ，4 个磁极均匀分布在各槽之上，并标出 N、S 极性。

第三步，画换向器。用 16 个方块代表 16 个换向片，换向片编号与元件上层边所嵌放的槽号相同。

第四步，连接电枢绕组。从 1 号换向片出发，先将 1 号元件的上层边嵌入 1 号槽内，下层边嵌入 5 号槽内，并接到 2 号换向片上。然后从 2 号换向片出发，绕制 2 号元件，2 号元件的上层边嵌入 2 号槽，下层边嵌入 6 号槽，并回到 3 号换向片上。这样依次嵌放和连接 16 个元件。最后 16 号元件的下层边回到 1 号换向片，得到一个闭合绕组。

第五步，根据右手定则确定每个元件里的电动势方向。N 极下导体的电动势一个方向，S 极下导体电动势为另一个方向，位于两个磁极之间的导体不感应电动势。

第六步，放置电刷。在直流电机中，电刷数与主磁极数相同。本例中有四个电刷，它们均匀放在换向器表面圆周的位置，每个电刷的宽度等于每个换向片的宽度。放置电刷的原则是，要求正负电刷间得到的电动势最大。将电刷的中心线对准主磁极的中心线，就能满足要求。被电刷短路的元件正好是处于两个主磁极之间的中性线位置，此中性线也称为几何中性线。电刷这种放置法习惯称电刷放在几何中性线位置。

按照上述步骤，画出展开图，如图 7-9 所示。

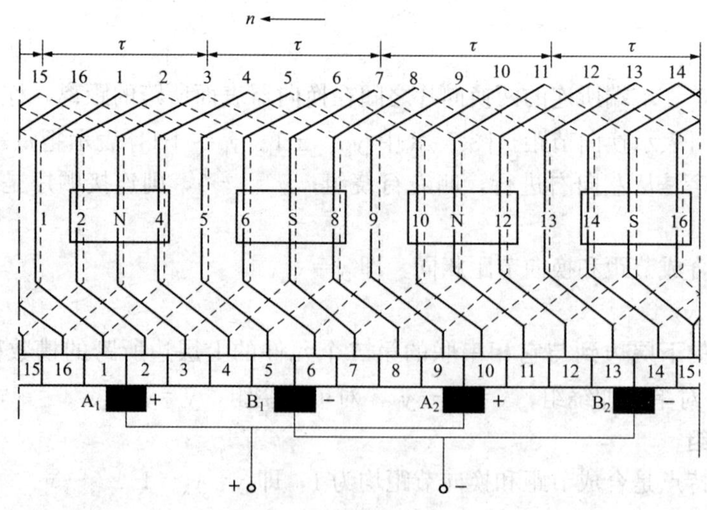

图 7-9 单叠绕组的展开图

3. 单叠绕组的并联支路图

从图 7-9 中可以看出，被电刷短路的元件 1、5、9、13，把闭合的电枢绕组分成了四个部分，形成四条支路，元件 2、3、4 上层边都在 N 极下，三个电动势方向相同，组成部分一条支路。元件 6、7、8 上层边都在 S 极下，三个电动势方向相同，组成部分一条支路。元件 10、11、12 与元件 2、3、4 情况相同，元件 14、15、16 与元件 6、7、8 情况相同，都分别构成一条支路。这样每对相邻电刷之间为一条支路，如图 7-10 所示。

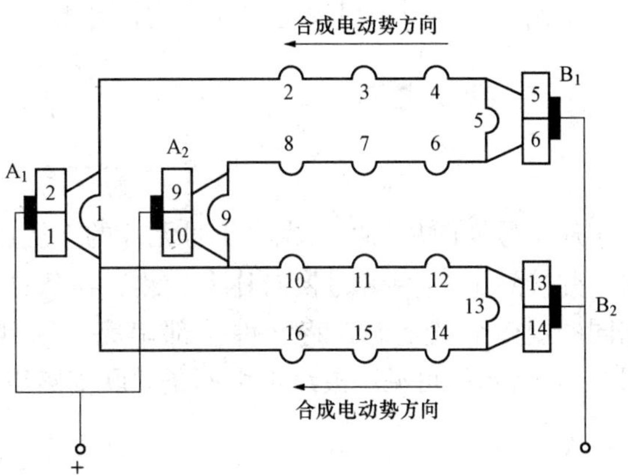

图 7-10 单叠绕组并联支路图

从以上分析可知，单叠绕组有以下特点：

（1）单叠绕组的并联支路数恒等于电机的磁极对数，设 a 为并联支路对数，则

$$2a=2p \tag{7-4}$$

（2）当电刷放在几何中性线上时，正负电刷间感应电动势最大，被电刷短路的元件感应电动势为零。

（3）电刷数等于磁极数。

（4）电刷间引出的电动势为一条支路的电动势，正负电刷间引出的电流为支路电流之和。

三、单波绕组

单波绕组的合成节距接近两个极距，即 $y=y_1+y_2\approx 2\tau$，如图 7-8（b）所示。为了使绕组能够连续绕接，元件沿着电枢和换向器绕行一周后串联 p 个元件，应落在与起始片相邻的换向片上，以便第二周继续绕接下去，即

$$py_k=k\mp 1 \tag{7-5}$$

$$y_k=y=\frac{k\mp 1}{p} \tag{7-6}$$

式中负号表示左行绕组，正号表示右行绕组。一般使用左行绕组，因为右行绕组有接线交叉，故而很少使用。

下面以 $2p=4$，$Z=k=S=15$ 为例，简要说明单波绕组的绕接规律和特点，如图 7-11 所示为单波绕组的展开图。

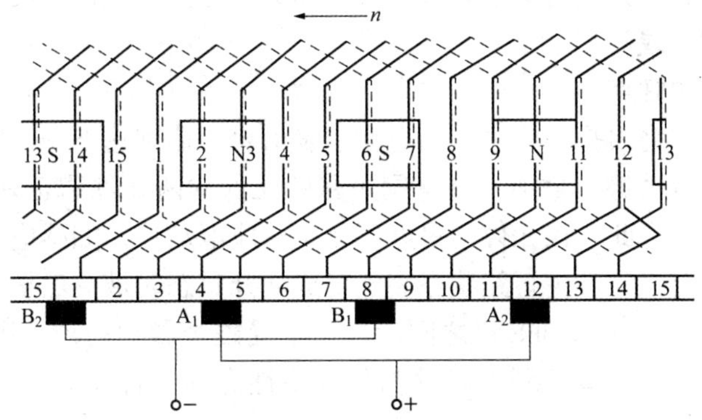

图 7-11 单波绕组展开图

采用左行绕组，根据相应的公式，可得

$$y_k = y = \frac{k-1}{p} = \frac{15-1}{2} = 7$$

$$y_1 = \frac{Z}{2p} \pm \varepsilon = \frac{15}{4} - \frac{3}{4} = 3$$

从 1 号换向片出发，先将 1 号元件的上层边嵌入 1 号槽内，下层边嵌入 $1+y_1=4$ 号槽内，并接到 $1+y_k=8$ 号换向片上。然后在从这里开始，接到 8 号元件的上层边。按照与此相同的规律继续绕制，将元件全部串完，回到 1 号换向片，就可得到一个闭合绕组，如图 7-12所示。可见单波绕组由两条并联支路组成。

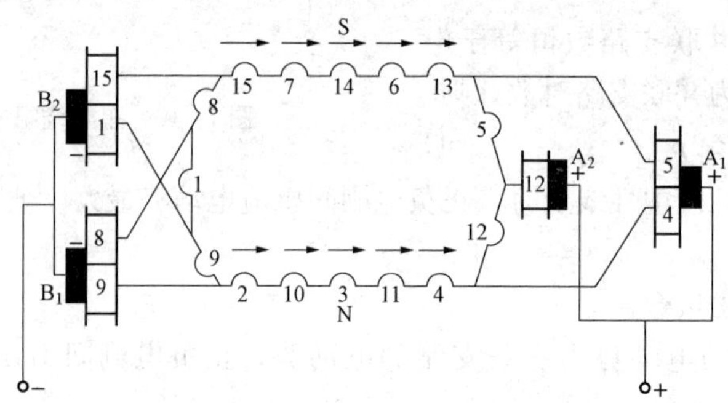

图 7-12 单波绕组支路图

单波绕组的特点是：

(1) 单波绕组的并联支路数与主磁极数无关，只有两条并联支路，$2a=2$。

(2) 几何形状对称时，电刷应放置在主磁极几何中性线上。

(3) 电刷数等于极数。

四、均压线

如前所述，叠绕组的并联支路数与极数相等。由于各磁极下的气隙的长度不同，有可能造成各极下的导体的感应电动势不同。结果造成各支路间存在环流，使流过电刷的电流有差异而使换向性能劣化。为防止这一现象的出现，用低电阻的导线把电位相等的点连起来，该低电阻导线称均压线。把该导体设在换向器侧较为适宜，但也有因空间的关系而不设在换向器侧的。波绕组并联支路数只有两条，其中各支路的导体受所有磁极的影响，感应电动势的总和相等，不必设均压线。

五、电刷位置与中性点

以叠绕组为例，按绕组排列顺序从某电刷出发沿着导体到达下一个电刷，导体中的总感应电动势是各段绕组电动势的叠加。被电刷短路的元件的两元件边正好处在 N 与 S 两磁极之间，元件处于换向。为此，该元件内最好不产生感应电动势。如感应出电动势则元件中将产生大的环流，该电流在元件由短路状态突然变成断开状态时被突然切断，从而产生电磁火花损坏电刷和换向器。在 N 极和 S 极之间元件边不受磁极影响的位置即 $B_x=0$ 的位置称中性点，所以，电刷位置的配置原则是必须与处在中性点的元件相联的换向片之间具有良好接触。

第三节 直流电机的电枢电动势和电磁转矩

一、电枢绕组的感应电动势

当电枢绕组旋转时，绕组将切割气隙磁场而感应电动势。电枢的感应电动势是指正负电刷之间的感应电动势，即每条支路中各串联导体感应电动势的总和。

若电机为空载运行，电枢绕组为整距，总导体数为 N，电刷放在几何中性线上，电机以转速 n 旋转，电机的每极磁通量为 Φ，则可以推导出电枢绕组的电动势 E_a 为

$$E_a = \frac{pN}{60a}\Phi n = C_e\Phi n \tag{7-7}$$

式中 C_e——直流电机的电动势常数，$C_e = \frac{pN}{60a}$。

直流电机电枢电动势的方向按右手定则确定。

对直流发电机，在原动机拖动下，电枢旋转感应电动势，在该电动势作用下向外输出电流，电动势与电枢电流方向相同，如图 7-13（a）所示，所以电动势称为电源电动势。

电动机的电枢导体中也产生同样的感应电动势，但因为与外部所加的电压方向相反，与电枢电流方向相反，如图 7-13（b）所示，所以把它叫反电动势。

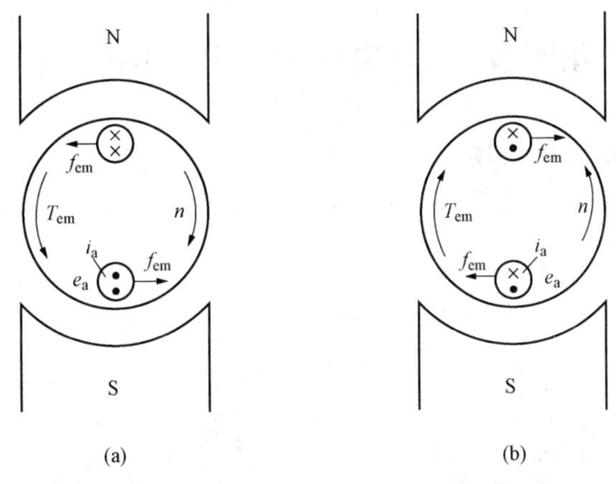

图 7-13 直流电机电动势、电磁转矩

（a）直流发电机；（b）直流电动机

二、电磁转矩

当电枢绕组中流过电流时，电枢交轴磁动势将与气隙磁场相互作用而产生电磁转矩。假设电枢是光滑的，导体均匀分布在电枢表面，绕组为整距，电刷放在几何中性线上。载流导体在磁场中将受到电磁力的作用。根据这一规律可知不论是直流电动机还是直流发电机，在电枢绕组中都要有电流流过，所以都要产生相应的电磁力和电磁转矩。

根据电磁学定律可知，B、l 与 i 三者的方向互相垂直，电磁力的大小可直接利用 $f=Bli$ 这个公式来计算，电磁力的方向按左手定则确定。

若电机的每极磁通量为 Φ，电枢总电流为 I_a，则可以推导出电磁感应转矩为

$$T_{em} = \frac{pN}{2\pi a}\Phi I_a = C_T\Phi I_a \tag{7-8}$$

式中 C_T——转矩常数，$C_T=\frac{pN}{2\pi a}=9.55C_e$，与 C_e 一样，取决于电机的结构。

由式（7-8）可看出，对于已经制成的电机，它的电磁转矩 T_{em} 正比于每极磁通 Φ 和电枢电流 I_a。

对直流发电机，电磁转矩的方向与电机转速方向相反，如图 7-13（a）所示，所以它是制动性质；对电动机，电磁转矩的方向与转速方向相同，如图 7-13（b）所示，因此它为驱动性质。

对于电动机和发电机，电枢电动势 E_a 和电磁转矩 T_{em} 的计算公式是完全相同的。

对于直流电动机，电动机从直流电流吸收电能而进入电枢的电功率 $P_{em}=E_aI_a$，电枢在电磁转矩 T_{em} 作用下，以机械角速度 Ω（单位 rad/s）恒速旋转所作的机械功率为 $T_{em}\Omega$；运用电动势和电磁转矩的计算公式，可以计算直流电动机的电磁功率

$$P_{em}=T_{em}\Omega=C_T\Phi I_a\frac{2\pi n}{60}=\frac{PN}{2\pi a}\Phi I_a\frac{2\pi n}{60}=\frac{PN}{60a}\Phi nI_a=E_aI_a \quad (7-9)$$

可见直流电动机电枢从电源吸收的电功率 P_{em}，通过电磁感应作用转换成轴上的机械功率 $T_{em}\Omega$ 输出，即电磁功率与机械功率相等。对于直流发电机，原动机克服电磁转矩从轴上输入的机械吸 $T_{em}\Omega$，也等于通过电磁感应主生的电功率 $P_{em}=E_aI_a$，并输出至外电路。所以称在电磁感应作用下机械能与电能相互转换的功率为电磁功率。

第四节　直流电机的磁场和电枢反应

一、直流电机的空载时的磁场

直流电动机励磁电流产生的磁场就是空载磁场。如图 7-14 所示为一台四极直流电机空载时气隙磁场的示意图。

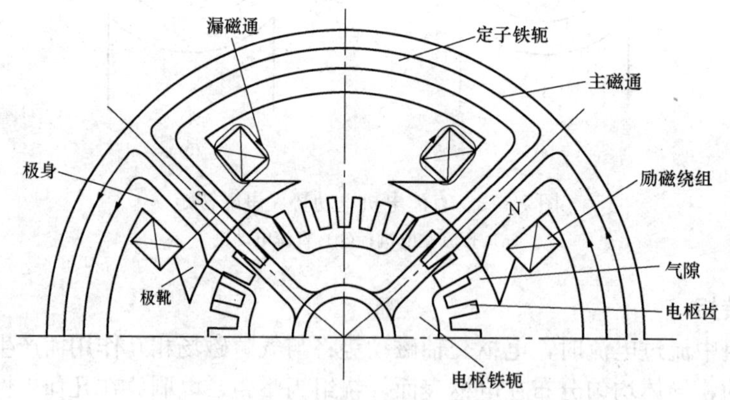

图 7-14　直流电机空载时气隙磁场示意图

当励磁绕组的匝数为 N_f，励磁电流为 I_f 时，每极的励磁磁动势为

$$F_f=N_fI_f \quad (7-10)$$

励磁磁动势产生的磁通，大部分从 N 极出发，经气隙进入电枢铁心，又通过气隙进入 S 极，再经定子铁轭回到原来的 N 极，这一部分磁通称为主磁通。另一小部分磁通从 N 极出发后，经过气隙，进入 S 极，经定子铁轭回到原来的 N 极，这部分磁通称为漏磁通。在直

流电机中，主磁通是主要的，它能在电枢绕组中感应电动势或产生电磁转矩，而漏磁通没有这个作用。

由于铁心的磁阻很小，所以空载时主磁极的励磁磁动势主要消耗在气隙上，当忽略铁心材料的磁阻时，主磁极下的气隙磁通密度的分布取决于气隙的大小和形状。一般情况下，磁极中心及附近的气隙较小且均匀不变，磁通密度较大且为常数，靠近两边极尖处，气隙逐渐增大，磁通密度减小，极尖以外，气隙明显增大，磁通密度显著减少，在磁极之间的几何中性线处，气隙磁通密度为零。因此空载时的气隙磁通密度分布为一平顶波，如图 7-15（a）所示。如图 7-15（b）所示为空载时主磁极磁通分布图。

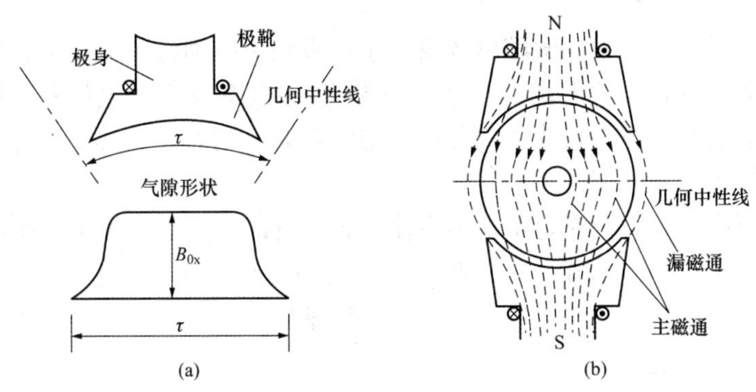

图 7-15　空载时气隙磁通密度分布图

（a）气隙磁通密度分布；（b）主磁通与漏磁通

二、电枢磁场

电机带上负载后，电枢绕组中流过的电枢电流 I_a 产生电枢磁动势 F_{ax}和电枢磁场。

如图 7-16 所示是一台二极直流电机，其电刷放置在几何中性线处。假设励磁绕组中无励磁电流，只有电枢绕组中有电枢电流，则电刷轴线两侧电枢绕组中的电流方向相反，无论电机旋转还是静止，电枢导体中电流方向的分界线是电刷轴线，电枢磁动势在空间也是静止的。根据全电流定律，并认为直流电机的电枢上有无穷多整距元件分布，则电枢电流产生的电枢磁动势在气隙圆周方向的空间分布呈三角波形，如图 7-17 中 F_{ax}所示。

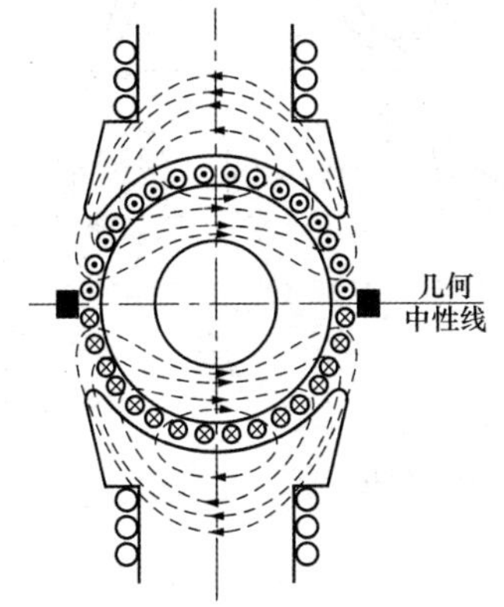

图 7-16　二极直流电机电枢磁场

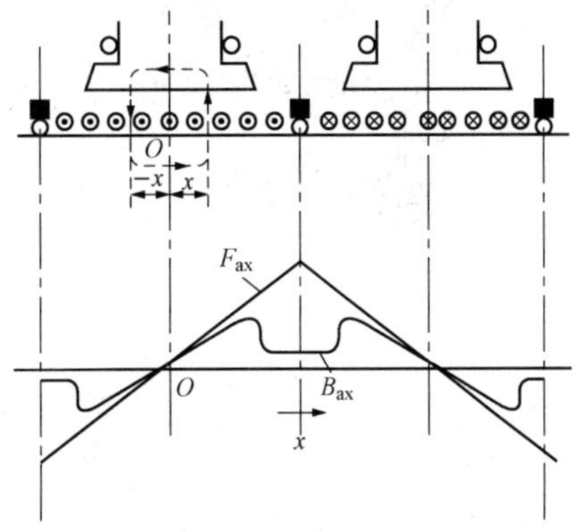

图 7-17　电枢磁动势和磁通密度空间分布

忽略铁心材料的磁阻，若空间 x 处的电枢磁动势为 F_{ax}，则空间 x 处的电枢磁通密度为

$$B_{ax}=\mu_0\frac{F_{ax}}{\delta_x} \tag{7-11}$$

式中 δ_x——气隙长度。

由于在主磁极下气隙长度 δ_x 基本不变，电枢磁动势产生的电枢磁通密度只随磁动势大小成正比变化。在两个主磁极之间，虽然磁动势较大，但气隙长度增加的更快，使气隙磁阻迅速增加，因此电枢磁通密度在两主磁极之间却减小。所以气隙中由电枢磁动势产生的电枢磁通密度在空间分布为对称的马鞍形，其波形如图 7-17 中的 B_{ax} 所示。

三、电枢反应

直流电机空载时，电机中的气隙磁场仅由主磁极励磁磁动势单独产生；负载时，由于电枢磁动势所产生的电枢磁场的出现，气隙中的磁场由励磁磁动势和电枢磁动势共同建立。由于电枢磁动势影响的结果，电机中的气隙磁场与空载时不同，这一现象称为电枢反应。

1. 电刷在几何中性线时的电枢反应

当电刷在几何中性线位置时，由电枢电流单独励磁的磁动势作用下产生的磁场（磁通密度）分布如图 7-16、7-17 所示。该磁场以电刷为轴线对称分布，电枢铁心一半呈 N 极性，一半呈 S 极性。电枢磁场的磁极轴线与主磁极磁场轴线正交，所以称电枢磁场为交轴电枢反应磁场，电枢磁动势为交轴磁动势。

电机带上负载后，电机内气隙磁场由空载磁场和电枢磁场合成，合成磁场的分布情况如图 7-18 所示。其中，图 7-18（b）为展开图，图中 B_{0x} 为主磁场的磁通密度分布曲线，B_{ax} 为电枢磁场的磁通密度分布曲线，$B_{\delta x}$ 为 B_{0x} 和 B_{ax} 合成的气隙磁通密度分布曲线，虚线表示考虑磁路饱和时的 $B_{\delta x}$ 曲线。

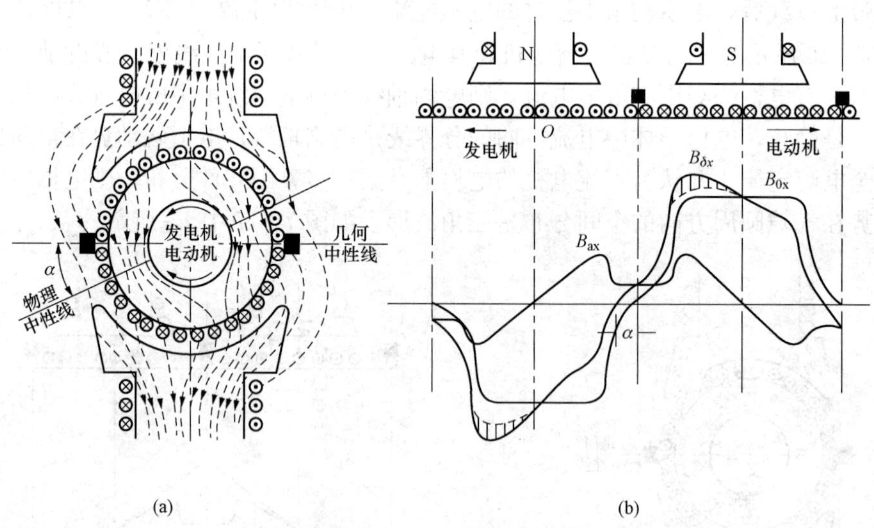

图 7-18 电刷在几何中性线时的电枢反应
（a）磁场分布；（b）磁通密度波形分布

综合以上分析，电刷在几何中性线上的电枢反应有以下特点：

（1）气隙磁场的分布发生畸变。电机空载时，在 N 极与 S 极的分界线（物理中性线）处，磁场为零，几何中性线与物理中性线重合。负载后，由于电枢反应的影响，主磁极一半

极面下磁场被增强，一半极面下磁场被削弱，物理中性线偏离几何中性线。可以分析出，作为发电机运行时，物理中性线顺旋转方向偏移；作为电动机运行时，物理中性线逆旋转方向偏移。电枢电流越大，电枢磁场越强，气隙合成磁场畸变越严重。

(2) 气隙磁场削弱，每极磁通量下降。在铁心磁路不饱和时，每一个磁极下，电枢磁场对主磁极磁场的去磁作用和增磁作用是相同的，所以每极磁通量与空载时相同。但实际中，由于电机一般工作于磁化曲线的膝点，电机磁路饱和，所以一半极面下所增加的磁通要比另一半极面下减少的磁通略少，每一个极面下的总磁通略有减少，所以称电枢反应为交轴去磁电枢反应。

所以说，电刷在几何中性线时，电枢反应为交轴去磁电枢反应。

2. 电刷不在几何中性线时的电枢反应

如果电刷位置偏离几何中性线一个角度 β，如图 7-19 所示，则电枢电流的分布也随之改变，电枢磁动势的轴线也随着电刷移动。为了分析方便起见，可以认为电枢磁动势由两部分所组成。在 2β 角度范围内的导体所产生的磁动势固定作用在直轴，称为直轴电枢磁动势 F_{ad}。若其作用方向与主磁极极性相同，使主磁通增强，则呈现助磁作用；若其作用方向与主磁极极性相反，使主磁通减弱，则呈现去磁作用。在 2β 角度范围以外的导体所产生的磁动势作用在交轴，为交轴电枢磁动势 F_{aq}。

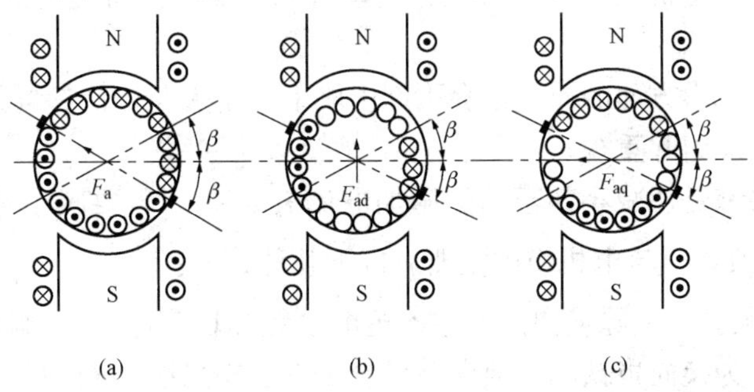

图 7-19　电枢反应分解为交轴和直轴分量

(a) 电枢磁动势；(b) 直轴分量；(c) 交轴分量

如果移动电刷使直轴电枢反应产生去磁作用，则使电枢电动势减小；如果移动电刷使直轴电枢反应产生磁化作用，则将引起换向的困难，其原因将在后文中阐述。现代的直流电机基本上都装有换向极，电刷应严格地放在交轴，这样就避免了产生直轴电枢反应。

第五节　直流电机的换向简介

从直流电机的基本工作原理可知，直流电机电枢绕组中的电动势和电流是交变的，只是借助于旋转的换向器和静止的电刷通过机械整流作用，才能使直流发电机在电刷两端获得直流电压；使直流电动机产生恒定的电磁转矩。可见，换向是直流电机的一个特殊问题。直流电机在工作中，电枢绕组的每个元件，依次从一条支路经过被电刷短接的过程进入另一条支路，元件中的电流方向，设为 $+i_a$，变为相反的方向 $-i_a$，元件中的电流改变方向的过程，称为电流换向，简称“换向”。

换向不良时，将在电刷和换向器间产生有害的火花，这是因为在换向过程中，①换向元件是一个线圈，线圈中必有自感作用。同时电刷的宽度不一定与换向片一样宽，电刷可能同时短路多个元件，它们同时换向，相互之间又有互感的作用。因此，换向元件中电流变化时，必然出现自感电动势 e_L 和互感电动势 e_M，合称为电抗电动势 e_r，根据楞次定律，电感的作用总是阻碍电流变化的，因为换向时电流在减少，所以电抗电动势 e_r 的方向与换向前的电流方向相反，阻碍换向；②换向元件位于几何中性线处，虽然主磁极的磁通密度为零，但电枢磁场的磁通密度不为零，因此换向元件必然切割电枢磁场，感应出电动势，称为切割电动势（也称电枢反应电动势）e_a，根据右手定则可以判断出切割电动势 e_a 的方向总是与换向前元件中的电流方向相同，阻碍换向。

换向元件中存在两个同方向的电动势 e_r+e_a，在换向元件中产生附加的换向电流 i_k

$$i_k=\frac{e_r+e_a}{\sum R} \tag{7-12}$$

式中 $\sum R$——闭合回路的总电阻，主要是电刷与两换向片之间的接触电阻。

当 $t=T_k$ 时，被电刷短接的换向元件瞬时断开，附加电流不为零，由它所建立的电磁能量要释放出来，它就以火花的形式从后电刷边释放出来。

电机的转速越大，电抗电动势 e_r 和切割电动势 e_a 也越大，附加电流 i_k 越大，电机换向越困难。

此外一些机械和化学方面的原因也会引起电刷下产生火花，请参看其他书目。严重时会损坏电刷和换向器，应引起重视。

改善换向的方法都是从减小甚至消除附加电流 i_k 入手，若要减小附加电流，则应减小 e_r、e_a，增大 $\sum R$。改善直流电机换向主要有以下几种方法：

1）装设换向磁极。为消除换向元件中电抗电动势和切割电动势对换向的不利影响而采用换向极，其铁心称为换向极铁心，换向极设置于 N、S 主磁极之间的几何中性线上，换向绕组与电枢绕组串联，由电枢电流励磁，换向极产生的磁场方向与电枢磁动势方向相反，除了克服电枢反应磁动势外，还在换向元件所在气隙建立换向磁场 B_k，换向元件切割 B_k，感应换向电动势 e_k，e_k 方向与 e_r+e_a 方向相反，抵消 e_r+e_a 的作用，改善换向。

由于 e_r+e_a 与电枢电流成正比，因此要求产生 e_k 的换向极磁场也应与电枢电流成正比，所以换向绕组与电枢绕组串联，且换向磁路不应饱和。通常在磁轭与换向极铁心之间插入适当厚度的非磁性调节板，维持换向磁路的不饱和性。现在，1kW 以上的直流电机都装有换向极。

2）选用合适的电刷。电刷与换向器的接触电阻的存在可降低附加电流 i_k，改善换向。直流电机不使用接触电阻小的金属电刷，而采用碳质、石墨质的电刷。但是不能随意选用电阻大的电刷，否则电刷与换向片间的接触电压降增大，换向器发热多，电能损耗大。

3）装设补偿绕组。换向极克服了换向元件所在处的电枢反应磁场的影响，除此点之外的电枢反应仍然存在。若其作用很强，则磁极两侧的磁通增减变化会存在各种影响。若磁极靴部位磁通密度高，该位置的电枢绕组电压就过高，与其相联的换向片之间因电压差过大而产生火花。在主磁极的极靴处设置补偿绕组与电枢绕组串联，电枢电流流过补偿绕组，可以完全消除电枢反应。补偿绕组实际只在大型的直流电机中使用。

4）移动电刷位置。在小容量未安装换向极的直流电机中，可以将电刷从几何中性线处移开一个适当的角度来改善换向，对于发电机，电刷顺电枢转向移动，对于电动机则反之。于是，换向元件离开几何中性线进入主磁极，利用主磁极代替换向磁极，感应电动势 e_f 与 e_r 大小相等、方向相反而互相抵消，达到改善换向的目的。

此种方法缺点是，电刷离开几何中性线后，产生对主磁场起去磁作用的直轴电枢磁动势；其次，由于 e_r 随负载大小变化，所以 e_f 也应随负载变化，这就要求电刷移动的角度随负载大小变化，这是不可能的。所以这种方法只适用于负载变化不大的电机。

以上的分析都是建立在换向器表面与电刷完全接触的基础上。但实际换向器表面不可能很圆，而且有尘埃，高速运行的直流电机的电刷还存在跳动，特别是铁道用电动机自身还存在振动。所以对于这些场合，往往希望换向电动势设计得大一些。负载急剧变动的直流电机也希望把换向电动势设计的大一些。

第六节　直流发电机的运行原理

一、直流发电机的基本方程

1. 电动势平衡方程

直流发电机接上负载以后，将在电枢绕组和负载所构成的回路中产生电流 I_a。显然，I_a 与 E_a 的方向相同，如图 7 - 20 所示，若发电机输出的端电压为 U，则根据基尔霍夫第二定律可得电枢的电动势平衡方程

$$E_a = U + I_aR_a + 2\Delta U_b$$

式中　$2\Delta U_b$——电刷与换向片接触电阻压降，一般 $2\Delta U_b$ 为（0.6～2）V，分析计算时常常忽略，这样电枢电动势平衡方程为

$$E_a = U + I_aR_a \tag{7-13}$$

可见，发电机的电动势 E_a 总是大于其端电压 U。

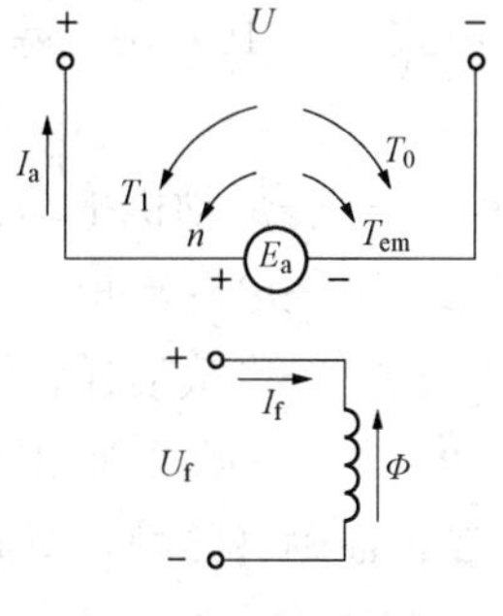

图 7 - 20　他励直流发电机

2. 功率平衡方程

直流发电机在能量转换过程中，会产生以下损耗：

（1）铜耗 p_{Cu}：由电路的直流电阻引起的损耗，主要是电枢回路铜耗（并励发电机还包括励磁回路铜耗）

$$p_{Cu} = p_{Cua} = I_a^2R_a \tag{7-14}$$

他励发电机的励磁损耗由励磁电源提供。

（2）铁耗 p_{Fe}：电枢铁心在磁场中旋转时，硅钢片中的磁滞与涡流产生的损耗为铁耗，属于不变损耗。

（3）机械损耗 p_{mec}：机械损耗是指各运动部件的摩擦引起的损耗，如轴承摩擦，电刷摩擦、转子与空气的摩擦以及风扇所消耗的功率。当转速固定时，它几乎也是常数，所以可视为不变损耗。

（4）附加损耗 p_{ad}：由于齿槽存在、漏磁场畸变引起的损耗。

p_{Fe}、p_{mec} 和 p_{ad} 在电机空载时就存在，所以称之为空载损耗 p_0，即

$$p_0 = p_{mec} + p_{Fe} + p_{ad} \tag{7-15}$$

发电机的输入功率 P_1 减去空载损耗 p_0，剩下的部分称为电磁功率 $P_{em}=E_aI_a$，即

$$P_1 = P_{em} + p_0 \tag{7-16}$$

电磁功率 P_{em}减去电枢铜损耗 p_{Cua}后为输出功率 P_2（他励直流发电机不考虑励磁回路的铜损耗 p_{Cuf}），有

$$P_2 = P_{em} - p_{Cua} = E_aI_a - I_a^2R_a \tag{7-17}$$

而且

$$P_2 = UI = UI_a \tag{7-18}$$

他励直流发电机的功率流程如图 7-21 所示。

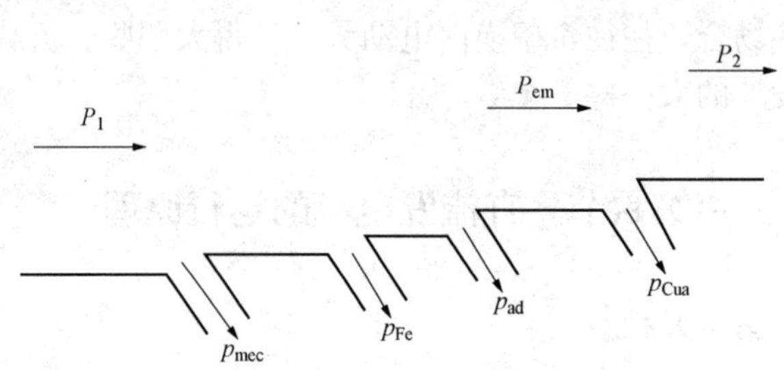

图 7-21　他励直流发电机功率流程图

3. 转矩平衡方程

将式（7-16）两端除以电枢的机械角速度 Ω，可得到转矩平衡方程，即

$$T_1 = T_{em} + T_0 \tag{7-19}$$

式中　T_1——原动机拖动转矩，其方向与发电机转子转速 n 的方向一致，$T_1=P_1/\Omega$；

T_{em}——电磁转矩，其方向与 n 相反，为制动性质，$T_{em}=P_{em}/\Omega$；

T_0——空载损耗转矩，是电机的机械摩擦以及铁损耗引起的转矩，T_0 的方向永远与 n 的方向相反，为制动性质，$T_0=p_0/\Omega$。

二、他励（并励）直流发电机的运行特性

1. 直流发电机的空载特性

直流发电机的空载特性是指保持转速 n 为常值，空载运行（$I_a=0$）时，端电压 U_0 与励磁电流 I_f 的函数关系，即 $U_0=f(I_f)$。发电机的空载特性曲线与其他电机一样，都是一条磁化曲线。

2. 直流发电机的外特性

发电机的外特性是当 $n=n_N$，$I_f=I_{fN}$时，电压 U 随 I_a 变化的特性即 $U=f(I_a)$。

他励发电机的外特性曲线，是一条略带下垂的曲线，即有载时的端电压比空载时低，这是由以下两个方面的原因引起的：①负载增加时，电枢回路电阻压降 I_aR_a 增加，由式 $U=E-I_aR_a$ 可见，U 随着 I_a 的增加要降低，②电枢反应的去磁作用也使电绕组电动势 E_a 减小，所以 U 下降。

并励发电机的励磁绕组是跨接在电枢两端的，由以上两个原因已经引起发电机输出的端电压下降，造成的励磁电流减小，磁通减少，电枢电动势降低，又导致端电压进一步下降，所以外特性比他励电机下垂得更多。

他励和并励发电机的外特性如图 7 - 22 所示。

发电机端电压随负载电流增大而降低的程度，通常用电压变化或称电压调整率来表示，根据国家标准规定，电压变化率是指发电机由额定负载 $U=U_N$、$I=I_N$ 过渡到空载 $U=U_0$、$I=0$ 时，电压升高的数值对额定电压的百分比，即

$$\Delta U=\frac{U_0-U_N}{U_N}\times 100\% \tag{7-20}$$

一般他励发电机的 ΔU 约为 5%～10%。

三、并励直流发电机的自励过程

图 7 - 23 是并励直流发电机的接线图。所谓“自励”，就是不需要外加励磁电源，依靠电机本身的剩磁。在一定的条件下，发电机的端电压和励磁电流互相促进，使电压不断提高，直至额定值。

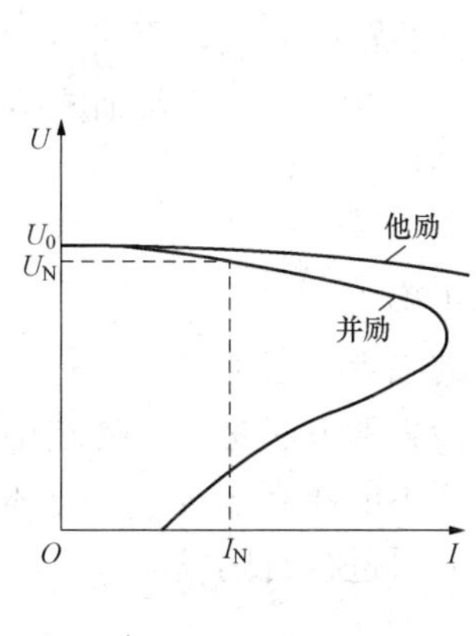

图 7 - 22　他励和并励直流发电机外特性

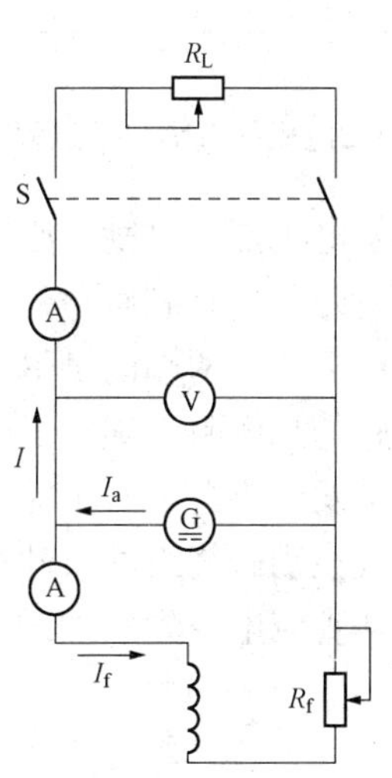

图 7 - 23　并励直流发电机的接线图

并励发电机的励磁绕组与电枢绕组并联，励磁电流由电枢的感应电动势供电，并励发电机的工作以最初主磁极中有剩余磁通为前提（新的直流电机必须用别的电源对其进行过励磁），所以若电枢旋转，则剩余磁通在电枢中感应出剩余电动势 E_{re}。在电动势 E_{re} 的作用下励磁绕组中产生电流 I_f，若励磁绕组与电枢绕组的连接正确，则励磁电流产生的磁通方向与剩磁磁通相同，磁场增强，电枢电动势增加，电压增大，如此继续，电枢绕组产生的电压慢慢升高，这一过程称为自励。由于磁路具有饱和特性，磁路饱和后，磁通量不再增大，电压也不再升高，而是稳定在一个稳定值。

发电机自励过程是一个暂态过程，自励过程中，励磁回路的电压方程为

$$U_0=i_fR_f+L_f\frac{\mathrm{d}i_f}{\mathrm{d}t}$$

式中　U_0——发电机空载电压；

L_f——励磁绕组电感；

$L_f\frac{\mathrm{d}i_f}{\mathrm{d}t}$——励磁回路自感电压。

励磁回路中，由于 R_f 是个线性电阻，所以 $U_f = i_f R_f$ 为一条直线，称为场阻线。对应不同的 R_f，场阻线的斜率就不同，如图 7-24 中的曲线 1、2、3 所示。而 $U_0 = E_0 = f(i_f)$ 是一条空载特性曲线（磁化曲线），如图 7-24 中的曲线 4 所示。

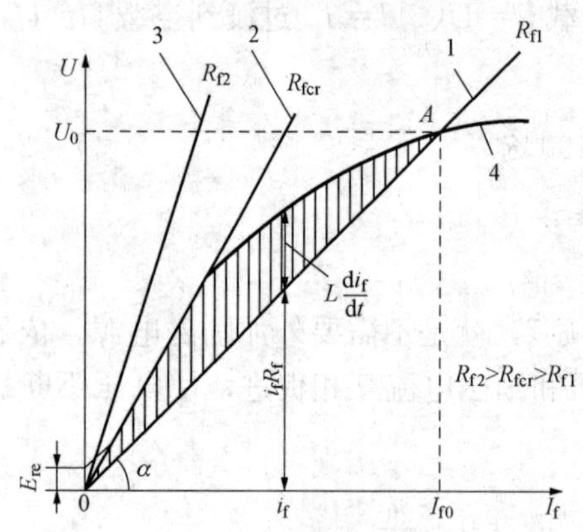

图 7-24　直流发电机的自励建压过程

随着 i_f 从 0 开始增加，图中阴影线的长度即为 $U_0 - i_f R_f = L_f \frac{di_f}{dt}$。若能够建立稳定的电压，$L_f \frac{di_f}{dt}$ 必须为零，即空载饱和曲线和场阻线必须有交点，如图中 A 点。R_f 越大，交点越向原点 0 方向移动，空载电压越低。当场阻线与空载饱和曲线相切时，无固定交点，空载电压不稳定，此时的 $R_f = R_{fcr}$，称为临界电阻。由图 7-24 可见，临界电阻的大小还与电机的转速有关，只有 $R_f < R_{fcr}$ 时，发电机才能建立稳定的电压——自励的第三个条件。

总之，并励发电机能够自励，必须满足三个条件：

（1）电机的主磁路要有剩磁；

（2）并联在电枢绕组两端的励磁绕组极性要正确；

（3）励磁回路的总电阻必须小于额定转速下的临界电阻值。

如果一台并励发电机自励时不能建立电压，检查的方法是：首先减小励磁回路的附加电阻；若不行，再改换励磁绕组的极性连接；如果还不能建立电压，则应怀疑电机是否没有剩磁，这时可用其他直流电源先给主磁极充磁，而后再进行自励发电。

第七节　直流电动机的运行原理

一、直流电机的可逆原理

设有一台并励直流发电机，它由原动机拖动，拖动转矩为 T_1，并联运行在直流电网上，因此，它向电网输出功率，这时电机的电流和转矩方向如图 7-25（a）所示，电流 I_a 与电动势 E_a 同方向，输出正的电磁功率；电磁转矩 T_{em} 与转速 n 的方向相反，是制动转矩，如果减小这台发电机的输入功率，即减小 T_1 使得 $T_1 < T_{em}$，电机转速将降低，电机的感应电动势 E_a 也减小。由于电网电压 U 不变，所以电枢电流 I_a 也将减小，输出功率也减小，当 E_a 减小到使 $E_a = U$ 时，I_a 将等于零，电枢就不再向电网输出功率，这时发电机的输入功率仅为补偿它的机械损耗及铁耗，如这时再减小输入或把原动机撤去，电机的转速将继续下降，这时 $E_a < U$，因此有电流从电网输入电枢，电流的方向与发电机运行时的相反，它所产生的电磁转矩 T_{em} 的方向也将相反（因为磁场方向没有变），成为一拖动转矩，因此可以拖着电机继续旋转，不会停下来，如图 7-25（b）所示，这时电功率已由电网输入电枢，而电机已开始作为电动机运行，它能以输出转矩 T_2 带动负载运转，从这里可以看出，当 $E_a > U$ 时，有电功率输出，它是发电机，当 $E_a < U$ 时，有电功率输入，它就成为电动机。

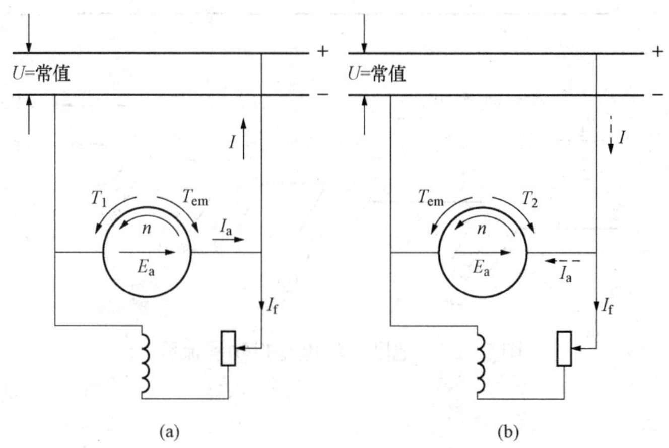

图 7 - 25 并励直流发电机和电动机运行情况

二、直流电动机的基本方程

1. 电压平衡方程

根据图 7 - 26 所示的他励直流电动机的运行原理图，可以写出电机稳态运行时的电压平衡方程

$$U = E_a + I_a R_a + 2\Delta U_b$$

与直流发电机一样，分析计算时常常将 $2\Delta U_b$ 忽略不计，则直流电动机稳定运行时的电动势平衡方程为

$$U = E_a + I_a R_a \tag{7 - 21}$$

式（7 - 21）说明，加在电动机电枢两端的电压是用于克服反电动势 E_a 和电枢回路总电阻压降 $I_a R_a$ 的，只要电动机在转动，反电动势 E_a 就存在。对于并励直流电动机，输入电流、电枢电流和励磁电流的关系为 $I = I_a + I_f$。

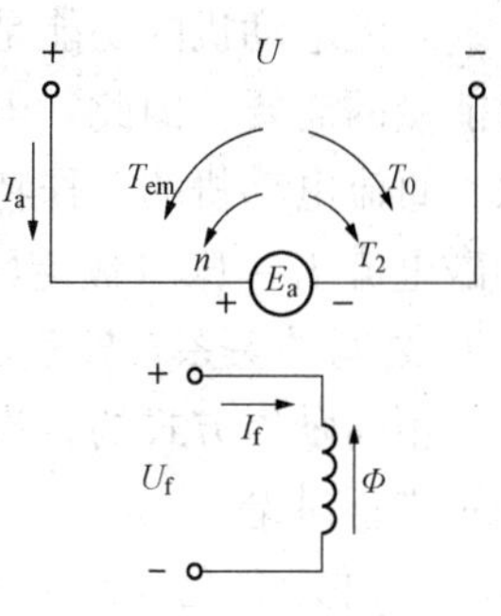

图 7 - 26 他励直流电动机

2. 功率平衡方程

当电动机进入稳定运行状态时，对于他励电动机，电动机从电网输入的电功率为 $P_1 = UI_a$，励磁功率 $P_f = U_f I_f$ 由励磁电源提供。电功率输入到电枢中，一部分在电枢绕组电阻上消耗掉（即铜耗 $p_{Cua} = I_a^2 R_a$），其余的功率成为电磁功率 $P_{em} = E_a I_a$，因而有

$$P_1 = p_{Cua} + P_{em} = I_a^2 R_a + E_a I_a \tag{7 - 22}$$

电磁功率是在电磁转矩 T_{em} 的作用下，电枢所发出的全部机械功率 $T_{em}\Omega$，电磁功率转换成机械功率之后，需补偿机械损耗 p_{mec}、铁耗 p_{Fe} 和附加损耗 p_{ad}，其余的功率才是电动机轴上输出的（有效的）机械功率 P_2，有

$$P_{em} = P_2 + p_{Fe} + p_{mec} + p_{ad} \tag{7 - 23}$$

当电动机空载时，其电枢电流 I_0 很小，电机的铜耗 p_{Cua} 可忽略不计，此时电机的空载输入功率 $p_0 = p_{mec} + p_{Fe} + p_{ad}$，则 $P_{em} = P_2 + p_0$。他励直流电动机的功率流程图如图 7 - 27 所示。

对于并励直流电动机，励磁功率由电网提供，包括在输入功率 P_1 中，即 $P_1 = p_{Cua} + p_{Cuf} + P_{em}$。

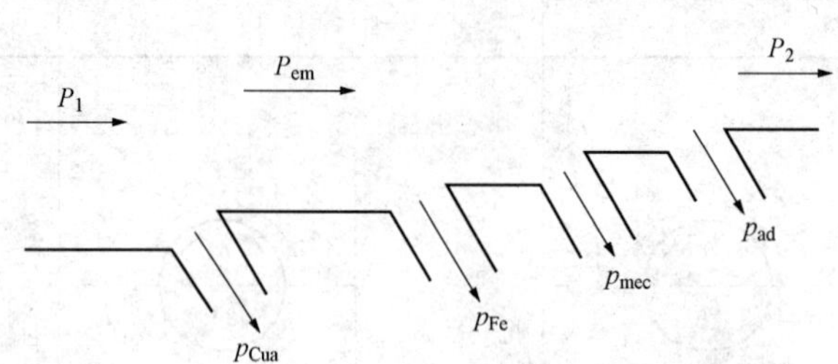

图 7-27 他励直流电动机功率流程

3. 转矩平衡方程

在式 $P_{em}=P_2+p_0$ 两端同时除以 Ω，则可以得到转矩平衡方程

$$T_{em}=T_2+T_0 \tag{7-24}$$

式中 T_{em}——电磁转矩，其方向与 n 相同，为驱动性质，$T_{em}=P_{em}/\Omega$；

T_2——负载转矩，其方向与电机转子转速 n 的方向相反，为制动性质，$T_2=P_2/\Omega$。

三、直流电动机的工作特性

直流电动机的功能是将电源输入的电功率转换为轴上输出的机械功率，以满足生产机械对能量的需要。因此，电动机运行时的转速、转矩、效率与负载大小之间存在着一定的关系。直流电动机的工作特性就是指外加电压 $U=U_N$（额定电压）、电枢回路中无外加电阻、励磁电流 $I_f=I_{fN}$（额定励磁电流）时，电动机的转速 n、电磁转矩 T_{em} 和效率 η 等与电枢电流 I_a 之间的关系，即表示为 n、T、$\eta=f(I_a)$。

不同励磁方式的直流电动机，工作特性差别很大，因此对并励（他励）和串励电动机要分别进行讨论。

1. 并励（他励）直流电动机的工作特性

(1) 转速特性 $n=f(I_a)$

把 $E_a=C_e\Phi n$ 代入电压平衡方程 $U=E_a+I_aR_a$，即得

$$n=\frac{U}{C_e\Phi}-\frac{R_a}{C_e\Phi}I_a \tag{7-25}$$

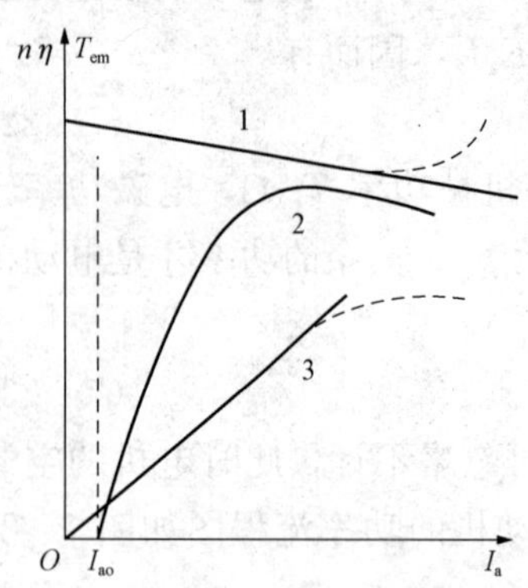

图 7-28 并励（他励）直流电动机工作特性

可见，若不考虑电枢反应的影响，当 I_a 增加时，转速 n 要下降，不过因为 R_a 较小，电枢电阻压降 I_aR_a 一般只占额定电压 U_N 的 5%，因此下降得不多，所以 $n=f(I_a)$ 是一条向下略微倾斜的直线，如图 7-28 中曲线 1，如果考虑在大负载时电枢反应有去磁效应，则在 I_a 较大时，转速特性会出现上翘（如图中虚线所示），设计电机时要注意这个问题，因为一般情况下只有转速 n 随着电流 I_a 的增加略为下降，才能使电机稳定运行。

(2) 转矩特性 $T_{em}=f(I_a)$

电磁转矩公式为

$$T_{em}=C_T\Phi I_a \tag{7-26}$$

可见，转矩特性是一条通过坐标原点的直线，如图 7 - 28 曲线 3 所示，如果考虑到电枢反应有去磁效应，当 I_a 较大，特性曲线将略微向下弯曲。

（3）效率特性 $\eta=f(I_a)$

$$\eta=\frac{P_2}{P_1}=1-\frac{\sum p}{P_1}=1-\frac{p_{Fe}+p_{mec}+p_{cuf}+I_a^2R_a}{U(I_a+I_f)} \tag{7-27}$$

对于并励电动机 $I_f \ll I_{aN}$，所以 I_f 可忽略不计，令 $\frac{d\eta}{dI_a}=0$，可得

$$p_{Fe}+p_{mec}+p_{cuf}=I_a^2R_a \tag{7-28}$$

即当电动机的不变损耗等于随电流平方而变化的可变损耗时，电动机的效率达到最高，通常约在额定负载 3/4～1 的范围内，效率可达到最大值，效率特性如图 7 - 28 中曲线 2 所示。图中，$P_2=0$ 时 $\eta=0$，$T_{em}=T_0$，$I_a=I_{a0}$。

2. 串励电动机的工作特性

串励电动机的主要特点是电枢电流与励磁电流相等，即 $I_a=I_f$，如果电机的磁路没有饱和，则励磁电流 I_f 与主磁通 Φ 呈线性变化关系，即

$$\Phi=k_fI_f=k_fI_a \tag{7-29}$$

式中 k_f——比例系数。

（1）转速特性 $n=f(I_a)$

将式（7 - 29）代入式（7 - 25）即得串励直流电动机的转速特性表达式

$$n=\frac{U}{C'_eI_a}-\frac{R'_a}{C'_e} \tag{7-30}$$

式中 $C'_e=k_fC_e$，$R'_a=R_a+R_f$（R_f 为串励绕组的电阻）。

（2）转矩特性 $T=f(I_a)$

转矩特性表达式为

$$T_{em}=C_T\Phi I_a=C'_TI_fI_a=C'_TI_a^2 \tag{7-31}$$

式中 $C'_T=k_fC_T$。

（3）效率特性 $\eta=f(I_a)$

串励电动机的效率特性与并励电动机完全相同，如图 7 - 29 所示。图中曲线 1 为转速特性、曲线 2 为转矩特性，曲线 3 为效率特性。

从串励电动机的转速特性曲线可以看出，当电枢电流 I_a（或者说轴上负载转矩）增大时，转速 n 迅速下降，而当 I_a 较小时，由于 R'_a 较小，n 会迅速升高，从理论上讲，当 I_a 为零时，n 为无穷大。为此，串励直流电动机不允许在空载或轻载下运行。

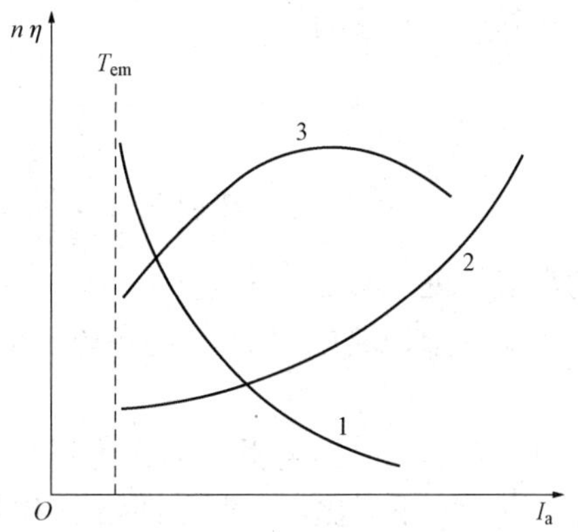

图 7 - 29 串励直流电动机工作特性

串励电动机有一个可贵的特性，就是它能在不太大的过载电流下，产生较大的过载转矩，这时由于电流加大，磁通也同时加大，由式（7 - 31）可知，若磁路不饱和的话，转矩 T_{em} 正比于 I_a^2，若电流增加到额定值的两倍，则转矩将增大到四倍（实际上由于磁路饱和，增加

的转矩小于平方倍），这一特性很适合于起动力矩大的场合，如拖动闸门、电车、电力机车等这样一类的负载。

四、直流电动机的机械特性

直流电动机主要用于电力拖动系统，拖动生产机械旋转，所以其主要特性是表现在转速与输出转矩的关系上，用函数式表示为 $n=f(T)$，因为转速和转矩都是机械量，所以这个关系称为电动机的机械特性。励磁方式不同，各类直流电动机的机械特性有很大差别。

1. 并励（他励）直流电动机的机械特性

把式 $T_{em}=C_T\Phi I_a$ 的关系代入式（7-25），就可得到机械特性表达式

$$n=\frac{U}{C_e\Phi}-\frac{R_a}{C_eC_T\Phi^2}T_{em}=n_0-\beta T_{em} \tag{7-32}$$

式中 $n_0=\dfrac{U}{C_e\Phi}$——理想空载转速；

$\beta=\dfrac{R_a}{C_eC_T\Phi^2}$——机械特性的斜率。

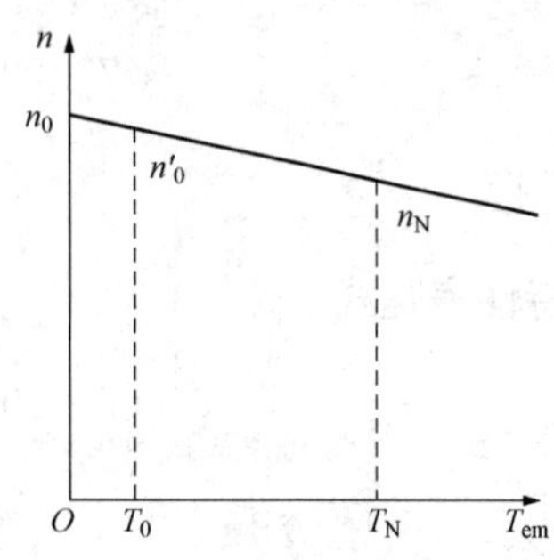

图 7-30 他励直流电动机的机械特性

机械特性曲线如图 7-30 所示，是一条下降的直线，β 越大，特性越软，β 越小，特性越硬。

当 $U=U_N\Phi=\Phi_N R=R_a(R_c=0)$ 时的机械特性称为直流电动机的固有机械特性，表达式为

$$n=\frac{U_N}{C_e\Phi_N}-\frac{R_a}{C_eC_T\Phi_N^2}T_{em} \tag{7-33}$$

他励直流电动机固有机械特性有以下特点：

1）为一条略微下降的曲线。由于电枢回路电阻 R_a 很小，曲线斜率 β 很小，所以当转矩 T_{em} 变化时，转速 n 变化不大，习惯上称固有机械特性为硬特性。

2）当 $T_{em}=0$ 时，$n_0=\dfrac{U_N}{C_e\Phi_N}$，此时 $I_a=0$，$E_a=U_N$。而实际上，电动机有空载转矩 T_0，因此实际空载转速为

$$n_0'=\frac{U_N}{C_e\Phi_N}-\frac{R_a}{C_eC_T\Phi_N^2}T_0 \tag{7-34}$$

3）当 $T_{em}=T_N$ 时，转速为 n_N，此时的转速降 $\beta T_{em}=\dfrac{R_a}{C_eC_T\Phi_N^2}T_N$ 为额定转速降，是硬特性的数值体现。

改变电枢回路电阻 R_a、电源电压 U 和励磁电流 I_f 的大小，可以得到不同的人为机械特性。

（1）电枢回路串电阻时的人为机械特性。电枢回路串电阻时的人为机械特性是指保持 $U=U_N\Phi=\Phi_N$ 不变化，在电枢回路中串接电阻 R_c 后得到的机械特性。机械特性的表达式为

$$n=\frac{U_N}{C_e\Phi_N}-\frac{R_a+R_S}{C_eC_T\Phi_N^2}T_{em} \tag{7-35}$$

电枢串接电阻的人为机械特性如图 7-31 所示，与固有机械特性相比，电枢串电阻的人为机械特性有以下特点：①理想空载转速 n_0 不变；②曲线斜率 β 随 R_S 的增大而增大，R_S 越大，特性越软，形成一组经过 n_0 的放射直线。

（2）降低电枢电压时的人为机械特性。降低电枢电压时的人为机械特性是指当保持 $\Phi=\Phi_N R=R_a$ 时，仅改变（降低）电压时所得到的机械特性，表达式为

$$n=\frac{U}{C_e\Phi_N}-\frac{R_a}{C_eC_T\Phi_N^2}T_{em} \tag{7-36}$$

由于受到电动机绝缘强度的限制，改变电压时，仅限于在额定电压的基础上降低电压。降低电枢电压时的人为机械特性如图 7-32 所示。与固有机械特性相比，降低电枢电压时的人为机械特性有以下特点：①不同电压时的机械特性曲线为一组平行线；②不同电压 U 时，理想空载转速 n_0 不同。理想空载转速 n_0 与 U 成正比；③各特性曲线的斜率 β 不变化，与电压无关。

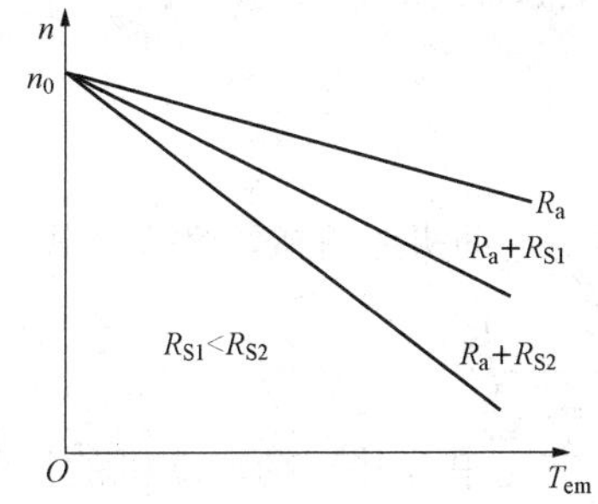

图 7-31 他励直流电动机电枢回路串接电阻时的人为机械特性

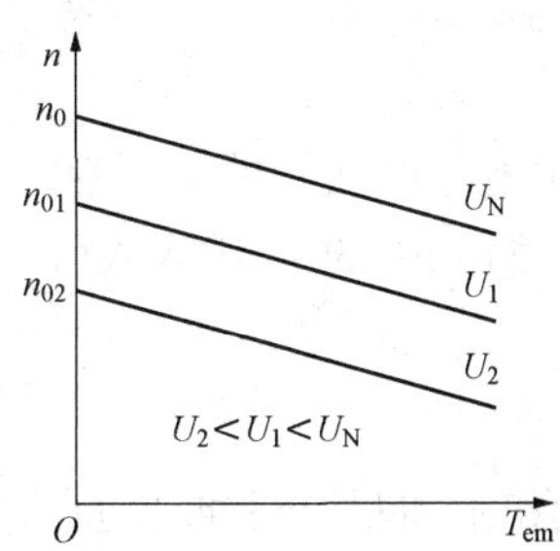

图 7-32 他励直流电动机降低电压时的人为机械特性

（3）改变气隙磁通时的人为机械特性。改变气隙磁通时的人为机械特性是指保持 $U=U_N R=R_a$，减小磁通 Φ 时得到的人为机械特性。机械特性的表达式为

$$n=\frac{U_N}{C_e\Phi}-\frac{R_a}{C_eC_T\Phi^2}T_{em} \tag{7-37}$$

在励磁回路中串接可调电阻 R_{cf}，就可以改变励磁电流 I_f，即可以改变磁通 Φ 的大小。由于电动机在设计制造时，磁通 Φ 已接近饱和，不容易增加，磁通一般只能在额定值的基础上减弱，因此改变气隙磁通时的人为机械特性也称为弱磁时的人为机械特性。与固有机械特性相比较，弱磁时的人为机械特性有如下特点：①气隙磁通减弱使理想空载转速 n_0 上升；②斜率 β 随磁通 Φ 的平方成反比地增大，机械特性变软。对应的转速特性表达式为

$$n=\frac{U_N}{C_e\Phi}-\frac{R_a}{C_e\Phi}I_a \tag{7-38}$$

弱磁时转速特性和人为机械特性曲线如图 7-33（a）、（b）所示。

由转速特性可知，$n=0$，堵转电流 $I_k=\frac{U_N}{R_a}=$常数，堵转转矩 $T_k=C_T\Phi I_k$，Φ 越小，T_k 越小。

以上分析固有和人为机械特性时，忽略了电枢反应的影响。实际上，由于电枢反应的磁效应，使机械特性出现上翘现象，会影响电动机的稳定性。一般小容量的电动机，磁极用不明显，对机械特性影响不大。对容量较大的直流电动机，为了补偿去磁效应，使电机机上加一个补偿绕组，绕组中流过电枢电流，产生的磁通补偿电枢反应的去磁效械特性不出现上翘现象。

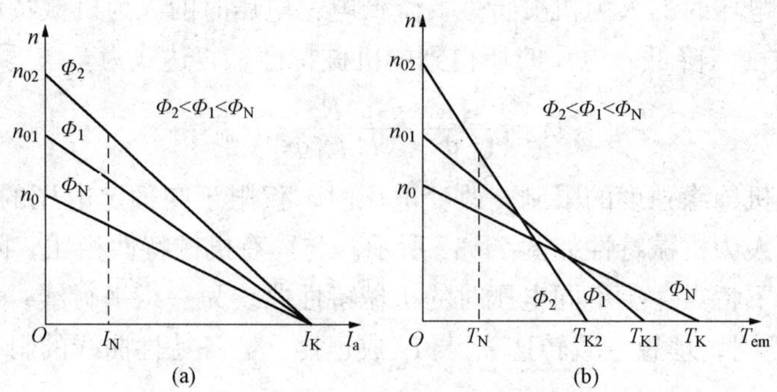

图 7-33 他励直流电动机弱磁时的转速特性和人为机械特性

(a) 转速特性；(b) 人为机械特性

2. 串励直流电动机的机械特性

将式（7-31）中的 I_a 代入式（7-30）即得串励电动机的机械特性表达式

$$n=\frac{\sqrt{C'_T}}{C'_e}\cdot\frac{U}{\sqrt{T_{em}}}-\frac{R'}{C'_e} \tag{7-39}$$

串励电动机的机械特性曲线如图 7-34 所示，它比串（并）励电动机的特性软。可见，当电磁转矩很小时，转速很高，在理想情况下，当 $T_{em}=0$ 时，$n=\frac{\sqrt{C'_T}}{C'_e}\cdot\frac{U}{\sqrt{T_{em}}}\rightarrow\infty$。

五、直流电动机的起动

与交流电动机一样，对直流电动机起动的要求是：有足够大的起动转矩和不超过允许值的起动电流。直流电动机的起动方法有直接起动、电枢回路串变阻器起动和降压起动三种。

1. 直接起动

直接起动是指直流电动机不经过任何起动设备直接接到额定电压上的起动，其最大优点是起动设备简单，操作简便。

由电动机的电动势方程可得

$$I_a=\frac{U-E_a}{R_a} \tag{7-40}$$

起动瞬间，$n=0$，$E_a=0$，所以起动电流

$$I_{st}=\frac{U}{R_a} \tag{7-41}$$

由于电枢回路电阻 R_a 很小，所以起动电流值很大，能达额定电流的 10～20 倍。它会在电刷和换向器的接触处产生强烈火花，对绕组和转轴产生强大的冲击力和冲击转矩，在线路上会产生很大电压降等，因此它只适用于小容量的直流电动机。

2. 电枢回路串变阻器起动

他励直流电动机起动电路如图 7-35 所示，起动转矩 $T_{st}=C_T\Phi I_{st}$，由于起动过程中，随着转速 n 的升高，E_a 也逐渐增大，起动电流逐渐下降，所以起动转矩也逐渐减小。为保持设计数值的起动转矩，在起动过程中要求逐级切除起动电阻。由于起动电阻是按短时运行电阻。长时间有较大电流通过，会因过热而损坏，因此起动完毕，必须全部切除起动

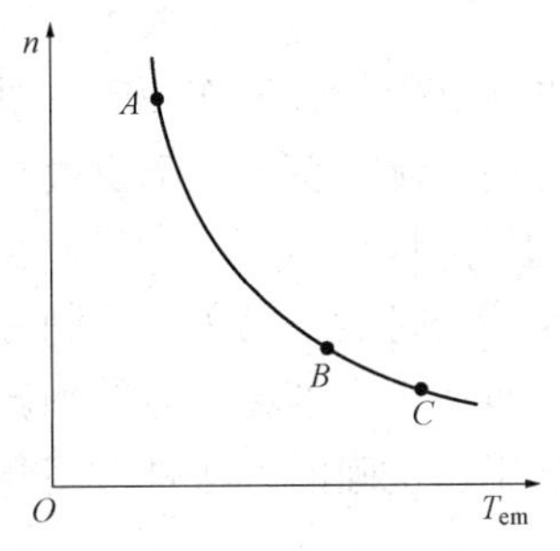

图 7-34 串励直流电动机的机械特性

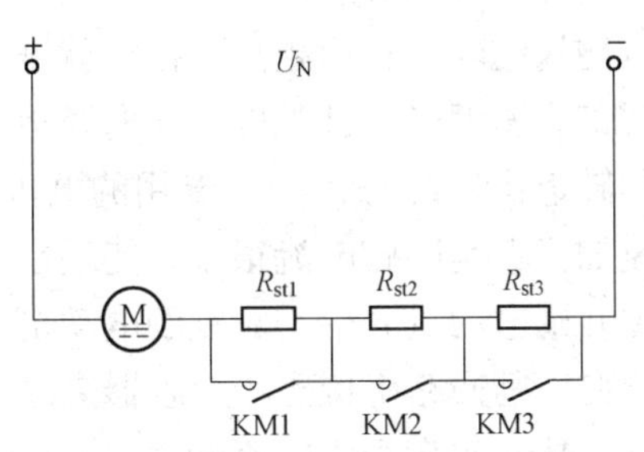

图 7-35 他励直流电动机三级起动电路

此法所需设备不多，在中、小容量电动机得到广泛应用。但它起动时能耗大，故较大容量电机宜用降压起动。

3. 降压起动

降压起动能有效地降低起动电流。在起动过程中，逐渐提升电源电压，使电动机转速按需要的加速度上升，以控制起动时间。

此法的优点是起动电流小，能耗小，可平稳升速，但缺点是需要专用电源，投资较大。以前均采用直流发电机作其专用电源，故很少采用。随着半导体技术的发展，使用晶闸管整流电源所组成的“晶闸管—电动机”系统即“V—M”系统，已得到越来越广泛的应用。

需指出的是对串励电动机绝对不允许在空载状态下起动，否则将达到危险的高速而损坏电机。

六、直流电动机调速

直流电动机具有良好的调速性能，即能在宽广的范围内平滑而经济地调速，因此它在电力拖动系统中得到广泛的应用。由公式

$$n=\frac{U-I_aR_a}{C_e\Phi} \tag{7-42}$$

可见，直流电动机的调速有如下三种方法：改变励磁电流（主磁通）调速、改变电枢回路电阻值调速、改变电枢端电压调速。

1. 改变励磁电流（主磁通）调速

改变励磁回路的磁场变阻器 R_{cf} 来改变励磁电流，以改变主磁通 Φ，以达到调速目的。由式（7-42）知，当端电压 U 保持不变，减小励磁电流使主磁通 Φ 减小，电动机的转速就升高。

现以并励电动机为例说明其调速过程：当 R_{cf} 增大时，励磁电流及主磁通减小时，由于惯性作用，瞬间电动机转速还来不及变，电枢电动势 E_a 却减小了，从而破坏了原来的电动势平衡关系，电枢电流 I_a 急剧增大，由于电枢电流的增大一般比主磁通的减小来得快，因此相应的电磁转矩 $T_{em}=C_T\Phi I_a$ 增大，在负载转矩 T_2 不变的情况下，$T_{em}>T_2$（忽略 T_0），电动机的转速升高，使电枢电动势增大，电枢电流减小，相应的电磁转矩逐渐下降，一直持续到电磁转矩重新与负载转矩相平衡为止。这时电动机便在比原转速高的情况下稳定运行。

这种方法调速，只能在额定转速以上改变转速。因额定运行时磁路已近饱和，若再增大励磁电流，则主磁通增加甚微，转速近乎不下降，所以一般都采用增大 R_{cf}，减小主磁通来

提高转速，因此称为弱磁升速。

由于电机磁场越弱，转速越高，换向就越困难，电枢反应的去磁作用对电机稳定性的影响越大，故其最高速度受机械强度、换向及运行稳定性的限制，普通电动机最高转速与最低转速之比（称转速比）约为2∶1，专用的电机也不超过4∶1。

弱磁调速的优点是励磁电流很小，能耗小，效率高。同时设备简单，控制方便。

上述仅对并励电动机分析，对复励电动机也在并励回路接入磁场变阻器来调速。对串励电动机则不能在串励回路串接磁场变阻器来改变励磁电流，正确的方法是采用与串励绕组并联电阻来分流，从而改变励磁电流来达到调速的目的。

2. 改变电枢回路串联调节电阻调速

仍以并励电动机为例说明调速过程：在电源电压、主磁通不变（忽略电枢反应的去磁作用）的情况下，当电枢回路调节电阻增大时，由于电动机的惯性，它的转速还来不及变，这时电枢电动势 $E_a = C_e \Phi n$ 也未变。但由于电枢回路电阻的增大，使电枢电流 I_a 及相应的电磁转矩 $T_{em} = C_T \Phi I_a$ 减小，在负载转矩 T_2 不变的情况下，转速就下降，这又使电枢电动势不断减小，促使电枢电流增大，电磁转矩相应增大，一直持续到电磁转矩重新与负载转矩相平衡为止，这时电动机在比原转速低的情况下稳定运行。可见，增加电枢回路串联调节电阻可降低转速。

这种调速方法操作简单，控制设备不复杂，调速变阻器又可兼作起动变阻器。但它串在电枢回路里，电流大，能耗大，效率低，经济性差。

在串励和复励电动机中利用在电枢回路串联调节电阻调速的物理过程及有关优缺点，与并励电动机类似，这里不重复了。

3. 改变电枢端电压调速

由式（7-37）知，提高或降低电枢端电压而不改变其励磁（主磁通），则在一定的负载转矩下，电动机的转速也将相应地增加或降低，从而达到调速目的。

由于电源电压固定不变，为此必须采用一单独的直流电源向电动机供电。以前常用"发电机—电动机"组，即用一台直流发电机作直流电动机的供电电源，改变直流发电机的电压来改变电动机的转速。用这种方法调速设备复杂、价格昂贵。近年来，晶闸管（可控硅）整流设备作为直流电源的直流电动机调速（V-M系统），已得到相当广泛的应用，由于晶闸管整流电路便于调压，用它向直流电动机的电枢绕组和励磁绕组供电，可以得到很好的调速性能。

由于电动机端电压不能超过额定值，因此改变端电压只能实现低于额定转速调速。若再配以改变电动机励磁电流调速，则它可在极宽广的范围内平滑地调速，其转速比可达25∶1。

直流电动机的调速过程也以可利用机械特性曲线来分析（略）。

七、直流电动机的反转

要改变电动机的转向，只需改变电磁转矩的方向。电磁转矩的方向取决于电枢电流的方向和主磁场的方向，因此，改变电动机转向的方法有两种：①在励磁绕组中电流方向不变（即主磁场方向不变）的情况下，换接电枢绕组两端头（即改变电枢电流方向）；②在电枢绕组中电流方向不变的情况下，换接励磁绕组两端头（即改变励磁电流方向）。若电枢电流方向和主磁场方向同时变换，显然其转向不变。

在实际应用中，一般不采用换接励磁绕组两端头的方法来改变转向，这是因为励磁绕组电感大，在换接瞬间会产生较大自感电动势，易危及励磁绕组的绝缘。

小　结

直流电机是实现机电能量的转换机械。通过换向装置（换向器、电刷）来实现交流和直流之间的转换，对照电子器件的整流换向作用，人们称直流机的换向是机械换向。直流电机的结构包括定子与转子两大部分，定子用来建立磁场，并作为机械支撑，转子即电枢，用来嵌入绕组，并兼做磁路，以感应电动势产生电磁转矩。定子和转子之间有一定的空隙。

直流电动机的励磁方式有他励、并励、串励、复励四种形式。

电枢电动势表达式为 $E_a=C_e\Phi n$，电磁转矩的表达式为 $T_{em}=C_T\Phi I_a$。对发电机而言，由电枢绕组感生电动势 E_a，且 $E_a>U$，因此 E_a 与 I_a 同方向，为电源电动势，而电磁转矩 T_{em} 与转速 n 反方向，为制动性质转矩。对电动机而言，电枢感应电动势则以反电动势的形式存在，即 $E_a<U$，E_a 与 I_a 反方向，为反电动势，而由于电磁转矩 T_{em} 与转速 n 方向相同，为驱动转矩性质。E_a 和 T_{em} 在发电机和电动机中的作用虽然不同，但它们的计算公式是一样的。

并励直流发电机若要自励建压需满足三个条件：①主磁极要有剩磁；②励磁绕组接线正确；③励磁回路电阻小于临界电阻。

从实用观点来说，发电机的转速是由原动机决定的，一般视作不变常数，发电机的输出端电压、输出电流和励磁电流之间的关系为发电机的运行特性；电动机的端电压是直流电源供给的，亦可视作不变常数，它的输出转矩、转速、电枢电流和励磁电流之间的关系为工作特性。直流电机的这些关系特性与励磁方式密切相关。为了限制起动电流，直流电动机除了采用直接起动外，常采用电枢回路串电阻起动和降压起动。直流电动机的调速方法有改变电枢回路电阻调速、降压调速和弱磁调速三种。

思考题与习题

7-1　为什么直流发电机能发出直流电流？如果没有换向器，将会是什么情况？

7-2　试判断下列情况，直流发电机电刷两端电压的性质：

(1) 磁极固定，电刷与电枢同时旋转；

(2) 电枢固定，电刷与磁极同时旋转。

7-3　在直流发电机中，为了把交流电动势转变成直流电压而采用了换向器装置；但在直流电动机中，加在电刷两端的电压已是直流电压，那么为什么还要安装换向器呢？

7-4　如果将电枢绕组装在定子上，磁极装在转子上，换向器和电刷怎样装置才能作为直流电机运行？

7-5　直流电动机的励磁方式有哪几种？各有什么特点？各种励磁方式中各电流之间的关系如何？

7-6　如何判别直流电机运行在发电机状态还是电动机状态？它们的 T_{em}、I_a、n、E_a 的方向有何不同？它们的能量转换关系有何不同？

、并励直流电动机的转向各要用什么办法？改变电源电压转向吗？

单叠绕组的直流发电机，分析以下各种情况下对电机的性能有何影响？化？此时发电机能提供给多大的负载（用额定功率的百分比表示）：

1）如果取出相邻的两组电刷，只用剩下的两组电刷是否可以？

（2）如果有一元件断线，电刷间的电压有何变化？电流有何变化？

（3）若只用相对的两组电刷是否能继续运行？

（4）若有一个磁极失磁会产生什么后果？

7-9　为什么直流发电机的电枢绕组元件中的电流是交流的，而电磁转矩的方向却是恒定的？

7-10　比较他励直流发电机和并励直流发电机的电压变化率 $\Delta U\%$的大小，两者为什么不同？

7-11　一台他励直流发电机，当励磁电流保持不变时，将转速提高 20%，空载电压提高多少？若是并励直流发电机，当励磁回路电阻不变时，转速提高 20%，则电压比前者升高得多还是升高得少？

7-12　试判别下列两种情况中，哪一种情况可以使连接在电网上的直流电动机逆变为发电机：

（1）加大励磁电流 I_f，试图使 $E_a>U$；

（2）在电动机转轴上外加一转矩，使转速上升，试图使 $E_a>U$。

7-13　并励直流电动机带额定负载运行时，励磁绕组突然断开，试问电机在有剩磁或没有剩磁的情况下有什么后果？若起动时励磁绕组就断线又有何后果？

7-14　直流电动机的调速方法有哪几种？各有何优、缺点？

7-15　一台直流电动机的铭牌数据如下：额定功率 $P_N=55$kW，额定电压 $U_N=110$V，额定转速 $n_N=1000$r/min，额定效率 $\eta_N=85\%$。试求该电动机的额定输入功率 P_1 和额定电流 I_N。

7-16　一台直流发电机的铭牌数据如下：额定功率 $P_N=200$kW，额定电压 $U_N=230$V，额定转速 $n_N=1450$r/min，额定效率 $\eta_N=90\%$。试求该发电机的额定输入功率 P_1 和额定电流 I_N。

7-17　一台并励直流发电机，励磁回路电阻 $R_f=44\Omega$，负载电阻 $R_L=4\Omega$，电枢回路电阻 $R_a=0.25\Omega$，端电压 $U=220$V。试求：

（1）励磁电流 I_f 和负载电流 I；

（2）电枢电流 I_a 和电动势 E_a（忽略电刷电阻压降）；

（3）输出功率 P_2 和电磁功率 P_{em}。

7-18　一台并励直流电动机，$P_N=5.5$kW，$U_N=110$V，$I_N=58$A，$n_N=1470$r/min，$R_f=138\Omega$，$R_a=0.15\Omega$，在额定负载时突然在电枢回路中串入 0.5Ω，若不计电枢回路中的电感和略去电枢反应去磁的影响，试计算：

（1）串入电阻瞬间电枢电流、电枢反电动势、电磁转矩；

（2）若总制动转矩不变，达到稳定状态后的转速。

7-19　一台并励直流电动机，$P_N=15$kW，$U_N=220$V，$\eta_N=85.3\%$，$R_a=0.2\Omega$，$R_f=$

44Ω，今欲使电枢起动电流限制为额定电流的 1.5 倍，试求：

（1）起动变阻器电阻应为多少？

（2）若起动时不接起动器，则起动电流为额定电流的多少倍？

第七章自测题

一、填空

1. 直流电机实质上是一台具有________装置的交流电机，直流发电机换向装置的作用是________，直流电动机换向装置的作用是________。

2. 直流电机运行于电动机状态时，E_a 比端压 U ________，电枢电流 I_a 与 E_a 方向________，电枢电动势性质是________电磁转矩性质是________。

3. 并励直流发电机自励建压的条件是：________、________和________。

4. 电刷在几何中性线时，直流电动机产生________性质的电枢反应，其结果使________和________，物理中性线向________方向偏移。

5. 改变并励直流电动机的转向有________（常用）和________两种方法。

6. 直流电机的电磁转矩是由________和________相互作用产生的；直流电动机起动电流的大小取决于________和________。

7. 并励直流电动机励磁回路的可变电阻是用来________的，起动时它应置于________位置，电枢回路可变电阻起动时是用来________的，应置于________位置。

二、判断

1. 一台并励直流发电机，正转能自励，反转也能自励。（ ）

2. 直流电动机的电磁转矩是驱动性质的，所以大的电磁转矩对应的转速就高。（ ）

3. 直流电动机的负载越大，则起动电流越大。（ ）

4. 一台并励直流电动机运行时，若改变电源极性，电机转向不改变。（ ）

5. 串励直流电动机不允许空载运行。（ ）

三、选择

1. 直流发电机由主磁通感应的电动势存在于：（ ）。

A. 电枢绕组　　B. 励磁绕组

C. 电枢和励磁绕组　　D. 无法确定

2. 若并励发电机转速升高 20%，则空载时发电机的端电压将升高：（ ）。

A. 20%　　B. 大于 20%

C. 小于 20%　　D. 无法判定

3. 直流发电机电刷在几何中性线上，若磁路不饱和，这时电枢反应的性质是：（ ）。

A. 去磁　　B. 助磁

C. 不去磁也不助磁　　D. 无法判断

4. 直流电动机降压调速过程中，如磁场及负载转矩不变，则（ ）不变。

A. 输入功率　　B. 输出功率

C. 电枢电流　　D. 励磁电流

5. 他励直流电动机拖动恒转矩负载运行，当电枢回路串电阻调速时，则调速前的电枢

电流 I_a 和调速后的电枢电流 I'_a 之间关系是（　　）。

A. $I_a < I'_a$　　B. $I_a > I'_a$

C. $I_a = I'_a$　　D. 不能确定

四、简答和作图

1. 串励直流电动机是否可以在轻载或空载状态下运行？为什么？

2. 比较他励和并励发电机的外特性，并说明特性不同的原因？

3. 直流电动机正常运行时的电流取决于什么？起动时的电流取决于什么？直流电动机起动电流为什么很大？

4. 画出他励、串励和并励三种励磁方式直流电动机的示意图，并标出 I_a、I_f 和 I 之间的关系。

五、计算

1. 一台并励直流电动机，$P_N=7.5\text{kW}$，$U_N=110\text{V}$，$n_N=1000\text{r/min}$，$\eta_N=0.829$，$R_f=41.5\Omega$。

电枢回路总电阻 $R_a=0.1504\Omega$。额定负载时，在电枢回路内串入电阻 $R_T=0.5246\Omega$，求：

（1）电枢回路串入电阻前的电磁功率 P_{em} 电磁转矩 T_{em}；

（2）若负载转矩不因转速而变，则串入电阻后，达到稳定时的转速为多少？

2. 一台他励直流电动机，额定功率 $P_N=29\text{kW}$，额定电压 $U_N=440\text{V}$，额定电流 $I_N=76\text{A}$，额定转速 $n_N=1000\text{r/min}$，电枢回路电阻 $R_a=0.376\Omega$。电动机工作在额定状态。如果电枢电压突然降到 400V，求：

（1）降压瞬间的电磁转矩？

（2）降压后电机的稳定转速？

参 考 文 献

[1] 胡虔生，胡敏强. 电机学. 3 版. 北京：中国电力出版社，2009.
[2] 汤蕴璆. 电机学. 5 版. 北京：机械工业出版社，2014.
[3] 吕宗枢. 电机学. 北京：高等教育出版社，2014.
[4] 许晓峰. 电机及拖动. 北京：高等教育出版社，2009.
[5] 谢明琛，张广溢. 电机学. 2 版. 重庆：重庆大学出版社，2004.
[6] 赵君有，张爱军，王秀平. 电机与拖动基础. 2 版. 北京：中国水利水电出版社，2012.
[7] 王秀和. 电机学. 2 版. 北京：机械工业出版社，2013.
[8] 曾令全. 电机学. 2 版. 北京：中国电力出版社，2014.
[9] 陈世元. 电机学. 北京：中国电力出版社，2010.
[10] 牛维扬. 电机学. 2 版. 北京：中国电力出版社，2005.
[11] 陈启卷. 电气设备及系统. 北京：中国电力出版社，2008.
[12] 蔡元宇. 电路与磁路. 北京：高等教育出版社，2000.